国际环境译丛

世界荒漠

DESERTS OF THE WORLD

M. П. 彼得罗夫 著
胡孟春 李耀明 译

中国环境科学出版社·北京

图书在版编目（CIP）数据

世界荒漠/（俄罗斯）M. П. 彼得罗夫著，胡孟春，李耀明译．—北京：中国环境科学出版社，2010.6
（国际环境译丛）
ISBN 978-7-5111-0178-5

Ⅰ．世…　Ⅱ．①彼…②胡…③李…　Ⅲ．荒漠—研究—世界　Ⅳ．P941.73

中国版本图书馆 CIP 数据核字（2010）第 023966 号

著作权合同登记：图字 01-2010-3237

责任编辑　沈　建
责任校对　扣志红
封面设计　龙文视觉

出版发行　中国环境科学出版社
（100062　北京崇文区广渠门内大街 16 号）
网　　址：http://www.cesp.com.cn
联系电话：010-67112765（总编室）
发行热线：010-67125803
印　　刷　北京中科印刷有限公司
经　　销　各地新华书店
版　　次　2010 年 6 月第 1 版
印　　次　2010 年 6 月第 1 次印刷
开　　本　787×1092　1/16
印　　张　21.25
字　　数　460 千字
定　　价　80.00 元

土库曼共和国科学院荣获劳动红旗勋章荒漠研究所

荣获列宁与劳动红旗勋章列宁格勒A. A. 日丹诺夫国立大学地理系

M. П. 彼得罗夫

世界荒漠

《科学》出版社

列宁格勒分社

1973

序

荒漠分布于温带、亚热带、热带大陆的广阔区域；广泛发展的荒漠化过程，扩大着荒漠面积，吞没着邻近区域。荒漠是古老而独特的自然系统，人类社会与荒漠的相互作用，提出了许多复杂而尖锐的问题。运用不同的理论与方法进行荒漠研究与开发，形成、发展了地理学的新分支——荒漠学。

荒漠学是地理学的新生儿，广泛利用许多相邻学科的方法与成果，研究干旱区开发与资源合理利用的科学基础，创建在这一困难的自然条件下居民生活、劳动的舒适环境。荒漠学作为一门学科，解决广泛利用科学技术成就开发自然资源可能出现的问题。深入研究人为因素对荒漠生态系统的影响，对于确定自然合理利用的途径，预测在自然保护的前提下大规模自然改造所引起的可能后果，具有重要意义。

在许多献身荒漠学创立与发展的著名科学家的名字中，这部专著的作者——M.П.彼得罗夫的名字，具有独特的位置。正如许多科学家和善良的人们所知道的，俄罗斯地理学家所评价的，在包括中华人民共和国在内的许多国家的荒漠学家中，他的名字赢得功绩卓著的权威的知名度。

M.П.彼得罗夫生于俄罗斯北方铁路司机之家。1930 年毕业于列宁格勒大学地理系。早在 1928 年，M.П.彼得罗夫就在卡拉库姆列别捷克沙漠研究站任站长。现在这个站成为世界著名的列别捷克生物圈保护区。从那时起的半个世纪，他献身于荒漠研究。从他的论著目录可以看出，几乎所有的论著都是研究中亚、亚洲中部，以及世界其他沙漠区域，研究生物土壤改良与开发，研究荒漠的理论与实践问题。然而，作者如此坚定的目的性与持续性，不能被认为是科学兴趣的狭窄性。相反，他对于干旱土地自然特征研究有广泛兴趣，采用综合观点。他对植物学有深入的研究，对气候、地貌、地质、生态、荒漠古地理、历史等学科，都有很深的造诣。

M.П.彼得罗夫到过亚洲、非洲、欧洲、美洲许多国家考察，自然，这些不能不反映在其科学成就中。他出版了关于中亚、亚洲中部荒漠，以及伊朗自然的有价值的专著，总结性专著《世界荒漠》享有盛名，被翻译成英语、罗马尼亚语、波兰语。现在中国读者，通过熟悉荒漠的胡孟春的专业翻译，有可能了解译成汉语的这本专著。

M.П.彼得罗夫多种多样的科学活动，可以划分为下列主要方向。

中亚与中华人民共和国荒漠的野外研究。这一方向在M.П.彼得罗夫的论著目录中占第一位。正是这些考察工作，奠定了后来他的专著的坚实基础。

荒漠分类、形成历史、水分状况、植物生态，干旱区基本理论问题，这些在《世界荒漠》中作了详尽论述。

区域性著作与荒漠开发的实际问题。这方面主要是沙漠生物土壤改良、流沙治理。

M.П.彼得罗夫有很多学生。曾任列宁格勒（现为圣彼得堡）大学教授，在土库曼大学定期讲学。国外许多大学邀请过他：伦敦大学、斯德哥尔摩大学、得克萨斯大学，以及印度的一些大学。

M.П.彼得罗夫曾活跃于很多国际学术团体、讲习班、国际会议。由于其很高的威望和极大的个人感召力，他在国外地理学家中有很多朋友。M.П.彼得罗夫与中国地理学家有着牢不可破的友谊。

圣彼得堡大学教授、地理学博士　K.M. 彼得罗夫*

2009 年 11 月 5 日

---

* Петров Кирилл Михайлович　地理学博士，地理与地生态系生物地理与自然保护教研室教授，俄罗斯功勋科学家，圣彼得堡大学资深教授。

K.M. 彼得罗夫是基于潜水与遥感水下景观制图研究的创始人之一。K.M. 彼得罗夫积极从事与完善地生态学科的生态教育。特别注重利用世界及俄罗斯丰富的文献、文学艺术资源，进行生态道德教育，培养人与自然和谐相处的世界观。

发表论著 200 多篇（部），其中出版专著和教材 20 部，国外发表论文 8 篇。

K.M. 彼得罗夫教授是 M.П.彼得罗夫院士的儿子，特为本书写序。

Предисловие

Пустыни занимают огромные площади континентов в пределах умеренных，субтропических и тропических широт；широко развиты процессы опустынивания – увеличения площади пустынь，поглощения ими прилежащих территорий. Пустыни представляют древнюю и своеобразную природную систему，взаимоотношение с которой выдвигает у человеческого общества ряд сложных и острых проблем. Разработка и применение различных теоретических и методических подходов к изучению и освоению пустынь привело к рождению и развитие новой отрасли географии – пустыноведения.

Пустыноведение – детище географической науки，широко пользуясь методами и достижениями многих снежных наук，разрабатывает научные основы освоения и рационального использования ресурсов аридных зон，создания комфортных условий жизни и труда населения в этой трудной природной обстановке. Пустыноведение как наука призвана решать прогнозные задачи，связанные с широким применением научно-технических достижений в освоении природных ресурсов. Глубокое изучение влияния антропогенных факторов на пустынные экосистемы имеет исключительно важное значение для определения рациональных путей природопользования，прогнозирования возможных последствий крупных хозяйственных преобразований природы в сочетаний с ее охраной.

Среди многих славных имен ученых，посвятивших свою жизнь становлению и развитию пустыноведения，имя автора этой книги – М.П. Петрова занимает особое место. Как большого ученого и прекрасного человека его помнят и ценят географы России，его имя пользуется заслуженной известностью я авторитетом среди пустыноведов многих стран，в том числе в Китайской Народной Республике.

М.П. Петров родился в семье железнодорожного машиниста на севере России. В 1930 г. он окончил географический Факультет Ленинградского университета. Но еще раньше – в 1928 г. М.П. Петров на-значается директором Репетекской песчано-пустынной станции в пустыне Кара-Кумы. Ныне – это всемирно известный Репетекский биосферный заповедник. С тех пор，в течение полувека，его жизнь была посвящена изучению пустынь. Если познакомиться с библиографией опубликованных работ М.П. Петрова，можно заметить，что почти все они посвящены пустыням Средней и Центральной Азии，других вредных областей Земного шара，общим вопросам мелиорации и освоения，практическим и теоретическим аспектам изучения пустынь. Вместе с тем такая целеустремленность и последовательность автора не говорит о его односторонности или ограниченности научных интересов. Наоборот, ему всегда были присущи широкие интересы и комплексный подход к изучению природной специфики аридных земель. Он прекрасно знал ботанику, ему были не чужды и вопросы климатологии, геоморфологии, гидрологии, геологии, экологии, палеогеографии пустынь, истории науки,

М.П. Петров много путешествовал, побывал в разных странах Азии, Африки, Европы и Америки. Это, конечно, не могло не отразиться на творчестве ученого. Им опубликованы капитальные труды по пустыням Средней и Центральной Азии, о природе Ирана, и наконец, обобщающий труд «Пустыни земного шара», получивший широкую известность, переведенный на английский, румынский, польский языки. Ныне китайские читатели, благодаря профессиональному переводу знатока пустынь Ху Менчуна, имеют возможность познакомиться с этой книгой на родном языке.

В многообразной деятельности М.П. Петрова можно выделить следующие главные направления.

Полевые исследования пустынь Средней Азии и Китайской Народной Республики. Это направление по праву занимает первое место в биографии М.П. Петрова, так как именно работа в экспедициях явилась тем прочным фундаментом, не котором строились последующие его труды.

Экология растительности, водный режим, история формирования и классификация пустынь. Общие теоретические вопросы аридных зон. С наибольшей полнотой эти вопросы изложены в книге «Пустыни Земного шара».

Региональные труды и практические вопросы освоения пустынь. Здесь на первый план выступают задачи фитомелиорации песчаных пустынь, борьбы с подвижными песками.

У М.П. Петрова сотни учеников. Он был профессором Ленинградского (С.-Петербургского) университета, регулярно читал лекции в университете Туркменистана. Его приглашали во многие зарубежные университеты: в Лондонский, Стокгольмский, Техасский, университеты Индии и др.

М.П. Петров активно работал во многих международных научных комиссиях, симпозиумах и конгрессах. Благодаря высокому авторитету и большому личному обаянию он имел много друзей среди зарубежных географов. У М.П. Петрова были постоянные крепкие связи с китайскими географами.

Доктор географических наук,

профессор Санкт-Петербургского университета К.М.Петров

5 ноября 2009 г.

前　言

近 10 年各国地理学家特别关注世界荒漠的研究与开发。因此，联合国教科文组织（UNESCO）干旱区委员会（Arid Zone Commission）组织了不少活动。从 1951 年开始，在国际地理学联合会（International Geographical Union）组织下，干旱区委员会在安卡拉（1952）、蒙彼利埃（1953）、卡拉奇（1957）、德黑兰（1958）、马德里和堪培拉（1959）、巴黎（1960）、罗马（1961）、伊拉克利翁（1962）以及世界其他城市，举办了一系列以干旱区最重要问题研究与开发为主题的讲习班。

联合国教科文组织干旱委员会活动及讲习班的文献，连续 30 期刊登在世界荒漠开发研究的刊物《干旱区研究》（Arid Zone Research）上。

此外，还举办了一些国家发起的重要国际会议：发展中国家干旱区国际会议（亚利桑那，1969 年 6 月）；1970 年墨西哥干旱区国际会议。

在有干旱区的不同国家，积累了荒漠、半荒漠开发与研究的丰富经验。特别是苏联，在荒漠、半荒漠自然特点的认识与资源开发方面做了很多工作。

近些年在世界文献中，出现了一些有特色的文章，论述或世界荒漠或单个国家、大洲的荒漠自然特征与自然资源，以及干旱区的利用问题。其中首先指出的是关于世界荒漠文献摘要《世界荒漠》（1969），在美国亚利桑那出版，是马克·基尼斯教授编辑的。还有一些有价值的小册子：1966 年Э.西利斯在伦敦编辑出版的《干旱土地》；亚利桑那（美国）出版的《干旱土地透视》（1970）；《干旱土地变迁》（1970）也在美国出版；П.梅格斯（Meigs，1966）出版了一部很有意义的海岸荒漠总结性专著。

下列区域性概述的书很有意义：关于非洲的小册子《非洲大陆自然资源概述》（1963）；关于澳大利亚的小册子《澳大利亚环境》（1970）；Э.М.穆尔扎耶夫（1966）与其他作者关于中亚的书。作者出版了一部专著《亚洲中部荒漠》（彼得罗夫 1966，1967）。

世界荒漠研究与开发问题是复杂多样的，上述的论著只涉及一部分。

这本专著的任务，是比较系统全面地论述世界荒漠自然特征、自然资源开发，以及干旱区深入研究计划。本书是一部世界沙漠专著，由于沙漠与其他荒漠类型密切相关，很难区分，因此作者决定在专著的第一部分，论述世界荒漠所有类型的基本特征。作者想强调荒漠的地理结构、地质构造、表面沉积特征、地貌过程、气候特点的相似性，并揭示动物、植物特征的显著差异。

第二部分对荒漠特别是沙漠自然环境特征进行评价。论述了风成地貌的成因、特征，以及流沙运动过程。论述了沙漠生境特征，特别是限制有机生命的生态因素：沙的温度与水分，矿物成分与化学成分，干旱区地化学特征。最后分析了动、植物对荒漠不利生境的适应方式。

第三部分对荒漠自然资源进行一般性评价，论述了利用途径。这一部分的最后一章，研究了世界荒漠一系列地理学问题，对荒漠的未来进行了预测。

作者对亚洲中部与中亚荒漠很熟悉，自然而然，对其自然环境和自然资源论述得比较详细。可能，这在某种意义上是对的，因为在世界文献中，亚洲荒漠实际资料不足，常常是根据资料论述得很笼统。

作者感到，在专著中可能还存在一些问题，非常感谢进一步深入研究者提出批评与建议。

苏联许多学者的建议对作者撰写本书帮助很大，他们是：苏联科学院院士A.B.西多林科，苏联科学院通讯院士B.A.科夫达，B.H.库宁教授，B.K. 瓦西列夫斯卡娅教授，A.Г. 嘎耶里教授，M.Г. 扎可西教授，A.K. 拉利奥罗夫教授，B.M. 斯维什尼科娃教授，И.Д.斯德列里科夫教授，Б.A. 费道洛维奇教授，M.B.科罗金教授。在此对他们表示深深的谢意。

M. 彼得罗夫

目录

第一部分　世界荒漠自然特征

第二部分　荒漠生境特点

第三部分　荒漠自然资源与研究开发的前景

第一部分

世界荒漠自然特征

第一章　世界荒漠地理

近10年在世界文献中广泛使用术语干旱土地（arid lands），或干旱带（arid zones）。按照这些术语，干旱区理解为具有干旱气候的区域，包括温带干草原和热带、亚热带的萨王拉、潘帕斯。按照一些持这种观点作者的意见，世界干旱土地面积占陆地面积的33%～36%。

因此，Г.尚恩特茨（Schantz，1957）认为，按照植被特征，干旱区面积占陆地面积的35%；而按照气候指标，干旱区面积占陆地面积的36%。

П.梅格斯（Meigs，1957）提出世界干旱区面积计算数据：极端干旱区占陆地面积的4%，干旱区占陆地面积的 15%，半干旱区占陆地面积的 14.6%，总面积为陆地面积的33.6%。各大洲的分布如表1所示。

表1　各大洲干旱区面积（根据 Meigs，1957）　　单位：10^6 km²

洲	极端干旱区	干旱区	半干旱区	极端干旱区与干旱区	总计
非洲	4.558	7.304	6.081	11.862	17.943
亚洲	1.051	7.909	7.516	8.960	16.476
澳大利亚	—	3.864	2.517	3.864	6.381
北美洲	0.031	1.279	2.657	1.310	3.967
南美洲	0.171	1.217	1.626	1.388	3.014
欧洲	—	0.171	0.844	0.171	1.015

如果将干旱区仅理解为荒漠区，按照 П.梅格斯的数据，其面积为陆地面积的 19%，大约 2 900 万 km²。按照联合国教科文组织和世界粮农组织的计算，典型干旱区只占地球表面的23%（Stamp，1964）。

按照苏联一些地理学家的计算，世界荒漠与半荒漠（不包括冰漠）面积大约为 3 140 万 km²，为大陆面积的 22%。按照这些地理学家的观点，荒漠、半荒漠是指：具有干旱气候（年降雨量 200～250 mm，无规律性，且蒸发量远超过降雨量）；具有丁旱河网或少数过境河，无地表径流；具有盐土或盐壳，以硫酸盐、氯盐为主。在这一区域有机生命受到限制，植被与动物非常贫乏，土壤盐溶液迁移是主要生物过程，只有在灌溉条件下才有农业。

除极地景观为主的南极大陆外，荒漠分布在所有的自然带：温带、亚热带、热带。

单位：10^6 km²

温带 ………………………………………………………………… 7.0

　　欧洲 ………………………………………………………… 5.9

北美洲 …………………………………………………………………… 0.6
南美洲 …………………………………………………………………… 0.5
亚热带 ……………………………………………………………………… 7.4
欧洲 ……………………………………………………………………… 4.7
非洲 ……………………………………………………………………… 1.1
澳大利亚 ………………………………………………………………… 0.2
北美洲 …………………………………………………………………… 0.9
南美洲 …………………………………………………………………… 0.5
热带 ………………………………………………………………………17.0
欧洲 ……………………………………………………………………… 3.7
非洲 ……………………………………………………………………… 8.9
澳大利亚 ………………………………………………………………… 3.2
北美洲 …………………………………………………………………… 0.4
南美洲 …………………………………………………………………… 0.8

在这一辽阔的区域仅生活着世界4%的人口。仅有3%的荒漠可以利用河水农业灌溉。

不同大陆荒漠所占比例是不相同的。在澳大利亚约占总面积的 49%；在亚洲：中亚和哈萨克斯坦约占总面积的 55%，亚洲中部占区域面积一半，阿拉伯半岛占 95%，印度占 11%，巴基斯坦占 88%；在非洲，仅北部撒哈拉 700 万 km^2 约占 40%；在北美洲占 10%，南美洲占 8%。在欧洲，荒漠仅分布在里海北部沿岸的库拉河下游，不到总面积的 1%。澳大利亚、非洲、亚洲（特别是亚洲中部与中亚）是大陆荒漠分布最大区域。

北半球荒漠分布在四个大陆——欧洲、亚洲、非洲、北美洲。非洲荒漠分布于北纬 15°～30°。亚洲荒漠分布于北纬 15°～35°，阿拉伯半岛荒漠分布于北纬 22°～48°。中亚以及亚洲中部荒漠分布于北纬 36°～46°。中亚的中部和北部荒漠属于温带，中亚的南部、近东、伊朗山地、北非、阿拉伯半岛的荒漠，属于热带和亚热带（图 1）。北美洲荒漠分布于温带、亚热带，北纬 22°～44°。亚洲与北非形成长 11 000 km 的荒漠、半荒漠带。北美大陆荒漠没有形成带状，而是形成于山间高原、山地或山间盆地。

南半球荒漠分布于三个大陆——澳大利亚、非洲、南美洲。澳大利亚荒漠分布面积最大，大部分属于热带，分布于南纬 20°～34°。非洲南部荒漠属于热带与亚热带，分布于南纬 5°～30°的西部区。在南美荒漠以窄带状沿西海岸延伸 3 000 km，主要分布于南纬 5°～30°的山前平原与沿海平原。荒漠跨三个气候带——热带、亚热带、温带。此外，荒漠还分布于巴塔哥尼亚高原。

荒漠的海拔高度差别很大，它们或分布于低平原，或分布于高原（例如，亚洲青藏高原与帕米尔高原的高寒荒漠）。

在具有宽阔的阿哈加尔高原（塔哈特山，3 000 m）和提贝斯提高原（库西山，3 415 m）的北部非洲，高度变幅非常大，因为平原的高度为 250～400 m。阿拉伯半岛荒漠分布于高 500 m 的平原上，伊朗山地的荒漠高度大约为 600 m。南非荒漠与半荒漠卡拉哈里分布于宽阔的山间盆地，高度达到 840 m［佐伊（Зой）湖 900 m；阿平顿山旁的奥兰治河谷 805 m］。

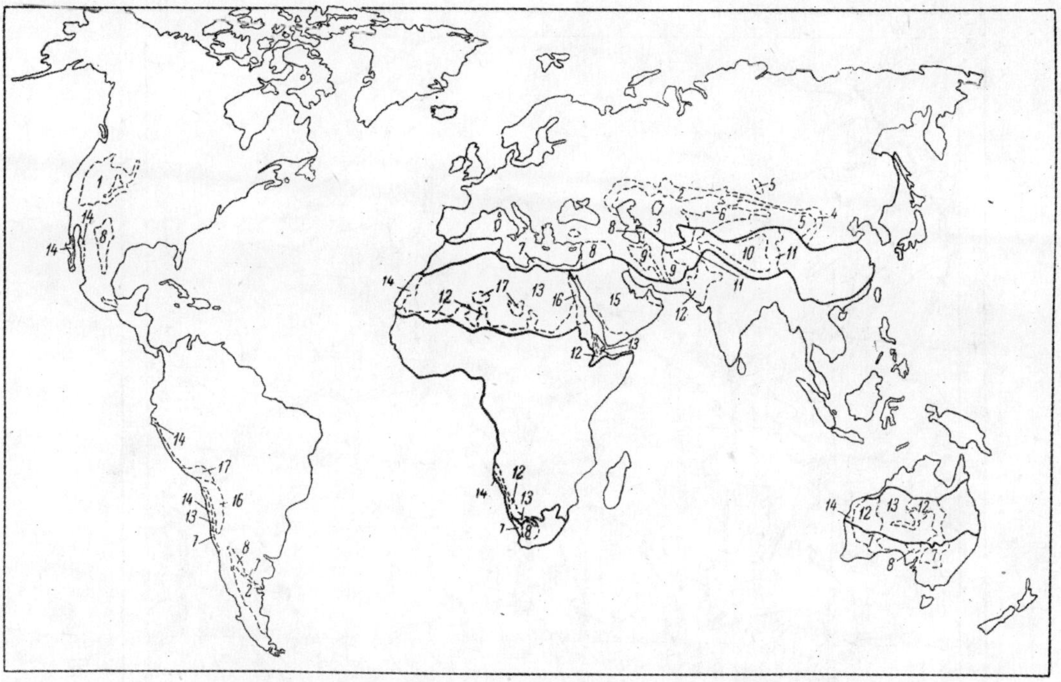

图 1　世界自然荒漠景观图（根据世界自然地理图集，1964）

温带：1．大陆性气候荒漠与半荒漠；2．大陆性气候半荒漠；3．大陆性气候荒漠；4．极端大陆性气候半荒漠；5．极端大陆性气候荒漠。垂直带性型：6．极端大陆性气候荒漠—草原。

亚热带：7．大陆性气候灌丛与半灌丛半荒漠；8．大陆性气候灌丛与半灌丛荒漠；9．极端大陆性气候荒漠与半荒漠。垂直带性型：10．极端大陆性气候荒漠；11．大陆性气候荒漠草原与荒漠草原。

热带：12．内陆灌丛半荒漠；13．大陆性气候内陆荒漠；14．西海岸具有相对较高湿度荒漠与半荒漠；15．大陆性气候内陆荒漠与半荒漠。垂直带性型：16．荒漠；17．荒漠草原。

黑粗线—带界限；虚黑粗线—景观型界限

南美洲荒漠，或沿太平洋从海岸到山前呈狭长的带状延伸，或分布于巴塔哥尼亚剥蚀高原（500～800 m），高原上的岛状山高 2 000 m [阿纳斯阔（Анаскон）山 2 010 m；塞尔罗-涅哥罗（Серро-Негро）山 1 245 m]。

北美洲荒漠，或沿海低平原（科罗拉多河下游）分布，或分布于科罗拉多谷地和高 1 000 m 的墨西哥高原。

澳大利亚荒漠高度 200～1 000 m，有低于海平面的盆地（艾尔湖盆，–12 m）。同时在高平原上突兀岛状山，绝对高度可达 1 500 m（伍德罗夫山 1 516 m；齐尔山 1 510 m；迪灵山 1 269 m；奥莉加山 792 m 等）。

中亚荒漠分布最低：荒漠平均高度 100～200 m，高度变化幅度从–132 m（卡拉吉耶凹地）到 930 m（塔姆德达乌山）。亚洲中部荒漠最高，大约 900～1 000 m，高度变幅由–154 m（吐鲁番盆地）到 2 600 m（柴达木盆地）（图 2）。

荒漠分布于各大洲的这一部分或那一部分，有不确定性。大部分荒漠分布于大陆内部，但在海岸、洋岸也可以见到荒漠。

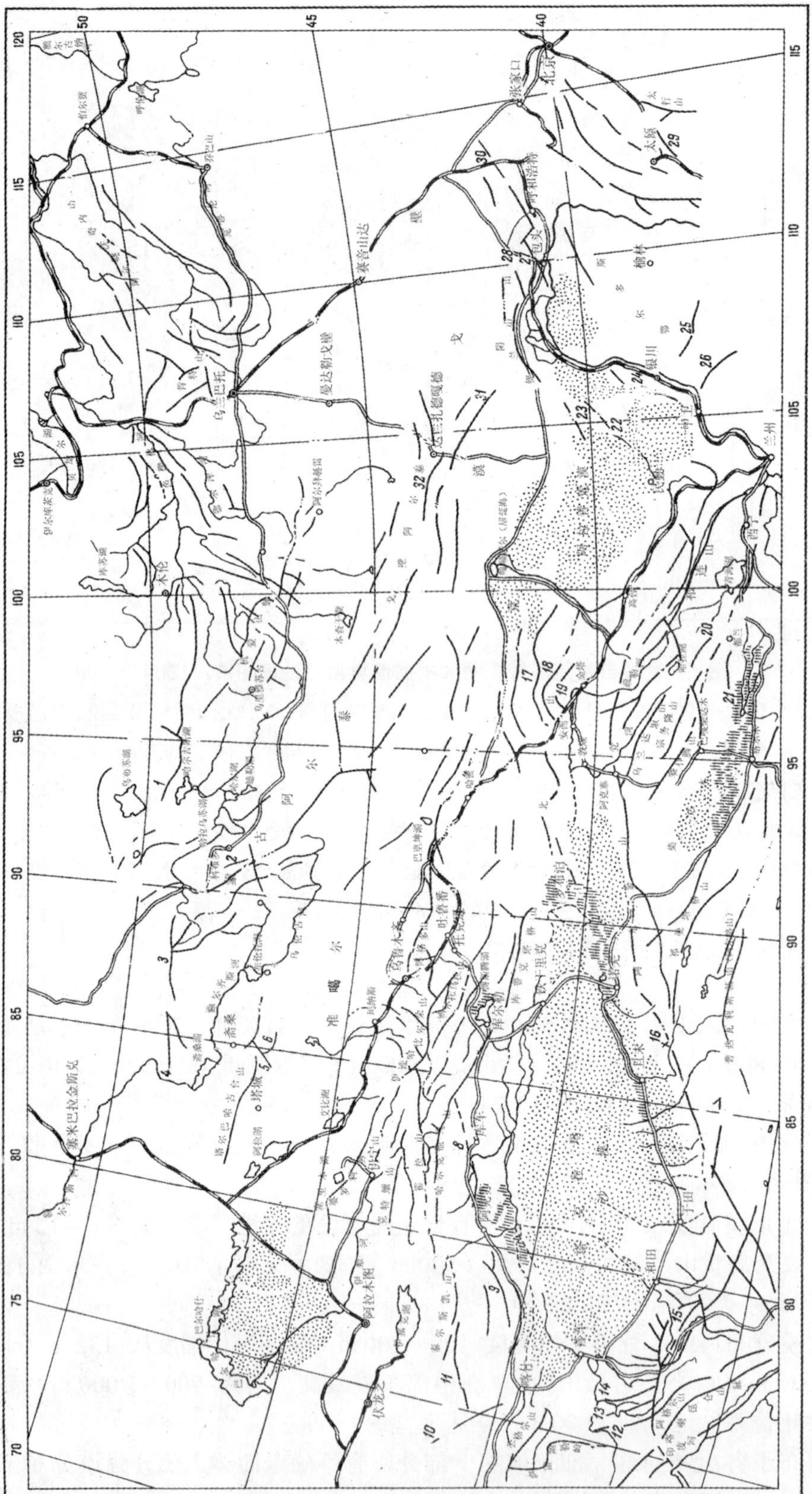

图 2 亚洲中部干旱区概略图

第二章　亚洲荒漠

亚洲荒漠在大陆的不同部分，或温带或热带、亚热带广泛分布。荒漠景观非常多样，但主要是不同面积互不相接的沙漠。

亚洲荒漠带从红海、里海海岸到黄河河谷，具有一系列共同特征（气候极端干旱性，无径流，地貌与土壤形成过程方向性，机械风化与风沙过程广泛发育，有第四纪成湖期）。同时东部与西部有差别（高度、大气环流、降水量与频率、地表层的年代、动物与植物组成）。

亚洲荒漠下伏的地面成因不同：古冲积平原；构造地台平原；山地。沙漠多下伏古冲积平原，例如卡拉库姆沙漠、塔克拉玛干沙漠、萨雷伊稀科特劳沙漠、阿拉善荒漠的大部分、位于鄂尔多斯的库布齐沙地等。在柴达木以盐漠为主。

在第三纪、白垩纪构造区，分布沙砾石、砾石、石膏荒漠，沙漠很少（乌斯秋尔特高原，外温古兹高原，克孜勒库姆，准噶尔，阿拉善，鄂尔多斯，阿拉伯半岛）。此外，还有上升山地剥蚀形成的深厚的块石—砾石荒漠（别特帕克达拉，哈萨克斯坦小圆丘，坝上，伊朗高原）。

亚洲荒漠主要分布在四个地质构造区：亚洲中部（图 2）；中亚；阿拉伯半岛伊朗高原；印度低地（塔尔荒漠）。

亚洲中部荒漠

亚洲中部是最古老的陆块之一，大部分为晚古生代构造。最新的构造运动（阿尔卑斯造山运动与新构造运动）对现代地貌结构形成起了决定性作用。后被侵蚀—堆积循环所改造。因此，中部亚洲的地质构造以其范围内存在的地壳最古老断块构造（北山）为基础，白垩纪沉积台地与年轻冲积平原，遭受后期风力改造（塔克拉玛干，准噶尔与阿拉善平原）。

亚洲中部的特点是有大而深的山间盆地——塔里木盆地、柴达木盆地、南阿拉善盆地。这些盆地是天山、昆仑山、阿尔泰山和南山高大的褶皱山所形成，其形成始于古生代，最终形成于新生代褶皱期。

第四纪和现代沉积分布非常广泛，主要有陆源的疏松三角洲沉积、高平原剥蚀沙砾石、山前洪积，以及低山与小丘的坡积物（西尼村，1959）。

亚洲中部荒漠占很大面积。在喀什分布着世界最大的沙漠之一——塔克拉玛干沙漠，在柴达木的达布逊湖（Двсан-Нур）盆广布盐漠。荒漠还分布在准噶尔、阿拉善、鄂尔多斯、坝上、噶顺与蒙古戈壁。在亚洲中部的西部以沙漠为主，中部以石漠和沙砾石荒漠（戈壁）为主。

塔克拉玛干沙漠　塔克拉玛干沙漠不仅是亚洲而且是世界最大的沙漠之一。分布于塔里木盆地（图 3）中部的古老山间地台区（塔里木地台）。周围是高山，南为昆仑山，北为天山，西为帕米尔，东部逐渐变为罗布泊湖盆。在南部与西部，昆仑山与帕米尔之间，沙漠带状分布于山前洪积砾石荒漠上。在北部塔克拉玛干沙漠以塔里木河为界。

塔克拉玛干沙漠从西向东长约 1 000 km，在克利亚城南北宽 420 km，总面积约 27.1 万 km^2。绝对高度在西部和南部 1 200～1 500 m，在东部与北部 800～1 000 m。

平原向北倾斜，因此源于昆仑山的河流向北流经沙漠。和田河与克里雅河至今仍然保持河流形态特征。流量小的河流大部分在沙丘中消失，河床堆积风成沙。

塔克拉玛干沙漠由疏松的第四纪冲积物构成，厚几百米。这些冲积物在风力作用下，形成风成沙，厚度达 300 m。风成沙是以昆仑山和天山东部山前平原冲积、洪积物为基础形成的。这些沉积物形成的年代不同，可以见到更新世、全新世和现代沉积。

在塔里木盆地荒漠中以风成地貌为主，仅在荒漠西部边缘的古河床和三角洲堆积平原，有风蚀地貌。风积地貌形态多样，在东部与中部以固定沙丘和复合沙垄为主。在西部（和田河以西）以纵向与横向①风积地貌为主。通常为巨型复合沙垄。形态如此之大，高 30～150 m，宽 250～500 m，垄间距 1～4.5 m。最高大的风积地貌是金字塔沙丘，距地面高度 200～300 m。在边缘区，宽 50 km 带状分布着生长柽柳的固定沙丘和有零散沙丘的硝土、石膏地段。

如此多样的风成地貌，是由盆地中的风况所决定。根据分布于荒漠边缘的气象站观察，盆地中地貌形成的主风向是西北风与东北风，两种主风向以钝角相交。两种风向的锋线位于克里雅与尼雅一带，但在区中心向西可达和田河，和田河是主风向相互作用的界线（费道罗维奇，1961）。

在荒漠的西部，分布一些不大的褶皱低山和第三纪砂岩、黏土山岭，马扎尔（Мазартаг）山，1 635 m；罗斯（Росстаг）山，1 560 m；维亚泽尔（Вязиртаг）山，1 664 m。这些山岭相对高度 200～400 m。

阿拉善荒漠　阿拉善荒漠是构造比较复杂的区域。是亚洲中部这类盆地的一个，盆地中部前震旦纪地层不高的隆起，被山间构造低地所围限。现代荒漠地貌以各种不同类型组合为特征：构造地貌（独立的低山岭）；堆积地貌（白垩纪砂砾平原—戈壁）；侵蚀地貌（干河谷）；风成地貌（沙丘）。

阿拉善荒漠大部分为流动的新月形沙丘。分布于三大块：西南为巴丹吉林沙漠，东南为腾格里沙漠，东北为乌兰布和沙漠。此外，在其余地方散布面积比较小的流沙。沙的固定性差，处于流动状态。沙丘为中—大型新月形沙丘（图 4）。局部地区沙丘链高达 200～250 m（巴丹吉林）。在阿拉善荒漠，沙丘链为东北—西南走向。

阿拉善荒漠第二种景观类型是构造砂砾石平原——戈壁。主要分布在中部与北部。阿拉善荒漠特色，是有大大小小的低地，其中分布咸水湖泊或淡水湖泊，湖周有沼泽、盐生植物或盐土。我们将其称为柴达木。

① 纵向风成地貌是与风向平行，横向风成地貌是与风向垂直。

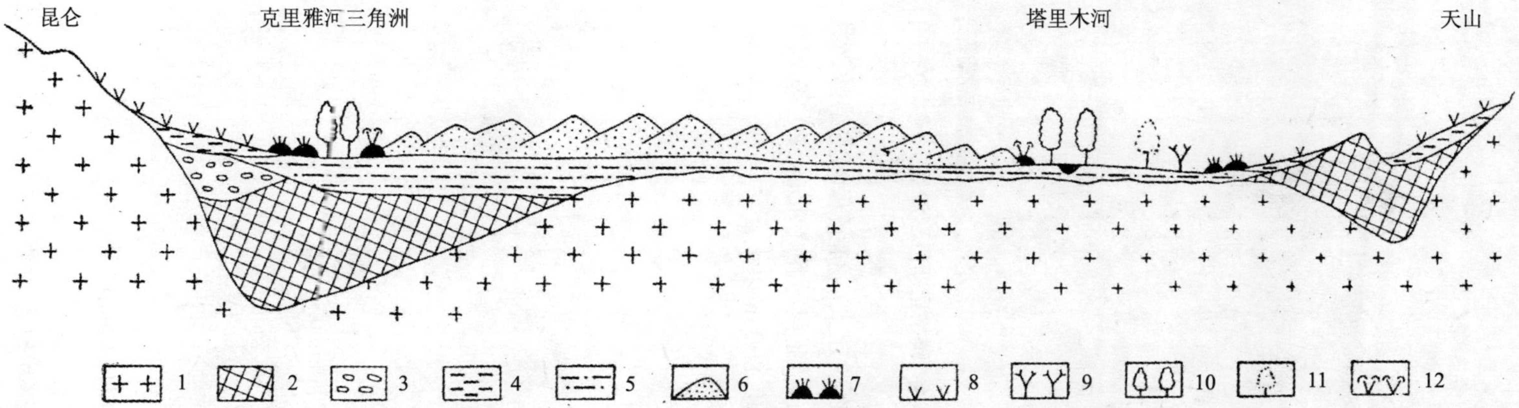

图 3　塔里木盆地沿东经 82°景观纵剖面

1．前中生代综合体；2．中生代综合体；3．古洪积物；4．现代洪积物；5．湖积新月形沙丘；6．风成新月形沙丘；7．生草沙堆；8．小灌木与半灌木植被稀疏的沙砾石平原—戈壁；9．黑梭梭；10．生长胡杨的泛滥地林；11．死亡的泛滥地林；12．柽柳与喜盐植物

图 4　腾格里新月形沙丘

许多地方在砂砾石平原或连片的沙丘上，有突兀的古结晶岛状山和圆丘［巴音-乌拉（Баин-Ула），哈音-乌拉（Хан-Ула），亚巴拉伊（Ябарай）等，图 5］，相对高度为 200～300 m，距阿拉善荒漠地面的绝对高度 800 m 以上。

图 5　阿拉善低山荒漠、碎石荒漠

北山荒漠　北山荒漠与亚洲中部其他荒漠明显不同。这是强烈但不高的穹状隆升，由含金属沉积矿物的前寒武纪、石炭纪、白垩纪沉积组成。在北山荒漠中部，分布山间盆地和由不厚（10～20 m）的冲积、坡积粗砾沉积填充的河谷。北山荒漠的边缘，分布干旱的沙-砾石冲积平原——戈壁。整个北山荒漠，为无固定走向的低山（2 790 m）和不宽的山间低地（图 6）。

北山荒漠中沙漠面积不大，分布于艾金葛尔河（Эдзин-Гол）下游向西的东北部。与阿拉善荒漠很相似，与阿拉善可以连成一个自然地理省。

图 6　金塔以北的北山东南部的低山，山前平原碎石—砾石荒漠

鄂尔多斯荒漠　鄂尔多斯主要是以白垩纪、侏罗纪地台为基底的具有小湖盆的弱侵蚀平原。地台表面，或者为不厚的残积物（20～30 m），或者为固定、半固定风成沙。盆地为第三纪、第四纪湖积物，表面经受风力改造，局部为流沙、半固定沙。

鄂尔多斯沙分布非常广，几乎整个鄂尔多斯。宽达 1 000 m 的长有鄂尔多斯蒿的沙垄-蜂窝状沙丘群，与长有丰富的盐生植物宽浅盆地，相间分布（图 7）。鄂尔多斯沙丘主要分布于东南部（榆林地区）和北部（库布齐）。

图 7　鄂尔多斯平缓的固定沙垄

柴达木高山平原荒漠　高 2 600～3 000 m，位于强烈抬升的阿尔金山（5 400 m）、南山（5 000 m）、昆仑山（6 000 m）（图 8）之间。

柴达木总体地形平坦。西北高（2 800～3 000 m），为黏土、沙砾石第三纪干旱平原，局部起伏比较大（图 9）。柴达木南部与西部边缘，向其曼塔格山和阿尔金山过渡区，有两级阶梯状的低丘与山岭带，其相对高度为 50～250 m。这里通常为劣地景观。

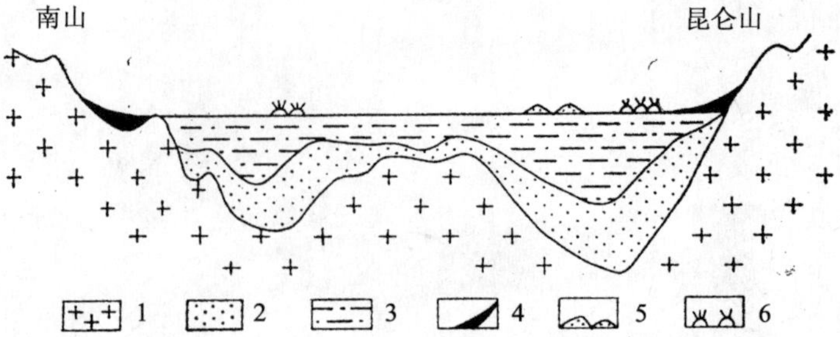

图 8　柴达木盆地的地质剖面（根据B. M. 西尼村的资料）

1—前寒武纪基底；2—中生代综合体；3—新生代综合体；4—洪积物；
5—新月形沙丘；6—大的生草沙堆

图 9　柴达木盆地西部第三纪平原残山（А. И. **德耶斯-利托夫斯基摄影**）

柴达木的中部是绝对高度 2 600～2 800 m 低平原，为沙和细颗粒的第四纪与现代湖积、三角洲沉积，强烈盐化。柴达木的这部分，经受源自昆仑山的河流水力作用，但强烈盐化（氯—硫酸盐）。

柴达木的中部景观如此多样。最有特色的是分布于平原最低处的无盐生植物的达布逊湖（图 10）。湖底为寸草不生的盐土层。柴达木的西部，是有水力侵蚀的沙砾石平原。

准噶尔盆地荒漠　准噶尔盆地是绝对高度 280 多 m（吉力湖，279 m）的平原。地形与沉积类型非常复杂。常见到的是：各种古结晶岩低山、缓丘组合；砾石—角砾石平原；龟裂地；盐碱地；洼地—丘状固定沙地；沙丘。

风成沙的形成，主要是源自盆地第四纪冲积、洪积风化物，在东天山山前平原，也有部分是来源于洪积沙砾石堆积风化物。

图 10　柴达木达布逊湖盐碱地

准噶尔盆地沙漠主要分布于中部、南部。古尔班通古特沙漠从北向南延伸 1 600 km。在其南部分布大面积的流动沙丘。在天山北部山前平原，例如艾比湖等区分布不大的片状沙。

盐碱地与龟裂地分布：天山以北山前平原，蒙古阿尔泰山南的山前平原，塔尔巴哈台山及哈儿里克山的山前平原，以及古三角洲与湖盆。

在亚洲中部戈壁分布面积很大。根据地形与湿润程度的地域性、砾石或沙砾地表、粗石膏灰褐土或植物稀疏程度及地下水供给程度的组合，荒漠与半荒漠景观多种多样。戈壁分布于东天山以东，蒙古阿尔泰及杭爱山以南，阿尔金山、北山、阴山以北的广阔区域，长约 1 750 km、宽约 600 km。可划分为西部的噶顺戈壁、准噶尔和外阿尔泰戈壁，在中部、东部称做东戈壁或蒙古戈壁。

所有戈壁具有复杂的地形。主要为绝对高度 900～1 200 m 第三纪—白垩纪构造隆升平原，平原上分布相对高度 1 800 m 的小盆地、圆丘、低山、岛状山，以及平原外围的山前倾斜平原（贝尔，蒙语，山裙的意思）。平原被很多流向封闭盆地的干河谷（сай ры）切割，布满盐土，或碱土（марцы），或龟裂地坚硬泥土（той римы）；也可见到面积不大的流沙。

广阔的戈壁荒漠、半荒漠的自然环境是不同的。下面简要介绍比较大的戈壁荒漠类型的自然地理特征。

噶顺戈壁　位于中国新疆维吾尔自治区东天山支脉以南，北山以北。这是高 1 557 m 最高的构造平原，地形缓波状，被相对高度 100 m 的缓丘、褶皱长丘分割的宽浅碟状地。荒漠为石漠，通常为砾石，无水，在封闭盆地为碱土。植物非常稀疏，在临时性河谷植物稍多些（单株柽柳、梭梭、三芒草、猪毛菜等）。

阿尔泰戈壁　位于阿尔泰蒙古戈壁东支以北、以东，北山以北。这是强烈切割的构造平原。与构造平原、缓丘并存的是延伸几十公里的低山与中山（高达 3 000 m）。山体童秃，裸露而被干旱山谷切割。外阿尔泰戈壁的西部是被不大面积的高地和碱土泥沟所分割的平原（1 058 m）。在中部山地形起伏，主要是残山、不大的山以及平缓低地分布龟裂地（тойрим）的干沟。

外阿尔泰戈壁是极端干旱区（年降水量小于 100 mm），地下水埋藏很深。这里没有井和泉，可居住性非常差。植物非常稀疏，几乎不能为动物所利用。

东戈壁，或独特荒漠戈壁 位于亚洲中部偏北，戈壁阿尔泰的东支、达里甘噶火山区、热河及阴山之间。这一高构造平原平均高度为 1 000 m（700～1 500 m）。地形很平缓，长丘与缓丘为主，多干河谷。可以清楚地划分为：盆地——东戈壁盆地、乌勒吉盆地及察哈尔盆地；平缓背斜——托拖山（Тотошан）缓背斜、达里甘噶缓背斜，形态为圆丘、缓丘、山梁。东戈壁降水稀少（年降水量 200 mm），几乎没有地表水，地下水丰富、矿化度低。埋深浅为小湖和泉补给水。东戈壁的景观为荒漠与半荒漠。但北部与东部边缘降水较多，景观由荒漠向半荒漠再向荒漠草原过渡。植物稀疏，为生长于砾石灰—褐土的禾草—蒿荒漠。在比较湿润的盆地，分布禾草碱土和沼泽。

准噶尔戈壁 位于蒙古阿尔泰山东支与东天山东端（Мач-Улa山岭，Карытаг山岭）之间。这是波状长丘的古剥蚀平原。可划分为特征明显的三部分，西部鲍尔捷尼（Бортень，音译）戈壁，中部诺敏（Номин）戈壁，东部纳林—呼呼（Нарин-Хуху）戈壁。

鲍尔捷尼戈壁以准噶尔平原为东界，与天山与卡拉-玛里（Кара-Мали）山分界明显。冲积平原被砾石覆盖，非常干旱几乎无植物生长。诺敏戈壁是覆盖砾石层的地表平坦的堆积盆地。此外，还有大面积的砾石基底的平原。在诺敏戈壁中部，有窄的覆盖碱土的地槽，高度约 360 m。盆地边缘，被冲沟切割，分布蚀余残丘和褶皱低山，山间一般为龟裂地。纳林—呼呼（Нарин-Хуху）戈壁不宽（约 50 km）且低。分布于东部高原、天山的余脉、阿尔泰山岭之间区域。高度约 700 m。

亚洲中部沙砾石荒漠与砾石荒漠，在世界其他荒漠也有，它们有地方性名称，例如，厄格（Рег）、赛里尔（Серир）。

在戈壁荒漠区无径流，地表水非常贫乏，固定河流很少，通常从戈壁外围的山中流出，迅速消失于粗砾石或封闭盐碱盆地。许多河流仅在季风降雨的夏季有水。地下水很丰富，水质很好，对于牲畜供水起重要作用（图 11）。土壤为灰褐土和褐土，通常与沙质荒漠盐土、龟裂土、碳酸盐土、石膏土，以及粗砾土形成综合体。荒漠植被很稀少。

图 11 阿拉善构造平原上的沙砾石荒漠、井与古榆树

比较亚洲中部的鄂尔多斯荒漠、阿拉善荒漠、北山荒漠、塔克拉玛干荒漠、蒙古荒漠、噶顺戈壁、准噶尔荒漠、柴达木荒漠，应强调它们的下列特征。

鄂尔多斯、北山、噶顺、蒙古及其他戈壁、柴达木西部，整个地质历史时期是原始地形的破坏区，被破坏的物质或者输移到外围、或者近距离输移，形成风化物的堆积区。主要原因或者是由于降雨稀少侵蚀微弱（鄂尔多斯、噶顺、蒙古戈壁）、或者是由于抬升的高度比较大，风化物被径流输移出区域之外（北山戈壁）。形成破坏—堆积戈壁或剥蚀戈壁。

阿拉善、塔克拉玛干、准噶尔和柴达木东部的沙漠，与上述相反，是古堆积区或堆积荒漠。这些区域从白垩纪开始，在比较长的时期，荒漠周围山地破坏的物质被输移。

在亚洲中部的东部区域，第三纪—白垩纪构造沉积平原以盐碱化为特征。其地化学特征与成土过程类型与中亚第三纪平原相类似。这证明在亚洲，中生—新生代（沉积环境）地质历史的一致性。尽管在中国地台强烈形变的区域，大家一致认为亚洲中部荒漠有一个比较长的大陆状态期（从白垩纪末开始，新疆从第三纪开始）。据此可以说在中亚与亚洲中部第四纪有成湖期。玛纳斯湖、噶顺湖、罗布泊、柴达木湖、巴尔喀什湖、阿拉湖的存在就是证据。

在亚洲中部的东部区，在极端干旱区域（柴达木、北山、阿拉善），物理风化与风蚀过程分布非常广泛。在这些区域自然风沙堆积面积很大。向鄂尔多斯方向，物理风化过程强度降低。

亚洲中部几乎所有的风成沙漠，按机械组成，是细粒沙和中粒沙。大部分磨圆度好。比较年轻的风成沙风化比较弱。

亚洲中部荒漠位于温带。按照П.梅格斯（Meigs，1953）和C.托恩德卫特（Thornthwaite，1948）的分类，这些区域应当属于冬冷夏雨的干旱半干旱区（Sb03，Ab03，Eb02，Eb03）。П.梅格斯（1955）的亚洲气候成因分布图不是很准确，图上只有塔里木盆地是极端干旱区。实际上亚洲极端干旱荒漠区分布要宽得多，它差不多沿 25 mm 等降雨量线分布。罗布泊盆地、噶顺戈壁的大部分、北山荒漠的西部、柴达木盆地都属极端干旱区（图 12）。同时新气象站的资料能确定降雨量的季节分配特征（指标 a，b，c）。亚洲中部的整个东部区（到北山）都是在中国东部季风的控制下，也就是说夏季最大降水的特征明显（b）。在塔克拉玛干和柴达木荒漠，也表现为夏季降水占优势的特征。

亚洲中部荒漠气候温凉，年平均气温从柴达木高山荒漠的 2.5℃到最热的喀什噶尔区 11.6℃（表 2）。月平均气温随海拔变化，7 月从柴达木的 17.6℃到哈密（噶顺戈壁）27.3℃之间变化。

年降雨量因地而异，东部草原与山前平原低于 100 mm。最干旱的是喀什噶尔、柴达木与北山荒漠，有些地方年降雨量不足 10 mm（车尔臣）。在亚洲中部的东部区，由于受中国东部季风影响，夏季降雨最多。而在西部区（准噶尔、喀什噶尔），由于大西洋湿润空气的影响，年降雨比较均匀（图 13）。蒸发强度达 3 578 mm（哈密）。

图 12 亚洲中部荒漠干旱气候分布（根据 Π.梅格斯，1953，修改）

E—极端干旱；A—干旱；S—半干旱。降雨量季节分配：a—无季节变化；в—夏雨；c—冬雨。温度指标—双阿拉伯数字：第一位数字—最冷月平均温度；第二位数字—最热月平均温度；0—低于 0℃，1—0～10℃，2—10℃～20℃，3—20℃～30℃

表 2 亚洲中部荒漠与半荒漠气候

气象站	海拔高度/m	气温/℃			年降雨量/mm
		月平均		年平均	
		1 月	7 月		
喀什					
喀什	1 306	7.2	260	11.6	63
克里雅	1 459	6.8	26.3	11.5	45
车尔臣	966	9.7	25.5	9.9	9
哈密	920	11.0	27.3	9.9	38
阿克苏	1 108	10.0	24.4	9.8	55
柴达木					
格尔木	2 700	13.1	17.8	3.5	25
盐湖	3 000	12.9	17.6	2.5	13
诺木洪	2 800	9.4	18.3	4.5	34
北山					
安西	1 122	9.8	26.3	9.6	42
鄯善	1 776	15.6	21.1	4.3	74
蒙古戈壁					
赛音山达	911	18.4	23.3	3.8	107
达兰扎达嘎德	1 486	16.6	21.6	3.6	125
阿拉善					
巴彦浩特	1 563	10.7	22.6	7.0	219
中卫	1 300	6.8	24.0	9.6	169
民勤	1 367	9.9	23.8	7.9	113
金塔	1 240	11.2	24.5	7.9	39
三个井	1 054	10.7	23.5	7.1	135

注：这里与表 3 中 11 项国外气象站的气候资料来自气候参考资料（Сохрина等，1959；World weather record，1966；Климатический спровочник Африки，1968）。

亚洲中部荒漠的风况，以不同风向为特征。东经 90° 以东，西北风为主，东经 90° 以西，在塔里木盆地和准噶尔盆地东部区为东北风、东风，这些盆地的西部区为西风、西北风。这样的风况是蒙古—西伯利亚气旋与东亚季风西移的结果。

柴达木的风况很恶劣，有时候风速达 28 m/s。不同区域风向不同，西部区以北风、西北风为主，东部区主风向为东北风，北部区主风向为东北风，南部区以西风、西南风为主。由于亚洲中部大气环流和山地风的影响，主风向季节性变化明显。

亚洲中部荒漠地表水不是很丰富。在塔里木盆地，塔里木河、孔雀河、有很多支流的车尔臣河从周边流入盆地；疏勒河、石羊河流入北山和阿拉善；奈齐郭勒河、那仁郭勒河流入柴达木盆地。这些河流或者流入湖泊，或者以三角洲消失于荒漠。不可能流入海洋。唯有黄河从鄂尔多斯与阿拉善、黄土高原间流入中国东海。这些河流的影响是有限的，大部分荒漠完全无地表水。

在流沙与山前平原的结合带，地表水对流沙的浸润作用非常大。经过起伏沙岗地的河流，洪水期非常好地浸润沙丘基部。此外，在洪水期洪水下渗到沙土深处，提高地下水位。所有这些，为生长在低洼处的植物创造了很好的环境。因此，沙生植物最丰富的地方是河谷和丘间低地。这些地方不仅草茂密，而且还有乔木——胡杨林（图 14）。

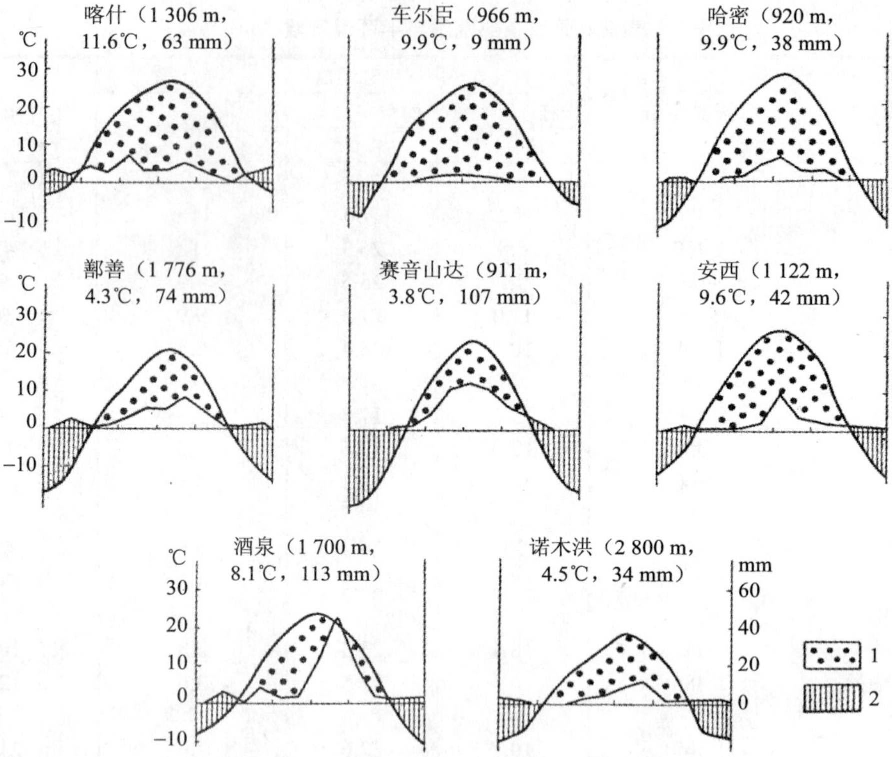

图 13　亚洲中部荒漠气候

上列数字：气象站海拔高度；年平均气温；年平均降水量

下边曲线：降水；上边曲线：气温。1—干热期；2—湿凉期

图 14　塔里木河谷的胡杨

沙丘的中、上部，毛细管水上升不到而植物稀少，因此是干沙。因降水稀少，这一沙丘高度也得不到大气降水。

亚洲中部荒漠地下水非常丰富。因为荒漠周围有高山——昆仑山、天山、阿尔泰山、南山，来自这些山的溪流全部流入亚洲中部广阔平原。在许多地区地下水是人畜用水唯一水源。地下水埋深比较浅，平均 6～10 m。有些地区地下水出露，形成不大的淡水或咸水湖，草地茂密（柴达木）。在山前带地下水深达 100～150 m。

亚洲中部荒漠由于气候干旱，形成灰—棕荒漠土与灰钙土。灰钙土仅分布于喀什噶尔西部山前区。灰—棕荒漠土由于成土母质不同，形成不同类型的盐碱土，相应的可以分为下列主要土种：粗骨石膏土；疏松沙质弱石膏土；黏性碳酸盐土；碱土和草甸碱土；草甸—沼泽土。除草甸—沼泽土外，它们广泛分布于河谷与三角洲，不适宜农耕。

亚洲中部荒漠植被尽管多种多样，但很贫乏，特别是在西部与中部区域。由于土体成分与含水量，植被具有不同的特征。在水分依靠天然降水的沙丘上，植被非常稀疏。常见到灌木有柠条、小叶锦鸡儿、花棒、羊柴（图 15），稀疏的多年生喜沙禾本植物沙竹，比较茂密的油蒿、籽蒿，还有一年生的草沙米、虫实等。

图 15　阿拉善荒漠沙丘上的灌木

在离地下水近的低洼地植物比较多一些。这里可见到梭梭、白茨、一年生猪毛菜。

植物最丰富的是有淡水的低地，大片生长芦苇，盐碱低地生长少量柽柳、白茨、盐爪爪。

在砂砾石平原—戈壁，主要生长小灌木、半灌木喜碱植物，主要有白茨、红沙、木本猪毛菜、沙拐枣（图 16）。

低山缓丘覆盖稀疏的小灌木，但有比较丰富的干草原植物。

图 16　阿拉善砾石荒漠小灌木

鄂尔多斯东南草原植被比较丰富。这里在水分条件比较好的宽阔低地，不仅能看到草本群丛，而且能见到灌丛：沙柳、沙棘。虽然鄂尔多斯自然条件很好，但是还有几乎无植物的沙丘，只生长单株的柠条、鄂尔多斯蒿和禾草。

亚洲中部荒漠景观十分多样。可以见到这样一些荒漠类型：在古冲积平原上的沙质荒漠，或被植物固定或流动新月形沙丘；在第三纪或白垩纪石膏盖层高原上的沙—砾石荒漠；第三纪高原上碎石荒漠；低山和圆丘块石荒漠；山前平原上的黏性黄土或沙砾石荒漠；盐碱化盆地的盐土荒漠。亚洲中部上述荒漠类型分布面积是不同的，这由于地质构造与地表沉积特征不同所致。

亚洲中部荒漠与半荒漠流沙的来源有两种途径。第一种途径是不同成因的基岩特别是疏松的沉积砂岩自然风化，沉积砂岩广泛分布于亚洲内陆干旱中西部区：喀什噶尔、准噶尔和阿拉善。被风化过或正在风化的岩层如下：

（1）塔克拉玛干、准噶尔、阿拉善、北山、贺兰山、香山等低山与圆丘的变质岩（花岗岩、玢岩）；

（2）鄂尔多斯白垩纪与侏罗纪砂岩；

（3）砾岩与戈壁砂岩（白垩纪）阿拉善层、蒙古戈壁层；

（4）南山、昆仑山、天山北部的山前以及北山荒漠南缘的洪积沙砾石沉积；

（5）亚洲中部疏勒河、党河等河谷及三角洲，罗布泊、嘎顺诺尔等湖盆，广为分布的第四纪河—湖相沙、亚沙层；

（6）荒漠带所有河流游荡河床的年轻疏松现代冲积沉积（黑河、党河、疏勒河等）；

（7）荒漠带所有区古风成沙堆及沙垄。

原始基岩风化，然后古结晶岩（花岗岩、玢岩等）以及年轻的侏罗纪、白垩纪砂岩的物理风化及风力再加工，这样的过程随处可见。

在荒漠带的西部，广泛的自然风成过程形成的自然环境非常有利，年降雨量为 15～

50 mm，风况活跃，特别是冬春季节。

亚洲中部流沙形成的第二种途径，是由于荒漠、半荒漠区人类不协调的经济活动（人为因素）。众所周知，亚洲中部荒漠古代就有人类居住。荒漠、半荒漠作为牧场已经上千年。中国东部、中部甚或喀什噶尔的农耕也很久远。长期以来，牧场过度荷载，灌木、草被过度樵采，有些固定沙丘无任何土壤保护措施进行耕垦，导致自然植被大量减少，固定沙丘活化变为活动沙丘。几乎所有古耕作区被沙漠和半荒漠包围，以致井旁是大片的流动沙丘。沙堆总是分布或包围农田以及居民点，即那些人类活动强烈的地方。这种现象在亚洲中部荒漠、半荒漠区非常普遍。

对比自然风力作用形成的流沙与不合理利用沙丘植被破坏形成流沙面积，表明在亚洲中部的西部区，第一种途径形成的流沙分布广泛。在这些区域，风成沙形成有利的条件是极端干旱气候（降雨量小于 50 mm）和活跃的风况。

人类活动形成的流沙在东部区比较多见，这些荒漠、半荒漠区人口密集，沙地与农耕区相邻（例如，黄土高原与鄂尔多斯沙地相邻）。尽管在东部区自然环境非常有利沙地固定，但沙地固定过程，我们看到的比较少。

中亚与哈萨克斯坦荒漠

中亚与哈萨克斯坦荒漠带，包括西起里海海岸，东、东南到准噶尔阿拉套山、天山、帕米尔阿赖山山前的广大区域。北界大致沿北纬 48° 线，南界为科佩特山、帕勒帕迈赛斯山山前。荒漠占据了土兰低地和哈萨克斯坦低丘的南缘。

在这一区域分布的主要沙漠有：卡拉库姆沙漠、克孜勒库姆沙漠、穆云库姆沙漠、萨雷—伊斯科特劳沙漠、咸海沿岸卡拉库姆沙漠、大巴尔苏克与小巴尔苏克沙漠、伏尔加—乌拉尔沙漠（图 17，вклейка）。北部分布广阔的别特帕克达拉石漠，西北分布乌斯秋尔特砾石石膏荒漠。里海沿岸分布盐碱荒漠——克利基奥尔、苗尔特维库尔图克、凯达克等荒漠。内陆盆地荒漠——萨雷卡梅什、卡拉绍克、巴尔萨克尔梅斯等荒漠。从土兰低地向山地窄过渡带为黄土荒漠（戈洛德纳亚草原等）。土兰低地上的残山为石漠或黏土劣地荒漠。

苏联荒漠带的地质基础是不相同的（图 18，图 19）。在中亚与哈萨克斯坦荒漠，最古老形成的是广为分布的哈萨克斯坦圆丘、克孜勒库姆岛山（阿克套山、布季套山等），由古生代、中生代变质的侵入岩出露的岩层组成，苏丹乌伊兹达格山也是这样。其余岛状残山形成于第三纪阿尔卑斯造山期（在曼格什拉克高原的大巴尔汉山、小巴尔汉山、图阿尔柯尔、卡拉套山等），由中生代侏罗纪、白垩纪以及新生代第三纪沉积岩（石灰岩、砂岩、泥灰岩）组成。

中亚与哈萨克斯坦平原经过不同形成历史。最古老的是：平原；哈萨克斯坦褶皱区圆丘；别特—帕克—达拉。这是古生代的准平原。这里出露从第四纪到前寒武纪的所有地层，被大面积的侵入、喷出结晶变质岩（片麻岩、玢岩、花岗岩）所复杂化。

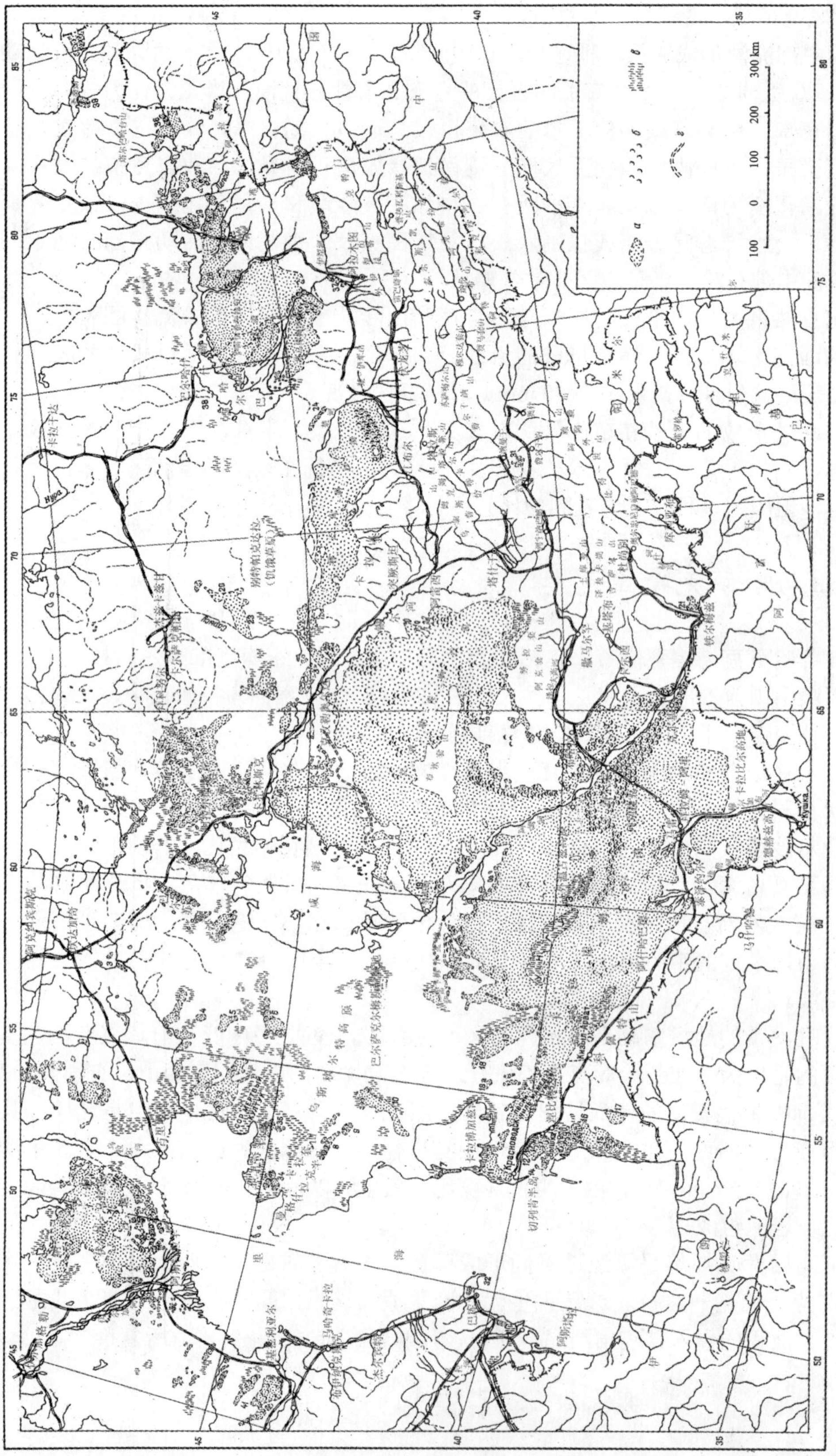

图 17　中亚沙漠

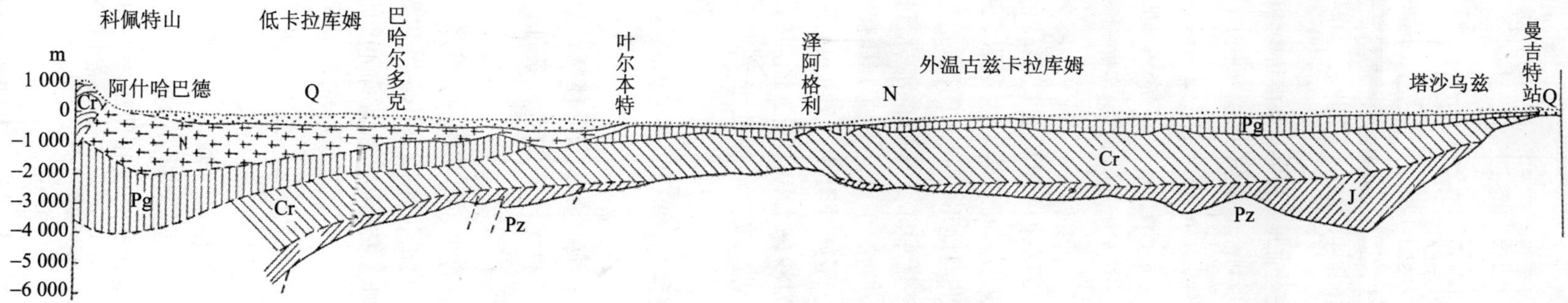

图 18　土兰低地南部地质剖面（根据Бород等，1965）

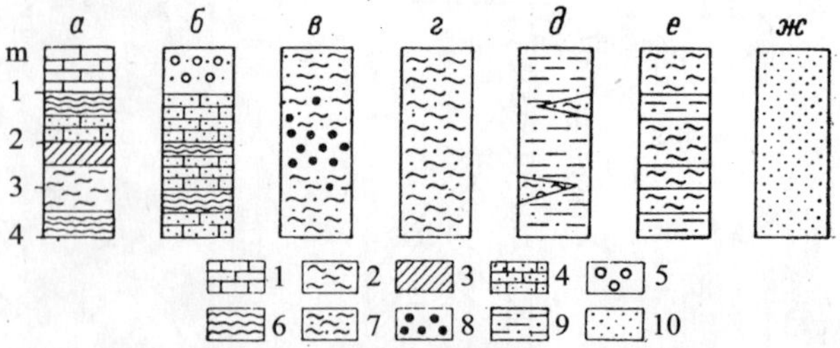

图 19　土兰低地平原部分表层结构特征

а—乌斯秋尔特（新第三纪）；б—克孜勒库姆（新第三纪）；в—山前平原（洪积）；г—龟裂地；

д—低卡拉库姆（卡拉库姆层）；е—阿姆河谷；ж—卡拉库姆（风成沙）。

1—萨尔马特石灰岩；2—泥页岩；3—结晶石膏；4—砂岩；5—混杂堆积；6—盐化的第三纪黏土；

7—冲积、坡积黏土；8—砾石；9—古冲积沙，卡拉库姆层；10—风成沙

乌斯秋尔特高原、克孜勒库姆及克拉斯诺沃茨克半岛台原，地质形成比较年轻，为水平的第三纪地层。乌斯秋尔特地层出露石灰岩、泥灰岩、黏土、沙和石膏结晶（图 19，а）。在高原上发育有喀斯特漏斗的平坦地形。有限的区域径流形成相当厚的砾石残积物，其上形成含有大量石膏的灰钙土。这样形成了乌斯秋尔特有特色的砾石荒漠景观。

克孜勒库姆是宽阔的不同程度切割的平原，平原上具有宽浅盆地与少量的岛状山（布坎套山，758 m；阿克套山，888 m；塔姆德套山，930 m；库尔朱克套山，784 m 等）。

克孜勒库姆平原的大部分地表为沙黏土和砾石（图 19，б），它们被破坏后形成疏松的沙物质与卵石。取决于覆盖层厚度，或者形成地形平坦含石膏质灰钙土的砾漠，或者形成垄—丘状沙漠景观。

山前倾斜平原地表为粗物质，有时为砾石（图 19，в），是泥流从山中携带冲积物。山前倾斜平原下部是龟裂地平原。

山前倾斜平原或窄或宽分布于山麓，通常为锥体状，外缘与土兰低地相接。亚黏土冲积层透水性弱，决定了山前荒漠具有比较好的水分条件。因此发育灰钙土，分布丰富的短命、类短命植物及不同种类的蒿。

山前龟裂地平原分布在科佩特山的西、西北山前。龟裂地由重黏土或亚黏土构成（图 19，г），有时厚度达 8～10 m。沉积物的机械成分决定了龟裂地表面形成多边形裂缝。龟裂地荒漠由于水分缺乏，无高等植物。生长适应短期湿润的低等植物——苔藓、蓝藻。

中亚低平原形成的地质年代很年轻，一部分形成于早第四纪，例如卡拉库姆低地、穆云库姆低地、咸海沿岸卡拉库姆低地。另一部分与阿姆河、锡尔河、穆尔加布河、捷詹河的河谷与三角洲同时形成。

老冲积平原在土兰低地仅分布在有限的区域，卡拉库姆低地是其中最大的。由厚达几百米的灰色云母沙组成，成分单一有透镜体（图 19，д）。

现代河床与三角洲沉积是由薄层（有时仅几厘米厚）产状水平的不同成分的沙组成（图 19，е）。古风成沙与现代风成沙，是以细沙为主的沙层，古风成沙与现代风成沙相比，尘的含量高一些（图 19，ж）。

中亚荒漠分布在亚洲大陆内部，具有强烈的大陆气候特征——夏季干热，冬季南方

相对温湿，北方寒冷（有时特别寒冷）。在中亚南部荒漠分布苏联最热的地方，最高气温达 50℃（铁尔梅兹、列别捷克），平均气温在 6 月，为 32℃（列别捷克）。北部荒漠夏天没有这样热（稀瓦，44℃）。

冬季中亚特别寒冷。来自北极、西伯利亚的寒冷空气到达这里。因此，冬季南部荒漠最低气温有时达–26℃（阿什哈巴德）。北部荒漠更冷些，通常冷到–42℃，一月平均温度达–15.3℃（切尔卡尔）。绝对最高、最低温度变幅很大，在北部荒漠为 55℃，南部荒漠为 80℃（图 20）。

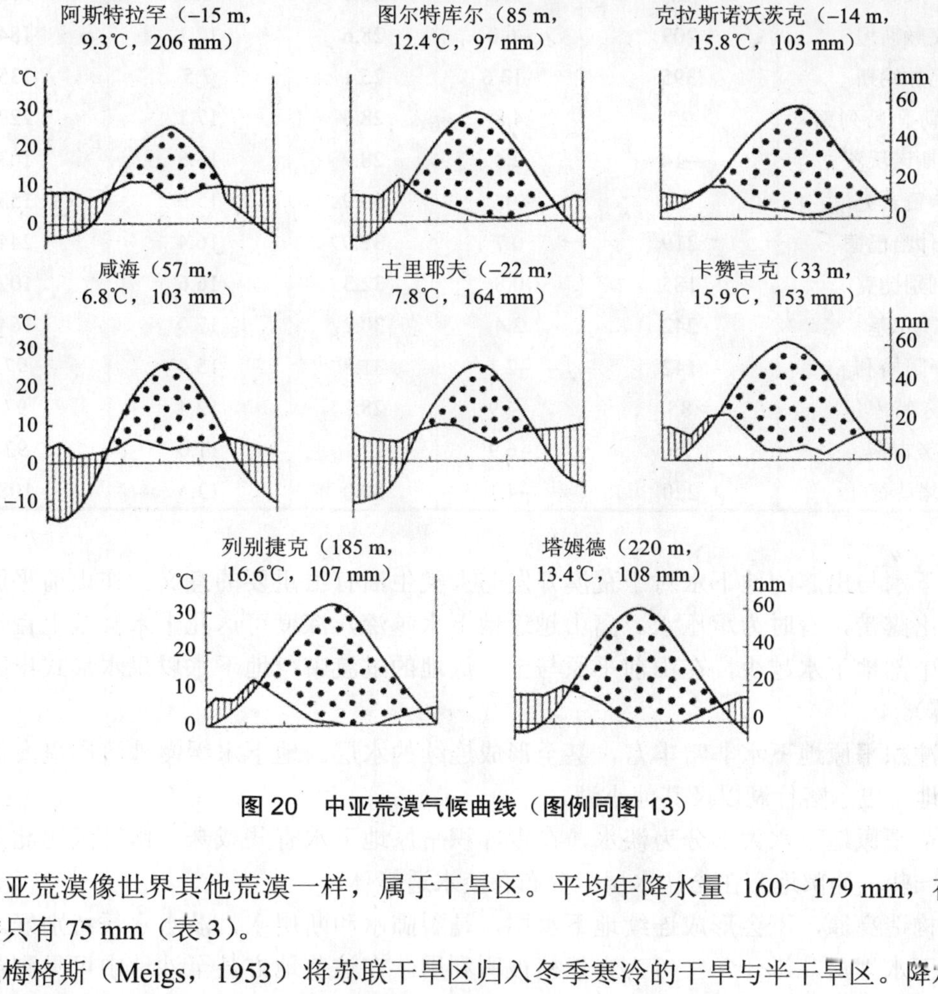

图 20　中亚荒漠气候曲线（图例同图 13）

中亚荒漠像世界其他荒漠一样，属于干旱区。平均年降水量 160～179 mm，在阿姆河下游只有 75 mm（表 3）。

П.梅格斯（Meigs，1953）将苏联干旱区归入冬季寒冷的干旱与半干旱区。降水量在北部没有季节差别，在南部冬季降水最多（Sb03，Aa03，Ac03）。

北部荒漠蒸发量高达 1 000～1 300 mm，超过年降水量 9～10 倍。南部荒漠蒸发量增大至 2 580 mm（泽阿格里），是年降水量的 26 倍。

中亚荒漠河网稀少。许多河流的水源自山地流向荒漠，消耗于蒸发与灌溉，部分下渗至土壤。一些河流散流于荒漠，形成干河谷和三角洲。甚至有些比较大的河流也属这种类型，例如，楚河、萨雷苏河、泽拉夫尚河、穆尔加布河、捷詹河。在中亚和哈萨克斯坦，只有两条最大的河——阿姆河、锡尔河，穿过荒漠 1 000 km 流入咸海。伊犁河、卡拉塔尔河流入巴尔喀什湖。

表 3 中亚荒漠、半荒漠气候

站	海拔高度/m	空气温度/℃			年降水量/mm
		月平均		年平均	
		1 月	7 月		
阿斯特拉罕	–15	–7.1	25.2	9.3	206
古利也夫	–22	–10.4	25.4	7.8	164
丘鲁克	124	–11.1	27.3	8.6	122
咸海	57	–13.5	26.3	6.8	103
突厥斯坦	209	–6.0	28.6	12.1	184
巴加纳斯	395	–13.6	25.1	7.5	135
克孜勒-阿特列克	22	4.8	28.6	17.1	229
克拉斯诺沃茨克	–14	2.4	28.9	15.8	103
卡赞吉克	33	–0.7	30.9	15.9	153
阿什哈巴德	219	0.7	31.0	16.4	244
列别捷克	185	0.8	32.3	16.6	107
凯尔基	242	2.4	30.2	17.0	164
泽阿格利	142	–2.1	31.8	15.4	97
图尔特库尔	85	–4.9	28.2	12.4	97
努古斯	76	–6.9	27.1	11.0	92
塔姆德	220	–4.1	30.0	13.4	108

地下水与出露的地下水对于荒漠开发与人类生活有很重要的意义。在山前平原形成连续的出露带，有时为承压水。离山越近地下水越深，深度可达几十米甚至上百米。越向荒漠中部地下水越少，在山前平原与土兰低地的过渡带，地下水以泉水形式出露地表（卡拉苏）。

古冲积平原地下水非常丰富，甚至形成连续的水层。地下水缓慢地流向里海盆地、咸海盆地、巴尔喀什湖以及其他小湖。

山前平原地下水大部分为淡水，在古冲积平原地下水有些咸味，南部区比北部区含盐量多一些。局部地方在含盐水层上分布有淡水透镜体。

在构造高原，不会形成连续地下水层，是裂隙水和断层水，淡水水质特别好。这些地方地下水埋深几米，常常可为自然植被所利用。在这些地方甚至沙地中可见到茂密的黑梭梭及其他灌木，在河谷可见到茂密胡杨林及河漫滩草地。

中亚荒漠干旱气候形成独特的土壤类型：南部荒漠不同类型的灰钙土；北部灰褐土。龟裂土、盐碱土、沙土广泛分布。在广阔的沙漠中，土壤形成处于初始阶段。

对于农业最有价值的是：山前灰钙土；现代河谷与三角洲的草甸灰色土和草甸灰钙土；中亚河流古三角洲的龟裂土。

中亚荒漠土壤的特色是溶解性盐丰富——碳酸盐、硫酸盐、氯盐。这些盐类在土壤淀积，或从含盐岩淋溶，或地下水毛细管上升。同时在荒漠土中有机质含量很低（总量不超过 1%）。这是因为荒漠植被稀少，进到土体中的植物残体很少。在荒漠草原带分布苏打碱土。

在中亚荒漠可划分下列荒漠植被类型（不包括河谷）：沙漠、沙砾石荒漠沙生乔—灌木（白梭梭、黑梭梭、头状沙拐枣、刺毛沙拐枣、李氏碱柴、康氏银沙槐、沙麻黄）；第三纪高原砾石荒漠小灌木（木本猪毛菜、格氏猪毛菜、松叶猪毛菜、盐生假木贼）；黄土荒漠短命、类短命植物（鳞茎早熟禾、粗柱苔草）；亚黏土荒漠半灌木蒿草，局部有多年生禾草及类短命植物（冰草、针茅）；龟裂地苔藓、藻类（双缘衣、鳞叶藻），多种类苔藓与蓝绿藻类（微鞘藻）。

在盐土荒漠中喜沙灌丛（盐节木、盐穗木、里海盐爪爪、短花柽柳）和一年生猪毛菜为主（猪毛菜、盐生草、碱蓬）。

这些类型的每一种都具有独特的生境条件，主要是土壤与水分状况。

最有生产意义的类型是沙漠和古河流三角洲的乔—灌丛：黑梭梭、白梭梭以及柽柳。沙的物理特性有利于沙生植物生长。

根据自然地理特征苏联的荒漠带可以划分两个亚带：北部哈萨克斯坦荒漠亚带；南部伊朗—土兰低地荒漠亚带。

这两个荒漠亚带自然地理特征差异：在南部伊朗—土兰低地荒漠亚带，强烈的大陆性干旱气候为主，年降水量大约 100 mm，主要集中在冬春季节（图 20），这样的降水分配是地中海气旋影响的结果。这一亚带夏季炎热，6 月平均温度为 32℃，大于 10℃积温 4 000～5 000℃，月平均温度的年变幅 30～33℃。

土壤类型为：典型的碳酸盐土，灰—褐土，灰钙土。土壤碳酸盐含量高（CO_2，10%～12%），是由于高度干旱的水文气候状况，促使碳酸盐在土壤层和下伏土层累积。

在沙地生长的喜沙植物以及喜盐植物、盐生植物，无论高大灌木还是短命植物，春季生长得都非常好，其余时间生长得差一些。

哈萨克斯坦荒漠北部亚带的气候更干旱些，温度变幅很大。但是在这些沙漠中阿姆河下游降水比较多，主要是北大西洋气旋作用的结果。春夏降水多，其他季节降水也比较均匀。与南部荒漠亚带相比，冬季长而干燥，平均温度为–3～–9℃。夏季较热，7 月为 26～28℃。大于 10℃的积温南部荒漠很高（3 000～3 500℃）。温度的年变幅为 37～40℃。

土壤碳酸盐含量小（CO_2，1%～5%），为灰钙土。原因是降水比较均匀，不利于碳酸盐淀积。

在黏土荒漠半灌丛占优势的植物，主要是蒿、灰滨藜。沙漠主要是旱生的喜沙植物——胡颓子属与柳属，以及禾本科植物——鹅观草、野麦属。生长期夏季退化现象不明显，短命植物少。

荒漠亚带进一步细分，应考虑岩性—土壤环境，土壤湿度与植物。

每一亚带根据母质和土壤，划分下列荒漠岩性—土壤型：①疏松沙质栗钙土、灰褐土古冲积平原典型沙漠（图 21）；②第三纪石膏灰褐土高原砾石—沙漠；③第三纪高原碎石荒漠（图 22）；④褶皱山、圆丘块石荒漠；⑤咸海北部轻度盐碱灰褐土高平原亚黏土荒漠；⑥北部灰钙土山前平原黄土荒漠；⑦平原、古三角洲的黏土龟裂地荒漠（图 23，图 24）；⑧岩性为含盐泥岩与黏土的老第三纪低山劣地荒漠（图 25）；⑨盐化盆地与海岸盐碱荒漠（图 26）。沙漠分布面积最大，为高灌木、半灌木所固定。沙漠主要分布在克孜勒库姆西北，低卡拉库姆，近巴尔喀什沙地，穆云库姆，哈萨克斯坦西北伏尔加河、乌拉尔河之间的沙地，里海西岸沙地。

图 21　卡拉库姆荒漠中的固定沙地

图 22　乌斯秋尔特高原上的砾石石膏荒漠

图 23　土库曼斯坦南部科佩特山前平原长有盐生植物的龟裂地

O.H. 努尔盖里德耶夫摄影

图 24　乌斯秋尔特高原南部陡崖前长有稀疏黑梭梭的龟裂地

图 25　西科佩特山劣地荒漠

图 26　土库曼斯坦西南部生长稀疏盐节木的盐化荒漠

印度荒漠

印度半岛的西部荒漠、半荒漠占很大面积。这里分布着塔尔荒漠与达尔荒漠，而它们则分布在广阔的印度河及其支流的古冲积平原上，以及德干高原与其相毗邻区域。这里的干旱是大气环流特征所决定的。

塔尔荒漠（Tap） 塔尔荒漠分布于印度与巴基斯坦毗邻的区域。面积约为 300 000 km^2，其中 120 000 km^2 位于拉贾斯坦邦。塔尔荒漠北部是属于亚热带沙漠区、南部属于热带沙漠区。塔尔荒漠波状平原向印度河谷、卡奇盐土平原倾斜。东部平均高度为 325 m，在印度与巴基斯坦国界降低到 150 m，穿过干枯的短小河流（图 27）。

塔尔荒漠的地质构造特征是不同的，荒漠西部位于古印度河谷，是山前凹陷区。东部位于印度地台的侵蚀区。相应的东部地台荒漠特征，是风成沙垄与垄间低地基岩（前寒武温迪亚砂岩）露头的综合体。沙垄分布区有残山，由含粉红、鲜红石膏透镜体的砂岩组成，或不高的喷出岩、变质岩（花岗岩、片麻岩、石英岩）褶皱小丘。

塔尔荒漠第四纪沉积为印度河古冲积层与风成沙。

风成沙在西拉贾斯坦邦占了 90%的面积。沙漠地貌分为三个基本类型：纵向沙丘；新月形沙丘；抛物线形沙丘。纵向沙丘呈东北—西南走向，主要分布于南部大卡奇平原。平均高度为 10～15 m，长 5～10 km，宽 150～200 m。新月形沙丘分布面积不太大，在沙垄的脊部，由于植物利用不合理遭受吹蚀。形态完整的新月形沙丘很少，经常看到的是半张的有新鲜积沙的脊部。

塔尔荒漠的巴基斯坦部分，气候更干燥，新月形沙丘分布广泛。单个新月形沙丘及新月形沙丘链的长度为 100～200 m，高度达 20 m。

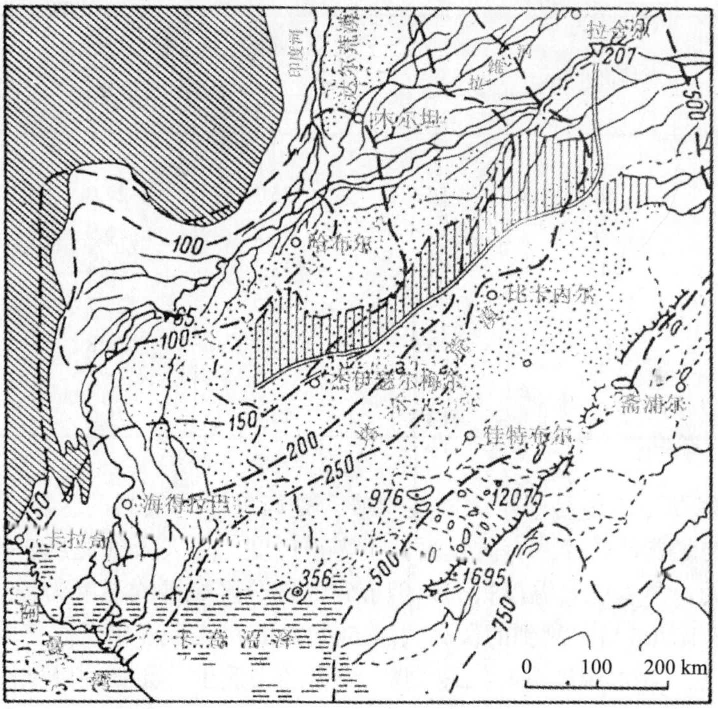

图 27 塔尔荒漠图（根据 Dresch，1965）

1—沼泽；2—沙覆盖大于 20%的地面；3—在建设的西拉贾斯坦运河；4—阿拉瓦利残山分布界限；5—运河区未来的灌溉范围；6—等降雨量线（mm）；7—巴基斯坦山区

向北到奥西安（Осиан）区、比卡内尔区，分布着被В．科尔尼什（Cornish，1897）所记述过的横向沙垄和抛物线形沙丘，它们有成因上的联系。抛物线 U 形沙丘常与横向沙丘相连接，U 形的凸向为主风向。这样的地貌形态形成于沙被植物固定的半荒漠环境。在横向沙丘迎风一侧长有一些大乔木，证明沙丘固定的时间较长。

在荒漠的东北缘，主要是单个的大沙垄，呈西南—东北走向。高 8～10 m，宽 200～225 m。它们比较平缓，移动缓慢。

根据Э.Н.布拉科维什的意见（1968），塔尔荒漠西部的风成沙，是从位于西、西南的印度河古河谷输移来的。风成沙垄延伸方向标示主风向。

在塔尔沙漠的北部旁遮普河，季风雨可以到达沙漠，沙垄间分布黏土低地，大多盐碱化。

达尔荒漠（Тал） 达尔荒漠分布于印度以北的巴基斯坦境内，印度河、杰赫勒姆河、特里马布河（Тримаб）之间，是这些河流所形成的。沉积物主要是这些河流的古冲积物，部分经风力吹蚀。沙漠与热带稀树干草原是这里的主要景观。

达尔荒漠的自然特征与塔尔荒漠相似，气候（表 4）、土壤、植被都相似。人类作用的强度达尔荒漠比塔尔荒漠强烈些。

表 4　印度荒漠气候

站	海拔高度/m	空气温度/℃			年降水量/mm
		月平均		年平均	
		1 月	7 月		
塔尔荒漠					
雅各布阿巴德	56	14.6	35.2	27.0	92
海得拉巴	29	17.5	34.2	26.9	179
比卡内尔	245	14.7	33.3	26.4	292
汗布尔	99	13.3	35.7	25.7	164
萨库尔	74	13.8	30.1	26.8	94
达尔荒漠					
木尔坦	128	13.6	34.6	25.3	182

达尔荒漠、塔尔荒漠都是干旱大陆性气候。是印度半岛最热的区域。但是这里冬季非常凉，许多地方通常比较冷，有时气温低于零摄氏度。夏天天气炎热。

五月是最热月，尽管七月温度很高，但五月大部分区域平均温度为 35.8℃（汗布尔，表 4，图 28）。在根加纳格尔测到的最高气温 50℃，而在比卡内尔、杰伊瑟尔梅尔测到的最高气温 49℃。空气相对湿度有时低达 1%。尘暴经常发生，会强烈降低温度，突发性降雨缓和酷热。

尘暴发生的频率与强度向东减少，在根加纳格尔沙尘暴年平均 27 天。而在比卡内尔 18 天，在西北部 7 月、南部和西南部 5 月尘暴的天数最多。大风暴具有相反的趋势。拉贾斯坦邦东部的大风暴次数多于西部。在焦特布尔大风暴平均 25 天，而在巴尔梅尔、比卡内尔 10 天左右。5—9 月，特别是 6 月、7 月，大风暴一般很少。

年平均降雨量低于 200 mm，降雨不稳定年变幅大。降雨量向西减少到 100 mm。暴雨后水汇集沙垄的垄间低地，类似在中亚看到的龟裂地。雨期与高温期一致，始于 6 月终于 9 月。蒸发量高达 3 000 mm。

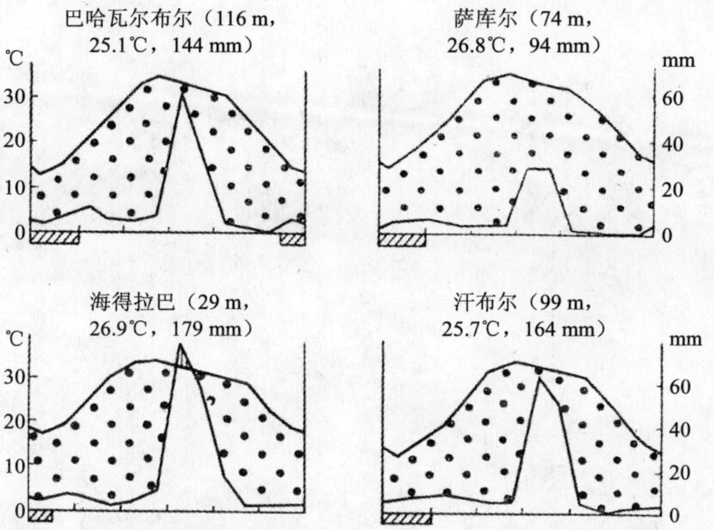

图 28 塔尔荒漠的气候（根据：Walter、Lieth）（图例同图 13）

风况特征是主导风向随气团活动有规律地季节性变化。每年的 9 月到 5 月是冬季寒冷的季风期，以干燥西北风为主，6 月到 9 月是湿润的夏季风期，以带来水汽的西南风为主。就在此期间塔尔荒漠降水最多。在荒漠的西部区，年降水日数正是西南风占优势的日数。在雨（季风）期，风速为 19.4 m/s。

由于气候特别干旱，地貌的风力过程非常活跃。被沙磨蚀的山岩是荒漠中的典型景观。一些地方形成风蚀龛。

由于降水稀少，塔尔荒漠地表水贫乏，山前仅在雨期有临时性径流。

尽管降雨稀少、蒸发量大，但地下水丰富，特别是北部区。地下水的补给主要来自山地径流下渗荒漠、印度河床的渗滤水，以及大气降水。

塔尔荒漠的东北部井的平均深度 20～30 m，西部 100～200 m，南部 140 m。水的矿化度从东部的 0.5 g/L 向西增加到 25 g/L。

塔尔沙漠与达尔沙漠的土壤与中亚的疏松的沙质灰钙土相似，都是灰黄颜色无明显分层，碳酸盐含量 1.5%，腐殖质少（0.4%～0.6%）。

沙漠沙由中粒度的石英、长石、角闪石及其他矿物组成。最古老的地表面是垄间低地古冲积层，通常有盐壳——厚的石膏层，厚 2～3 m 或更厚。

塔尔荒漠与达尔荒漠植物非常丰富（图 29），沙生灌木有：沙拐枣、鹰爪豆柴、无叶槌果藤、盐角草状盐木等，经常见到单株乔木穗花木豆树。

土壤水分正常年，草茂密，最常见的是下列几种：硬胶鳞草、睫毛蒺藜草、刚毛蒺藜草、蓝黍草、沙莎草。

在盐碱地段生长羽穗草，在低地有时被洪水淹，长有双花草。这些草在土壤中留下大量根抗风蚀。

在塔尔荒漠的东部过渡到非常宽的印度稀树草原带。乔木与灌木是：阿拉伯金合欢、阿拉伯胶树、穗花木豆树、大牛角瓜萝摩科。

图 29　塔尔荒漠固定沙地

伊朗高原荒漠

伊朗高原（伊朗、阿富汗、巴基斯坦西部）的干旱景观，主要是沙漠（卢特荒漠，雷吉斯坦荒漠，哈兰荒漠）、盐碱荒漠（卡维尔盐漠）、黏土—砾石荒漠（马尔科赫）（图 30）。

伊朗高原荒漠不同于中亚荒漠，海拔高度为 400～800 m 的山系分布于伊朗高原的外围，环绕宽阔的伊朗中部高平原。这一高平原是平缓的盆地，输移物质来自周围山地，地表水贫乏，盐碱化强烈。高平原被不高的山岭分割成许多独立的山间谷地或凹地。在平原上也分布植被稀疏的孤立小山。

伊朗中部高平原主要分布于卡维尔盐漠和卢特沙漠。盐碱荒漠成因可能与盐湖有关，伊斯法拉东南的加夫黑（Гавхн）湖，设拉子东南的纳马克湖，伊朗东北的涅敏克扎尔（Немекзар）湖。盐碱地、湖盆位于伊朗、阿富汗、巴基斯坦境内。贾兹木里安（Джазмуриан）盆地的土壤盐碱比较弱，地下水是淡水。

低山荒漠的相对高度为 500 m。低山荒漠通常是平缓岗丘与低山结合，组成物质泥灰土、黏土、沙。在中亚这样的地貌称为巴一垒（баиры，音译）。在老第三纪黏土沉积分布区低山为劣地（伊朗东南，土库曼—霍拉桑山）。低山分布于大山系的外缘，特别以伊朗东南（莫克兰）为典型。

构造地貌类型的特征是由层状的冲刷风化物（砾岩）水平堆积成宽阔的平原。这样的特征，对于伊朗高原的内部高地，对于边缘的盐碱盆地（卡维尔盐漠，特别是卢特荒漠），都是很典型的。

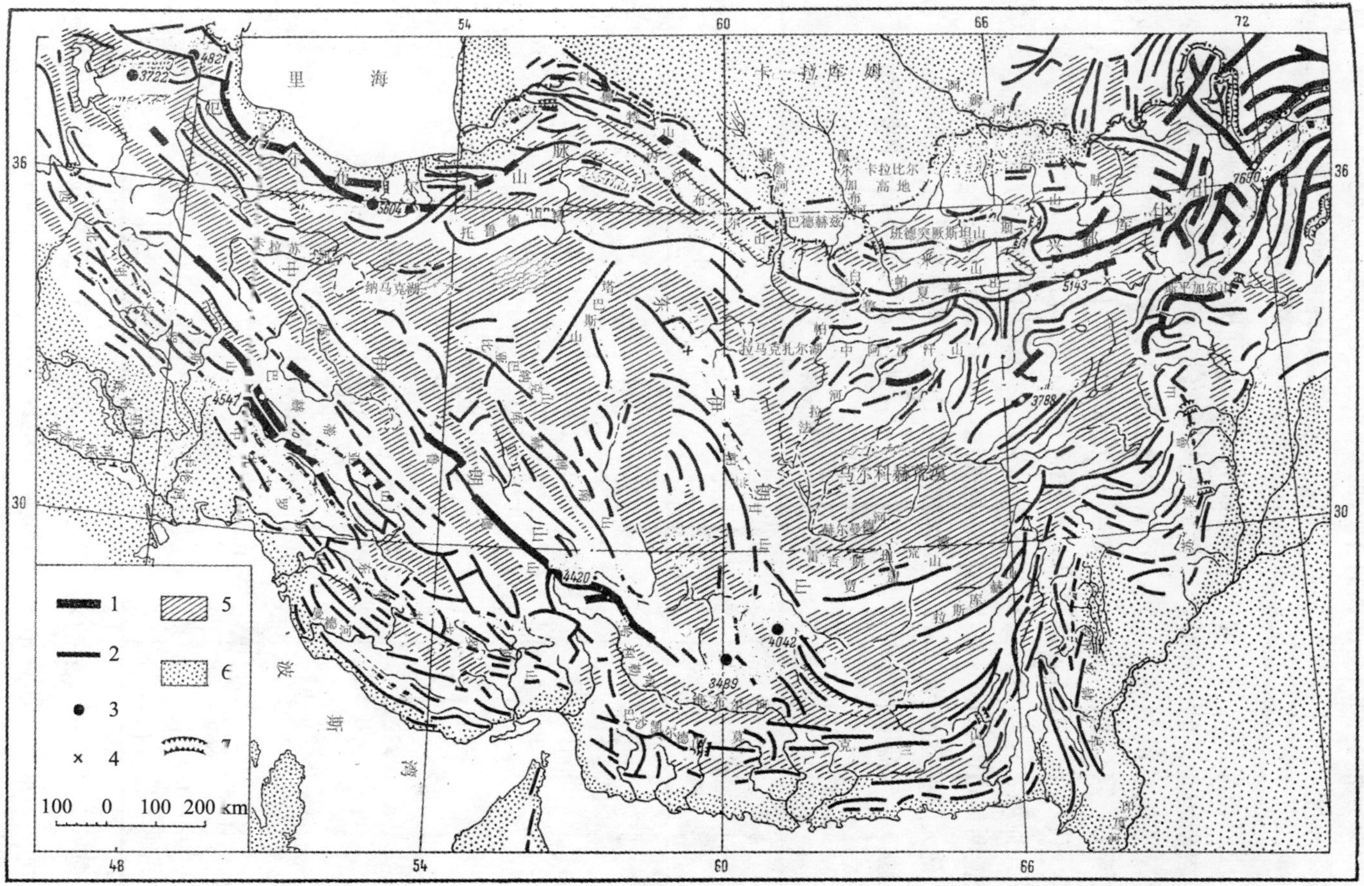

图 30　伊朗高原主要荒漠分布略图（Ю.К.耶费列莫夫编绘）

1—高山岭（相对高度 2 000 m）；2—中山岭与低山岭；3—最大的火山锥；4—重要山口；5—山间盆地；6—山前平原；7—重要峡谷与通道

堆积地貌类型是由疏松的第四纪及现代河流、湖泊、坡积、风成沉积堆积形成的。

湖积平原分布于伊朗高原的最低部分，是由一系列大的封闭盆地—盐漠组成：卡维尔盐漠、涅敏克扎尔盆地、锡斯坦盐漠盆地、贾兹木里安盆地等。

倾斜山前平原分布于伊朗高原的许多山前。它们是由山地冲刷物——砾石、角砾、细土堆积而成，厚度可达几百米。倾斜平原由许多源自山地的河床、临时性径流的冲积扇所构成。

风力堆积地形在高原内的盆地中很典型。表现最明显的是伊朗与阿富汗沙漠，以及卢特荒漠、雷吉斯坦荒漠的一部分，疏松地表沉积吹蚀过程非常活跃。这里可以看到亚洲沙漠的所有风成地貌类型——沙垄、丘状沙地、新月形沙丘。在卡维尔荒漠、贾兹木里安盆地、波斯湾、阿曼海湾沿岸，风成地貌的分布面积很小。

由地下水、排水条件所决定，平原分布盐碱荒漠、砾石荒漠和沙漠。沙质平原生长稀疏的梭梭及其他灌木，地形为缓丘和新月形沙丘。龟裂地发育，特别是在西部。在亚兹德、比尔詹德两城市附近，分布大面积的龟裂地。

伊朗高原是大陆性亚热带气候。荒漠盆地位于山地间的位置特征，周围高山岭阻挡了含水汽的气团，当气温非常高时（表 5，图 31），降水非常稀少（60～100 mm）。

表 5　伊朗高原荒漠气候

站	海拔高度/m	空气温度/℃			年降水量/mm
		月平均		年平均	
		1 月	7 月		
伊朗					
德黑兰	1 219	2.6	28.6	16.1	250
伊斯法卡	1 773	2.5	27.9	15.4	117
耶兹特	1 200	6.0	33.0	19.0	126
扎黑丹	1 370	6.0	31.0	18.0	76
扎博利	516	1.0	30.0	20.0	83
阿富汗					
赫拉特	922	2.0	30.5	16.4	201
坎大哈	1 044	5.5	31.5	18.9	192
基里希克	945	8.5	33.5	20.7	168
巴基斯坦					
穆什克恰赫	860	—	—	—	40
杰曼	1 314	6.3	31.5	19.2	180
达尔本丁	849	—	—	21.6	123

气候特征是：几乎全年天空晴朗，空气干燥，夏季炎热、尘雾与尘暴。因为缺水伊朗高原荒漠几乎无人居住。П.梅格斯（Meigs，1953，1955）将伊朗高原归入冬冷、冬季最大降水的干旱类型。

卡维尔荒漠　卡维尔荒漠分布于厄尔布鲁士山、霍拉桑山以南的广大区域。具有从山地向盆地中部缓倾斜的特征。盆地的最小高度为 800 m。平坦的地形特征被个别的孤立童秃低山所破坏。

山前荒漠平原由洪积砾石—角砾石与比较大的河流（Дубрар，Колей-Мура）冲积沙—黏土沉积交互构成。靠近中心区是角砾石—砾石与沙—黏土混杂沉积。荒漠中心区是难以通行的蓬松盐土壳——松陷盐土。

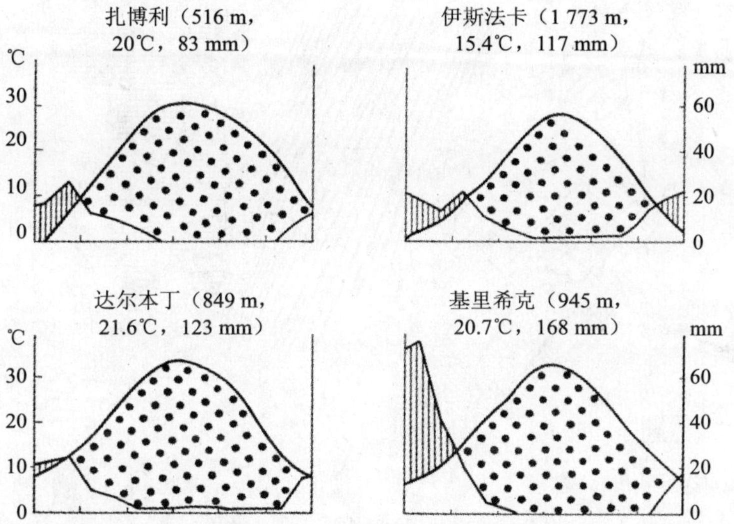

图 31　伊朗高原气候曲线图（图例同图 13）

在荒漠中有一些面积不大的风成沙堆积，在卡维尔荒漠北部，是高度为 2 m 的新月形流动沙丘，沿铁路线可见到（卡维尔等车站）。新月形沙丘 8 月从东南向西北移动。新月形沙丘是山前荒漠砾石—沙沉积经风力作用形成的。植物非常稀少，低矮的灌木柽柳和两三种猪毛菜。

卢特沙砾石荒漠　卢特沙砾石荒漠分布于伊朗东南，从东北向西南延伸 1 100 km。海拔高度低于卡维尔荒漠（平均 600 m）。

荒漠自然环境非常多样，景观不仅有沙漠，还有盐漠、砾石荒漠、岩漠（图 32）。太阳与风力作用的痕迹随处可见，表现为风蚀与风积各种形态。

在荒漠分布区常可以看到被卵石覆盖的古河床，这证明伊朗高原荒漠第四纪水量丰富。与此同时，看到分布广阔的几乎无水的石漠。商队通行很困难，汽车通行容易。

现代流水活动非常微弱，因为低山外围是荒漠，从低山流出的河流水很少。河流水量少的原因是降雨量很小（不到 100 mm），而蒸发量大。夏季很多河流下游干涸，河流以盲三角洲消失。

卢特沙砾石荒漠中，物理风化特别强烈。被荒漠包围的山或荒漠中隆起的山，以及平原的基岩在强烈的日照和风力作用下，迅速迸裂形成各种不同的风化形态。风将沙、尘从一地输移到另一地。

斯特拉基勒-扎耶尔（Stratil-Sauer，1952）发现，在这一荒漠的中部有下列风化形态与流沙地貌：小山风影区的沙堆、镰刀形的新月形沙丘及大的新月形沙丘、吹蚀坎、风蚀槽、蚀余形态——“风蚀柱”“风蚀蘑菇”等（图 33）。

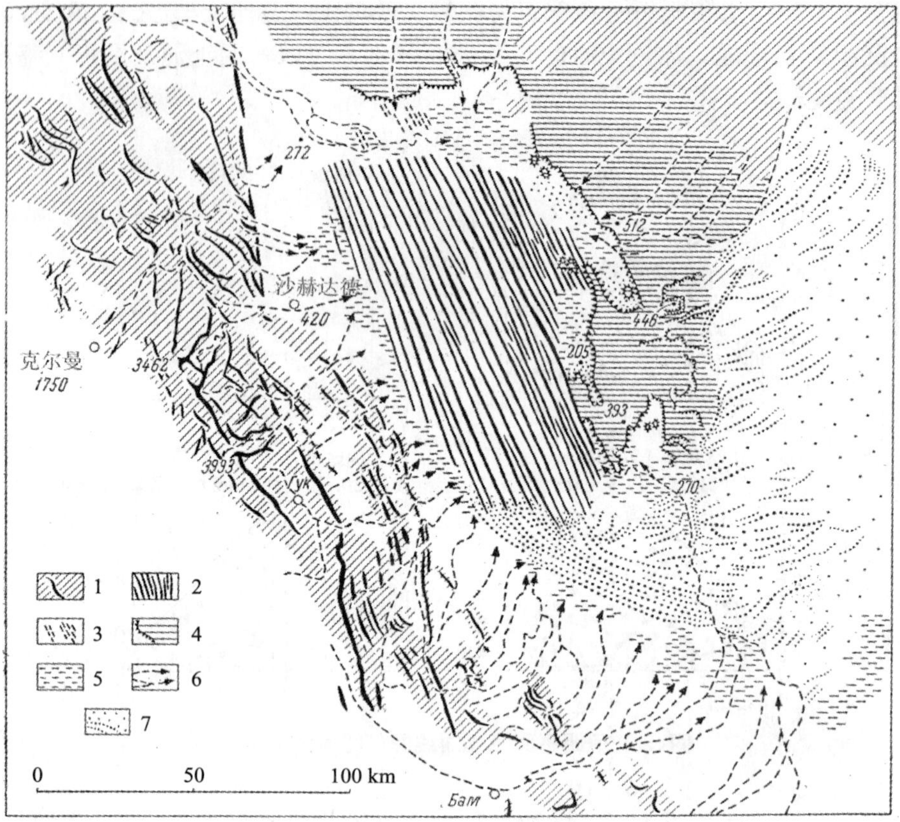

图 32　卢特荒漠南部地貌（根据 Dresch，1968）

1—山与褶皱山岭；2—风化灰岩平行长墚；3—雅丹；4—基岩风化的高原；
5—盐碱盆地；6—山前平原河谷与三角洲；7—风成沙：新月形沙丘、沙垄、金字塔沙丘

图 33　卢特荒漠的蚀余地貌（雅丹）（根据 Krinsley，1970）

风成地形形成的主风向是北风与西北风，南风作用比较小。与此相应，大沙堆向荒漠的南部移动，南部是主要积沙区。

卢特荒漠流动沙丘景观与卡拉库姆荒漠相似。沙丘链就像沙海的波浪，高度可达 10～15 m。它们平行移动，局地是一个叠置在另一个上面。新月形沙丘的特征是早、晚都有落沙坡影。稀疏的植物不会破坏沙丘的流体形态。

有些地方沙移动如此强烈，以致吞没了居民点。一些居民点以前搬迁到荒漠边沿，现在的水井、坎尔井、土地、房屋被沙埋。荒漠中水很少，咸水很少利用。

锡斯坦盆地荒漠　锡斯坦盆地面积为 2 500 km²，大部分分布在巴基斯坦境内。平均海拔为 300～350 m，最低部分位于伊朗的萨瓦兰盐湖（Хамуни-Саваран）区。赫尔曼德河水从南、法拉河水从北汇入盐湖，这两条河源自阿富汗南部山地。除这些大河外，还有一些夏季干涸的小河从西部流入锡斯坦盆地。

赫尔曼德河的古三角洲、现代三角洲，是盆地的主体。赫尔曼德河宽广的三角洲，决定了冲积、沉积特征与水文状况。三角洲的北部周期性被水淹。南部水淹程度小些，在俄文文献中称之为“萨瓦兰河床”。在“萨瓦兰河床”与赫尔曼德河之间，分布着高于湖面及三角洲的混杂砾石的亚黏土荒漠，以及波状起伏的卡维尔荒漠平原。

锡斯坦盆地是大陆性气候。尽管纬度低（30°～32°），12 月、1 月、2 月相当冷，温度常低于零摄氏度。湖水不结冰。这期间降雨稀少，很少降雪。夏季干燥无雨，年降水量 50～55 mm。空气相对湿度小，特别是夏天，5—9 月低于 10%。春秋两季是一年比较好的时期。夏季 6 月下旬开始吹热西北风，在锡斯坦称为“萨多-比斯多鲁兹”（садо-бисторуз音译，即 122 天风）。这种风是间歇性，时而平静，时而飓风，有时局地可以扬起沙尘。这期间空气温度达 43～45℃。最热的月份是 7 月、8 月。

锡斯坦盆地荒漠植物很贫乏。这里是棕榈分布的北界。通常见到杨、柽柳、柳、枸棘。在黏土—盐碱平原生长槌果藤、骆驼刺、草本猪毛菜。

在锡斯坦盆地罗隆（Норун）沙区，在赫尔曼德附近分布大面积流沙。流沙植物稀疏，局部生长稀疏的梭梭、低矮沙柳，以及草本植物骆驼刺、合欢等。村庄附近有高 1 m，宽 5～10 m 的流沙带。

在阿富汗的西南是加兹-尼坎大哈低缓山地，其西部高度为 3 313 m，西南阶梯状降低，与马尔戈荒漠、雷吉斯坦沙漠连接。

雷吉斯坦沙漠　雷吉斯坦沙漠分布于赫尔曼德河的右岸及其支流阿尔根达颇河（Аргендаб）沿岸，高度为 500～1 500 m。占据了广阔的山间盆地的东部，面积为 40 000 km²。

这是阿富汗最大的干旱荒漠，分布半流动新月形沙丘，沙丘被干河床分割成独立的几个分布区。沙丘形态为纵向沙垄。局部地区新月形沙丘高达 60 m。

马尔戈荒漠　马尔戈荒漠分布于哈什河下游与赫尔曼德河的下游河之间，高度为 400～1 000 m。地表黏土—砾石，生长猪毛菜、蒿—猪毛菜。西南部是沙漠，有许多干河床，仅春季有水，有斑状龟裂地与盐碱地。

瑙米德荒漠　瑙米德荒漠分布于伊朗东部山地以东宽阔的山间盆地。有许多支流的法拉河，携带大量盐土汇流封闭盆地。盆地中以黏土荒漠和盐碱荒漠为主。植物是综合性的：在有斑状盐碱土的盐碱灰钙土上生长的蒿—猪毛菜（有盐碱猪毛菜地块）；局地生长黑梭梭。

沿莫克兰南部山前以及阿曼湾、霍尔木兹海峡沿岸，分布于沿岸荒漠带，宽 80 km。这一倾斜冲积平原，地貌形态为沿岸低地，局部盐碱化。沿岸带形成一些被窄河谷分割的垄状沙岗。土壤是发育初始阶段热带荒漠土。植物是印度—阿富汗类型，稀疏生长缓慢，河谷植物较丰富（合金欢属等）。

哈兰荒漠　哈兰荒漠位于巴基斯坦西部。由疏松的冲积沙和巴屯河、马克谢里河（Макшель）输移的黏土组成。这些河流汇集成盐湖，现在湖水咸化。

第三章　阿拉伯半岛荒漠

阿拉伯半岛位于北半球亚热带大荒漠带。这一荒漠带分布一些大沙漠：鲁卜哈利沙漠，大内夫得沙漠，小内夫得沙漠（代赫纳），哈萨沙漠，以及面积小的沃希拜沙漠等。西部被红海沿岸山围限：汉志（希贾兹）山，阿西尔山（图 34）。

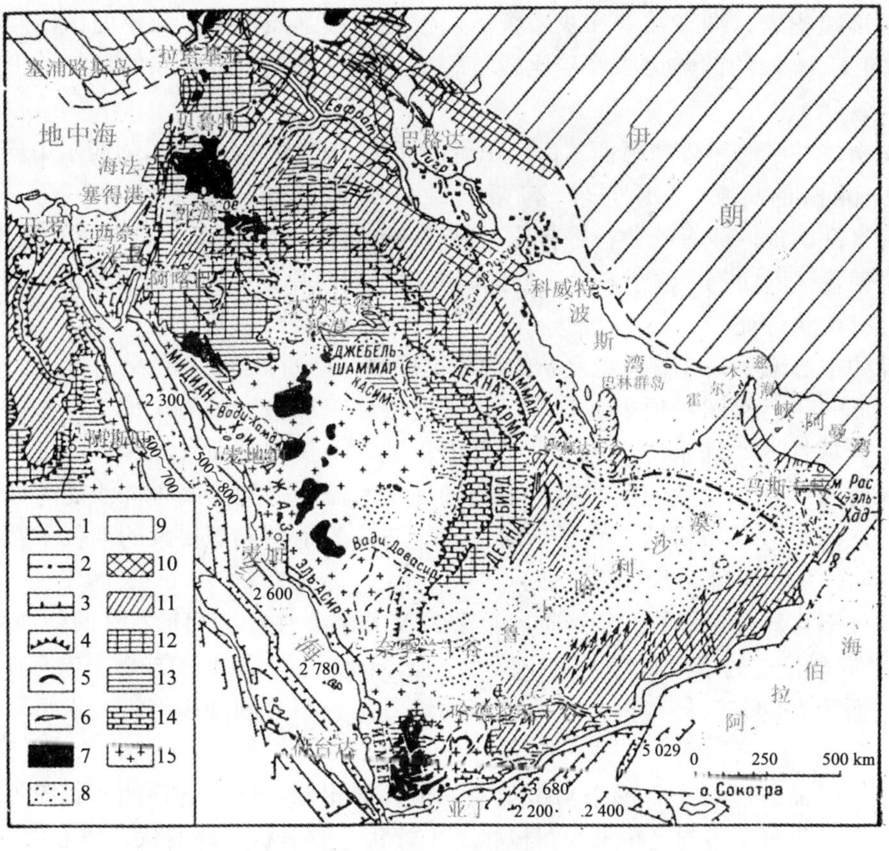

图 34　阿拉伯中东部构造略图（根据 Биро，Дреш，1962）

1—塔伏尔山岭区；2—褶皱岩系界限：3—断层；4—陡崖；5—阶坎；6—褶皱；7—上新世-第四纪玄武岩层；8—沙丘、沙垄；9—第四纪沉积；10—新第三系；11—始新统；12—白垩系；13—卢比砂岩；14—侏罗系；15—基底

汉志区是山地分割高原，高原陡坡达 2 000 m，沿岸是强烈积沙的帖哈麦平原。向东高度降低，峡谷切割深度 60～120 m。

在汉志山西部是狭窄带状的缓倾斜平原，从海平面到山地宽 7～80 km，沿海岸分布珊瑚礁。汉志倾斜平原的平坦性被一些孤立的褶皱残山和旱谷所破坏。部分干河谷是临时性有水，但许多源于阿西尔、也门高山的旱谷经常有水。旱谷下游变宽，宽度达 2.5 km，被沙墚分割成许多干河谷。

所有沿岸荒漠物质是深厚新第三纪—第四纪沉积物。为海积、坡积、坡积—冲积综合成因。海积物分布在红海沿岸，沙、黏土、卵石、砾岩交替沉积。沙是各种粒径，混有砾石与卵石，云母较多。局部地方被黏土胶结成疏松砂岩。

越靠近山，海相沉积混杂洪积物，矿物成分越类似山体或残山，块体越多。

帖哈麦平原地下水依靠来自山地的地表径流与地下渗流，补给水源稳定。山地降水非常丰富，特别是向帖哈麦的倾斜面上（阿布奥西莫夫，1970）。

汉志山的东麓，逐渐降到内志高原，内志高原南部高 1 500 m，北部降低到 450 m。

内志高原向东有一宽阔的斜面，与哈萨沙漠分界降低到 359 m。在内志高原向西的斜面上，发现喷出岩，向东被沙和灰岩覆盖。侵蚀过程强烈，这里为单面山，陡坡朝向西（图瓦依可）。高原的西部边缘经受比较年轻的侵蚀过程，发育复杂的切割地形—哈尔拉（xappa，音译）。

再向南，在红海岸分布阿西尔山，山脊高而陡，高达 3 658 m。阿西尔山向东是高度 1 800～2 100 m 的高原，高原向东逐渐降低到 1 000 m 的鲁卜哈利荒漠。

南阿富汗山地，或者哈德拉毛台原（高 2 469 m），由侏罗纪、白垩纪、第三纪组成，被断层、干谷强烈切割。位于半岛东南的阿曼山是阿尔卑斯造山期的褶皱山，高 3 352 m。它们都具有台状特征。

半岛的中心部分是地貌类型复杂的内志高原沙—砾石荒漠。

干河床—干谷是阿拉伯半岛荒漠一个重要的地貌形态。分为现代干谷与古干谷。现代干谷是周期性冬季涨水，大水产生强烈的侵蚀，不仅侧蚀而且深蚀。深度不大，一般阿拉伯干谷深度达到白垩纪灰岩层所形成的地下水流。在地下水埋深浅的区域，可以用于水塘、水源、水井、耕地、牧场、居住点。与作为水文地理要素的现代干谷同时，还有古干谷网，被沙半埋，具有凸型坡。

大部分干谷具有相似的沟谷形态，上游为 V 形谷，中游为箱形谷（两种沟剖面形态，按照 B.彭克理论，处于活跃侵蚀期），下游横剖面不明显，宽阔的冲积平原有很多游荡河床。有剖面形态的宽河谷向冲积平原过渡的地方，分布大的冲积锥。冲积平原是水与冲积物的综合体。

阿拉伯半岛的所有干谷形态与撒哈拉的干谷很相似。很多这样的干谷成为广阔区域的景观要素。分布最多的是轮廓为树枝状、平行状、放射状、蜂窝状、羽毛状。

内志高原周围是沙漠。北部是广阔的内夫得沙漠，内夫得沙漠南部以积沙的干谷与鲁卜哈利沙漠连接。东部是代赫纳沙漠，也叫小内夫得沙漠，局地被砾石覆盖，大部分面积是细沙。

在高原的中部有相当多的平缓盆地，它们主要被洪积物和风成沙填充，风成沙形成一些大面积积沙，像代希积沙、锡尔积沙、纳瓦西夫（Харрат-Навасиф）积沙、基代夫（Харрат-Кишб）积沙等，海拔高度为 450～1 000 m。积沙与高度为 1 585 m 的残山和平缓山交替分布。阿拉伯半岛的大面积沙丘（нефуды①），确实与撒哈拉沙质荒漠很类似。

阿拉伯半岛是元古代结晶地块，靠近红海的西部抬升 3 353 m，形成陡坡。向东石灰岩、砂岩地台沉积岩层潜入波斯湾（图 35）。

阿拉伯半岛地表沉积多样性，致使地质构造复杂化。除了古结晶基底出露，还有侏罗纪、白垩纪的石灰岩、砂岩，以沉积沙为主的第四纪疏松沉积层分布很广。

这些地表岩性沉积类型决定了荒漠类型。例如，砾石—沙荒漠，或分布于前寒武地盾古地表，或分布于第三纪地台高平原：叙利亚老第三纪荒漠；哈萨（Эль-Хаса）新第三纪荒漠。

阿拉伯半岛沙漠分布与地质构造、第四纪历史和现代风况密切相关。P.彼罗特、Ж.德列什（Birot，Dresch，1956，1962）写道：阿拉伯半岛很少或完全不可能有沙，半岛西部很陡，深切河谷水流输移块状物质到红海，沙丘沉积物仅集中于帖哈麦。

高原上降雨量足以从倾斜面携带大量冲积物，冲蚀切割地形。河谷经常有水，大面积泛滥。高原东部的平坦岩石基底逐渐被沙覆盖，但沙不能形成大的沙丘。大片的积沙仅出现在那些出露砂岩是主要沙源的地方。在北部的砂岩上是内夫得大荒漠，在南部是广阔的鲁卜哈利荒漠，大片积沙覆盖广阔的地表。

阿拉伯半岛属于亚热带和热带气候。其特征是夏季高温、冬季温暖，降雨量有限（表 6，图 36）。

表 6　阿拉伯半岛的气候

站	海拔高度/m	空气温度/℃			年降水量/mm
		月平均		年平均	
		1 月	7 月		
大马士革	700	6.8	26.6	17.2	235
泰德穆尔	420	6.9	29.2	18.8	93
吉贾	6	23.9	31.7	27.9	80
巴士拉	14	11.7	34.3	24.1	175
马斯喀特	29	17.7	33.5	25.6	100
哈伊勒	970	10.0	29.8	—	82
亚丁	29	24.8	31.1	28.4	41
艾尔-利雅特	600	14.1	33.4	25.3	75
利雅特	25	23.5	30.4	26.8	75

① нефуды（阿拉伯语）——大面积的新月形沙丘。Урук或ирк（复数）——平行分布的长沙垄。

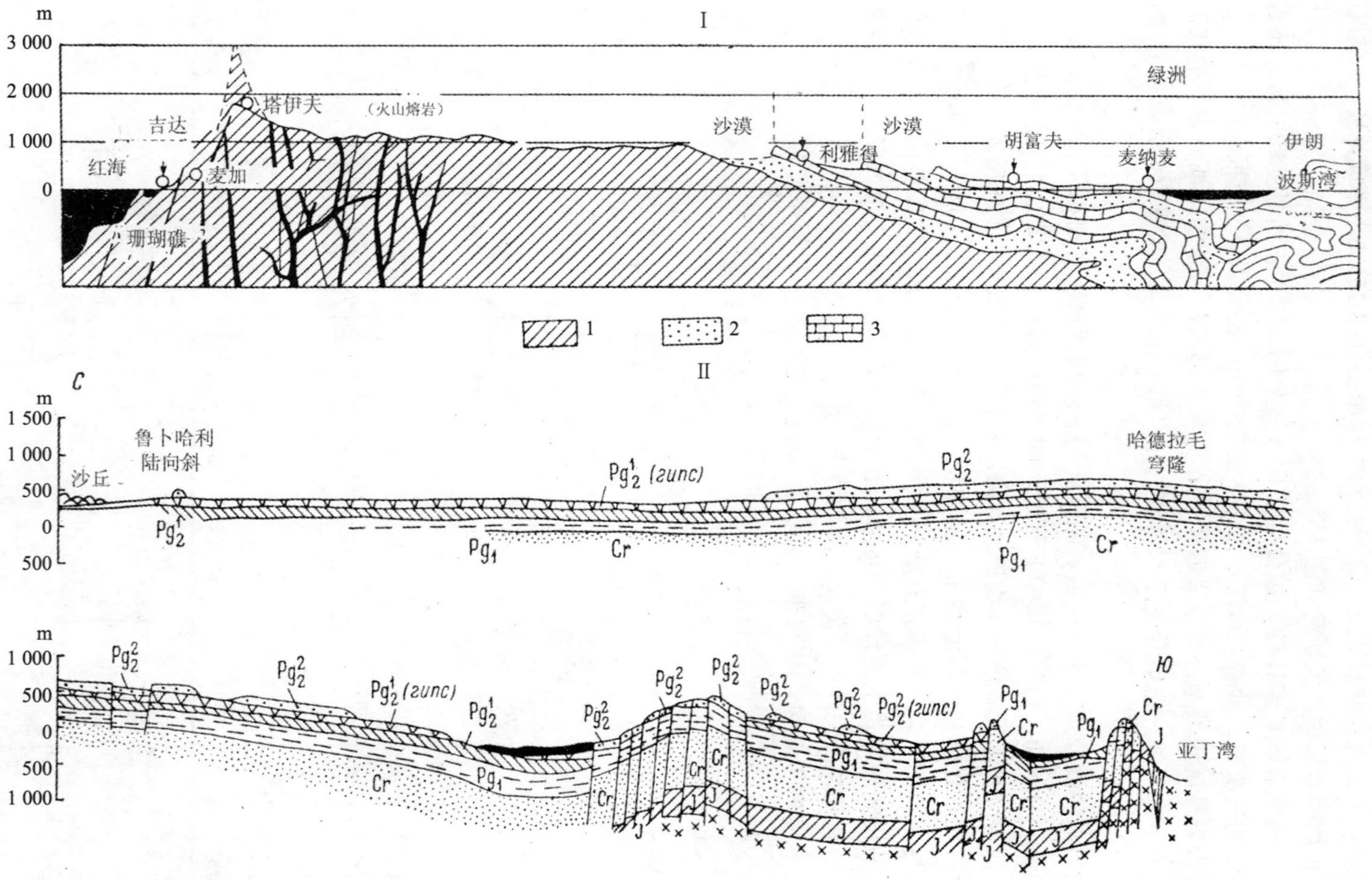

图 35　阿拉伯半岛中部（Ⅰ—根据 Gourou，1953）南也门（Ⅱ—根据 Beydoun，1965）地质剖面

1—结晶岩；2—砂岩；3—石灰岩

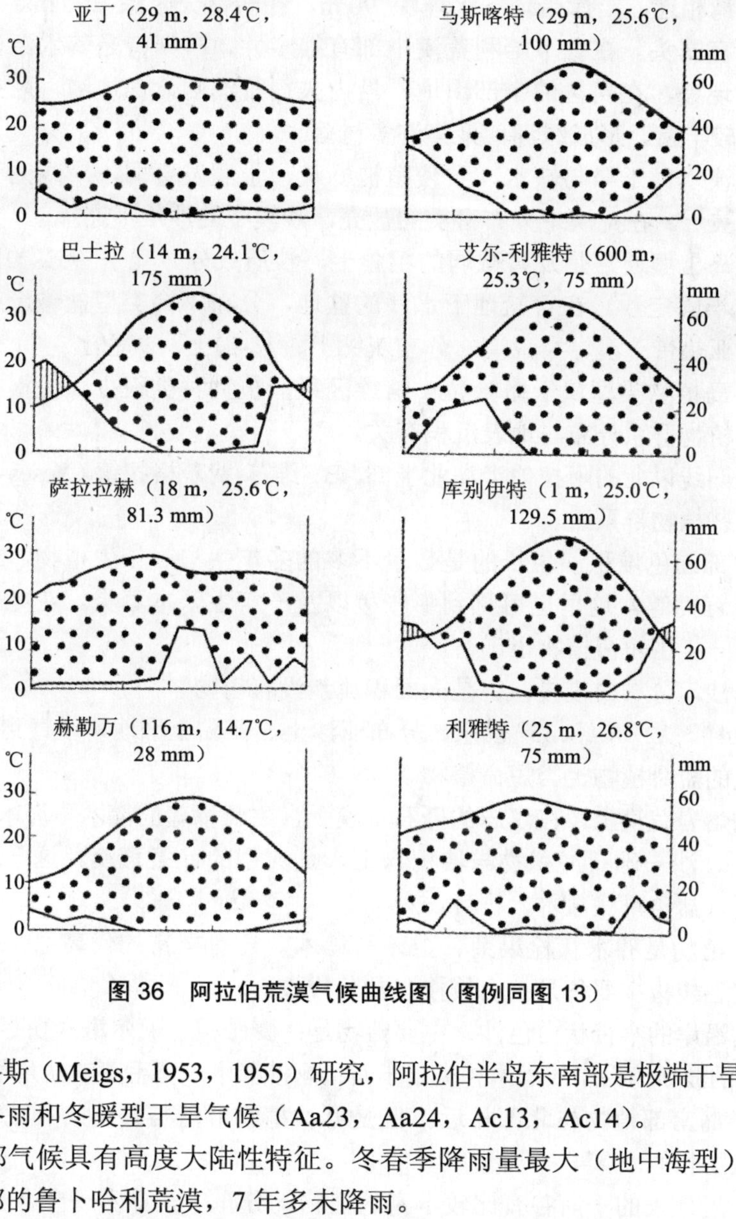

图 36　阿拉伯荒漠气候曲线图（图例同图 13）

根据П.梅格斯（Meigs，1953，1955）研究，阿拉伯半岛东南部是极端干旱气候（Ea24），而其他区域是冬雨和冬暖型干旱气候（Aa23，Aa24，Ac13，Ac14）。

在半岛内部气候具有高度大陆性特征。冬春季降雨量最大（地中海型）。降雨量年变率很大。在南部的鲁卜哈利荒漠，7 年多未降雨。

风况很活跃，风几乎是经常吹而且很强烈，风向多变。当地居民分为两种最强的风：经过波斯湾的南风暴，经过东部省上空的西北风。西北风将沙搬运到东部沿海被棕榈所阻挡。

由于阿拉伯半岛平原降水稀少，地表水贫乏，形成临时性径流。阿拉伯河的下游很早就不存在了。通常径流沿河床散流，洪水沿河床下渗冲积层或从灰岩层流走。他们补充哈萨荒漠的水源和泉水。

因为阿拉伯半岛降雨稀少地表水贫乏，地下水具有重要意义。地下水由山地稳定地补充，比较丰富。因此井水、泉水、水源、水塘是重要的水文地理要素，对经济生活具有重要意义。最近查明，直径为 50～100 m、深度为 100～125 m 的喀斯特塌陷。所有这些决定阿拉伯内部居民点的分布和商路方向。

在哈萨荒漠东部区，是阿拉伯荒漠中地下水储量最大露头多的地区，形成几百公里宽的带与波斯湾相连。沿岸带地下水埋深 90 m，在胡富夫区深 200 m。丰富的地下水甚至在干河谷都有露头。在鲁卜哈利荒漠中部有很多井，喀斯特是其水源，这种现象在许多区是常见的现象，在阿拉伯中部山地，沿内夫得荒漠的北部边缘，阿拉伯周边山地。这些地方水比较丰富，形成绿洲，聚集许多村落。

阿拉伯荒漠气候干旱与缺水，致使植被稀疏，土壤发育弱，广阔的荒漠特别是石漠与沙漠，无土被层。在荒漠中分布密实的盐壳，沙漠中的沙堆不连片。

阿拉伯半岛土壤通常是发育微弱的粗骨土，沙质成分，几乎 95%的区域是热带荒漠土，吹蚀沙或半固定沙。在含盐地下水浅的盆地，分布不同类型盐碱土或草甸盐碱土。在半岛北部是亚热带荒漠、半荒漠，分布灰钙土、灰-褐土、灰色土。

阿拉伯半岛植物类型属于撒哈拉—信德区系，植物种类很少。但根据土壤环境有很大差别。主要植物群系分布与地表沉积有关。

位于北回归线以北的阿拉伯半岛北半部，B. 维苏-费茨格拉德（Vesey-Fitzgerald，1957 等）划分了一些植物群系组。

阿拉伯中部红色堆积沙生长的是数量不多的多年生与一年生植物，最常见的是阿尔塔沙拐枣、单籽蒿等。这里也可见到膨胀稷以及一年生禾本草类。在冬—春降雨期间，大内夫得沙漠一年生短命植物很丰富。

在代赫纳沙漠分布白梭梭，但是大面积流沙没有植物。

在北纬 24°～32° 东经 35° 以东，分布亚沙土、亚黏土平地，一直到波斯湾，生长荒漠灌木及少量的短命植物、类短命植物。

在内志的熔岩荒漠上，在汉志的砾石荒漠上，生长稀疏的灌木与灌木状植物。

在沙—尘、沙—砾石冲积物与坡积物上，是典型的针茅荒漠。这一群系与下列植物伴生：草白蒿、盐角草状盐木、枸棘。

河谷灌木植物是乔木状栓果菊、卫矛科灌木。还有丰富的伐高尼、半日花、皮氏二行芥等。在河谷梭梭主要种是：白梭梭、盐角梭梭。

在波斯湾沿岸的窄带状白色沙，主要植物是：膨胀稷、阿尔塔沙拐枣、鹰爪豆柴。在北纬 26° 以北的波斯湾沿岸的灌木种类很丰富：喜沙灌木—猪毛菜、盐角草、柴霸王等。

阿拉伯半岛南部植物与北部相近。但是喜沙植物群落与鲁卜哈利荒漠相似，喜石膏植物与石漠植物相似。

在地下水近地表的干河谷有比较丰富的植物，分布一些乔木—金合欢（扭曲金合欢，大籽相思树）、胡杨。还有一些地方性的柽柳。

近些年由于在阿拉伯半岛勘探石油与天然气，推动了荒漠详细研究。连续航空相片解译，编绘了 1∶50 000 地质图和自然地理图（各 21 页）（Kingdom，…，1956—1964 年）。阿拉伯—美国石油公司下属的美国地质调查所完成这一工作（1956—1964 年）。根据这些图，阿拉伯半岛的地理、地貌非常复杂。在半岛上沙漠、砾漠、石漠及其他荒漠分布成奇特的图案。

最大的荒漠是鲁卜哈利荒漠，从西到东 1 000 km，从南到北 500 km。荒漠东部逐渐降低，过渡到宽阔的赫卡夫（Хикаф）盐碱地。荒漠分布于中阿拉伯高原与阿拉伯南部边缘山地之间的构造盆地，海拔高度 500 m，向东逐渐降低到 100～200 m。它将一些积沙的古河谷与大片积沙连接成一个系统。宽阔的沙带沿达瓦西尔（Давасир）干谷形成分叉与西鲁卜哈利荒漠相连接。所有这些大的积沙长而间断分布，每块都有自己的名字，与撒哈拉沙漠相似。

基岩是始新系石灰岩与白垩系，上覆厚层沙。但鲁卜哈利荒漠并非全部是沙，在沙丘、沙丘链之间分布砾石平原。沙丘在平原上的界限不清楚，形成宽达几十公里过渡带。

根据在鲁卜哈利盆地南部一些大的现在已干涸的古河床（例如，乌姆海特河谷），以及从北、东流入的一些干河谷判断，大面积的沙是冲积成因。这也不排除基岩风化间接成沙的可能性。

流沙的地貌形态多种多样，从单个新月形沙丘到纵向连片沙丘，以及高达 200 m 的孤立沙丘（图 37）。

图 37　鲁卜哈利新月形沙丘（引自《干旱土地》，1966）

П. 彼罗，Ж. 德列什（1966）发现，纵向沙垄“似乎在鲁卜哈利沙漠占优势，尽管这里常见到半月形沙丘和金字塔沙丘，与撒哈拉的‘奥格鲁得’（огруд，音译）、在阿曼称为‘凯得’（кэд，音译）的金字塔沙丘”相似。这里的风况比较复杂，或因当地环境，或因鲁卜哈利是北风与季风交汇区。在这一荒漠的北部，最大的沙垄南北方向延伸，在中部与西南部向西南偏，好像是‘夏马风’本身。但是从阿拉伯艾米拉特（Эмират）开始，广阔分布的沙丘与纵向沙丘结合，所以在阿曼以纵向沙丘为主。在西南部沙丘链呈西南—东北方向延伸，被长廊所分割，被称为‘莎可卡’（шакка）。看来，这些沙丘是受西南、南风以及东南、东风（季风）影响形成的。这是主要的形态，还有不成垄状的起伏沙丘，它们很像撒哈拉沙海中的沙带‘拉木列特’（рамлет，音译）。此外，在靠近半月形沙丘为主的区域，见到被叫做‘卡尔’（кар，音译）的沙堆。巴格罗利特认为，是沙丘之间的残留洼地后来被流沙掩埋（1962，208-209 页）。

现在由于有了新的阿拉伯半岛自然地理图和许多这一区域的很有意义的卫星图片，可以准确表示风成地貌。П.彼罗，Ж.德列什（1962）曾作的地形评价也被证实。

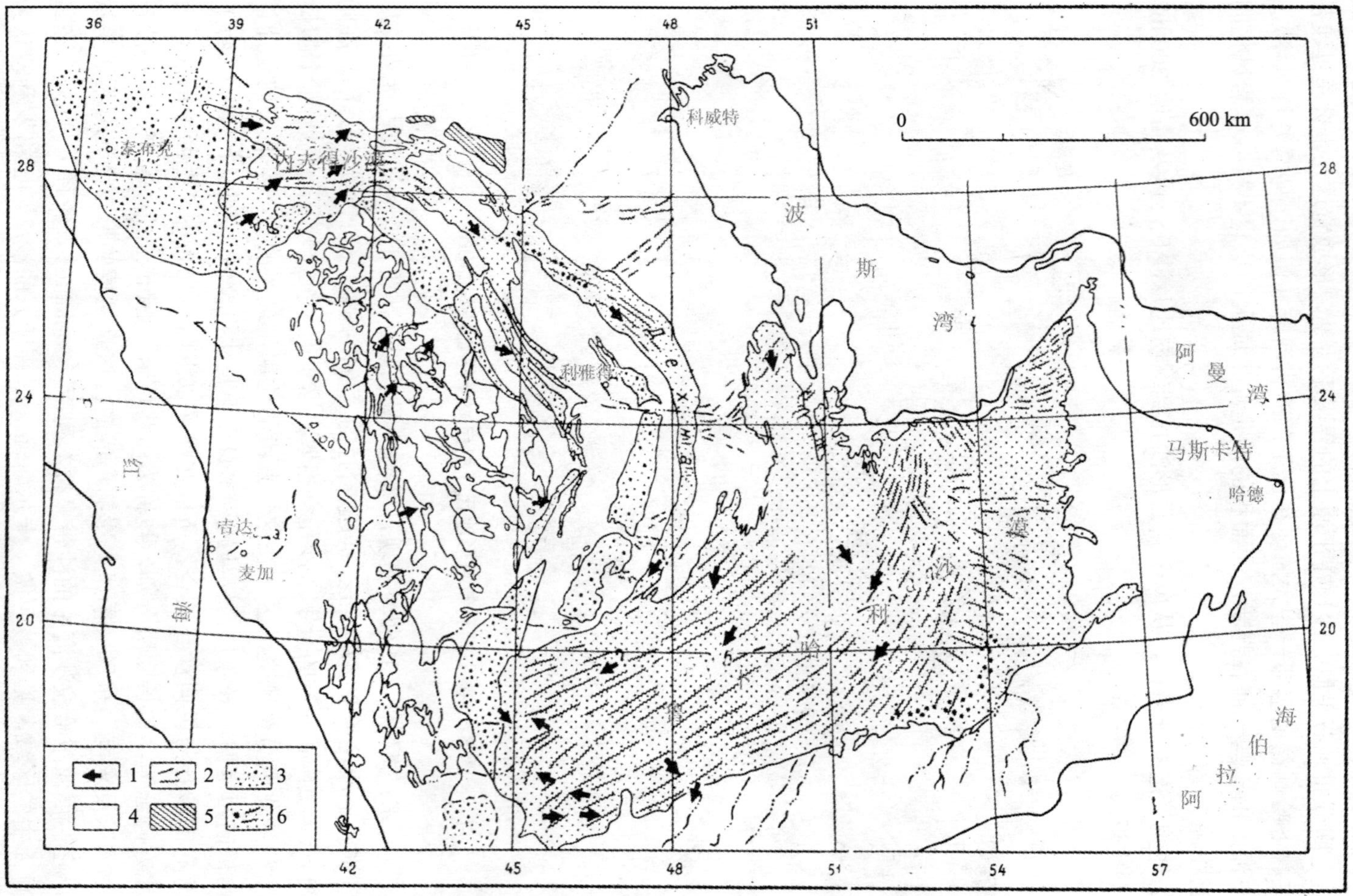

图 38　阿拉伯半岛沙漠（根据 Brown，1960）

1—沙丘移动主方向；2—砾石带；3—砂岩；4—风化花岗岩平原；5—吹蚀洼地；6—线形与金字塔沙丘

该图的主要作者之一P.波拉穆卡伯（Kingdom，…，1956—1964 年）考察后，对沙特阿拉伯主要沙丘类型作了如下的文字说明。

（1）横向地貌形态。以简单或复杂的流动新月形沙丘以及圆形的沙垄为主，横向主风向。

（2）纵向地貌形态。特征是孤立的沙丘组成长条形，与主风向平行，一般被植物固定。

（3）条形地貌形态。近乎平行的窄沙垄及沙丘链被宽阔的沙沟分开，通常包括第一种地貌类型。这种地貌形态是两种主导风向形成的。它们与北非的“赛夫沙丘”相似。

（4）沙堆。为高 50～300 m 的蘑菇状沙堆，通常是不同类型的新月形沙丘叠置而成。一般形态为巨大的西格玛、金字塔形，以及巨大的卵形、长形沙丘。

根据Дж.布罗文（Brown，1960）编的图判别，在鲁卜哈利沙漠大部分区域，新月形沙丘链的走向是从东北向西南，而在东部区是纬线方向（图 38）。

鲁卜哈利荒漠地下水非常丰富，埋藏不太深（1～10 m），其补给水源是降雨和东部、南部山地径流形成的地下径流。

沙生植物由于气候干旱非常稀疏，主要分布在积沙之间的低地。经常见到的是多刺灌丛长刺骆驼刺、荒漠蒺藜等。

在阿拉伯半岛中部，分布一些大片积沙：大内夫得沙漠，小内夫得沙漠，代希沙漠，锡尔沙漠等。

大内夫得沙漠　以广阔分布的高 100 m 的新月形沙丘为主的沙质荒漠。在大内夫得沙漠可见到高达 1 000 m 的岛状山和山前砾石—角砾石荒漠。局部地区在积沙中保留干河谷。

到处可见遭受过风蚀的白垩纪红色砂岩露头。沙主要来源于红色砂岩，这证明了红色沙成因。在荒漠南部、西部外缘，广泛进行玄武岩风化过程，风化沙为灰色。大内夫得沙漠地下水贫乏，分布一些已经干涸的古河床。

大内夫得沙漠植物非常贫乏，主要是稀疏的蒿灌丛（草白蒿，单籽蒿），草本猪毛菜以及少量的短命植物。绿洲分布在沙漠边缘（泰马，等）。

П. 彼罗与Ж. 德列什（1962）对大内夫得沙漠地貌这样描述：“……大内夫得沙漠沙丘半月状的新月形沙丘到处可见，在沙丘的低处有牲口蹄印。新月形沙丘分布到利雅得-代赫纳区。背风坡 33°，一般朝向西南。大家知道，沙丘的这些要素特征是单向风形成的，而且风很大。在利雅得，风向是北、东北风，而在靠近大内夫得沙漠的哈伊勒，相反是西南风。但当不同方向的沙丘形成被称做纵向沙丘‘乌尔克’（урк）的平行沙丘链时，与撒哈拉沙漠具有弯曲沙丘脊线的‘西乌夫’（сиуф的音译）是等同的，沙丘脊线与相邻沙丘脊线相连（1962，209 页）。”

小内夫得沙漠（代赫纳沙漠）　为沙质荒漠，分布于古凹地，宽为 20～70 km，长约为 1 200 km。从大内夫得沙漠延伸到鲁卜哈利荒漠，被单斜构造高地围限——从西部的突韦格、阿尔马、比阿得（Бийад）到东部的苏曼、耶卜林。它们是由侏罗纪和白垩纪岩石组成，具有高几百米的陡坎。这一荒漠大部分是无植被的不同类型的新月形沙丘。只在个别地方见到稀疏的梭梭。

小内夫得沙漠与大内夫得沙漠以及阿拉伯半岛其他沙漠的景观差别不大。

代希沙漠　位于阿拉伯半岛中部，长 100 km，宽 50 km。东部被高而陡的突韦格单面山围限。

哈萨沙漠　波斯湾沿岸宽达 150 km 的带状分布于海岸线与很陡的单面山之间。与鲁卜哈利沙漠一样，基岩是始新世石灰岩。平原向东波斯湾方向倾斜。地形有一些褶皱与阶坎。看来，沉积物厚度不超过 100 m。

哈萨平原比较典型的是角砾石荒漠与石漠。但流沙占了相当大面积，积沙、石漠，以及高 60～80 m 的石灰岩岗丘交错分布。

积沙的形成与源自阿拉伯中部单面山的第四纪河谷古冲积物的风力作用有关。现在这些河谷局地还保留，但已经转为地下。许多泉及地下水出露点证明了这一点。一些泉水与地下水出露点水量如此丰富，供给盖提夫、胡富夫、耶卜林，以及其他万人居住的大绿洲。

此外，在上述荒漠之外，也有堆积沙的分布：北部的沙姆，东部的希贾拉等。在半岛的北部叙利亚、伊拉克的台原上，分布叙利亚沙—砾石荒漠。沙—砾石荒漠有斑状盐碱，其西部为沙漠。

阿拉伯半岛北部沙漠分布：以色列、叙利亚、伊拉克。沙漠面积不大，但很多居民依靠灌溉土地生存，荒漠成为这些国家开发研究的对象。

叙利亚荒漠占据了阿拉伯半岛北部大部分面积，分布于东部的一些国家：叙利亚、约旦、伊拉克、沙特阿拉伯。它们的地质构造都是白垩纪、第三纪构造台原，平均高度为 500～800 m。局部是石灰岩覆盖的玄武岩基底。在西部是以沙沉积为主。

台原地形平坦，仅在局部有顶部平缓的低山（Телль-Манук，818 m；Эль-Босатин，810 m）。平坦台原被许多东、东北方向的干河谷分割［木娄沙干河谷（Вади-Мулусса），瓦莱季干河谷等］。此外，广泛分布洼地，大部分是喀斯特洼地。

叙利亚荒漠是亚热带气候，炎热、大陆性强。月平均气温为 30℃（泰德穆尔，29.2℃）。冬季温暖，月平均温度为 6.9℃。但是几乎每年都有比较寒冷的天气。年降水量不到 100 mm，因此植物非常稀疏，用于放牧。植物是灌丛（盐木、尖果豆）、半灌丛（单籽蒿）、多年生草（三芒草）和短命植物。植物稀少，遭受不合理放牧和樵采的破坏。

荒漠岩土类型多样。大部分是具有粗骨栗钙土的亚沙-亚黏土荒漠。在地下水浅的封闭洼地分布盐碱土。在南部分布石—角砾石荒漠（哈马德）。而在西部是沙漠（Диретэль-Тулуль，赛法，等）。

在约旦南部有一些堆积沙，分布于希法阿山的山麓，积沙延伸到大内夫得沙漠。在伊拉克沙漠分布于幼发拉底河下游。以色列分布的最大沙漠是内盖夫沙漠。其他一些积沙分布于地中海沿岸。这里的年降雨量 90～110 mm，年平均气温大约 19℃。

第四章　非洲荒漠

北非荒漠

在北非除西北部的阿特拉斯山外，撒哈拉荒漠从大西洋岸到尼罗河谷占据了相当大的面积。在尼罗河的右岸，面积不大的阿拉伯荒漠与努比亚荒漠延伸到此。

北非荒漠在文献中记述得相当详尽，有下列研究者：E.果基耶（Gautier，1935），C.帕萨尔志（Passarge，1940），O.比尔那尔得（Bernard，1939），B.费治拉里特（Fitzgerald，1940），X.西费尔萨（Schiffers，1950），Ж.杜比耶夫（Dubief，1952），P.卡罗-皮亚（Capot-Rey，1953，Капо-Рей，1958），A.杜-妥特（Du-Toit），P.富荣（Furon，1958），T.茅诺得（Monod，1958，1964）。

1971 年Г.西夫菲尔斯主编出版了一本关于撒哈拉自然地理的文集，收集了世界最大沙漠的自然环境的最新信息（Die Sahara，…，1971）。

撒哈拉几乎占据了整个非洲大陆北部，面积为 700 万 km^2。4/5 为碎石荒漠、砾石荒漠、沙漠，分布一些岛状山、山原（阿哈加尔山原为 3 000 m，提贝斯提山原为 3 415 m，等）。

平原的海拔高度与成因各异。其中一部分分布于相当高的构造高原（阿杰尔高原，1 906 m；伊福拉斯高原，570 m；恩内迪高原，1 450 m；艾格拉卜高原，580 m；塔代迈特高原，836 m；穆维迪尔高原，1 680 m；阿伊尔高原，1 800 m）。石漠（hammada，serir）一般分布在这些高原。

岛状山与构造高原被宽阔的洼地所分割，洼地填充疏松的冲积物，局部遭风力作用。

图 40 表示撒哈拉沙漠不同地貌层面以及构造的地貌特征。

古侵蚀地貌的主要形态是干河谷。它们与岛状山、构造高原有关，干河谷始于岛状山、构造高原，流向封闭山间洼地或流向海岸带而终结。大的干河谷流向洼地留下深厚的积沙——伊吉迪沙漠、舍什沙漠、大东厄格（Эрг，沙漠）、大西厄格、泰内雷沙漠、奥巴里沙漠、迈尔祖格沙漠等。这些积沙堆积在古河谷，形态为高度 400～500 m 的垅间低地。

萨乌拉河谷是最大的干河谷，源于大阿特拉斯山，消亡于图瓦特绿洲。许多干河谷从阿哈加尔山原向不同方向流下来，例如，伊加尔加尔河、塔曼拉塞特河、塔法萨塞特河等。迈亚干河从塔代迈特高原流下。从提贝斯提山原、恩内迪高原流出的许多干河谷，流归博德莱洼地。

撒哈拉的研究者推断，干河谷发育于第四纪，那时气候比较湿润，河流水量充足。

因此，这些干河谷是第四纪的遗迹。H. 萨瓦艾罗-杜特日瓦（Chavaillon-Dutrievoz，1957）在自己的专著中这样描述乌加里特山前的安谢里干河谷（уэда Аншель）：这里发育中上新世石漠和台地。高台地是第一冲积层，是覆盖亮灰色古盖层之上的疏松的风成灰—绿色沙。低台地是第二冲积层，是赭—褐色的有石灰岩角砾夹层的砂岩。后来风蚀形成洼地，洼地底部堆积亮—灰色与暗色的有淡水软体动物的黏土，是小湖泊与河汊沉积。它们被风成沙层覆盖。

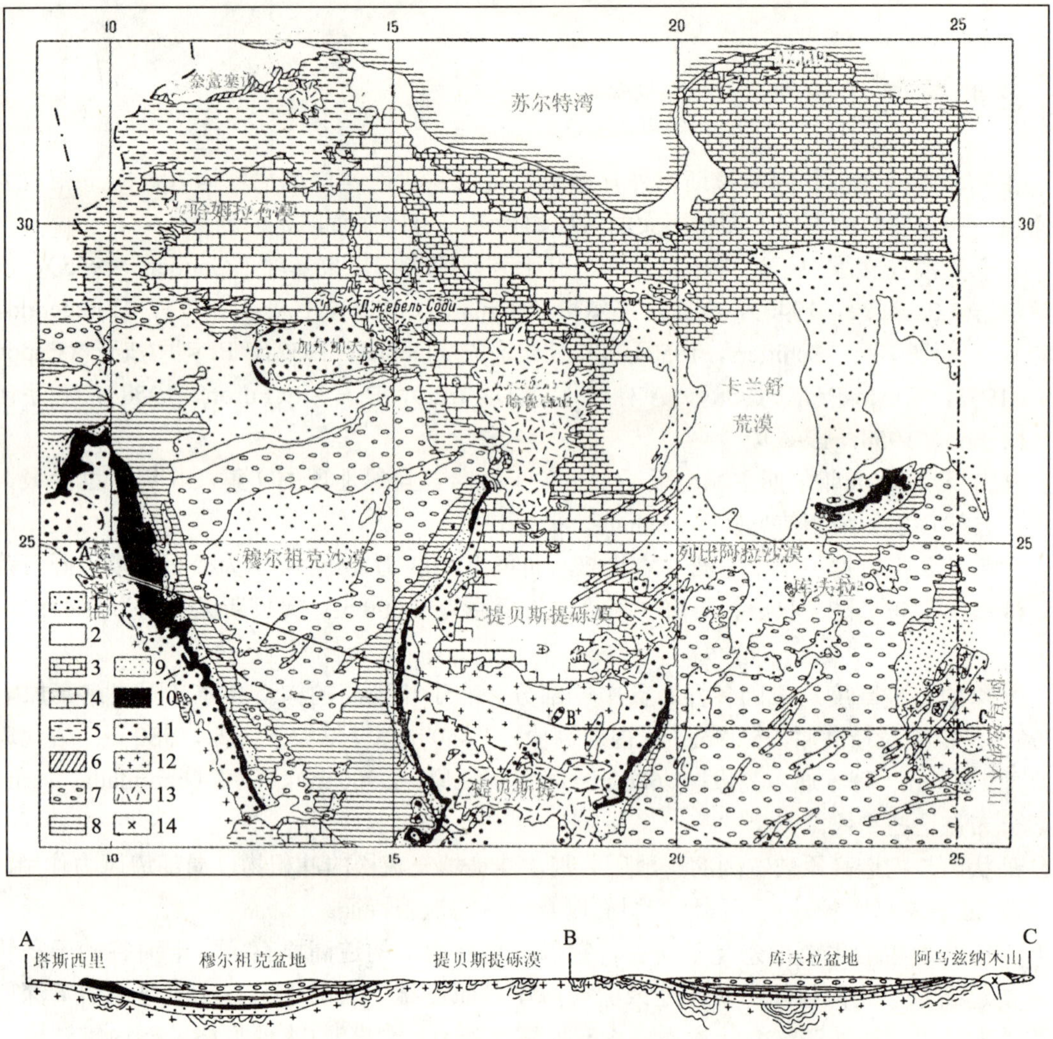

图 39 利比亚地质略图及经过迈尔祖格-库夫拉盆地（沿 A-B-C）剖面略图（Hecht 等）

1—现代沙；2—上新世-第四纪沉积；3—中新统；4—始新统-古新统；5—上白垩系；6—第三系和侏罗系；7—下白垩系—二迭系；8—石炭系；9—泥盆系；10—志留系；11—奥陶系；12—前寒武系；13—玄武岩与酸性火山岩；14—闪长—花岗岩

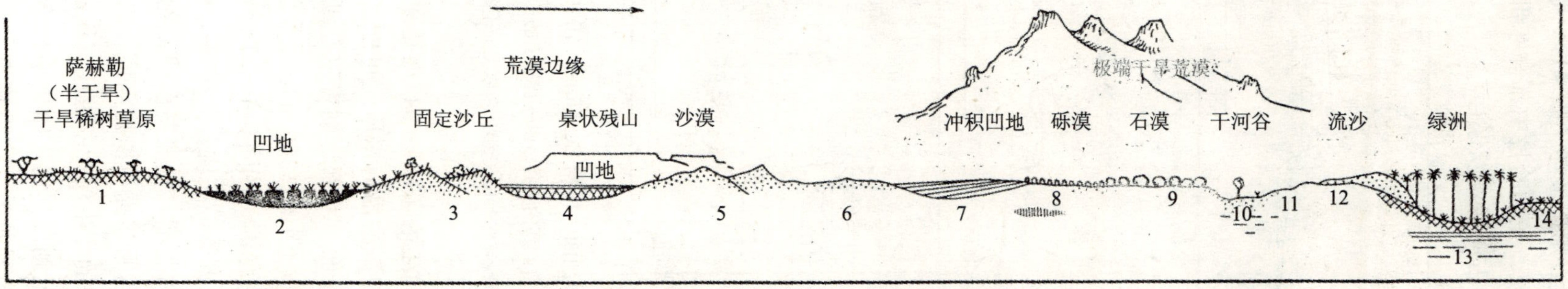

图 40　撒哈拉地貌剖面、地貌层面关系、土壤主要类型分布（根据 Hanssen，1971）

1—褐色、红褐色热带稀树干草原土；2—黑色的盆地湿黏土；3—中粒径的荒漠沙土，有时在长草沙丘上含腐殖质（小于 3%），容易被风力作用；4—洼地硫酸盐—氯盐盐碱地；5—流沙；6—古构造平原上残积土、砾石、基岩出露结合地段；7—年轻的冲积物，细颗粒，层状，开始土壤发育过程；8—构造平原上残积土；9—古构造平原上有风化壳的缓丘；10—临时流水的河床中的原始土；11—干河床岸上的盐土；12—绿洲土；13—绿洲耕作土；14—构造平原上灌溉土地粗骨土由地质年代和地质构造所决定，干河谷形态多样（图 41）。撒哈拉西部的干河谷地貌形态保存得比东部完好，可能是比较年轻。在撒哈拉中部与东部区，由于强烈的风力过程，一般河谷堆积厚层沙。在黏土荒漠中古河谷难以保存。

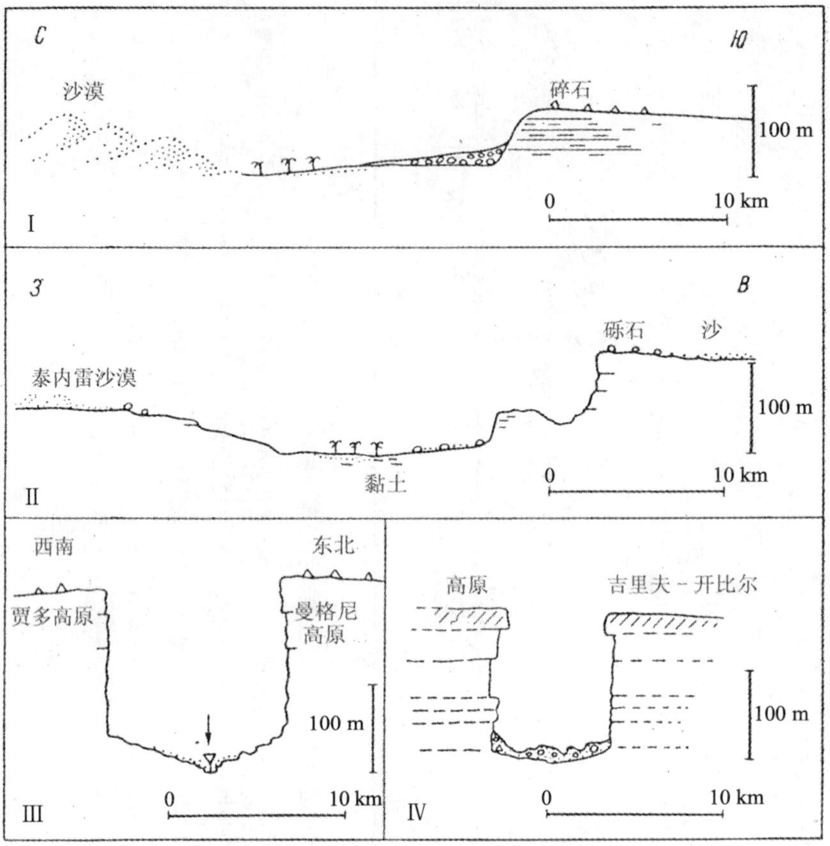

图 41　北非干河谷地质剖面（根据 Schiffers，1950）

Ⅰ—在费赞的干谷；Ⅱ—在考拉那的干谷；Ⅲ—贾多山的干谷；

Ⅳ—在吉里夫-开比尔（Джильф-Кибир）高原上的干谷

封闭盆地也是撒哈拉的特色。图瓦特洼地（136 m）、博德莱洼地（155 m）、哈里杰洼地等，以及西部邻大西洋、北部邻地中海的沿海平原，可能是第四纪形成的。由于沿海平原有大的盐碱地和盐湖，有时低于海面。北部迈勒吉尔盐湖（–36 m）、杰里德盐湖（–17 m），西部海岸德鲁斯-特尔里（Дус-Телли）（100 m），埃及的盖塔拉洼地（–133 m）。有的洼地是绿洲，例如，在撒哈拉图瓦特绿洲、图阿捷尼（Туадени）绿洲、古莱阿绿洲等，在利比亚荒漠贾卢绿洲、库夫拉绿洲等，在埃及费拉菲拉绿洲、达赫莱绿洲等。

撒哈拉地质构造是古非洲结晶地台的北部。基底是前寒武纪与古生代片麻岩、花岗岩缓褶皱。陆背斜地台地貌为阿哈加尔高原和提贝斯提高原，其特征有第三纪火山。非洲地台大部分是陆向斜，其上是产状水平的古生代、中生代沉积盖层。

古生代地层是构造高平原，从石炭纪到白垩纪，经历了构造沉积与侵蚀切割过程，石漠与这一高平原有关。撒哈拉中生代地层是另一类型构造，为比较年轻的构造台原，以石漠为主（图 41）。这些地层中最有意义的是中生代的努比砂岩，比较容易风化。形成努比刻蚀地貌。

在白垩纪与第三纪，撒哈拉经历了频繁的海侵，覆盖早古生代平原。从第三纪晚期以及整个第四纪，撒哈拉海已经不存在了，是气候比现在湿润的大陆状况。撒哈拉沉积了厚层的新第三纪与第四纪沉积。沉积厚度几百米，形成了宽阔的北撒哈拉。

比较年轻的中—晚第四纪沉积十分多样。形成了地球干旱区典型的沉积系列，主要为风蚀、风积和湖积。在撒哈拉局部区，像世界其他大沙漠一样，有粗骨性的残积、疏松沙积以及冲积（湖、河）物，第四纪以及现代风积物。

在古生代与新生代地形形成因素的综合作用下，撒哈拉存在四种成因类型：构造平原、岛状山，以及山间盆地；风蚀—构造平原残余地形，干河谷；流水堆积的古冲积平原、湖积盆地与风成地形。这些形态构造要素相应于一定的地表沉积与荒漠类型：沙漠、岩漠、砾漠、盐漠等，形态非常多样。在P. 卡保列耶编写、然后经权威A. 阔日涅特、Б. 卜拉乌金（Capot-Rey 等，1963）注释的撒哈拉地理、水文术语词典，作了详尽的记述。

撒哈拉气候极端干旱。这里是北半球热带最热的荒漠之一。其特征是极端的水、热特征。平均年气温 20℃，1 月份 10℃以上（喀土穆，23℃，表 7），7 月份 37℃。

表 7　撒哈拉气候

站	海拔高度/m	空气温度/℃			年降水量/mm
		月平均		年平均	
		1 月	7 月		
阿德拉尔	140	11.8	37.2	24.3	17
贝尼阿巴斯	497	10.5	35.8	22.7	43
通布图	250	20.4	34.0	28.4	189
古莱阿	383	10.0	33.8	21.9	29
比尔马	357	17.4	33.5	25.4	21
瓦迪哈勒法	128	14.6	31.6	24.7	1
因萨拉赫	280	12.2	37.1	25.1	8
开罗	33	12.6	28.0	21.1	34
喀土穆	390	23.0	34.1	29.4	163
阿特巴拉	354	21.4	33.4	29.1	70
米利亚	43	11.8	28.8	21.3	0
艾斯尤特	55	11.6	29.5	21.7	0

蒸发量高达 4 200 mm 以上，年降水量小于 70 mm，大部分地区无降水。撒哈拉中部最干旱，特别是库夫拉绿洲与达赫莱绿洲（图 42）。

撒哈拉特别干旱，一些地区连续多年不降雨，这是由于位于北半球信风带的缘故。

撒哈拉荒漠从大西洋岸到红海岸气候不相同。向东气候越来越干燥，景观也越来越具有干旱特征。从南向北也是如此变化。

P. 卡保列耶（1958，331 页）将撒哈拉划分为 4 个气候省：①北撒哈拉，具有地中海气候特征。降雨受大西洋气旋影响，与极锋、信风锋有关。最大降雨在秋、春季节。②南撒哈拉，水汽与几内亚湾季风有关，夏季降雨最多。③中撒哈拉，（阿哈加尔高原）

具有高原荒漠气候，降雨很稀少（年降雨小于 50 mm）而且过于集中。④滨大西洋撒哈拉，冬春湿润，降雨像地中海气候。夏季有热带暴雨。最后一个气候区由于受大西洋的影响，空气湿润，雾和露比较多。

按照Π.梅格斯（Meigs，1953）分类，撒哈拉中部是极端干旱气候（Ea24），北部边缘区是干旱气候，冬季温暖且降雨最多（Ac14，Ac23）；南撒哈拉夏季降水最多，冬季温暖（Ab34）。

撒哈拉的风况主要受行星风系的影响。荒漠大部分全年受干旱东北信风的影响。在冷季，反气旋到达北撒哈拉，处于大陆热带气团控制下。这一时期风特别大。南风“喀新风”从北撒哈拉吹向欧洲，常具有风暴特征。在西撒哈拉这个季节是烈风“哈马丹风”。在南撒哈拉，冬季是东北信风（冬季季风）。夏季大陆强烈增温，风向发生变化。在撒哈拉上空形成低气压区。与此相关的在北非沿海及海上形成比较冷的气团。风从沿海吹向撒哈拉中心。

北撒哈拉以北风、东北风、西北风为主。南撒哈拉以西南风、东南风为主。在撒哈拉中部的岛状山通常有地方性焚风。风况的复杂性与季节性变化，决定了风沙地貌形态与运动状态。

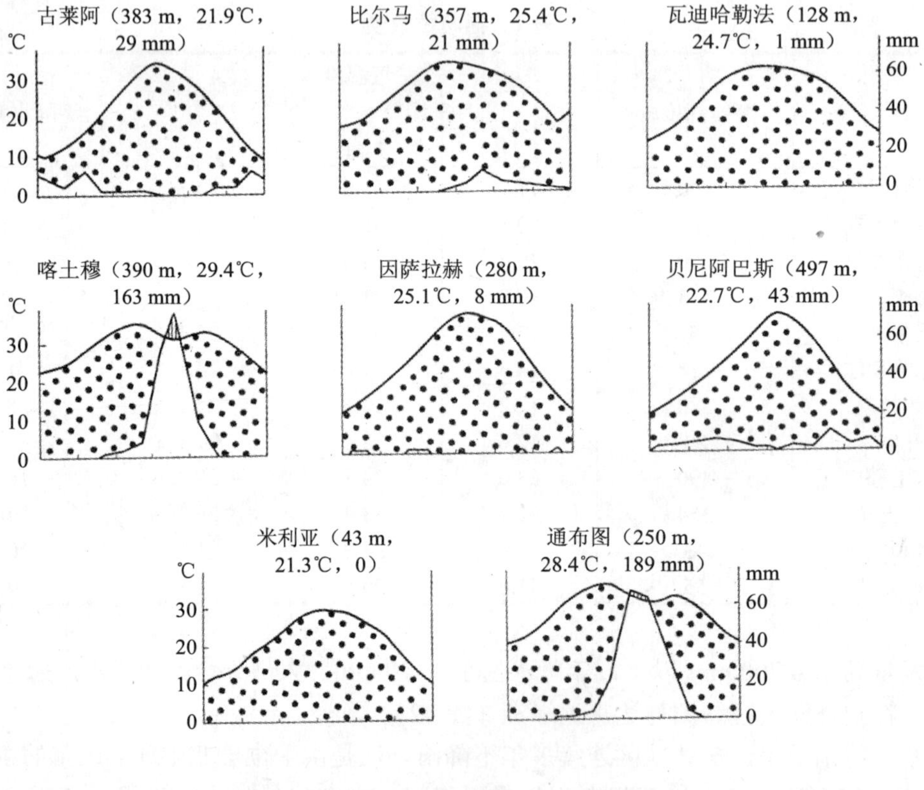

图 42　北非荒漠气候曲线图（图例同图 13）

在撒哈拉有很多大型的平行分布的新月形沙丘，证明这些区域不存在常年盛行的优势风向。这种地貌形态只有在相互垂直且大致相等的风力作用下才能形成。

Ж. 杜比耶夫（Dubief，1953，参看第十章）在专著中详细论述了撒哈拉风况以及风在风沙地貌形成中的作用。

撒哈拉地表水非常贫乏，这里没有长流水的河，也没有湖泊。许多干河谷只在雨季有水。在这个时候，河流汇集的盆地形成临时性湖泊。

撒哈拉地下水非常丰富。地下水主要分布在干旱河谷、盆地，地下饱水层比较浅。这些地方的地下水主要靠地下径流补充。有些地方地下水如此丰富，在一些沙丘的基部有泉涌出形成湖，例如，艾因塔易巴湖、梅古勒湖等。在干旱河谷和盆地分布区域，形成地下水透镜体。此外，在台原区域分布裂隙地下水，埋藏深很难利用。好在撒哈拉常见到自流泉，供给一些大绿洲：苏福绿洲、古莱阿绿洲、提迪凯勒特绿洲等。

北撒哈拉的地下水最丰富。这一区域地下水比较丰富，自流泉出水量很大。这样在北撒哈拉形成一些大有棕榈分布的大绿洲（德拉绿洲、塔菲拉勒特绿洲、图阿特绿洲、济巴涅绿洲、杰里德绿洲）。在原法属撒哈拉生长的 1 500 万棵椰枣林中，北撒哈拉就有 1 200 万棵（P. 卡保列耶，1958，332 页）。

南撒哈拉地下水因埋藏得深而不太丰富，几乎没有自流泉。因此，景观更具有荒漠特征。

撒哈拉土被类型应属于非生物型。因为植物非常稀少，进入土壤中的有机物几乎没有。因此撒哈拉土壤腐殖质贫乏，无发生层。在长期干旱土壤形成过程中，形成保护壳（硫酸盐、碳酸盐、石膏）。石膏、碳酸盐壳坚固、密实，在不同的景观有不同形态。差异性与其形成的地质年代有关。

硫酸盐区的硬壳层最有特色。这些区域主要分布盐碱形成物，好像是在不断地增厚。已经形成稳定的壳，其表面（在沙层下）已经岩化，但还不具有“岩石”的特征。

在石漠分布范围，石膏—碳酸盐壳已经具有岩石的特性。在山口陡坡，形成巨大块状的悬崖。给人印象是形成过程与山的形成一样，需要很长时间。我们可以将其划分为不同地质形成阶段（格拉西莫夫，1953）。

遗憾的是撒哈拉土壤研究得很少。仅仅是描述机械成分，分角砾荒漠土、砾石荒漠土、沙质荒漠土。土壤化学特征、形成过程的地带性特征，还不清楚。

尽管这样，主要土壤类型的分布很有规律性，分布规律很大程度与地质地貌环境有关。在岛状山和基岩近地表的高原，是土壤形成初始阶段的薄层风化物，石膏在土壤形成过程起主要作用。这就是粗骨性热带山地荒漠土。

基底为第三纪—白垩纪构造平原的碎石、砾石荒漠，其土壤是属于残积型（亚热带、热带荒漠土），厚度不大，土层不超过 10～30 cm。

石漠土的表面覆盖不同砾径的角砾石，下部是很密实的碳酸盐—石膏层，地质锤难以凿开。有些地方可看到几米厚的硬壳层。

砾石、碎石在土壤表面形成保护层，其下为砾石很少的细粒土层。撒哈拉石漠的这一土壤特征，很像中亚的沙砾石荒漠—戈壁（彼得罗夫，1966，1967）。在保护壳之下的细粒土盐碱程度很重（含碳酸盐的氯化钠、硫酸盐）。

在砾漠下部的含硫酸盐土，是比较疏松的碳酸盐—石膏层，含或多或少的沙、细粒土。

整个砾漠是盐化荒漠。砾漠分布区可以看到不同盐碱地系列：从湿润的浅盐湖盐碱地，经过汇于盐湖的疏松河床盐碱地，向地势较高而古老的鲜亮的盐壳。

撒哈拉沙漠土壤不发育，因为沙表面总是流动的。干河床和地下水浅的盆地土壤发育比较好。这些土类属于水成土系列。З.Ю.邵卡里斯卡亚（1948）认为，干河谷形成的土壤类似于中亚灰钙土。

撒哈拉盐碱土分布于沿海的封闭盆地，在撒哈拉中部盐碱土很少。

地貌条件所决定的撒哈拉土壤分布规律，如图40所示。

上述撒哈拉土壤类型，与亚洲中部、阿拉伯极端干旱荒漠土壤差别不大。其原因是相同的景观形成过程、相似的气候、地质环境。

与此相反，撒哈拉有机生命——植物、动物，完全是原始的，是另一起源。

撒哈拉植物地理区系为北阿富汗—印度荒漠区的主要部分（英格来尔，1919）。A．艾义格（Eig，1931）称之为阿拉伯—信德荒漠区。E．M．拉夫列恩科（1962）称之为撒哈拉—戈壁干旱荒漠区。

撒哈拉荒漠的植被分布具有差异性。一方面是位于两个气候带——亚热带、热带，另一方面是地形、岩性—地表沉积物（石、沙及其他类型）。另外，在大西洋沿岸撒哈拉，大洋的影响明显，形成大洋沿岸荒漠气候类型。

亚热带荒漠植物以撒哈拉—沙特阿拉伯群系为代表。

在撒哈拉普遍分布的喜沙灌木——阿泽尔沙拐枣、阿尔塔沙拐枣、尖果豆、具翼麻黄。草本植物广泛分布禾本科——苍白三芒草、羽毛三芒草、锐利三芒草等。

在构造高原石漠主要分布的是多刺灌木——关节假木贼、蓝雪科灌木等。在北撒哈拉沙砾石荒漠一般分布灌丛金合欢以及混生多年生草的圣刺枣。

撒哈拉灌木的一般特征是硬叶灌丛，小叶或无叶，近地生长。对于沿海盆地盐碱荒漠，代表植物是稀疏的一年生碱蓬：*Suaeda baccata*，*S. maritima*，*S. monoica*，*Saliconia herbacea*。有时见到盐节木。

在滨大西洋撒哈拉受海洋影响，冬季比较温暖、空气比湿润。这一区域植物具有肉质性特征。在砾漠粗骨土主要生长的灌木为肉质大戟属（胖大戟，香膏大戟），以及硬叶灌木（裂叶漆，贝沙尔枸杞）。

对于撒哈拉热带荒漠典型的群落是撒哈拉—努比亚型。在南撒哈拉沙砾石构造平原上，分布的是禾本—灌丛荒漠。在这些区域看到单一的灌木群落——埃氏金合欢、扭弯金合欢、少叶金合欢、叶没药等。草本植物以禾本科为主——冠毛三芒草、绳状三芒草、膨胀稷等。南撒哈拉沙漠与北亚热带区植物种有很大差别。南撒哈拉主要有麻黄、沙拐枣等，混杂热带种。

在撒哈拉中部构造高原上的石漠，分布矮小的盐木灌丛（盐木、沙蓬等）。禾草比较少，见到的有膨胀稷、三芒草等。

中撒哈拉岛状山（提贝斯提、阿哈加尔、阿伊尔）也有荒漠分布。但比周围平原荒漠植物丰富，特别是山麓临时性径流源地。这些地方主要分布乔木（金合欢）、枣，以及灌木蒺藜等。多年生草常见的有尖花三芒草、绳状三芒草、容变三芒草、疏毛画眉草、鼠尾粟等。

内陆盆地盐碱荒漠植物，是比较稀疏的盐生灌木柽柳，一年生或多年生盐木：木碱蓬、非洲柴木樨、小蓬。

在热带，滨大西洋的撒哈拉荒漠植物与相邻的亚热带植物相同，形成相同的种。

撒哈拉研究者划分了下列荒漠类型：石漠、碎石荒漠、砾石荒漠、沙砾石荒漠、沙漠、盐漠。每一类型具有自己的成因、特征、景观形态要素特征。但是沙漠研究者对这些术语理解不一致。肯定对每一种类型成因、特征理解有差别。

如果比较各种不同观点，根据成因与地质构造特点，撒哈拉可以给出统一的分类。И. П. 格拉西莫夫（1953）、Л. А. 米哈依洛夫（1957）、Ж. 德列什（Dresch，1964）曾各自提出过分类系统。综合上述分类，可以给出下列荒漠分类：

（1）侵入或喷出结晶岩岛状山与平缓山荒漠。阿哈加尔、提贝斯提等石漠可以归入这一类，这一类荒漠面积不大。

（2）古地盾构造平原荒漠（地盾荒漠，Ж. 德列什）。这类荒漠面积不大，但是形态多样，由不同地表岩性特征所致。两种砾石荒漠与这一构造形态有关，其分布由地貌环境所决定。

碎石荒漠发育于古生代、中生代、第三纪海相沉积岩或陆相沉积岩（石灰岩、砂岩）。在宽阔的抬升的构造高原上，覆盖砂岩、石灰岩及其他沉积岩性的碎石，局部角砾岩盖层缺失，基岩出露。砾漠分布界限清楚，分布于高原或单面山。

发育于古生代高原上的石漠，位于朝向阿哈加尔、提贝斯提的单面山高原，以及围绕滨大西洋的毛里求斯准平原的阶梯状单面山（阿德拉尔、卡雷特）。它们形成于撒哈拉两个陆背斜结晶基底上，中撒哈拉背斜与毛里求斯陆背斜，具有不同高度（从阿哈加尔向北高度 1 000～2 000 m，以南 500 m）。阶梯高差小一些（小于 200 m）。这两个高度都是相对于周围比较低的区域。

从阿哈加尔向北石漠发育的最好。这里单面山不仅最高而且最宽。Л. 列柳布尔（Lelubre，1952）将其描述为最理想的高平原，平缓向北倾斜，在桌状平面上没有任何起伏。高原被窄而弯曲的沟谷切割深达几百米，形成大小不同的独立地块。这些地块以陡坎（或内部或外部）为界。

О. 别尔纳尔德（Bernard，1939）指出，从毛里求斯陆背斜向西北、向东南分布砂砾石荒漠。

中生代与第三纪岩所形成的砾漠占有相当大面积。白垩纪与第三纪海相沉积形成的砾漠，主要分布在撒哈拉西北、东北，主要与石灰岩系分布一致。白垩纪砾漠比第三纪砾漠厚度大。后者仅限于撒哈拉的北部，向南延伸只到利比亚荒漠。这与晚白垩纪的海侵（特别是西撒哈拉）和第三纪海分布界限（沿非洲北海岸）非常符合。砾漠在白垩纪、第三纪岩系上发育的证据，在别的区域也很多。

在中生代陆相沉积发育的砾漠，分布从阿哈加尔结晶岩地块向西，塔奈兹鲁夫特向南。基底为砂岩为主的陆相地层（早白垩系）。以致在高地也有砾漠分布。

在砾漠之下的晚三叠纪陆相岩系沿阿特拉斯山麓以山前高原带状分布。这样，可以作结论：砾漠与下伏地层及形成年代有关，分布于撒哈拉中、西部高原地形区。

在利比亚荒漠看到的是另外一种情形。砾漠分布在荒漠中部、南部的海相石灰岩与陆相（努比亚）砂岩上。砾漠分布的高度不大（300～500 m），与其他砾漠分布不同。砾漠被面积不大的盆地绿洲（拜哈里耶、费拉菲拉、哈里杰、达赫等绿洲）所隔开。这种环境特征的形成，可能是由于中撒哈拉隆起向东、向西，撒哈拉的基底构造与发育历史不同所形成。

砾漠在撒哈拉分布面积很大，磨圆的砾石通常下伏沙或砂岩。它们分布在比较低的平原，分布在古结晶基底的凹陷带。特别是它们占据了毛里塔尼亚台背斜与阿哈加尔台背斜之间的宽阔盆地，从中撒哈拉隆起向北、向南分布于西北撒哈拉宽阔盆地，利比亚荒漠的北部。此外，还分布于通杜夫台向斜、阿鲁拉台向斜与阿德拉尔结晶地块两边，费察拉盆地、中苏丹向斜的北部，以致沿非洲北岸的宽阔凹陷、拜尔盖高原以南。

在低地形中砾漠的形成与第四纪湿润期撒哈拉的河流活动有关，河流携带了大量的碎石、砾石和沙黏土冲积物，流入构造盆地的最低部的内陆湖。碎石、砾石堆积在河流的下游及其支流，即盆地最低部分堆积。冲积物形成局部的砾漠，这些堆积的物质可称为外来输移物质。例如，突尼斯南部形成这样的砾漠的冲积物，是源自阿哈加尔流水沿现代的伊加尔加尔河，甚或阿特拉斯山河流所携带的；古萨乌拉河、古普拉—尼盖尔河携带冲积物堆积在靠近朱夫拉盆地。在埃及北部、利比亚北部的盆地，是由流入曾经存在的大湖的河流携带的冲积物所堆积。

外来的砾漠不仅在凹陷区形成，也在第三纪末—第四纪初隆升的平原上形成。这些砾漠现代分布面积是有限的，碎石、砾石是后成河流堆积的，厚度小。在塔奈兹鲁夫特高原东北缘以及阿哈加尔高原的基部海拔较高的河流，也有砾石的堆积。很多情形是砾漠下伏的是低凹地形区（米哈依洛夫，1957）。

引自B. 麦可凯莱因（Meckelein，1959）著作的图（图 43）表示中撒哈拉主要荒漠类型分布。

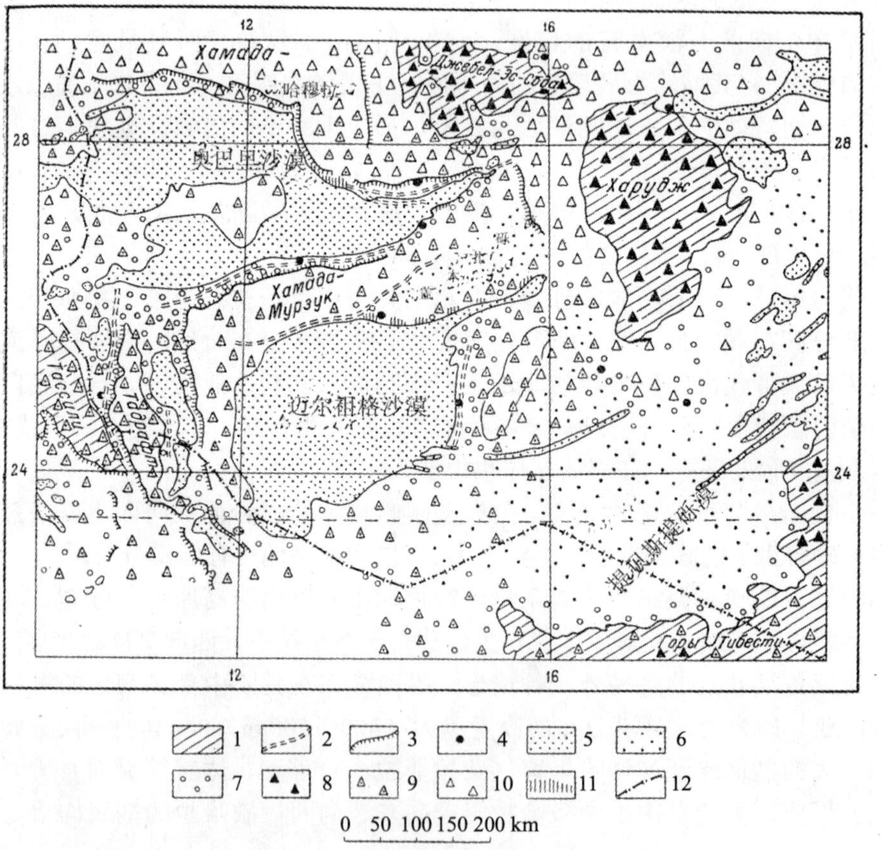

图 43　中非东部荒漠类型（根据 Meckelein，1959）

1—山区；2—宽干谷；3—构造桌状平原上大石陡坎；4—重要绿洲；5—厄格（沙漠）；6—砾漠；7—冲积砾漠；8—玄武岩上的砾石；9—砂岩上的砾石；10—石灰岩上的砾石；11—盐碱；12—界限

（3）沉降区荒漠（Dresch，1964） 撒哈拉有两个基本类型属于这一类：沙漠与盐漠。沙漠占撒哈拉总面积大约为 1/5，西撒哈拉荒漠及利比亚的荒漠中沙漠分布非常广，以致中撒哈拉隆升的北部、南部边缘，也分布沙漠。

在西撒哈拉焦夫盆地周围是伊吉迪沙漠、舍什沙漠，南突尼斯梅里给尔盐湖、杰里德盐湖——西部大沙漠、东部大砾漠。在埃及北部的盆地与低平原，是奥巴里沙漠、迈尔祖格沙漠和利比亚“沙海”。苏丹中部盆地泰内雷沙漠占据了比较高的西北部，而东北比较低部分无沙漠。

在所有盆地，沙漠分布于古凹陷的低平部分。在许多情形下沙漠分布于砾漠边缘，是风从砾漠中输移沙。在利比亚荒漠特别明显，北部的“沙海”位于碎石荒漠外围。

很明显，沙堆积的主要物质是湖相冲积物。它们分布于古湖盆的外围。湖泊干涸后，盆地底经受风力侵蚀，经过风力的分选，风将沙搬运到周围平原。这样，所有砾漠分布于较高的湖相堆积的外围带。

此外，也有一些区域由于别的原因形成沙的堆积。利比亚荒漠的南部是这种区域之一。形成南部“沙海”以及小的沙堆积的物质，很明显的是努比砂岩风化的结果（米哈依洛夫，1957）。

风在撒哈拉沙漠的形成中的作用是很大的。形成沙漠因素不仅是活动风况，还有极端干旱气候，特别是稀少的降水。

撒哈拉致密的基岩遭受破坏历史已经很久远，因为基岩从白垩纪就已形成。第四纪冲积物容易经受风蚀，而且时期短。

撒哈拉风力作用与风化物的分异特征，与世界其他荒漠相同。通常，在非常干燥的气候环境下，构造平原与高原的基岩在风力作用下，碎石、砾石，以及更大的块石留在原地，形成砾漠，沙与尘被风吹到古基岩风化区以外，形成风沙堆积并开始沿主导风向的输移。

很多事实证明，从撒哈拉吹出大量的尘而且飘移距离很远。《血色》污染雨降到离撒哈拉几千公里就是证明。这种现象在几内亚、丹麦、意大利南部被观察到。1963 年来自撒哈拉的尘雨降在土库曼斯坦的南部（扎莫尔斯基，1964）。

P．卡保列耶（Capot-Rey，1953）描述了流沙地貌形态序列—分类形态：沙堆积成具有“S”形沙脊的赛夫沙丘；堆积成梁状、垄状，以及片状的赛夫沙丘组；特殊地貌形态是金字塔沙丘（图 44）。

撒哈拉风成地貌形态的多样性，是广阔的区域多种多样的风况所形成的。

因此，P．卡保列耶（1958）写道：在那些有飓风且主导风向相反的地方，出现孤立的沙堆积，高度随输沙量的增加而增高。因此，固定风况被来自大、小苏尔特湾扰动气流影响的地方，出现大东沙漠。同样也形成大西沙漠。

在南撒哈拉，夏季信风被深入到这里的东南季风中断，季风具有完全不同的结果，因此出现龙卷风。龙卷风在短时期吹动流沙，把冬天风形成的不连续积沙连接起来。龙卷风这样形成不间断的延伸积沙（Dufoue，1936）。在苏丹流动沙丘链主方向东北—西南，到赫哈舍什（Хенашиш）以北，改变为从东向西、向南，这里有次向风。这样在伊扎梦（Ижафен）可以看到一个叠置在另一个的两个沙丘系统：东北—西南西延伸的淡红色的沙埂，与之有一定交角的白色沙埂。瓦兰沙漠沙丘几乎都是这样。沙埂与不大的沙垄有一定交角，这可以用风的季节交替解释。沙的不同颜色可能是两个沙垄系统属于不同的气候期。在毛里塔尼亚信风作用明显。阿宰法勒沙漠与阿克莎尔沙漠（Акшар）大沙垄从东北向西南延伸，经过德拉—马利什达（Дра-Малишидан）在阿克入日特（Акжужт）新月形沙丘前中断。斯巴尔（Сбар）、德哈尔（Дхар）《沿海岸沙丘从北向南延伸》（141-142 页）。

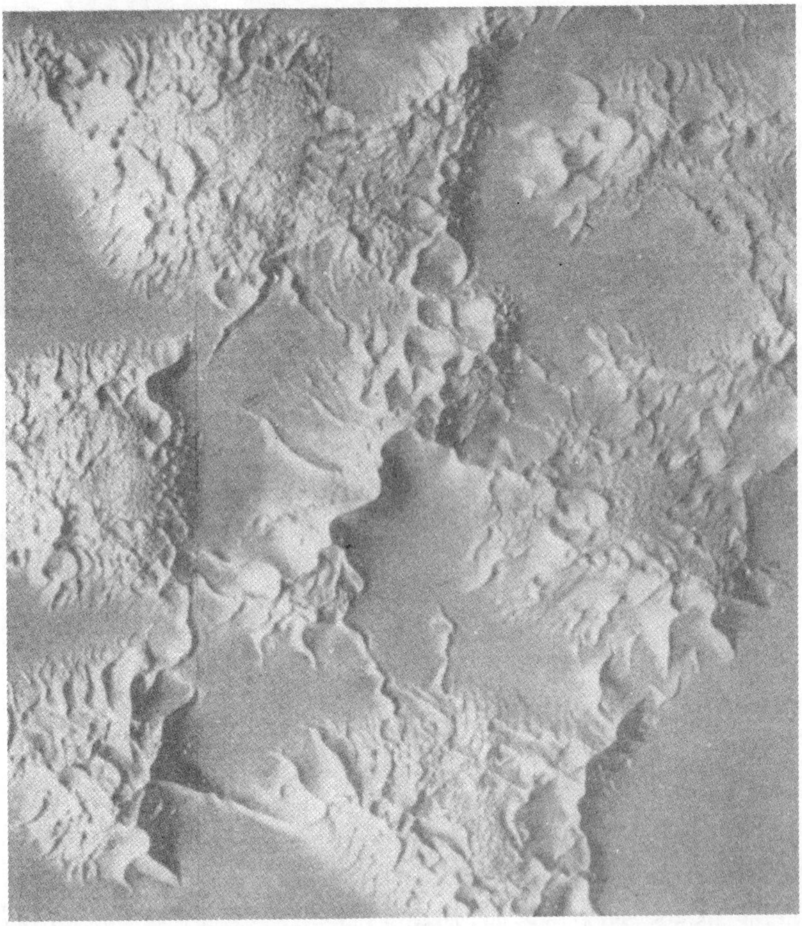

图 44　北非的金字塔沙丘，航空相片（引自：沙漠，1967）

这样，撒哈拉沙漠地貌无论形态或年代都非常多样。可以把他们分成年轻的、中年的、老年的、死亡的（卡保列耶，1958，143 页，贝尔拉尔，305-306 页）。

年轻的沙漠与流量很小的河谷的年轻冲积物有关（西部大沙漠与萨乌拉河有关）。中年沙漠地表径流终止风蚀与风积相平衡（东部大沙漠）。通常风力过程如此强烈，以至致密的地表遭受破坏并积了很厚的沙（舍什沙漠）。P. 卡保列耶将这种形态称之为衰老型。

法国地理学家将撒哈拉南部荒漠与热带稀树干草原过渡带的固定沙丘，称之为死亡沙漠（萨赫尔死亡沙漠带）。这一区域降雨量增加，不仅保障草类而且保障灌木生长。死亡沙丘是固定沙丘。死亡沙漠的形成与植物作用密切相关。

盐碱荒漠—盐湖或盐沼，在撒哈拉分布非常广阔。它们分布于封闭盆地主要是构造成因的盆地（突尼斯南部的盐湖、盖塔尔盐湖等）。部分盐碱地分布在低平的干河谷。此外，盐碱荒漠通常分布于大西洋沿岸与地中海沿岸。

阿拉伯荒漠分布于北非东部的埃及境内，尼罗河下游与红海沿岸不高的山系之间。它们是构造平原—高原，平均高度为 500 m，石灰岩和红色努比亚砂岩。向西降低与尼罗河谷濒临，形成阶梯。在这些阶梯上古埃及建筑被沙掩埋（拉姆瑟斯庙、涅菲尔基庙等）。高原被许多干河谷切割（基纳干河谷、塔尔法干河谷等）。

阿拉伯荒漠是炎热的热带强大陆性气候。夏天月平均气温为 30℃，冬季温暖，1 月份平均气温为 11.6℃（艾斯尤特），很少冬寒。年降水量不大，有些年连续不降雨。气候特征决定了阿拉伯荒漠有机生命很贫乏。仅在临时积水、河谷、绿洲可见到植物。阿拉伯荒漠以无植被的沙砾石荒漠、碎石荒漠景观为主。

努比荒漠分布于北非最东部的苏丹境内。其东界是与红海岸平行的山链，西以尼罗河中游河谷为界。这一荒漠的北部与阿拉伯荒漠汇合。

努比荒漠地形非常多样，高为 350～1 000 m 的构造台原占据了大部分面积，从东向西阶梯状降低，被许多干河谷切割［黑基格里泊（Хидиглиб）河谷、奥盖（Оги）河谷等］。在高原西部分布厚层积沙，为新月形沙丘。气候为炎热的热带大陆性气候。7 月份平均气温为 32℃（瓦迪哈勒法河谷，表 7）。冬季温暖，1 月份平均温度为 14.6℃。寒冬很少而且不是每年都有。实际上为完全不降雨，多年观测平均降水为 1 mm。在台原上完全不可能生长植物。半灌木和矮小灌木仅仅在临时性积水的河谷见到。在努比荒漠主要是光秃的沙砾石荒漠、沙漠、石漠景观。

南非荒漠

南非分布三个面积不大的荒漠、半荒漠：沿大西洋岸窄带状延伸纳米布沙漠；位于中部台原卡拉哈里荒漠、半荒漠；卡尔鲁（Карру）山地半荒漠，分布于大陆南端同名高台原。

卡拉哈里盆地 高度为 900～1 000 m。分布于非洲结晶地台的凹陷区，为沙砾石陆相沉积所填充。盆地外围是台原、山地（图 45）。

卡拉哈里荒漠与半荒漠占据了盆地西南部。地表物质是第三纪、第四纪产状水平的陆相沉积、沙、砾石、角砾石。

Л.查恩和Дж.列别尔松（Chaen，Leperson，1956）将卡拉哈里陆相沉积划分三个岩系。下层为沙、砂岩、砾石与上白垩系相交（相当于《冈瓦纳地表》中描述的）；中层沙、硅砂岩、灰岩，这一层表面与中第三系斜交（相当于《非洲大陆》中描述的）；上层为赭色沙，形成于晚第三纪，其上为现代沙。第四纪沉积是含铁砂岩、砾石、红色沙和古风成沙。

卡拉哈里荒漠被不同厚度的红色、灰色风成沙全覆盖。在西南部的莫洛波盆地、诺索布盆地，新月形沙丘和沙丘链发育，从西北向东南延伸（图 45）。通常沙的厚度 12～15 m。在瓜伊积沙达 60 m。

沙的颜色是不同的，有暗红色（特别是西南）、浅红色、钢灰色、亮灰色。红色是由于氧化铁包裹沙粒或者浸入石英颗粒裂纹所形成。

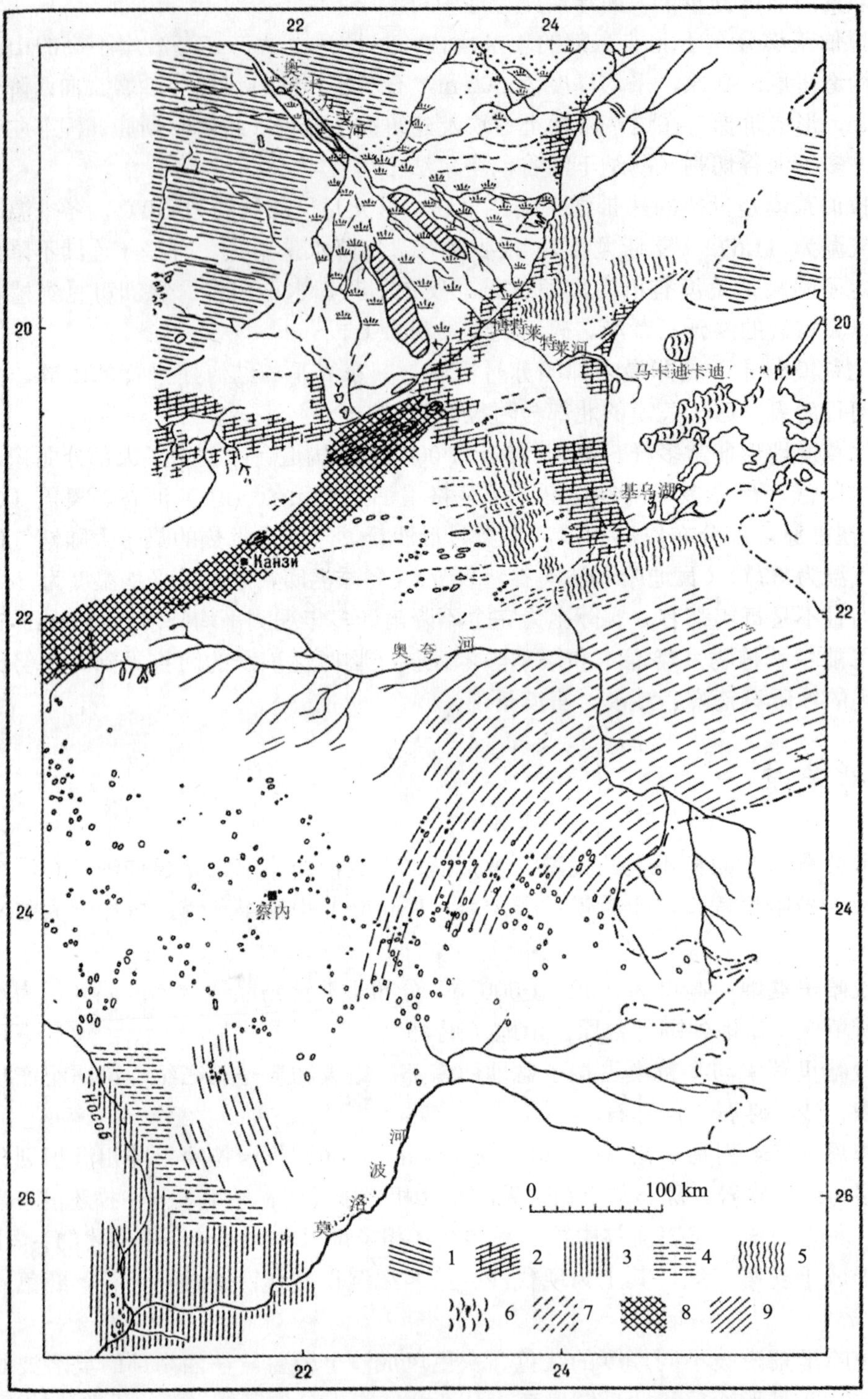

图 45　卡拉哈里、恩加米兰的地貌（根据 Grove，1969）

1—奥卡万戈河三角洲垄间距 1.7 km 的线形沙垄；2—间距 200 m 的沙垄；3—在莫洛波河与诺素布河汇合地的沙垄；4—间距 50 m 的横向沙丘；5—丘陵地上的横向沙丘；6—新月形沙丘；7—浅沟地表；8—堪萨（Канзи）区的基岩盖层；9—奥卡万戈河沼泽中的低岛

沙主要是粒径为 0.15～0.4 mm 的中沙。磨圆度不好，有尖角。大的沙粒与硅质基岩有关。如果看到大面积分布的大颗粒沙，沙的分选性与组构一致性非常好。

卡拉哈里沙的重矿物常见到的有：钛铁矿、磁铁矿，以及变质岩。还可见到少量硅藻土（久-托伊特，1957）。

红色沙比较古老，是第三纪砂岩经长期破坏，颗粒圆或有角。成分主要是石英、黄铁矿、硅石（在近岸带有一定量的长石）。甚或有云母和重矿物——花岗岩、磁铁矿、电气石、锆石等。

灰色、亮灰色沙比较年轻，矿物成分与红色沙不同。其成因可能是第四纪干旱气候下冲积物。在人类历史时期沙经过二次吹扬。

A．列维斯（Lewis，1936）在卡拉哈里的诺索布河与阿沃波河（Ayoб）研究过流沙，发现主要由石英砂构成，占 90%以上（85%～98%）。在采集样品中有少量的重矿物——锆石、花岗岩、长石、钛铁矿、电气石，均比较常见。

A．久-托伊特（1957）认为，卡拉哈里的沙主要是强烈的西南风从非洲西南海岸吹过来。这样解释似乎不太恰当，因为在流沙输移路径中有山体阻挡。

比较可能的是风成沙源于现在的莫洛波干河谷、诺索布干河谷及其支流。显然，第四纪这些河流水量大，携带大量的疏松物质，分布面积广阔。

卡拉哈里径流特征很奇特。河流与现代径流都流向盆地中部。比较大的河流是诺索布、莫洛波、奥敖波，其中一些在雨季充满水。诺索布河谷宽 2～3 km，这些河流冲积物为大量的沙。因此，这里通常堆积非常厚的风成沙，平行的垄状（新月形沙丘链）延伸几公里（高 10～15 m）。根据A．列维斯（1936）提供资料，它们从西北向东南方向延伸。

在南部区域风成地貌为西北方向（北偏 19°），再向北方向变到北偏 21°，到与奥敖波河、诺索布河汇流区，北偏 54°。

沙丘脊线与丘间低地平均高度 8 m（最大达 300 m）。沙丘链之间平均距离（沙丘脊线间）大约 225 m（最小 35.5 m，最大 460 m）。平均沙丘链间宽与沙丘高度比值为 27，在测量 8 例中最小、最大比值分别是 18 与 46。

在沙地与岛状山之间分布有宽缓的平地，面积为 200 km^2，由透水性差的黏土组成。这些盆地很可能是古汇水区，可以看做类似中亚的龟裂地。这些宽缓平地是局部径流汇水区。在雨季汇水成湖，很快干涸。这种景观在干旱区非常典型。

纳米布滨海荒漠 沿非洲西南岸奥兰治河与库内内河之间延伸 1 360 km，宽为 50～150 km。荒漠分布山前平原，海积与河流（奥兰治河三角洲等）冲积物组成。由于气候干旱，这些物质很容易遭受风力作用。因此在滨海平原几乎全是流沙。在奥兰治河的下游，荒漠以窄带状向大陆延伸。

在分布纳米布沙漠的滨海荒漠带地貌类型复杂。从海岸平缓地向东、向山体、山前平原抬升，其物质组成为洪积、冲积物，它们是古岩石的残留物。河流冲积扇地貌形态明显，长 40～50 km，为分选性和胶结差的冲积物。在比较高地段形成角砾石残积物。在这样的环境下局地形成碳酸壳层、石膏壳层，在比较古老地面形成硅酸壳层。碳酸岩盖层大部分被硅化。壳层是多成因形成的。

向南非高原方向，山前平原阶梯状抬升，阶梯的高度与数量不断增加。

纳米布荒漠类型十分多样。在其北部以砾石—碎石荒漠为主，与北非的砾石荒漠（serir）相似。南部以具有垄状沙丘的沙漠为主。中部达莫尔、纳马、孔科高原的外缘以砾漠为特征。

纳米布沙漠沿海岸分布，长约 450 km，宽约 150 km。纳米布沙漠的沙源很不一致，部分属于洪积，部分属于冲积、海积、残积。残积与洪积沙是红色。

大小不同的新月形沙丘组合形成复杂的高几十米的新月形沙垄。在纳米布沙漠有长为 450 km 的巨大的积沙区。沙垄高达 30～40 m（图 46）。高大沙丘移动缓慢。在纳米布沙漠南部以流沙为主。

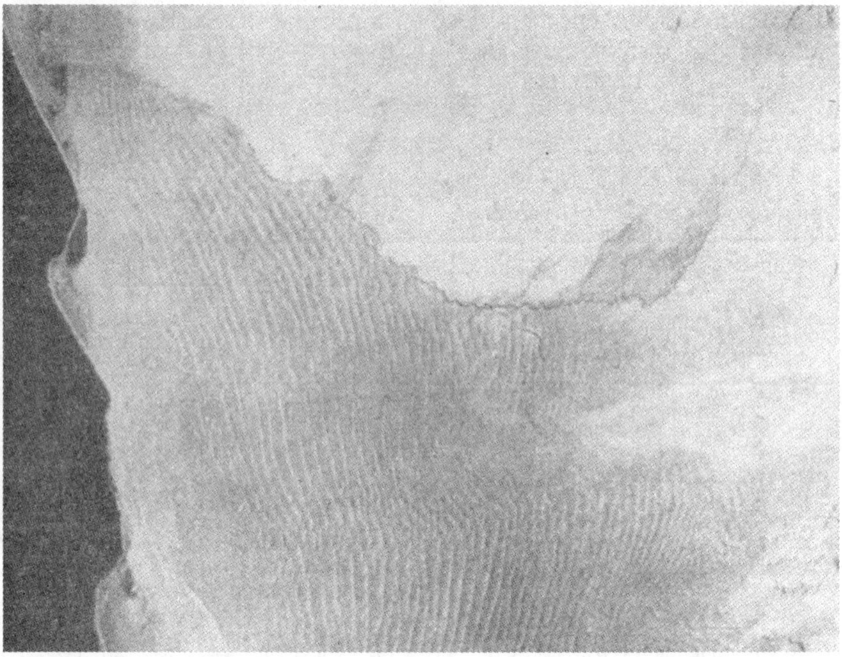

图 46　纳米布荒漠北部的沙垄　Джемини-5 卫星摄（根据 Grove，1969）

由于气候非常干燥沙漠无植物，只有在深的丘间低地可见到植物。

纳米布沙漠的北部侵蚀地貌发育。源于山地流到海边的河流切割地形。在南部，河流到达不了海，流到海边盆地消失。这些盆地南北延伸，有时低于海面。在雨季充满咸水。这些长而封闭的盆地形成于石灰岩，通常水源不大。这些区是当地居民的主要供水点。

大卡尔鲁（Кappy）**山地半荒漠**　分布于高为 600～1 000 m 的宽阔的高原，以南非高原的北断层为界。分布范围长约 400 km、宽约 130 km。高原为水平的古生代陆相沉积。

南非位于南半球的地理位置决定了气候特征。最冷月是 7 月，最热月是 1 月。南非气候是亚热带气候，但划分两个亚型：大陆亚型（卡拉哈里与大卡尔鲁荒漠、半荒漠）；近海亚型（纳米布荒漠）。与北非荒漠相比更热些。因此在南卡拉哈里荒漠月平均气温不低于 25℃（阿平顿）。冬季这里非常温暖，月平均气温最低为 14℃（表 8）。

表 8　南非荒漠气候

站	海拔高度/m	空气温度/℃			年降水量/mm
		月平均		年平均	
		1 月	7 月		
卡拉哈里荒漠（大陆型）					
基特曼斯胡普	1 004	26.0	15.1	—	147
阿平顿	805	28.0	14.2	—	154
纳米布荒漠（近海洋型）					
木萨米迪什	3	22.0	18.0	15.3	43
斯瓦科普蒙德	12	17.8	12.4	15.3	15
吕德里茨湾	23	18.0	14.5	—	17
诺洛斯港	7	16.0	14.0	—	61
大卡尔鲁荒漠（大陆型）					
马特洛斯别尔克	964	20.1	8.1	14.3	231
西博福特	868	24.0	11.5	17.9	233

卡拉哈里荒漠降水非常多，年降水量为 154 mm（阿平顿，图 47）。年降水分配不均匀，最大降水在 8 月和 5 月，即在夏季。

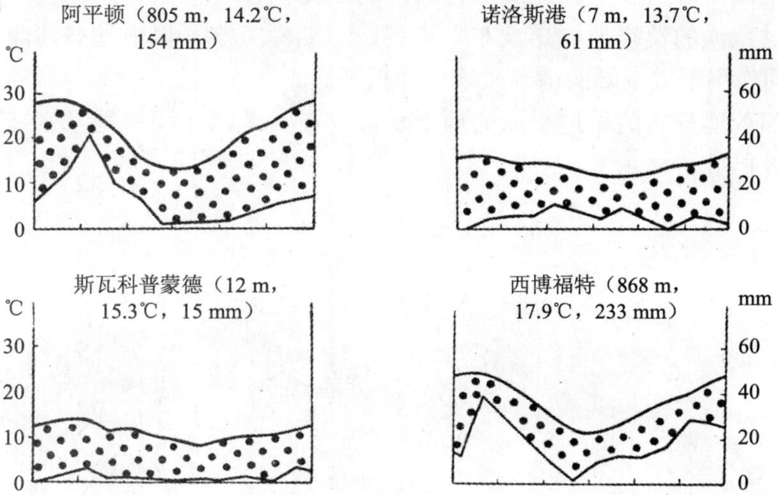

图 47　南北干旱区气候曲线（图例同图 13）

根据 П. 梅格斯（Meigs，1953，1955）分类，卡拉哈里荒漠是夏季最大降水、冬季温和的干旱气候（Ab23，Ac24）。

卡拉哈里荒漠的诺索布、莫洛波盆地的风况，根据A．列维斯（1936）资料，主导风向是东北风，在东南部为北东 69°，在北部的奥敖波河、诺索布河汇流区为北东 36°。因此，沙逐渐向东南方向移动（A．久-托伊特，1957，379 页）。

大卡尔鲁是冬季温和的干旱气候（Ac13），年降水量很多达 230 mm（马特洛斯别尔格），冬季降水最多。这是因为沿海岸的开普山阻断了来自海洋的水汽，形成干旱气候。

纳米布荒漠近海的特干旱气候（Ea22），靠近大西洋受本格拉寒流影响，缓和了分布荒漠的近岸气候。夏季月平均温度不高于 22℃（木萨米迪什），只在山前区气温增高。夏季月平均气温比卡拉哈里低 5～10℃（表 7)。纳米布荒漠气温比较低，是因为大气下层受寒冷洋流影响。冬季近岸带如此温暖，就像卡拉哈里荒漠。

纳米布荒漠降水很少，15（斯瓦科普蒙德）～40 mm（木萨米迪什）。冬季降水量最大（5～9 月)，与卡拉哈里不一致，这是由于南非上空环流的气团性质不同，特别是在卡拉哈里荒漠东南印度季风的温湿气流带来降水的时候。

在纳米布荒漠降水有限是由于从大西洋来的水汽不多。冬季这里西风为主，来自海洋的气团经过大西洋的寒流（本格拉寒流），气团变凉，向大陆移动时经过近海低平原，不能形成凝结水。因此这里几乎不降雨。夏天来自大陆的西南风吹向近海平原是干燥空气。

然而纳米布荒漠相对空气湿度比卡拉哈里荒漠高得多。与非洲大陆荒漠空气湿度是 70%～80%比 15%～30%。纳米布荒漠有稳定的潮湿空气、经常有雾（每月 27 天)、露水多。水汽经常凝结在沙地表湿润沙地。因此在近海荒漠尽管降水很少，但植物非常丰富。B. 凯泊宾（Koppen，1934）称之为“湿空气荒漠”。雾仅仅影响很窄的近岸带，宽不超过 5 km。随着离海岸距离增加年降水量可达 50～75 mm。纳米布荒漠蒸发量高达 750～1 000 mm（斯瓦科普蒙德，740 mm)。

纳米布荒漠河流很少，因此降水径流从高地流向沙地消失。在卡拉哈里荒漠地表水如此少，经过荒漠的莫洛波、诺索布干河谷，周期性有水。以前这些河流与奥兰治河相连，它们共同作用形成宽阔的南卡拉哈里冲积平原。

大陆内部荒漠分布的构造平原的地下水深。在其范围干河系地下水接近地表，局地可以为植物所利用。

图 48　生长金合欢的卡拉哈里沙漠（根据 Walter，1964）

卡拉哈里与大卡尔鲁荒漠、半荒漠的土壤有以下类型：①台原冲积红—褐土，母质为砂岩风化而成。②原生沙漠土，由具有红色外壳的流沙发育而成。③周期性有水的干河谷土，为草地盐碱、盐碱洼地，是盐碱土。

南非热带荒漠植物属于开普植物地理区，但是有许多北非植物群落，特别是沙漠、盐碱荒漠。

卡拉哈里内陆沙漠植物非常贫乏，生长多年生草——短叶三芒草、钝三芒草、睫毛三芒草、画眉草、香茅属等，有时可见到低等植物群落（图 48）。这里竟然还可见到野生西瓜。卡拉哈里荒漠植物群落与北非荒漠没有区别。

固沙植物必须注意果实可食用的多刺灌木纳米布刺，根可以在沙土伸展 20～25 m 固定流沙，枝条可阻沙。卡拉哈里沙漠周围的构造平原植物比较原始，是开普植物地理区的硬叶灌木——刺彭茨菊、白毛彭茨菊、瘤猪毛菜、木本猪毛菜、小碱蓬、兔食柴、瓣鳞花等。或纯硬叶灌木，或与龙须海棠、景天、二岐芦荟、多枝大戟、胶大戟等混生。

南非盐碱荒漠植物与北非荒漠也没有实质性差别。主要是一年生的猪毛菜属——滨藜、碱蓬、盐角草。

纳米布近海荒漠植被很稀疏。取决于岩性、地貌，不但植物种而且生态类型差别很大。石漠与红色沙漠无植物生长，植被差别很大。

Г. 瓦里捷尔（Walter，1964）将纳米布植物分为下列几类：

（1）平缓岸边平原近海植物：*Mesembrianthemum salicornioides* 盐角草状龙须海棠，*Hydrodea bossiana*，*Drosanthemum paxianum*，*Aizoon dinteri*，*Zygohyllum simplex*。

（2）近海平原内部区旱生植物：*Aristida brevifolia*，*A. hochstetteriana*。

（3）在岩体生境的单株灌木：*Trichocaulon dinteri*，*Hoodia currori*，*Euphorbia brachiata*，*Sarcocaulon marlothii*。肉质植物：*Lithops* sp.，*Hereroa bossii*，*Aloe asperifolia*，*A. dichotoma*，*Cotyledon orbiculata*。

（4）沙质干河谷植物：水分条件好，植物比较多。这里常见的旱生植物：*Acanthosicyos horrida*，*Citrullus ecirrhosus*。在土层厚的地方是高大的灌木：*Bauhinia pechuelli*，*Parkinsonia africana*，*Commiphora dulcis* 等。

在纳米布荒漠北部可以看到南非原始的肉质植物 *Welwitschia mirabilis*。

在大卡尔鲁（Kappy）山地半荒漠植物稀少低矮，径生植物：*Euphorbia mauretanica*，*Stapelia*，*Caralluma*，*Hoodia*，*Trichocaulon* 等。叶生植物：*Cotyledon* sp.，*Crassulia* sp.，*Aloe* sp. *Portulacaria*，*Lithops* 等。根生植物：*Pachypodium bispinosum*，*Asparagus* sp. *Fockea* sp. 等。

第五章　澳大利亚荒漠

在澳大利亚荒漠面积很大，大约为 170 万 km^2，占澳大利亚南纬 20°～30°面积的 45%。海拔高度 200～600 m，主要在西澳大利亚高原。这是澳大利亚《红色的》或《死亡的心脏》。

澳大利亚荒漠的地质构造不是单一的。西部、中部荒漠位于高度 400～600 m 西澳大利亚地台。地台强烈剥蚀，不同岩性与机械组成的风化壳发育很好。

台原的外围有很多干河谷和残山。此外，还有很多盆地，盆地中有盐（氯盐、硫酸盐）沉积的湖泊。

地台的西南部是前寒武纪花岗岩、片麻岩组成的古结晶地盾。在荒漠平原的东部边缘分布两个褶皱山系——麦克唐奈山（主峰齐尔，1 510 m）；马斯哥列夫（Масгрейв）山（主峰迪林哥，1 515 m）（图 49）。

上述的山岭是长几百公里几乎连续的褶皱山系（麦克唐奈山，650 km）。山岭被一些小山所围绕，这些小山以孤丘和残余山形态向荒漠散布。它们由砂岩、泥灰岩、石灰岩组成。为荒漠景观。作为古老形成体（古生代褶皱）中澳大利亚岛状山，在其后的地质历史中形成这一区域的基础，从这里携带物质到周围的平原、盆地。所有的山都经受强烈的侵蚀，有物理风化的遗迹。

岛状山被山前平原沙—砾石荒漠、碎石荒漠包围。北部是褐红色沙垄为主的大沙漠。南部是吉布森砾石沙漠，沙漠中生长中生的不高乔木。再向南是大维多利亚荒漠。景观非常多样。

麦克唐奈山与马斯哥列夫山之间的宽阔平原，中部是阿马捷乌斯湖（Амадеус），这是沙漠主要分布区。分布固定沙垄，生长鬣刺、金合欢、猪毛菜。在沙漠中突兀古构造台原残体。阿马捷乌斯湖盆分布有白色盐层的盐碱土，无植物生长（图 50）。

在大陆南部台原范围外，分布纳拉伯平原沙—砾石荒漠（图 51）。大部分海拔高度为 50～200 m。

从中澳大利亚麦克唐奈山、马斯哥列夫山向东是宽阔的艾尔湖盆（–11.7 m），填充疏松的湖积—冲积物。在其范围分布澳大利亚最大的沙漠——阿伦特（Арунт）沙漠，或者叫辛普森沙漠。

这样，澳大利亚荒漠分布于古构造高平原上，高平原有产状水平的古生代、中生代、新生代沉积，也有在高度较低的封闭湖盆和第四纪平原的湖积—冲积沉积。

澳大利亚荒漠的第四纪沉积，在古河谷与湖盆中以疏松沙质湖积—冲积物为主，而在构造平原则是以沙砾石、石膏残积物为主，山前平原是比较粗的碎石、砾石、粗沙。

在构造高原及其残存高原上，分布石灰岩、红土岩、硅质岩的风化壳。曾经有过红土化过程，晚渐新世是红土化过程最活跃期。东部是硅质风化壳，西部是铁质风化壳。

澳大利亚是干旱亚热带大陆性气候。只在狭窄的沿岸带受海洋影响，气候具有近海洋特点。

澳大利亚荒漠位于热带与亚热带，热量充足。冬季温暖，最冷月（7 月）平均气温为 12～14℃。夏季炎热，最热月（1 月）28～30℃（表 9）。

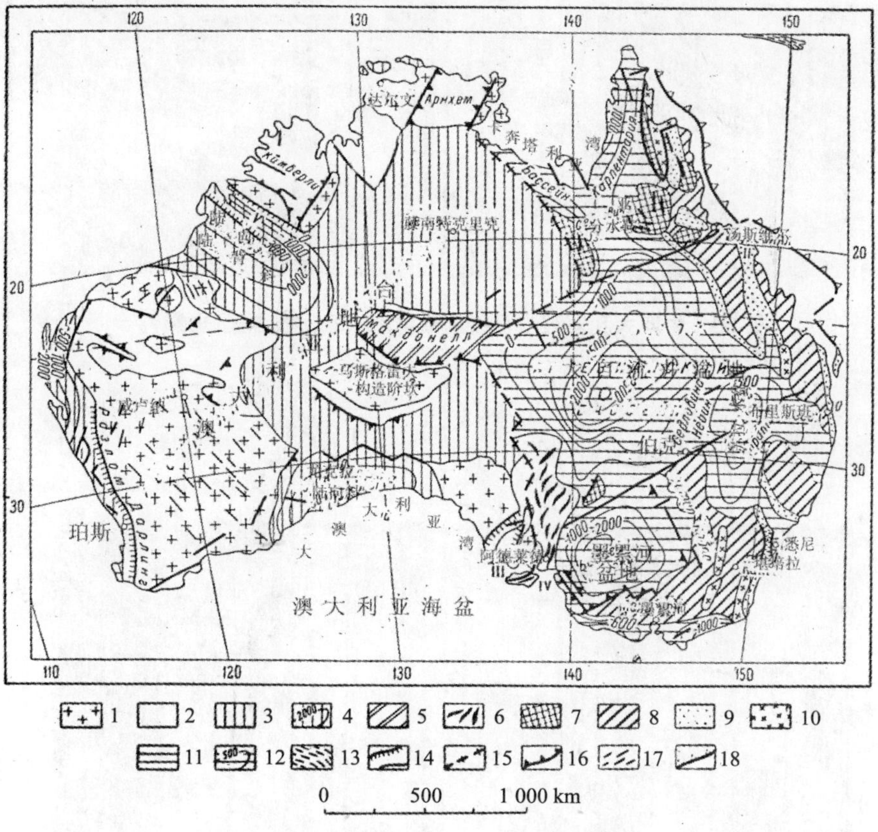

图 49　澳大利亚构造略图　В.Н.Сщбщлевская（1964）

根据Э.Хилису（**Hills，1956**）**编绘。**

古地台：1—地盾与结晶基底阶坎，古地台盖层；2—无古代的古地台盖层；3—厚度不确定的盖层；4—结晶基底表面等深线；5—麦克唐奈台沟（前寒武纪及早古生代地台内的地堑型的凹陷）；6—地表陡坎。古生代褶皱变形区：7—被古生代褶皱改造的前寒武纪陡坎；8—古生代的褶皱构造（P_{Z1}-P_{Z2}）；9—山间盆地；10—侵入花岗岩；11—古地台的年轻盖层（晚古生代）；12—褶皱基底等深线；13—阿尔卑斯（地中海）褶皱；14—断裂；15—深断裂；16—基底陡坎；17—古基底宽谷构造；18—大堡礁

地槽式凹陷：Ⅰ—悉尼凹陷；Ⅱ—鲍也（Боуен）凹陷；Ⅲ—斯潘塞凹陷；Ⅳ—维恩蔡特（Винцет）凹陷；Ⅴ—非茨罗伊凹陷

图 50　中澳大利亚被沙环绕的盐碱地（P．彼尔里 摄影）

图 51　散布石灰岩碎石的纳拉伯平原（Дж．真尼戈萨 摄影）

表 9　澳大利亚气候

站	海拔高度/m	空气温度/℃			年降水量/mm
		月平均		年平均	
		1 月	7 月		
威廉斯克里克	76	28.6	11.7	20.6	127
夏洛特-沃特斯	198	29.7	12.2	21.3	135
罗利	202	23.6	10.9	17.6	168
库克（Кук）	135	23.4	12.1	17.7	153
法里拉（Фарина）	93	27.8	10.6	—	166

东风携带的气团是水汽主要来源。但是大部分被澳大利亚东部大分水岭阻隔。因此在澳大利亚荒漠降水不多（图 52）。最干旱的是艾尔湖盆，年降水量大约 100 mm。澳大利亚荒漠年降水量与北美和中亚荒漠相似。就像世界其他荒漠一样，澳大利亚荒漠降水具有不可调节性。

根据П.梅格斯（Meigs，1953），澳大利亚荒漠是属于冬季温暖、北部夏季降水最多、南部冬季降水最多的干旱气候型（Aa24，Ab24，Ab23，Ac23）。

风况特征是：冬季主导风向在南部东北风，北部是东、东南风；夏季无论北部还是南部都是东南风。

澳大利亚荒漠地表水非常贫乏，仅在少数盐湖——艾尔、卡内几基、凯里、雷伊容（Рейзон）等，有地表径流。澳大利亚是完整的陆块，内陆面积占总面积的 60%。这是一个周期性小河流、小湖泊、地下水盆地干涸的国家。在荒漠没有现代河流，但是在过去澳大利亚荒漠有许多河流，证据是有很多从马斯哥列夫山、麦克唐奈山流向沙漠的干河谷。河流以峡谷分割山体。大多数河谷只在雨季有水，甚至在雨季也有十几公里干河床。最大的河流——哈米尔顿河、奥非赛尔河（Оффисер）流程为 150 km。大多数河流干涸或在沙漠消亡。雨水沿干涸的芬克、托德（Тодд）、休斯河谷，补给艾尔湖、阿马捷乌斯湖等许多湖泊。这样，山地保存的水分很少，具有荒漠的特征。

纳拉伯荒漠没有干河谷，这里地表石灰岩具有很多裂隙，雨水从这些裂隙转为地下径流，流向澳大利亚湾沿岸。

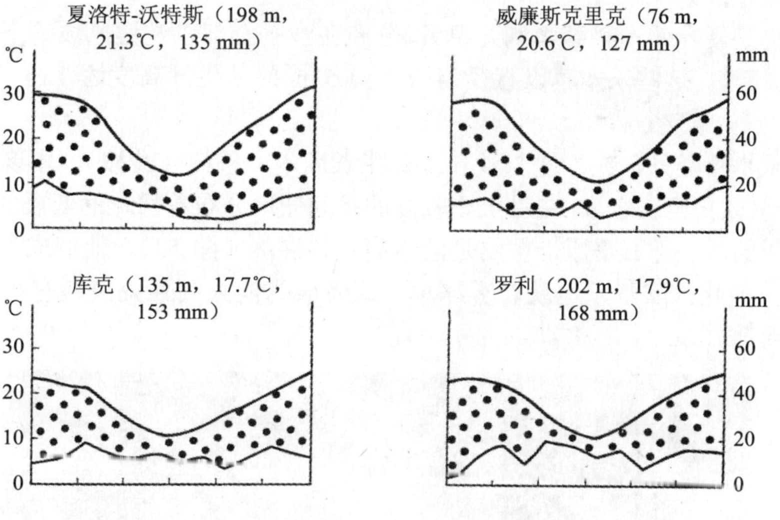

图 52　澳大利亚荒漠气候曲线图（图例同图 13）

承压水仅分布于荒漠边缘的沉积盆地——德塞尔特（Дезерт）盆地、尤克拉盆地以及大自流盆地。

澳大利亚土壤属于热带干旱土和亚热带干旱土。澳大利亚土壤学家称之为构造平原红色土与褐色土。这些土类一般是在红土岩基底——硬质构造平原上，在比较湿润时期（第四纪）经过强烈风化形成的。按照机械组成可以分为砾石土、砾石—沙土。它们在荒漠带的中部、西部占据了很大面积。这些土壤的特点，是受来自微弱淋溶的含铁砾石层的浸染。从其表面被碎石、砾石覆盖，便可以认为是第三纪形成的。它们过去在平缓的平原上经过红土化过程，所有土壤贫瘠，有稀疏的旱生灌木。

大沙漠和维多利亚大荒漠典型土壤是沙垄上的热带沙漠土。它们比较年轻、发育于红色沙垄、结构疏松。在沙土中以粗沙、中沙为主（86%～90%），混有石砾、砾岩，尘含量很少。澳大利亚的沙土为红色，是因为沙粒被氧化铁浸染。

在地下咸水层浅的盆地，分布氯盐、钠盐、石膏，以及盐碱土。在一些地方盐碱土上细粒石膏如此多，以致风形成石膏新月形沙丘（Campbll，1968）。

澳大利亚荒漠广泛分布着龟裂地黏土洼地，它们与中亚的龟裂地相似，在这种环境中发育着透水性差的重黏土。

在西澳大利亚台原和岛状山的边缘，分布着不宽的黏土质混杂砾石的不同土壤，颜色为褐色或灰色。它们有明显的层状结构，在不大的深度，富集碳酸盐、石膏。类似的碳酸盐荒漠土分布于纳拉伯平原。它们发育在石灰岩壳之上，地表通常覆盖石灰岩砾石、薄层沙。

M．A．格拉索夫斯卡娅（1952）认为澳大利亚一些碳酸盐土可以归入灰钙土类。

澳大利亚的植物是土著种，除了特有种（这里见到的荒漠植物属、种）与东亚荒漠相同（白茨、滨藜、无叶地肤、猪毛菜、盐角草、雾冰藜等）。一些灌木是荒漠特有种（哈克木、桉、木麻黄等），广泛分布的灌丛——澳洲密灌丛。澳大利亚荒漠特有群落是由于古澳大利亚大陆独立的地理环境所形成的。

澳大利亚的植物可以划分 4 个植物类型：沙生植物；适石膏植物；石生植物；盐生植物。

沙漠植物是硬叶禾本科草（刺儿草），分布在沙垄脊部以及迎风坡的下部（巴氏三齿稃、锐利三齿稃）。这些禾本草以直径为 0.5～1.5 m 的丛生，高度达 1 m。它们是很好的固沙植物。

除生长禾本草类外，在沙垄与沙丘上还生长灌木：桉树（沙桉）、木麻黄（细枝木麻黄）、野百合（坎氏野百合）。在黏土比较多的垄间低地分布着稀疏的低矮的桉树。

在石膏质的沙—砾石平原，植物是灌木猪毛菜群落（图 53）。他们成为代表种，在维多利亚荒漠一般是：滨藜、地肤、雾冰草。或者成为澳大利亚荒漠特有种：浆果状假葡萄、厚叶假葡萄。

图 53　中澳大利亚灌木猪毛菜荒漠（P．彼尔里 摄影）

砾石荒漠、岛状山及山前丘陵，分布带刺的常绿灌木、半灌木混杂各种草类。在散布碎石的山坡无植物生长，只在局部可以见到旱生的禾本科草（巴氏三齿稃）。可是在流向平原的山地峡谷和干河谷，由于周期性汇水，植物比较丰富，这里可见到比较茂密的滨藜、无叶地肤，以及稀疏而比较大的桉树。

桉树密集灌丛主要以低矮桉树为主（灌木桉、斑叶桉、二色桉、油桉、厚皮桉）。草类植物可见到针茅等。

金合欢分布在宽阔的干河谷，形成密集小区域，带刺的群丛高 4 m 难以通行。草类除了猪毛菜不再生长其他草类。雨季生长大量的短命植物。盐碱荒漠生长灌木与喜盐植物。

澳大利亚荒漠植被特点是，完全裸露的无植被的地方很少。这是因为许多地方，干旱的气候被浅层地下水所弥补。按照植物丰富程度，澳大利亚荒漠与中亚和北美荒漠很相近。

澳大利亚干旱区最典型的景观，是在前寒武纪古地台的基底、构造平原、高原上形成的荒漠，具有独特的干旱地貌。堆积平原与地台平原，分布在经向中澳大利亚大凹陷带。

C. 特维戴尔（Twidale，1968）将这一区域划分为下列荒漠类型：地台构造平原上的石质山地荒漠；沙漠；沙砾石荒漠；构造平原上的碎石荒漠；在湖盆的黏土荒漠；在盐碱洼地和近海低地的盐碱荒漠（图 54）。在澳大利亚干旱区占主导地位的是沙漠、沙砾石荒漠和石漠。

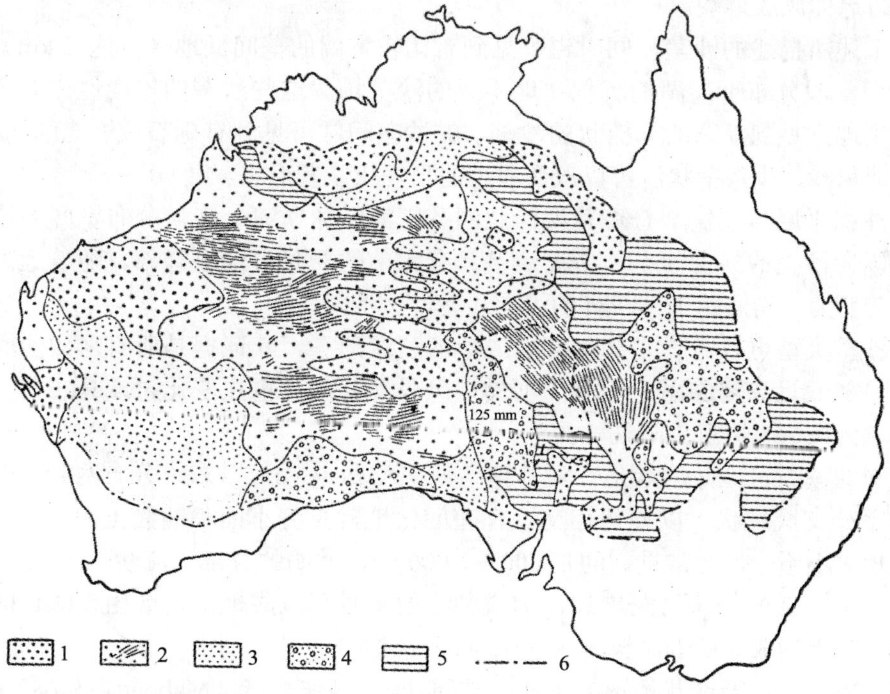

图 54　澳大利亚主要荒漠类型（根据 Mabbut，1966）

1—山；2—有一定方向的沙垄；3—构造平原；4—石漠；5—黏土荒漠；6—干旱与半干旱区界限

澳大利亚荒漠平原的基本背景是，在构造高平原上形成石漠干旱剥蚀景观。地表面呈平坦或缓波状，有古风化壳或铁质风化壳。这些荒漠与撒哈拉的石漠相似。大面积构造平原或被细沙层覆盖或分布沙垄。

在宽阔的湖盆，或者分布以沙垄为主的风成沙，或分布盐碱黏土平原。

由于广泛利用航空照片，近些年澳大利亚地理工作者详细地描写了澳大利亚的地貌。例如，Дж．马波布特（Mabbutt，1968）将澳大利亚荒漠划分为如下的风成地貌形态：沙漠；不同类型的沙垄；自然的沙丘与新月形沙丘。他研究了这些地貌形态与地质年代、下伏岩层、风况的关系。

典型的平行沙垄，一般分布在具有石质的密实地表的构造平原。沙源来自盆地。另外一种沙垄地形，以及蜂窝状沙丘，在疏松沙物质组成的低平原很典型。

澳大利亚荒漠的沙质平原，宽阔而平坦或稍有起伏。航空相片上可以明显地看到薄沙下的地质构造。

沙垄在澳大利亚所有荒漠都非常典型。类型十分多样，从单一的纵沙垄到延伸方向性差、呈不规则的网格状地貌。典型的平行沙垄发育在这样一些地表，流沙或流水携带物质形成平坦的地形。构造高平原一般具备这样的条件。沙垄一般高 10～25 m，有些高达 5～35 m，沙垄间距 300～500 m。沙垄能平行延伸十多公里而不交叉，沙垄的坡一般平缓被植物所固定，脊部比较活动长有稀疏的灌木。

沙垄方向变化与反气旋风向相应，在东南部是北、北北西，在北部是西。典型的沙垄一般有规律地分布在远离湖盆与河谷区域。按照Дж．马波布特的意见，这些沙垄是澳大利亚最古老的风成地貌。

除了上述所描述的沙垄，同时也可见到有比较宽阔的垄间低地（可达 2 km）的平行沙垄。它们一般分布于离湖泊沉积盆地不远的沙垄场。这些沙垄的连续性比上述的沙垄差，在个别地方见到复杂的或梳状的沙垄。在沙垄间常可见到有砾石或岩壳的构造平原。当垄间低地积沙，少数垄状沙可以改变典型的平行状沙垄形态。

在古冲积平原与湖盆辛普森荒漠西北的芬克河、休斯河一带，分布宽阔的沙垄，这里有连接纵向沙垄的横向沙垄，所有沙垄具有完整的新月形沙丘脊部。随着远离河谷，横向沙埂转变为平均间距 3～4 km 的纵向沙垄。

这一沙垄类型可以看作是从年轻向成年的过渡形态。其证据是所有形成沙埂的沙都是流动的。随着远离河谷固定程度的增加，风成沙的颜色也在变化，从分布在河谷沙垄白—褐色，到构造平原变为暗红—褐色。

在宽阔的湖积盆地，特别是在阿马捷乌斯（Амадеус）以东，分布网状沙垄。所分布区域沙垄分支成网状，以钝角相交。在垄间低地常见到小面积的黏土——干涸地。网状沙垄面积大小不一，经常见到的是 700～1 000 m^2。沙垄的脊部有流沙。

在西澳大利亚的一些盐湖岸边，形成独特的新月形风成地形，或由粗颗粒的含石膏沙，或由沙黏土构成。后者比较古老（Bettenay，1962）。

沙垄的复杂性以及网状地形的形成，按照Дж．马波布特（Mabbutt，1968）的意见，有多种原因。主要的原因是在网状沙垄分布的区域，在麦克唐奈山、彼得曼山的影响下风况发生变化。特别反映在沙垄脊线交叉处，在阿马捷乌斯湖向北的区域北风与东风相互作用，在阿马捷乌斯湖向南的区域西风与西南风相互作用。更复杂的垄状地形是比较年轻的，直接与冲积层的风力作用面积有关。

大沙沙漠

大沙沙漠分布在大陆的西北部。面积为 36 万 km^2，分布在布鲁姆港与海德兰港间海岸到麦克唐奈山之间宽 1 300 km 的范围。这一荒漠大部分是固定沙垄。沙垄间距宽，一个与另一个沙垄之间宽 400～800 m。沙垄很长，平均为 40～50 km。高度大约为 15 m（图 55）。C. 麦积盖（Madigan，1936）解释这种沙垄分布是永久性主导风作用的结果。也就是说，他认为是风成的（详见第十章）。

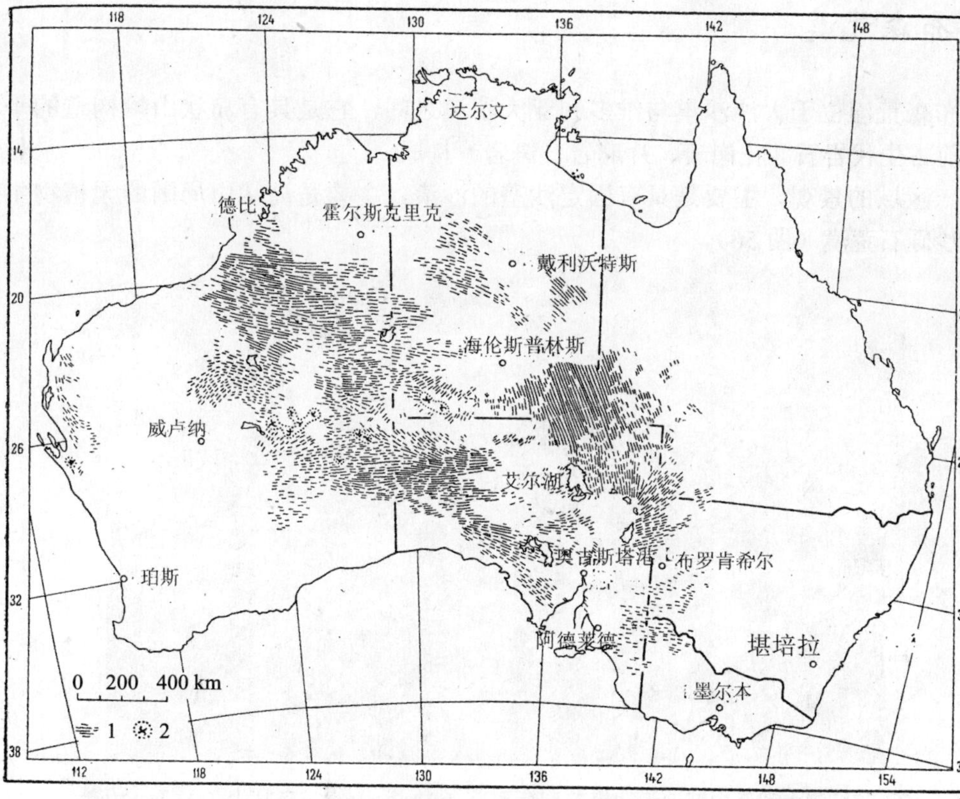

图 55 澳大利亚沙垄分布图（根据 Jonnings）

1—平行纵向沙垄；2—金字塔沙丘

在荒漠的东部靠近山，沙漠中有局部的石漠与砾石—碎石荒漠。此外，荒漠中散布盐碱洼地。

荒漠中水分很少，以前风蚀活动比较强烈。证据是在边缘区有很多干河谷与湖成阶地。大沙沙漠地下水很深，除过盐碱洼地，地下水很咸。

沙垄的植物非常丰富。主要植物是生长在垄脊的刺儿草，生长在垄坡下部的禾本科巴氏三齿稃。它们形成草丘。在洼地生长小灌木与低矮的桉树。在丘间低地分布灌木。

这一荒漠的东北部几乎没有沙垄，是分布古构造平原上具有薄层风成沙的沙质平原。

维多利亚大沙漠

维多利亚大沙漠分布在中澳大利亚的南部，西、西南结晶地盾上的马斯格雷夫山与彼得曼山之间。沙漠的南部向纳拉伯沙砾石平原过渡。

沙垄地形，有宽垄，相互有规律地排列。其长、宽、高与大沙沙漠相似。沙漠景观与残山或分布盐碱土的湖盆景观交替。

维多利亚大沙漠东部与艾尔湖盆地荒漠会合。这一沙漠的西部分布薄层风成沙覆盖的平原。维多利亚大沙漠的土壤、植被特征与大沙漠相同。

吉布森荒漠

吉布森荒漠位于大沙沙漠与维多利亚大沙漠之间，它是具有岛状山岭构造的平原，山岭由前古生代岩石（花岗岩、片麻岩、斑岩）构成。

这一区域的景观，主要是具有固定沙垄的沙漠，主要是岛状山周围的无植物生长的石漠与沙砾石荒漠（图 56）。

图 56　澳大利亚中部沙漠边缘艾列斯罗克（Айрес-Рок）岛状山　А.Перри摄

辛普森沙漠

辛普森沙漠位于大自流盆地的西部。它是荒漠综合体，有麦克唐奈山、马斯格雷夫山东部山前平原的石漠，有构造平原沙砾石荒漠，有古艾尔湖以北的古冲积平原上的泥漠。

过去这里曾经流过几条河流（芬克河，休斯河），从麦克唐奈山流向艾尔湖。这些河流携带的冲积物在干旱的气候环境下，成为辛普森沙漠物质来源。

与大沙沙漠和维多利亚大沙漠不同的是，辛普森沙漠的沙垄方向西北—东南（图 57）。

这可用这一沙漠的不同风况解释。

图 57　澳大利亚中部沙垄　比例 1：100 000（根据 Arid lands，1966）

辛普森沙漠的地下水是澳大利亚所有沙漠中最丰富的，这是因为山地大量降水流入地下。辛普森荒漠的植物特点与中澳大利亚其他沙漠、石漠相同。

纳拉伯沿海高平原荒漠位于大澳大利亚湾海岸与大维多利亚荒漠之间。平均海拔高度为 100 m，由第三纪石灰岩构成（图 58）。这是新生代从海下抬升的比较年轻的陆地。

石灰岩裂缝发育，有利于大气降水迅速下渗。因此纳拉伯平原无地表侵蚀：这里既无河谷，也无沟谷，只有喀斯特地貌形态——横向长 500 m 的漏斗凹地。

纳拉伯荒漠植物是丛生的灌木与半灌木。

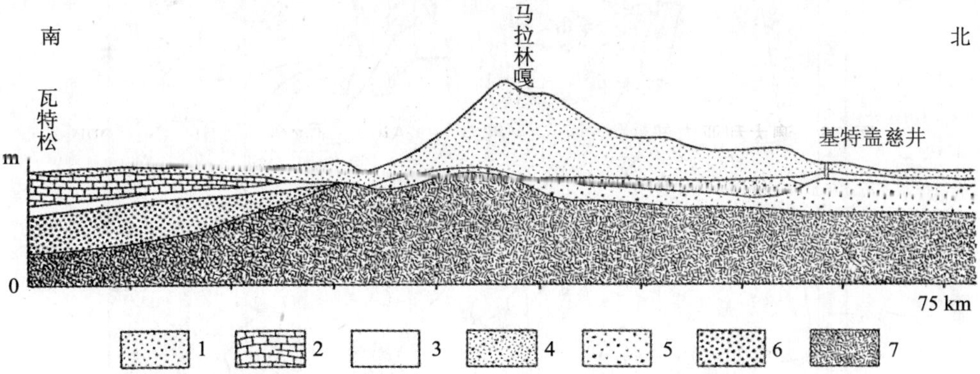

图 58　纳拉伯平原北部边缘地质构造（根据 Lubdrook）

1—风成沙；2—纳拉伯石灰岩平原；3—威尔逊布鲁夫石灰岩系；4—始新世沙、黏土；5—二叠纪高岭土沙；6—始新世与晚白垩纪介壳灰岩；7—前寒武纪地层

第六章　北美洲荒漠

北美洲荒漠位于北纬 22°～44°温带与亚热带。荒漠面积不大，以不大的规模分布于落基山南部的山间盆地与褶皱山岭间的墨西哥高原，以及科罗拉多河谷、三角洲。

北美洲荒漠可以划分四大组：奇瓦瓦荒漠；广义的索诺拉荒漠；莫哈韦荒漠；大流域荒漠（图 59）。

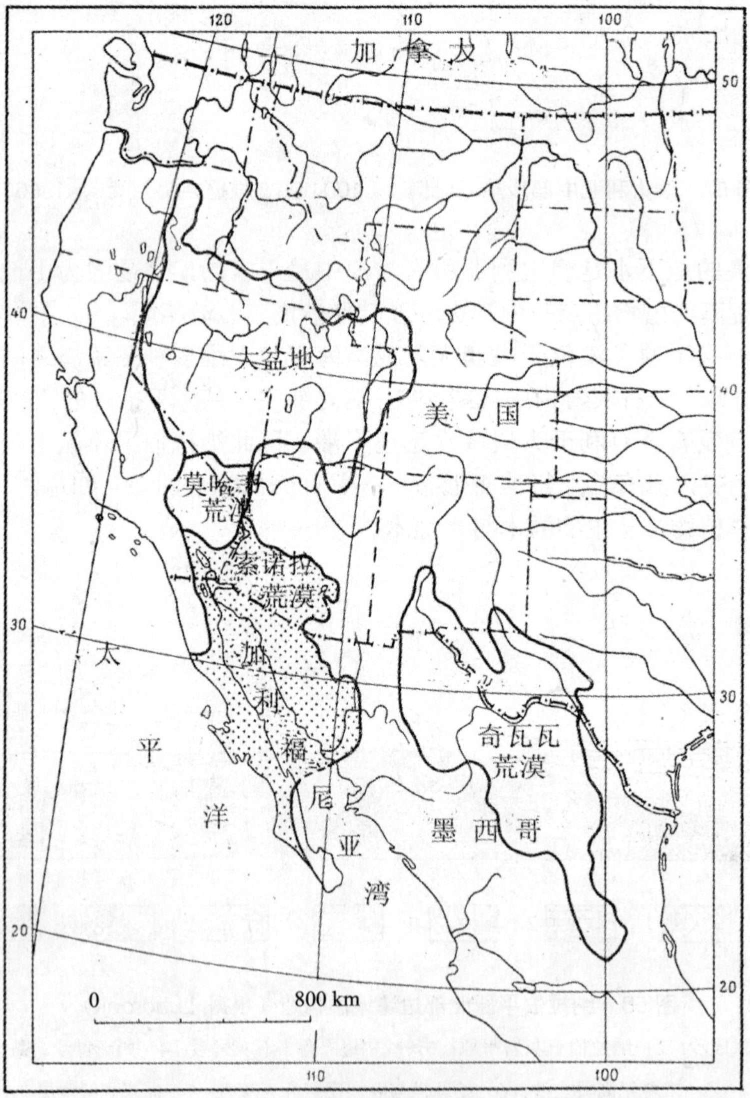

图 59　北美洲荒漠图

索诺拉荒漠自然环境非常多样，可以划分为下列荒漠区——索诺拉、亚利桑那高原、科罗拉多、威斯康达—马格达莱纳、加利福尼亚湾荒漠。它们分布于不同的高度，从大流域 1 850 m 的山间盆地到 54 m 的加利福尼亚的莫哈韦荒漠。

北美干旱区奇特的地貌结构特点，是一种类型地貌结构占据的面积不大，通常以综合地貌结构为主，常见到的是不高的山岭与冲积、湖积、坡积的山间盆地组合。它们横向宽几十公里。其中有不少封闭的盆地，盆地有湖成阶地，是湖泊多雨期高水位的证据。中美与墨西哥荒漠、半荒漠的特点是构造高平原（图 60）被深峡谷（大峡谷等）强烈切割侵蚀。

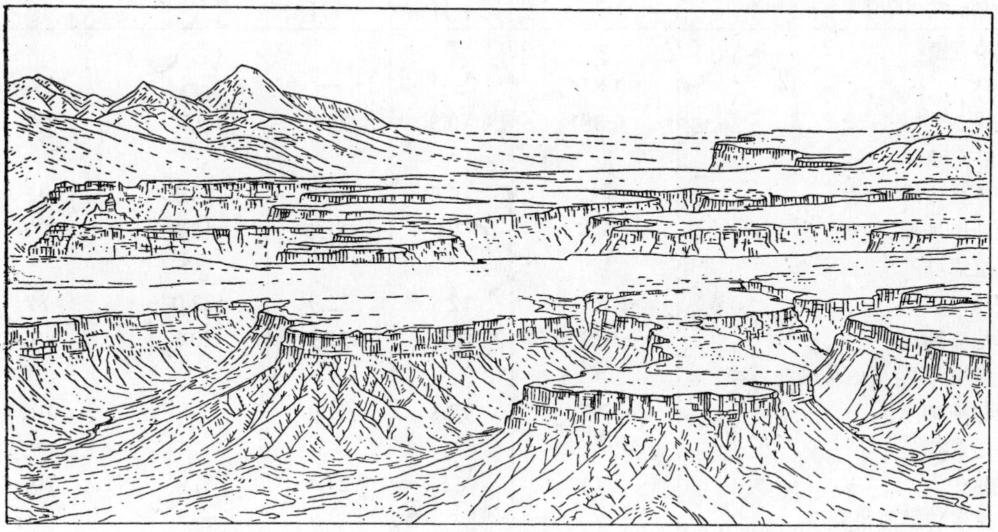

图 60　被侵蚀的科罗拉多构造高平原（根据 Emmons，1955）

美国与墨西哥荒漠这一特点，与亚洲、非洲荒漠有明显差异。亚洲、非洲的荒漠构造高平原由水平基岩（乌斯秋尔特，外温古兹—卡拉库姆）、或几百公里的古冲积平原（低地卡拉库姆，塔克拉玛干等）构成。

高原与台原是白垩纪、第三纪的构造平原，常被侵蚀。山间盆地填充新生代疏松沉积物。在盆地进行着强烈的物理风化与风蚀物的堆积过程。只有在局部保留了块状山——岛山。

地表沉积物以年轻的洪积、滑塌—坡积和冲积成因的位于中新生界之上的沙、砾石、碎石为主。其中部分被吹扬、以风成地貌形态再沉积。

山间盆地与高原的地形复杂性是由于地表沉积不断更新。一种岩性类型的荒漠很快被另一种更替，常形成综合体。因此，北美的荒漠与世界其他荒漠不同。

加利福尼亚与科罗拉多区的荒漠类型比较单一，这里有面积很大的古冲积和海积平原。

纬度跨 20° 的北美荒漠，北部属温带，南部属亚热带。与此相应的划分为两类荒漠：北部温带荒漠（大盆地荒漠，科罗拉多上游荒漠）；亚热带荒漠（索诺拉荒漠，墨西哥荒漠）。

封闭的环境以及远离水汽源，形成稀少不可调降水、高蒸发与干燥的空气。

最干旱的区域是加利福尼亚湾和死谷（莫哈韦荒漠），年平均降水量为 50 mm（莫哈韦荒漠的格林兰）。北美大部分荒漠年降水量为 100～200 mm（表 10）。在山前以及围绕荒漠山区，甚或在大盆地、大平原的过渡区域，降水量增加（图 61）。这样，北美荒漠一般大气降水多，仅次于中亚与澳大利亚。

表 10　北美洲荒漠气候

站	海拔高度/m	空气温度/℃			年降水量/mm
		月平均		年平均	
		1 月	7 月		
大盆地荒漠					
格林	1 854	—	—	—	174
里诺	1 381	–0.3	20.8	9.7	194
莫哈维荒漠					
格林兰	–57	10.8	38.7	24.3	42
拉斯韦加斯	664	7.0	31.4	18.3	116
索诺拉荒漠					
尤马	43	12.8	32.9	22.0	89
菲尼克斯	338	1.4	31.9	20.8	199
威斯康星河-马格达莱纳河荒漠					
圣伊格纳斯沃	297	17.3	27.9	—	102
奇瓦瓦荒漠					
埃尔帕索	1 147	6.8	27.4	17.4	209
科罗拉多与墨西哥荒漠					
穆莱赫	35	14.0	30.5	22.2	100
拉巴斯	18	17.2	28.6	23.2	172

年降水量不均匀，在内华达、加利福尼亚西部荒漠，最大降水在冬季，而在墨西哥荒漠的东部、南部区，最大降水在夏季。它们都是由风从墨西哥湾、加利福尼亚湾带来水汽。两个区域以落基山为界。

北美荒漠热量丰富，仅次于撒哈拉。大盆地荒漠冬天比较寒冷，南部的加利福尼亚荒漠冬季温暖、夏季炎热。

白天强烈日照辐射到空气、土壤，而夜间辐射降低、寒冷。这形成白天、黑夜强烈的温差，夏季非常典型。特别是在封闭盆地热、冷变幅大。在死谷（格林兰）莫哈韦荒漠，1913 年 7 月的最高气温为 58℃。北部荒漠 7 月平均气温为 20.8℃（里诺，内华达），而在南部荒漠则为 32.9℃（尤马）。在加利福尼亚荒漠近海区气候温和，从海洋带来水汽减弱气候大陆性（表 10）。

沙尘暴与暴风是北美荒漠的特色。可以分为北太平洋型与热带型。最大的是南部荒漠中的“丘巴斯克塞”（чубаскосы，音译）沙尘暴，风速达 120～150 km/h。此外，在所有的荒漠中经常发生地方性的风，伴随产生旋风。

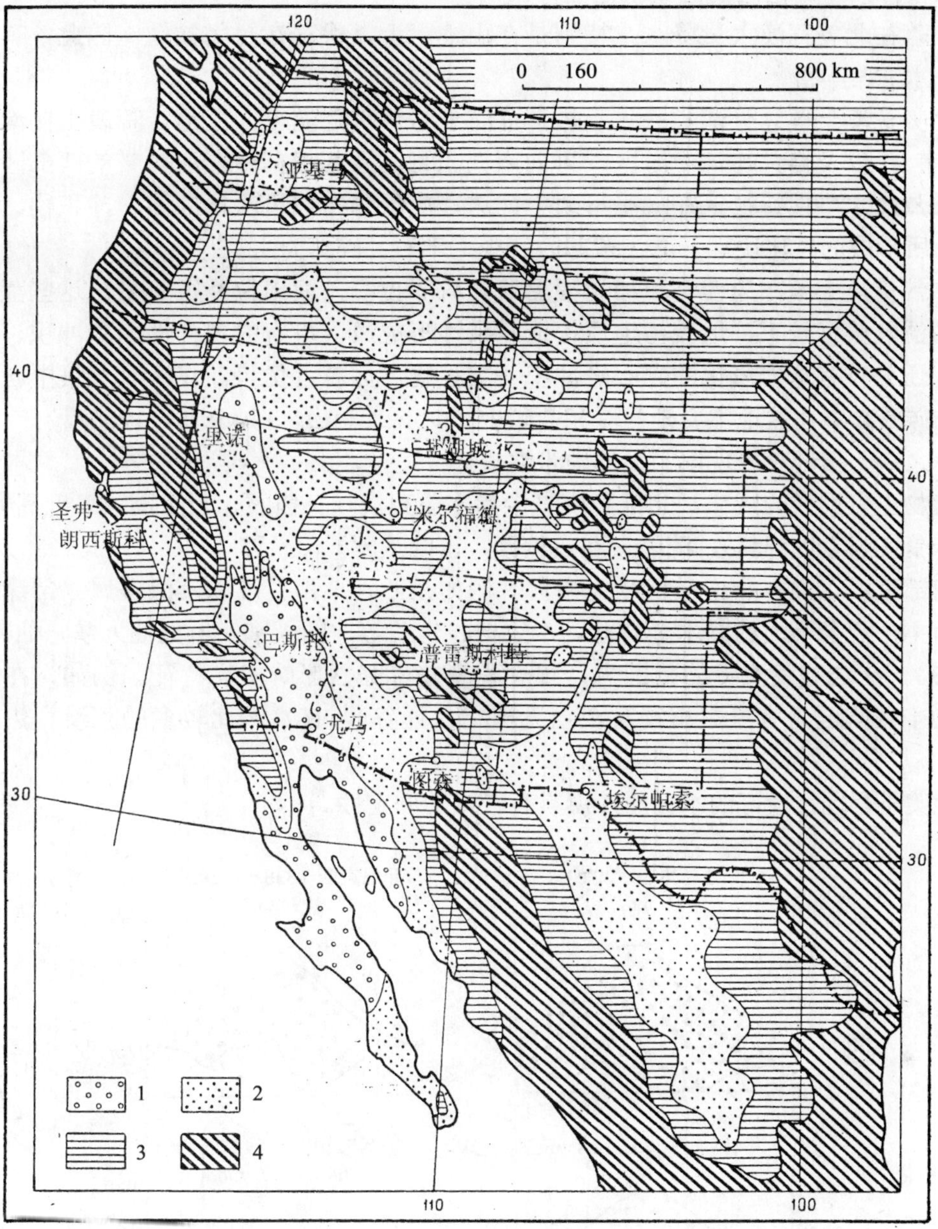

图 61　北美洲荒漠降水分布图（根据 Jaeger，1957）

1—低于 125 mm；2—125～225 mm；3—225～500 mm；4—大于 500 mm

根据П.梅格斯（Meigs，1953）的分类，北美荒漠主要归入冬暖最大降水在冬季（内华达，加利福尼亚）或夏季（墨西哥）的干旱类型（Ac02，Ac03，Ac14，Ac23，Ab23，Ab24）。例外的是墨西哥部分荒漠，深居内陆气候异常干旱（Ea24）。

总的来看，由于复杂的山地与位置的影响，北美荒漠两个气候带的气候差别很大。北美荒漠地表水非常贫乏，没有固定河流，仅有雨季从山上流下来的临时性径流。仅在加利福尼亚荒漠区有过境的科罗拉多河。由于复杂的山地许多荒漠形成内陆水系，落基山与太平洋沿岸山之间的区域就是这样。

降落在北美荒漠大量降水，特别是在山地附近，保存在封闭盆地。因此，有些荒漠的地下水非常丰富。

北美荒漠土壤划分两类——亚热带荒漠土与热带荒漠土。亚热带荒漠土在南部荒漠（莫哈韦），以及格兰德河中游区，再向南墨西哥高原都很典型。亚热带的西部区，土壤表现强烈的干旱性特征，在成土母质中，这里广泛分布被风吹扬的沙、冲积物、岛状山与低山所形成的风化块砾石。在东部区沙少，砾石、碎石为主。

热带荒漠土壤在墨西哥和加利福尼亚（科罗拉多，索诺拉）很典型。这些荒漠区，在相同的气候背景下，地貌与地质构造复杂性形成成土母岩的多样性。除冲积、近海沉积外，还分布有基岩风化的碎石—冲积—坡积物。后者占优势。在所有土壤中含有或多或少的碳酸盐。在盆地主要是盐碱和盐碱土（Фридлянд，Еохина，1963）。

总之，土壤分布表现出明显的地带性规律。

植物也有同样的规律。北部荒漠是半灌木蒿荒漠（三齿蒿，新星蒿，刺叶蒿），局部有优若藜（绵毛优若藜）、滨藜（灰白滨藜，密叶滨藜）。

南部荒漠以灌木和肉质植物为特色。例如在亚利桑那荒漠以常绿香属（常绿香，图62）为主，混杂不大的乔木金合欢、木豆树、丝兰等，仙人掌（巨型仙人掌，仙人球等）（图 63）。在这些荒漠带的范围内，湿润程度差异强烈影响植物特征。例如，在降雨比较少的半荒漠区，有旱生植物甚至全无植物（死谷）。在水汽比较多的荒漠竟然有灌木生长。

北美干旱区比较好的水分使沙漠具有较好的固定性。

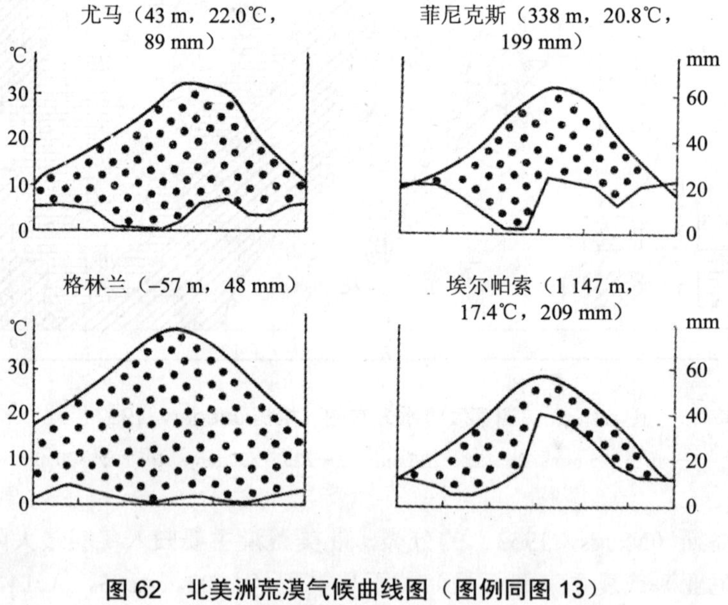

图 62　北美洲荒漠气候曲线图（图例同图 13）

图 63　北美仙人掌荒漠，索诺拉

第七章　南美洲荒漠

南美荒漠的面积不大。分布在智利与秘鲁（阿塔卡马荒漠）及巴塔哥尼亚高原。

智利与秘鲁荒漠分布于南纬 7°～31° 的安第斯山脉西坡与太平洋沿岸带。沿海岸荒漠带宽从几公里到 150 km。

在安第斯山脉西坡与沿岸带地貌非常复杂。在狭窄的沿岸带，有海岸沙堤或山前平原，或者山直接延伸到海岸形成大的阶坎（黑科迪勒拉山与西科迪勒拉山）。从洛克河口向北是潘帕—德利—塔马鲁咖里荒漠（Пампа-дель-Тамаругаль）（图 64）。科迪勒拉山从伊基克以南伸向海岸，这里有宽 100 km 的台阶，与安第斯山麓相连。正是在这里，荒漠景观特征非常明显（阿塔卡马荒漠）。荒漠分布在平缓盆地，盆地由南北向的盐碱盆地链组成。盆地海拔高 700～1 150 m。

上述区域的地质构造也非常复杂。海岸山是由白垩纪沉积岩层（石灰岩、砂岩）构成，下伏更古老的结晶岩。山前洪积平原是源自山地的大河携带疏松沉积物所形成。

在秘鲁和智利沿海岸荒漠地表沉积与地貌特征，证明气候的极端干旱性。它们的主要特征是，巨大的块砾缓慢移动，微弱的侵蚀活动，存在面蚀，山前平原呈阶梯状倾斜。不是所有区域的地貌同时形成，而是局域性的，取决于降水状况。

秘鲁—智利荒漠由于侵蚀活动受到抑制，风力活动得到发展。风成地貌发育普遍。主要类型是单个新月形沙丘与新月形沙丘链。但也有一些大的复合型新月形沙丘。由于气候干旱未被植物固定。

秘鲁—智利沿海岸荒漠大部分被石漠和盐壳覆盖。局部为砾石荒漠和流动沙丘。

智利荒漠风力作用层，在山地是砾石、砾石—细沙，在盆地是细沙。真正土壤仅发育在生境适宜的地方。但是这些地方的土壤无发生层。地表碳酸盐化、硫酸盐化。土壤吸附元素量不大（10～15 mg/100 g），吸附钠离子占总吸附基的 15%，是弱碱环境。这些土壤属于热带、亚热带原始土类。

无论是无生物的风化壳或是原始荒漠土，普遍都有红色，这可能与其形成的这一区域古红色风化壳有关。

在沉积环境中形成密实的铁-硫酸盐累积的风化壳。在沙质景观中分布以硫酸盐为主的盐碱地。在经向延伸盆地的西部，分布硝盐为主的盐碱带。这里分布智利的一个硝盐矿（米哈依罗夫，1970）。

智利—秘鲁荒漠位于海边，气候极端干旱。这是秘鲁冷洋流形成气团稳定大气层结所致。秘鲁与智利的沿岸区属于近洋荒漠（Ea23，Ac22，Aa22）。尽管靠近海洋但降水很少。在阿塔卡马荒漠年降水量只有几毫米（伊基克，3 mm）。在安第斯山前高地气候大陆性比较强。最高气温与最低气温年变幅是沿岸带的两倍。在经向盆地中离海岸 70 km

的干乔涅斯（Канчонес）（伊基克区），高度为 1 050 m，日平均最高温度 1 月份为 32℃左右，而在海岸边的伊基克区为 25℃（日平均最低温度干乔涅斯为 0℃，伊基克区为 13℃）。

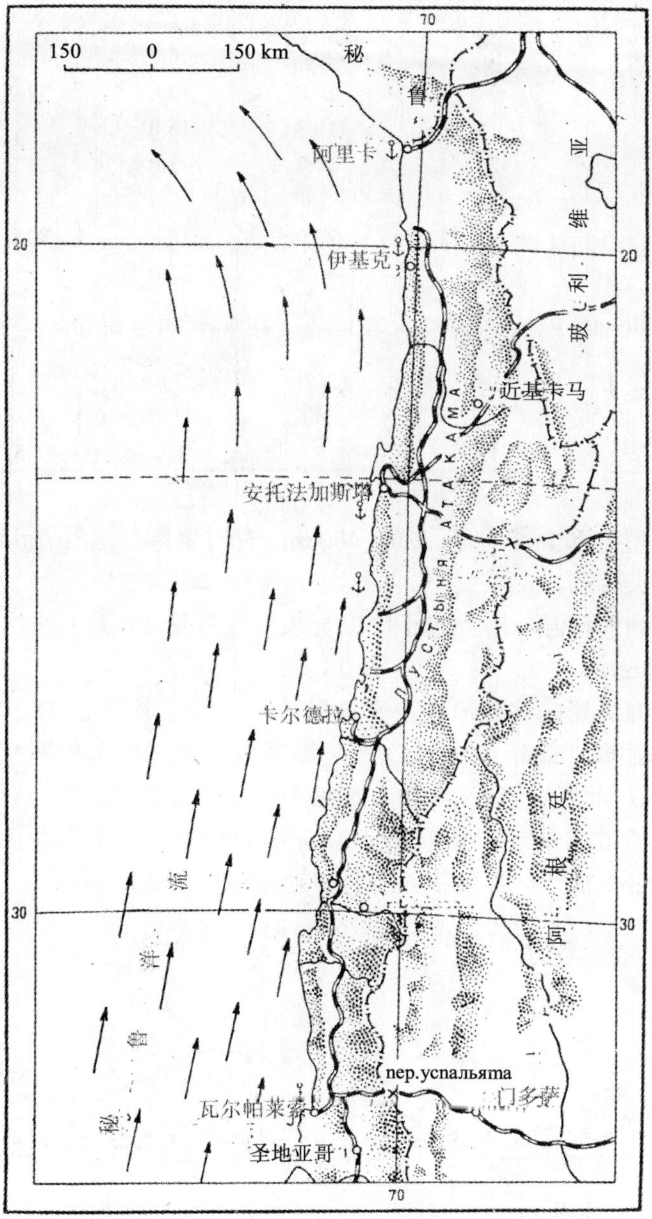

图 64　智利北部略图

在荒漠带的边界年降雨量达 140 mm（表 11）。虽然在阿塔卡马及其他沿岸荒漠降雨很少，但海边的空气湿度比较大，有利于雾、露水的形成。这对于阿塔卡马荒漠的植物生长有重要意义。

表 11　南美荒漠气候

站	海拔高度/m	空气温度/℃			年降水量/mm
		月平均		年平均	
		1 月	7 月		
智利					
伊基克	6	20.5	16.0	17.2	3
安托法加斯塔	94	20.8	13.8	17.2	13
卡尔德拉	14	19.8	15.0	—	28
科金博	27	17.7	12.0	14.6	104
秘鲁					
利马	128	22.0	16.2	20.0	41
皮乌拉	53	26.2	22.0	—	135
奇可拉特	28	24.0	18.3	—	34
阿根廷，巴塔哥尼亚					
圣许安	630	26.2	7.8	17.3	89
门多萨	827	24.6	7.7	15.7	239
圣克鲁斯	12	15.0	1.4	8.5	135

冬季雾非常典型，形成雾层厚 300～400 m，有时更厚。这时在山坡上的土壤被凝结水湿润，对植物生长有利。

按照秘鲁和智利的气温，应当属于中度炎热。最热月（1 月）平均气温在山前（皮乌拉）仅达 26℃（图 65）。

在海洋沿岸受海洋影响比较凉，夏季这里月平均温度最高达 18～19℃（蓬塔托尔杜克，科金博）。冬季温暖，最冷月（7 月）平均温度由 12℃（奥瓦里耶）到 22℃（皮乌拉）。

沿岸的风况是以强烈的西南风为主。加强了活跃的风成过程。

海岸荒漠地表水非常贫乏。从安第斯山流下的不大的河流。地下水依靠从山地来的地下径流补给，非常丰富，但深度很大。有些地方溢出形成盐沼。

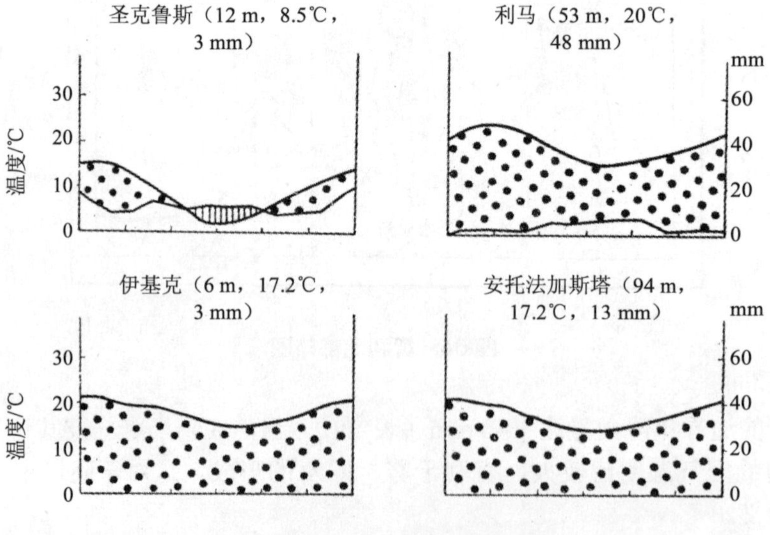

图 65　南美气候曲线（图例同图 13）

土壤发育微弱，在最干旱的区域被原始的风化壳和流沙所替代。

秘鲁和智利植物很贫乏，特别是阿塔卡马荒漠。植物分布在山前低地，与雾的作用密切相关。而在山地由于降水增加，随着高度的升高植物增多。

在沿海带、山前低地雾对植物分布的影响，К.阔泊凯（Koepcke，1961，图 66）素描图很好地予以说明。

这样，对于秘鲁的中部与南部，在沿海低地带是苔藓植物群落，主要以低等植物——蓝绿藻（地木耳）及地衣（石蕊属）为主。随着雾的增加和表层土中水分累积，出现很多短命植物，生长少量的多年生植物——灌木、半灌木、多年生草，特别是禾本科（狼尾草、蒺藜草）。稍高的沿海带湿润的雾增加，分布着科迪勒拉山坡最干旱荒漠带。

南纬 7° 附近荒漠绝对高度达到近 1 000 m，12° 附近为 1 600 m，15° 附近为 2 200 m，而在智利为 3 000～3 200 m。在沿岸荒漠的最南部高度重新降到 1 000 m。

在山坡分布植物能生长的石漠与砾石荒漠。这里可见到一系列肉质植物——仙人掌属（Cereus spinibarbis，C. conquimbanus，C. candelaris，Echinocactus cinereus）和大戟属（Euphorbia lactiflora，Helianthocereus pasacana）。

这样，秘鲁与智力荒漠景观不仅分布在沿岸的有雾的平原，还分布在安第斯山很高的高度。

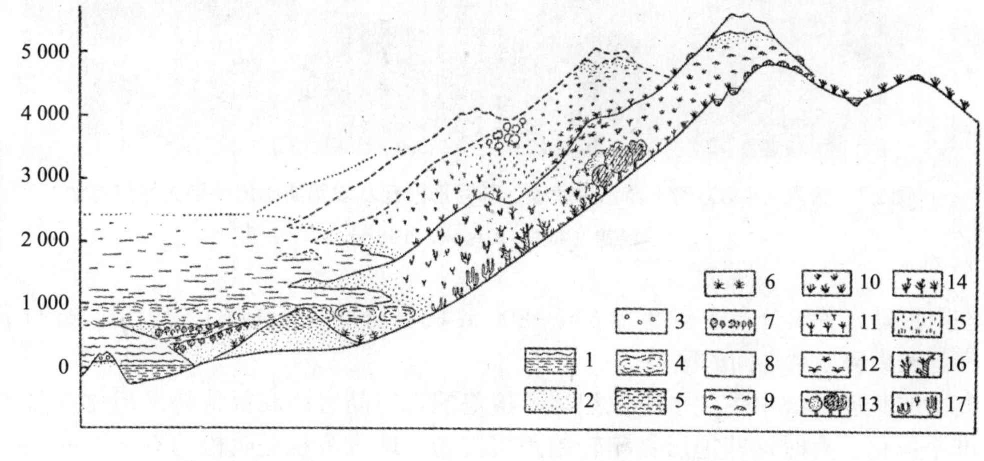

图 66　沿海荒漠到科迪勒拉山荒漠景观剖面　利马城纬线方向（Koepcke，1961）

1—海与淡水地下水位；2—荒漠；3　残山上的砾石堆积；4—晨雾覆盖区；5—碎石景观；6—生长铁兰的荒漠；7—海岸林；8—冰与积雪场；9—生长垫状植物的亚冰雪带；10—普拿群落；11—稀疏灌丛草原；12—山岩上的风梨科群落；13—大型的常绿林；14—灌丛草原；15—有牧场的河谷；16—番木瓜的生境；17—柱状的肉质植物

在沿海岸平原发育沙漠，在科迪勒拉沿岸低山及科迪勒拉西坡分布砾石—碎石荒漠。最大的积沙分布在莫土列河（Рио-Мотуре）、列且河（Рио-Лече）、列可耶河（Рио-Рекье）下游（Kosok，1965，图 146 页）。它们的形成主要靠大水从山上携带大量古冲积沙。在许多地方风成沙形成复合新月形沙垄（图 67）。

智利—秘鲁沿岸荒漠中最著名的是阿塔卡马荒漠，位于智利北部的南纬 22°～27°。

它呈窄带状长 1 000 km。阿塔卡马荒漠属于亚热带气旋东缘影响的海岸或沿岸荒漠。

这一极端干旱荒漠分布在智利国内 80～160 km。荒漠所毗邻的山坡，在 250 m 以上的高度没有植物。

在阿塔卡马可以划分为 3 个景观高度带：沿岸带；纵向洼地带；安第斯山山坡带。但是严格地说，只有近海岸带才能归入沿海荒漠类型。

由于阿塔卡马降雨稀少，风力过程与风成沙形成过程非常活跃。大规模积沙占据了很大面积。风成地貌非常多样：这里有从单个的新月形沙丘到复合新月形沙垄的所有过渡形态。在洼地通常为盐碱荒漠。

图 67 恰奥（Чao）河下游沿岸荒漠 新月形沙丘从安第斯山延伸到太平洋岸边 秘鲁（根据 Kosok，1965）

在阿根廷，荒漠分布于高度为 600～800 m 的巴塔哥尼亚高原上的山地。分布于科罗拉多河与圣克鲁斯湾之间的区域。

高原的基底是被中生代水平沉积岩所覆盖的古结晶岩。高原地势平坦化并前寒武纪基底准平原化。有时这些地层被年轻的盖层覆盖。地表沉积是疏松的石—沙冲洪积物，或者海积物，被风吹扬。局部分布古结晶岩低山。

巴塔哥尼亚高原是荒漠与半荒漠气候。降雨 88～200 mm，是西风带来的降水（表 11）。

巴塔哥尼亚是属于中度炎热的荒漠（Aa12）。在北部，当绝对最高气温 40℃，最热月平均气温不超过 24℃。在南部降到 18℃。冬季这里非常温和。最冷月（7 月）平均气温在 0℃以上（2～8℃）。

巴塔哥尼亚高原湿度非常好。除流经高原的里奥纳罗河（Рио-Наро）与科罗拉多河，从巴塔哥尼亚山流下的不大河流经常干涸，在盆地中有时可以见到不大的干涸湖与盐碱地。

土壤是灰钙土，而在比较湿润的区域是沙质亮栗钙土或者粗骨土。

植物稀疏、低矮、旱生形态。占优势的灌木、半灌木常有垫状形态。垫状形态是高频次的风所形成的。分布最广泛的植物是：Brachyclados caespitosus，Oreopolus glacialis，

Junellia tridactylites，J. patagonica，Nierembergia patagonica。也有垫状植物 Junellia tridens，Nassauvia glomerulosa，Chuquiraga aurea，它们在正常环境不会形成垫状形态。除垫状植物外，在巴塔哥尼亚半荒漠可见到几厘米高的矮小的灌木，叶子有角质和刺。

温暖的冬天保障了肉质植物——仙人掌（图 68）的生长。在盐碱地生长 1 年生的盐生灌木。在巴塔哥尼亚高原随着土壤环境的变化，植物因地而变化。

巴塔哥尼亚高原植物总特征与帕米尔高原相似。但是帕米尔高原植物比较偏寒性，长势差一些。

图 68　阿塔卡马荒漠中生长仙人掌的砾石荒漠

第八章　世界荒漠景观特征比较

世界荒漠自然地理特征比较是很有意义的，这对于研究景观的成因很重要。另外，这对于研究荒漠自然资源分布规律，以利于荒漠矿产开发是必要的。这也对各国间荒漠开发经验的传播具有重要意义。

然而，关于荒漠自然特征比较研究成果发表得很少（Taylor，1937；Stephens，1950；Герасимов，1954；Lydolph，1957；Emberger，1958；Лавренко，1962；Петров，1965；Забродская，1967）。

世界许多荒漠具有相似的形成史。现代自然地理过程在许多情形下属同一类型。因此，无论是现代荒漠自然景观或是演化过程，只能说一些共同的规律。此外，每个荒漠具有自己的特征。

在比较荒漠自然特点时，比较的项目如下：与成因有关的地表物质；地形；气候；水分状况；土壤；植物；动物。也考虑现代自然地理过程的方向。自然地理过程为大气循环、荒漠位置、与海洋独立性、地质构造特点所决定。特别注意荒漠动物、植物演替的研究。表 12 比较了荒漠上述特征。

对于地质学家来说，荒漠大地构造是复杂的，地质构造是多样的。大多数荒漠是古大陆的一部分，从中生代开始干旱占主导地位。

世界所有荒漠一般或者与大山为界（中亚的天山、帕米尔—阿莱山，北撒哈拉的阿特拉斯山，亚洲中部的南山，智利与秘鲁的安德山），或者被山体以环形包围。从这点说，荒漠形成与古冲积、湖积平原相关。这表明Ж．德列什（Dresch，1964）所说的划分荒漠地貌成因类型是必要的。

几乎对所有的内陆荒漠，3 个地貌构造综合体是很典型的：①残余山（Inselberg）或小丘，中生代前的结晶岩或强断裂的变质岩石；②第三纪或白垩纪构造平原，产状几乎水平，通常为石膏质的块砾、砂岩与残积岩；③第四纪及现代河谷、湖盆、山前堆积平原，构成物质由疏松的输移物组成——冲积风成沙、细粒的湖积与三角洲沉积、来自高平原的粗砾的沙—砾石、山前平原的洪积物、来自低山的残积物。

在地质历史期间内陆荒漠（土兰低地、亚洲中部的塔里木与柴达木盆地、伊朗高原荒漠等），第三纪或第四纪沉积更厚。

与此相反，地质历史期间有水流流入海洋的荒漠（亚洲中部的东部区、撒哈拉等），古冲积与湖积沉积相对少些。这些区域的古河流从荒漠中携带物质到海洋，或在河流的沿岸、三角洲边沉积有限的物质。

荒漠中现代冲积平原分布大量的流沙或固定沙丘（撒哈拉的沙垄，塔克拉玛干、阿拉善荒漠、卡拉库姆低地的新月形沙丘）。

表 12　世界荒漠特征比较

	亚洲				非洲		澳大利亚	美洲	
	亚洲中部	中亚	伊朗高原	阿拉伯半岛	北非	南非		北美	南美
纬度位置；海拔高度（平均）	北纬 36°～45° 大约 1 000 m	北纬 36°～42° 大约 200 m	北纬 28°～36° 大约 600 m	北纬 15°～35° 大约 500 m	北纬 15°～30° 大约 250 m	南纬 6°～33° 约 600～900 m 或 0～300 m	北纬 20°～34° 大约 1 000 m	北纬 22°～44° 大约 1 000 m	南纬 5°～50° 达 100 m
地质特征	中国地台 Cr，Tr，Q	土兰平原 Tr，Q	伊朗地块 从 J 到 Q	阿拉伯地台 从 J 到 Q	非洲地台 从 Cm 到 Q	南非地台 从 P_2 到 Q	澳大利亚地台 从 Pz 到 Q	山间盆地 Tr，Q	山前凹陷 Q
地貌	古冲积平原，湖积平原与干河床，干三角洲。剥蚀构造平原与残余平原，蚀余山、墚。风成地形。地形形成过程单一								
地表沉积	冲积，洪积，坡积，第四纪残积与现代沉积。石，碎石，砾石，沙，亚沙，亚黏土，黏土，黄土。第四纪前基岩以岛状山或山墚形态出露。风力、吹蚀过程，风积与流水堆积过程的一致性								
气候带与区	温带大陆气候	温带与亚热带大陆气候		亚热带与热带大陆及近海气候			亚热带大陆气候	温带大陆气候	近海气候
最热月平均气温/℃	27	32	33	34	37	28	31	33	26
年平均最小降水量/mm	9	82	76	16	0.3	10	27	48	3，162
梅格斯干旱性指标	Ab03，Eb03	Ac03	Ac13	Aa23，Aa24，Ea24	Ea24	Ac23，Ac24，Ea22	Aa23，Ea24	Ab23，Ea24	Ea23，Ac22
地表水	过境河。地方性河系强烈萎缩。湖泊以咸水为主。现代河流很稀少。以临时性径流为主。								
地下水	裂隙水层状水局部水山前平原出露水，河谷淡水。形成地下径流。硫盐型和氯盐型，以氯盐为主。								
土壤与盐壳	以弱淋溶土壤为主。通常盐壳为石膏、氯盐、硫酸盐、碳酸盐、硅酸盐、铁盐、氯盐								
	灰褐土	灰褐栗钙土	灰褐栗钙土	灰褐亚热带土，灰褐热带土		灰钙土红色热带土	热带红色土	亚热，热带红色土	弱淋溶荒漠土
植物群落亚区	撒哈拉—印度亚区					南非亚区	中澳大利亚亚区	北墨西哥亚区	安第斯亚区
省	亚洲省	伊朗-土库曼省		北非省					
生态类型	硬叶灌木，盐生植物	硬叶灌木，盐生植物，短命植物类短命植物		硬叶灌木，肉质植物，盐生植物，短命植物，类短命植物		肉质植物，盐生植物	硬叶灌木，肉质植物	硬叶灌木，肉质植物，盐生植物	肉质植物，硬叶灌木
动物群落亚区	亚洲中部亚区			地中海亚区		开普亚区	澳大利亚亚区	索诺拉多亚区	智利—巴塔哥尼亚
省	戈壁噶顺省	伊朗—土兰省		撒哈拉—阿拉伯省		—	—	索诺拉多省	安第斯省
荒漠景观类型	石漠，砾石荒漠，山前平原砾石荒漠，构造高原砾石、沙砾石荒漠，沙垄，固定小沙丘等。固定沙丘，新月形沙丘，流动沙丘，沙质盐碱地，亚黏土，黏土龟裂地，劣地								

注意研究世界干旱区荒漠的特征，也应注意研究风成沙与冲积沙的矿物成分与岩性，从中可以发现世界大的沙质荒漠是水成的证据。

如果比较世界沙漠的地貌特征，则可以发现，一般分布在古冲积物（第四纪）分布范围，河流、三角洲、湖积平原，而且在山前平原或内陆盆地面积很大。很明显，现代沙漠的大部分过去都是冲积或堆积平原。

研究者得出这样的结论，不仅是对中亚沙漠，而且对阿尔及利亚、苏丹撒哈拉，那里的沙漠分布在宽阔的地台洼地，被较湿润的新生代冲积沙填充。还有大东沙漠、舍什沙漠、迈尔祖格沙漠、瓦兰沙漠等，也是分布在古凹陷盆地，被冲积、湖积物填充。

在中部亚洲荒漠、印度河谷的塔尔荒漠、艾尔湖盆的辛普森荒漠（澳大利亚东部），具有类似的成因，很少有例外。北美洲的沙漠与半荒漠，大家知道，分布在山间盆地。在这种成因荒漠中，局地还保留着第四纪大湖的遗迹。因此可以这样说，广泛分布的冲积沉积，非常好得表现为古河床与古三角洲形态，现代是荒漠景观。在大的湖盆，高湖成阶地与水蚀残迹，以及堆积物风蚀面——白龙堆（雅丹），都证明曾经水量很大。

与此同时，有些沙堆的形成，与风成过程有关，是古变质岩（片麻岩、石英、花岗岩、千枚岩等）和古沉积岩（白垩纪、侏罗纪、石炭纪的砂岩）在非常干热的气候环境物理风化而成。属于这种成因的有：中部亚洲鄂尔多斯的所有沙，阿拉善部分沙漠，天山南、昆仑山、北山的山前平原的风成沙。在撒哈拉、阿拉伯、澳大利亚，这种类型的沙分布在以砂岩为主的构造平原。

对于荒漠景观特征有重要意义的是地表沉积与地貌。荒漠地表沉积与区域地质构造有关。也与第四纪和现代地貌过程有关。所有大陆沉积非常一致，是下列沉积：第三纪、白垩纪的砾岩、石灰岩、砂岩、泥灰岩构成的构造平原上的块石、碎石；山前平原的砾石、沙、黏土亚黏土洪积物；古河床的沉积沙；古三角洲与湖盆沙黏土；现代风成沙。

对于地貌学家，荒漠是复杂的地貌构造形态结合的区域：低山与缓丘，带有洼地的地台平原与最新的以古冲积、坡积为主的侵蚀—堆积地貌形态，中部亚洲的吐鲁番（–154 m）、撒哈拉的盖塔儿（–134 m）型大的湖盆与封闭盆地。

荒漠区是气候因素在地貌过程中起主导作用的很好的例子。世界荒漠地质—地貌非常多样。其中一种是古冲积平原或第四纪湖盆底被疏松的以沙为主的输移物填充，另一种是古大陆抬升经历了长期的大陆状态。它们或由结晶岩或由白垩纪、侏罗纪的砂岩构成。

这些抬升的大陆在自己的地质历史中，是原始地形形态破坏区域。被破坏的物质或输移出所在区或原地堆积，当它们缓慢输移时风化。这样形成两种情形，或者由于荒漠降水少产生微弱的侵蚀，或者由于抬升被破坏物质风化及流水携带出所在区外（剥蚀—堆积或者剥蚀荒漠）。沙漠相反是古堆积区（堆积荒漠），在很长的时期（从白垩纪开始）从周围山地破坏物质输移到这一区域。

荒漠中现代地貌形成过程非常多样：风蚀与风积，物理风化形成的岩石破坏和大量的疏松物质，最终被风蚀或水力堆积。但是风蚀或水力堆积地形不大，而且不是到处都有。这样，在宽阔的台状沙砾石平原以及沙漠中，局部的水流不大，几乎不能留下侵蚀活动的遗迹。而在荒漠中风蚀和风积过程到处进行且很活跃。

这样，在世界所有荒漠中，进行着干旱地貌形成旋回。

在低山和缓丘上进行物理风化，产生大量的石砾，由于地面冲蚀微弱而留在原地，形成广泛的砾石堆积。

在构造沙—砾石平原上，主要进行残积与风力过程，形成砾石盖层和风成地形。

在由疏松的输移物质构成的古冲积平原范围内，很少有风力过程。在古河流遗迹及湖成阶地上进行着活跃的风蚀过程（雅丹地貌，图 33，图 69）。同时进行着广泛的风力堆积过程，形成多种多样风沙地貌。风沙地貌有两类，一类是流动沙丘，另一类是固定沙丘。与此同时在世界所有荒漠中都有残留的古侵蚀地貌，是第四纪湿润期形成的，现在有不同程度的残留。

图 69　罗布泊古湖成阶地雅丹——残山

干涸古河床流经荒漠几百公里，形成复杂的分汊系统。它们有一些地方性名称，在北非、阿拉伯叫“вади”（旱谷的意思），在蒙古叫“сайры”，在澳大利亚叫“крики”。

尽管荒漠大气降水很少，在一些荒漠我们现在还可以见到侵蚀形态与水力堆积地形。这与以前的水流有关，当时大的水流从山地流向山前平原和荒漠边缘。水流加深老河床，有时形成新河床，携带大量的疏松物质到相邻的平原，形成冲积扇。这一过程具有面状冲积的特点，形成倾斜山前平原。

地形形成过程更详细地研究，对于理解现代景观特征与地貌发育史有重要意义。这些问题现在应全面研究与讨论。

应当注意到，各个大陆现代地貌过程与干旱地形形态有很大的相同性。这是因为地形形成的因素——侵蚀、水力堆积、风蚀、风积，具有相同的特点。因此，这些过程在干旱的气候环境下按照水动力、风动力规律进行。在怎样的大陆荒漠带或气候带并不重要。他们到处发生，情况非常复杂。所以荒漠地貌成因，给出的是所有气候带中、同类型岩性的地表沉积形成同类型地貌。

正是这样，在不同荒漠的风成、水成地貌中，我们找到最相似的特征——不同类型的沙丘、风蚀残丘、干河谷等（图 70）。例如，中部亚洲的新月形沙丘、风蚀地貌形态与撒哈拉和澳大利亚的很相似。中亚与撒哈拉荒漠区的地貌过程、地貌结构的一致性，在З．А．斯瓦雷切夫斯基、Ю．П．谢里非斯特罗夫（1965）的文章中详细论述。利用干旱带航空相片采用远距离推断方法可确定相似特征（维诺格拉多夫，1962，1966；维诺格拉多夫，彼得罗夫，1962）。

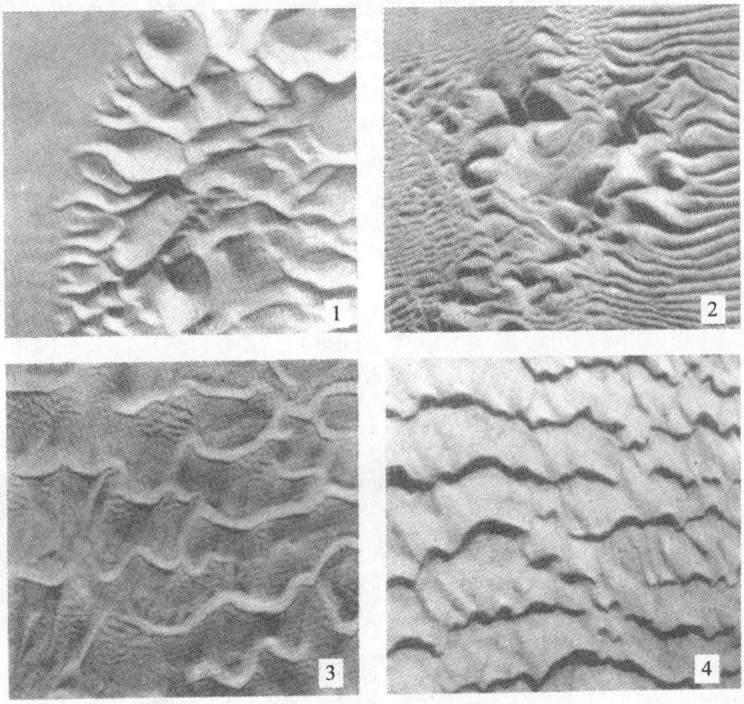

图 70　沙漠的类似景观

金字塔沙丘：1—撒哈拉大西厄格；2—亚洲中部塔克拉玛干沙漠

新月形沙丘：3—亚洲中部；4—美国亚利桑那州

这样一些研究结果，对比分析了中亚、北非、阿拉伯半岛的景观—水文特征，它们的相似程度非常高（沃斯托科夫等，1971）。

世界荒漠的气候非常多样，因为分布于不同的气候带——温带、亚热带、热带。在К．托尔特瓦伊泰（Thornthwaite，1948）、П.梅格斯（Meigs，1953）的著作中详尽地论述了这一特征。不同大陆荒漠中气候过程的相似性，П.梅格斯给予了论证。他将所有荒漠分成 3 个类型：极端干旱、干旱、半干旱，不取决位于哪个气候带。

在欧洲与北美洲的温带范围，只分布大陆型的极端干旱荒漠与干旱荒漠。在亚热带、热带范围内的南北美洲、阿拉伯、近东、印度、北美南部、南美、澳大利亚，也可以划分为极端干旱荒漠与干旱荒漠。其中也可以见到大陆型荒漠、近海型荒漠。近海型荒漠有：以色列、阿拉伯的边缘区、撒哈拉西部、加利福尼亚湾沿岸荒漠、纳米布、阿塔卡马。

荒漠位于这一或那一荒漠带，是在大陆内或海洋沿岸，决定了不同的水汽强度和热量状况。具有强烈大陆性气候的大陆荒漠与经受海洋影响的近海荒漠，气候差异非常大。В．柯本（Koppen，1934）将近海型荒漠划分为单独的组，即局部有雾的荒漠与草原气候—BW（n），BS（n）。这一类荒漠完全缺乏大气降水，尽管空气湿度经常很高，气温比较低。

在沿海岸降水量很少，一个原因是有稳定的信风逆温和赤道附近亚热带反气旋中心；另一个原因是大陆、海洋的温差（Lydolph，1957；Meigs，1966）。例如，南美洲西海岸有秘鲁寒流流经，大陆与海洋温差达20℃以上。

П．纳依多里夫（Lydolph，1957）对 5 个沿岸干旱区的自然地理进行了评价，即南北美、西北与西南非、澳大利亚。其中南美西海岸最湿润，不属于干旱海岸。

这些沿岸带的共同环境特征，是位于赤道附近亚热带反气旋中心。顺着海洋岸边延伸的干旱带的差异性，作者用洋、陆之间热量差别程度解释，这是西海岸的第二自然地理因素。热量的反差是西海岸冷洋流流经所致。П.梅格斯（Meigs，1966）对沿海岸荒漠的自然特点予以详尽地描述。

荒漠有一些共同特征：极端干旱的气候，经常性水分亏空，从宽阔地表蒸发量大于降水量。

世界所有荒漠现在处于持续干旱的状态。В．М．西尼村（1965，1966）编的古地理系列图很清楚地反映了这一过程。

根据很多研究者的意见，在其他大陆也曾有类似的气候与景观干旱化过程（Krenkel，1925；Gautier，1935；Bernard，1939；Crocker，1946；Шокальская，1948б，1957；Петров，1966）。

但是，如大家所知，这一问题没有一致的观点，赞成中亚存在这一过程的研究者：Н.М.波尔若瓦里斯基（1888），Г.Н.鲍达宁（1893），М.В.别夫佐夫（1895），В.А.奥布鲁切夫（1901），П.К.科兹罗夫（1905），А.И.伯耶伊阔夫（1910，1920），А.斯泰因（Stein，1952），Е.珲廷哥吨（Huntinggton，1924），Г. Е.格鲁木-哥尔瑞玛衣（1933）等。

В．М．西尼村（1949）最鲜明地提出这一观点——中亚干旱化的完整理论。坚持另一种观点的有：Л．С．贝尔格（1904，1953），К．К．马尔科夫（1951），Э．М．穆拉耶夫等。特别是К．К．马尔科夫和Л．С．贝尔格遭到В．М．西尼村的坚决反对。

甚至在文献中讨论撒哈拉干旱化问题很活跃。很多研究者认为，撒哈拉从全新世就开始干旱化，持续到现在（Gautier，1935；Bernard，1939；Capot-Rey，1953；Бернарб，1949；Butzer，1961，1966 等）。

南非的卡拉哈利荒漠存在干旱化已被С．帕萨尔基（Passarge，1954）证实。

О．比尔拉耳（1949）论述了类似的特点，他研究了非洲的干旱化，写道：作为气候变化注释的是撒哈拉的干旱表现、地表水面积持续缩减。干旱化不是假设，而是不争的事实（1949，291 页）。

О．比尔拉耳的总结结论是：专家一般认为这里（撒哈拉——作者注）从第四纪开始连续干旱化；完全可能在历史时期直至现代，干旱化明显增加。干旱化不是由于降水与蒸发失衡，而是荒漠环境在持续恶化（292 页）。

Р．卡伯列伊甚至认为撒哈拉在历史时期干旱化加剧。这涉及气候持续干旱，Р．卡伯列伊的看法是：撒哈拉可能存在干旱化，如果不是整个区域，至少也是大面积……但是撒哈拉气候干旱化，不表明干旱化是连续的，重要的正是这一点（1958，102 页）。

对澳大利亚的研究者也得出类似结论（Madigan，1938；Crocker，1946）。

所列举的事实证明，现代荒漠区干旱化的环境是存在的，但是这一过程是局域性的。对证据甚至无须提出气候持续干旱化的标准。而荒漠干旱化本身可以看做是气候从第四纪以来干旱化的结果。

这样，在荒漠干旱化问题存在两种不同观点：气候干旱化；荒漠区域的干旱化。荒漠干旱化的证据是：①冰川面积全面缩小；②地貌片蚀过程占优势与风蚀活跃；③径流减少及强径流频繁变为面状流；④湖泊面积收缩并盐碱化；⑤动物、植物多样性衰退；⑥平坦环境的土壤持续盐化及盐壳形成*。

中亚与亚洲中部区域干旱化的证据之一，是灌木生长的面积缩减。列别捷克沙漠研究站多年地下水与植物生长观测（1939—1966 年）表明，地下水位持续下降而且矿化度增加（Благовещенский，Нуннаев，1967）。

在列别捷克区域的地面积沙层的 1～1.5 m 深度有一层石膏，证明这一趋势是持续性的。B. B. 道库恰耶夫早年（1899）将石膏层作为残余形成物，研究了与高地下水位的关系。这种石膏层分布在卡拉库姆的许多地方（雅拉支井、克利夫洼地、西卡拉库姆）。在撒哈拉是很普遍的。

地下水位下降矿化度增高，不利于植物生长，使植物开始退化。雅拉文（Ярадыжи）（东卡拉库姆）的黑梭梭灭亡、柴达木（亚洲中部）多年生胡杨灭亡，是这方面的例子。

不同荒漠的干旱化强度是不同的。具有景观地带性与省性规律，而且或强或弱表现明显。在中亚、北美、澳大利亚荒漠干旱化程度比撒哈拉、中部亚洲弱。表现为地下水咸化与植被向光秃—旱生化的缓慢变化。

在撒哈拉、中部亚洲的西部，水热失衡，干旱化过程加剧。表现为相当大面积的沙—砾石荒漠景观植被完全消失，以致形成硫酸盐、碳酸盐、铁盐盐壳。

气候持续干旱证据的数据资料还没有，因为短期气象观测（小于 100 年）网站不存在。

对于荒漠水文研究者，主要研究荒漠水文分类特征区，过境的临时性河流、干湖泊、有限径流。只有少数荒漠地表水流入海洋，大部分荒漠分布的是水网稀少或河床干涸的内陆盆地水系。

荒漠地表水，一般是非常贫乏，分两类——过境河流（阿姆河，锡尔河，塔里木河，尼罗河）与临时性水流。在相似地形类型、地表沉积相似岩性，以及相同的降水状况，各个荒漠的地表水、地下水特征具有同一性。

第四纪世界所有荒漠区地表水比较丰富。这一点的证据是很多荒漠有侵蚀活动的遗迹，干河谷、疏松冲积物形成的大面积堆积平原、有多级阶地的干湖盆。

Э. М. 穆扎耶夫（1966）论证说：亚洲干旱带第四纪有一个成湖阶段。更新世亚洲湖泊比现在面积大且多。湖泊不仅深且面积是现在的 6～10 倍。例如，干枯的罗布泊面积为 28 000 km^2，而在 1942 年编的地形图上面积只剩下 2 500 km^2。古额济纳湖推算面积为 1 400 km^2，残留的嘎顺诺尔和苏古诺尔面积为 350 km^2。柴达木东南古湖面积为 20 000 km^2，后来分成几个小湖，现在消失。

此外，亚洲荒漠高原、平原河谷发育很好，是典型的侵蚀河谷形态，水系总汇水面积为 5 000～10 000 km^2，也证明冲积物的堆积。根据河系形态与下切深度判断，有类似腐殖质形成物。

---

* М. П. 彼得罗夫《再论亚洲干旱化》文章中详细地论述了这一问题（地理学会通讯 1966 年 83 卷 3 期）。

亚洲干旱区的所有研究者关注这样对比，曾经发育很好的水文地理网，而这一区域现在是微弱的、许多情形下地表水为零。这些河谷在稀少且暂短的大水后保持微弱的水流现象，远不是每年都有，而且只在近山的河段。位于巴丹吉林、塔克拉玛干、卡维尔、卢特荒漠中的河段，根据这些河段被大沙垄隔断判断早已经干涸。

亚洲干旱区的任何一个研究者都不会对这一结论产生疑问，复杂而发育良好的河系网，是更新世多雨气候形成的。更新世干旱区大气降水很多地表径流很大（西尼村，1967，144-145 页）。

所有荒漠沙层中水分动态有很多相同特征。世界所有荒漠的沙中水分很少。沙丘表层的湿润程度与水分动态，因地而异，取决于临时性降水、温度状况、土壤凝结水（详细见第十一章）。只有在沿海岸荒漠，空气凝结水对沙中水分影响很大。

世界荒漠的土壤属于干旱型，但是决定于气候带有地带性差异。在温带分布灰棕荒漠土，在亚热带分布栗钙土，热带分布红棕荒漠土。

在所有荒漠中分布的共同土类，是分布于内陆盆地和沿海低地的盐碱土，以及分布河谷、三角洲的盐碱土、草地盐碱土。

与此同时，所有荒漠中分布面积最大的是无成土过程的流沙与半流动沙。在所有荒漠中共同的特征是可能蒸发（蒸发强度）大于降水量很多倍，这是下列现象的先决条件：土壤水分、地表水干涸，持续的地下水不同程度的咸化，引起地下水、土壤中盐分累积。

土壤研究者强调，发育在河谷以外的极端干旱土壤，土壤剖面中的水分迁移与分层微弱。这是因为强烈蒸发使土中水分很少。因此荒漠土壤与水分比较多的土壤相比，有机质含量高一些（1%～2%）。这一土壤形成过程中，在有机质之上发生强烈的盐分迁移。

随着区域持续干旱化，相应的引起土壤有机部分减少，因为植物不存在，有机质进入土壤过程停止。这引起土壤盐分累积，形成盐壳。进一步干旱化使土壤形成过程停止，形成密实的盐壳。

这样，盐壳（碳酸盐、硫酸盐、氯盐、硅酸盐、铁盐）是极端干旱荒漠土壤形成的特殊类型。盐壳分布并不服从地带性规律，在每个气候带都有，但仅在极端干旱荒漠中形成。盐壳或分布于地表或分布在现代坡积、残积物盖层下不深处，局地厚度可达 2 m。下列荒漠对类似的形成物进行过研究：叙利亚荒漠（Krenkel，1952），北非荒漠（Герасимов，1953；Coque，1955；Gruet，1955；Durand，1957，1963），墨西哥荒漠（Сидоренкоб，1958），亚洲中部荒漠（Герасимов，1958；Петровб，1966），澳大利亚荒漠（Howchin，1929；Crocker，1946；Глазовская，1952；Stephens，1964），中亚荒漠（Ковда，1954；Герасимов，1956；Перельман，1959）。

荒漠盐壳的存在是因为在坡积环境下进行着缓慢的物质迁移。因此，甚至溶盐类 Na_2SO_4、$NaCl$，也长时间保存在荒漠土中。溶解性低一些的碳酸盐（$CaCO_3$）在荒漠中一般不淋失，因此在土壤中含量高些。

荒漠盐壳的研究表明，它们是残留形成物，现代荒漠气候有利其保存。盐壳分布在古平地——构造平原、高原以及盆地。它们形态十分多样。

遗憾的是现如今对世界许多荒漠的土壤、盐壳深入研究得很少并且不平衡。特别是撒哈拉、澳大利亚的热带、亚热带荒漠土壤，关于分布与化学特征研究资料很少。土壤学家至今没有形成各个荒漠统一的土壤成因分类。

上述的特征在很多情形下对不同大陆荒漠是共同的。这使我们可以总结与景观非有机要素有关的一些自然地理过程的共同特点。因此在一些荒漠的土壤中，盐分移动为优势，我们将它归入景观的非有机要素。

与此相反，各个大陆荒漠的植物、动物，有自己的结构与多样性特征。这是由于植物区系、动物区系形成的不同历史所致。植物地理学家划分了很多植物区系：中部亚洲区系；伊朗—图兰平原区系；撒哈拉—信德区系；西撒哈拉区系；南非区系；澳大利亚区系；北美区系；南美区系。

对于植物生态学家，荒漠是一个广泛分布旱生、肉质、喜盐植物，且植物群落稀少的区域。在植物比较稠密的地方也没有很高的植物。

荒漠植物区系非常独特。有的大陆荒漠曾是古物种的中心。例如第三纪前的特有种区，亚洲的绵刺、裸果木、白刺，南非的大叶千岁爷，北美的仙人柱、仙人掌。

植物群系的部分演替是一些荒漠的特色，由单一群系到多种健群种。其原因是由于荒漠地表结构复杂性、土体多样性，相应的植物生境水分变化。

因此，在不同大陆具有相同生境（特征近似）的植物分布与生态特征，有很多共同特点。

荒漠植物的共同特征是顽强的生命力、种类贫乏、非常稳定健群种，有时几十、几百公里一个健群种。同时每个荒漠健群种都是原始的。多样性表现在荒漠植物的生态面貌与特性。

对于温带冬冷型内陆荒漠，植物健群种是硬叶类型，通常为无叶灌木和半灌木（梭梭，沙拐枣，蒿）。杆状灌木不常见。草—类短命植物（胀囊薹草，粗柱薹草，鳞茎早熟禾）与短命植物（雀麦，旱麦草，菘蓝，母菊）在植物中起很大作用。

在非洲和澳大利亚亚热带和热带内陆荒漠，竟然以硬叶灌木和多年生草为主，而且有肉质灌木。与温带荒漠比较这里植物更稀疏。在石漠中植被盖度大，石漠的水分条件比构造平原好一些。构造平原主要是从石缝中生长的灌木。沙—砾石荒漠植物比较稀疏。盐壳分布区无植被。在极端干旱区的流动干沙上，几十公里完全见不到植物。只有在丘间低地，地下水近地表，能见到稀疏的常绿灌木（夹竹桃等）和多年生草，在绿洲生长棕榈。草被一般在干旱年不发展。但在多雨年生长大量类短命植物（薹草，早熟禾，郁金香等）与短命植物（齿稃草，海滨草，雀麦，旱麦草）。短命植物的地下组织能保存多年。

在北美和澳大利亚的亚热带荒漠，植物比较丰富。植物的丰富程度与中亚荒漠接近。无植物的区域见不到。这是由于这些荒漠年降水量为 80～100 mm。

在澳大利亚沙漠特有种是鬣刺植物（锐利三齿稃，澳北三齿稃，旱生三齿稃）与野百合。这些植物在大沙沙漠、维多利亚沙漠、吉布森沙漠是典型的。在沙垄间的黏土低地生长金合欢（王莲金合欢）与桉树（沙桉）。在纳拉伯砾石荒漠生长滨藜、地肤等。

在冬季温和湿润近海洋的亚热带与热带荒漠（西撒哈拉，纳米布，阿塔卡马，加利福尼亚，墨西哥），典型的植物是肉质植物：仙人掌、大戟、千岁爷。

在温带、亚热带、热带的盐碱荒漠，有很多植物种类。它们是喜盐的肉质灌木、半灌木（柽柳，白茨，盐穗木，盐爪爪，盐节木），一年生盐生猪毛菜（猪毛菜，盐角草，碱蓬）。

在绿洲、河谷、三角洲植物非常丰富。在亚洲与近东荒漠典型植物是落叶乔木—杨（异叶杨，灰杨，胡杨）、胡颓子（沙枣）、柳（白柳，垂柳）。有时在热带、亚热带河谷生长常绿植物—棕榈、夹竹桃（欧洲夹竹桃，蔷薇）。

尽管植物种群差异很大，但是不同大陆荒漠植物生态特征有很多共同性。这表现在具体的形态、生理特征，以及生长速度、节律特征，与生存环境相适应。

世界荒漠植物共同特征是盐分（Cl，Na）含量很高，因为它们生长在盐碱土壤。根据Н.И.巴泽列维奇的资料（1967），中亚荒漠每年生物量中灰分含量为 6%～8%，而盐生植物的含盐量为 12%。这一数值是全世界是最高的。

荒漠动物像植物一样，每个荒漠有自己的种结构。这是由于不同的起源。与此相应的动物学家将荒漠动物归为不同的区：亚洲中部—亚洲区；地中海区；开普区；澳大利亚区；巴塔哥尼亚区；索诺拉区等。可是我们几乎在每一个荒漠见到的都是相同的动物群。在世界荒漠优势种群是爬行类、啮齿类、有蹄类。此外，每一个荒漠有自己的特有种。

不同大陆荒漠自然地理环境同类型特征，形成动物生存方式、生态特征相似性。这像植物一样表现为趋同性。

这样，世界不同荒漠地理特点与过程分析表明，甚至在相距很远的地理区有显著的同一性，同时它们也有显著的差异性。荒漠最显著的差异是植被、动物、土壤特征。相似的是地质、气候与地形特征，这些决定有机生命的发育规律，决定地质、地貌过程规律。首先与全球性过程——气候规律和大陆古地理有关，其次与区域性地貌过程规律——水动力、侵蚀动力、沉积等有关。

相似特征表现在地质构造、岩性、地表沉积、地貌形成过程方向与类型、地貌形态。表现在第四纪古地理（干旱期与雨期转换，成湖阶段），侵蚀—堆积过程活跃性，地表水、地下水环境，土壤与地下水盐化（碳酸盐、苏打、氯盐），土壤形成过程方向性（非生物土与盐壳）的似特征。

例如，冲积沉积、风蚀与风积地形在任何大陆、任何气候带都可见到。这些相似的景观很容易在亚洲、非洲、澳大利亚荒漠中找到。比较难找到地貌形态，断定在世界其他荒漠不重复出现。

荒漠的植物与动物差别最大。各个大陆荒漠的成因、植物种类组合、动物不一样。但动植物生态（适应荒漠的生存形式）相同。

荒漠景观，即植被特征所决定的面貌，仅在同一气候带有共同特征。例如，梭梭荒漠分布在中亚与亚洲中部，而仙人掌则分布在南、北美的海岸荒漠、西撒哈拉、南非。

在植被比较多的荒漠，有土壤形成过程，形成所在气候带土壤类型。

世界荒漠自然特征比较的结论是：世界荒漠的形成历史与现代面貌都有很多相似特征。

第九章　世界荒漠分类

在文献中，有对单个大陆荒漠分类，也有对世界荒漠分类，可以分为不同派别：气候派——从B．柯本（Koppen，1929；Кеппен，1938）到П．梅格斯（Meigs，1953；Мейгс，1955）；地貌派——А.В.西多林科（1950），Т.克列门特斯（Clements，1954），Б.А.费道洛维奇（1964），Ж.德列什（Dresch，1962）；岩性派——Л.С.贝尔格（1911），Л.А.米哈依洛夫（1957），И.В.科孜罗夫（1959），М.П.彼得罗夫（1963，1966）；植物地理派——А.艾格（Eig，1931，1932），Е.П.科罗维（1934，1958），В.И.格鲁波夫（1959）Е.М.拉甫林科（1962）。自然，所列举的学者荒漠分类的依据是不一样的。

П．梅格斯（Meigs，1953，1966）出版的关于世界干旱区气候及海岸荒漠分布专著，是总结性专著。专著中论述了世界荒漠气候分类（图 71）。图 71 是作者在分析湿润指标、降水季节分配、最热月最冷月气温的基础上编绘的。

荒漠气候类型地理，表示了或分布在大陆内部、大陆荒漠，或分布在大陆西海岸沿岸荒漠的特征。П．梅格斯这样评价：大陆干旱区分布在被海洋或等湿度区相互分开的五个大省。在每个省，中心部分是荒漠，外围是半荒漠。大陆西海岸荒漠主要分布在纬度 15°～35°，沿大陆向极地延伸可以达到纬度 55°。各干旱省的西部向极地方向气候特征是冬季寒冷多雨。相邻的是地中海气候（Ac，Sc，22，23，13，14）。在高纬度的东部区气候特征是冬雪夏季最大降水（Ac，Sb，02，03，04）。低山温度更低。

包括欧洲与非—欧北部的干旱省，其面积超过了世界其余干旱区。从东部经过阿拉伯半岛沿波斯湾到巴基斯坦及印度，这一带包括了世界上最大的荒漠——撒哈拉以及其他热荒漠与半干旱区。这一干旱省的北部分布着冬季温和或寒冷（地中海，伊朗）的干旱区，再向北与东，分布着宽广的中亚与亚洲中部荒漠，冬雪夏热。在南部分布热带半干旱的撒赫勒。

北美干旱省多样性与非—欧北部的干旱省相似，但是面积比它小。干旱山区与伊朗、中亚、阿拉伯相似，占据了连接美国、墨西哥的干旱省的大部分。与热撒哈拉气候可以比较的是面积不大的滨加利福尼亚湾，以及继续向北延伸到加利福尼亚和亚利桑那。美国与加拿大大草原与苏联草原区气候相似。

南非的干旱省由狭窄的沿岸纳米布荒漠与卢安达，卡尔鲁（карру）荒漠、卡拉哈里荒漠及山前草原。

澳大利亚干旱省包括了除边缘区的所有大陆。北部为炎热气候，南部为温和气候，山地为冬冷气候。

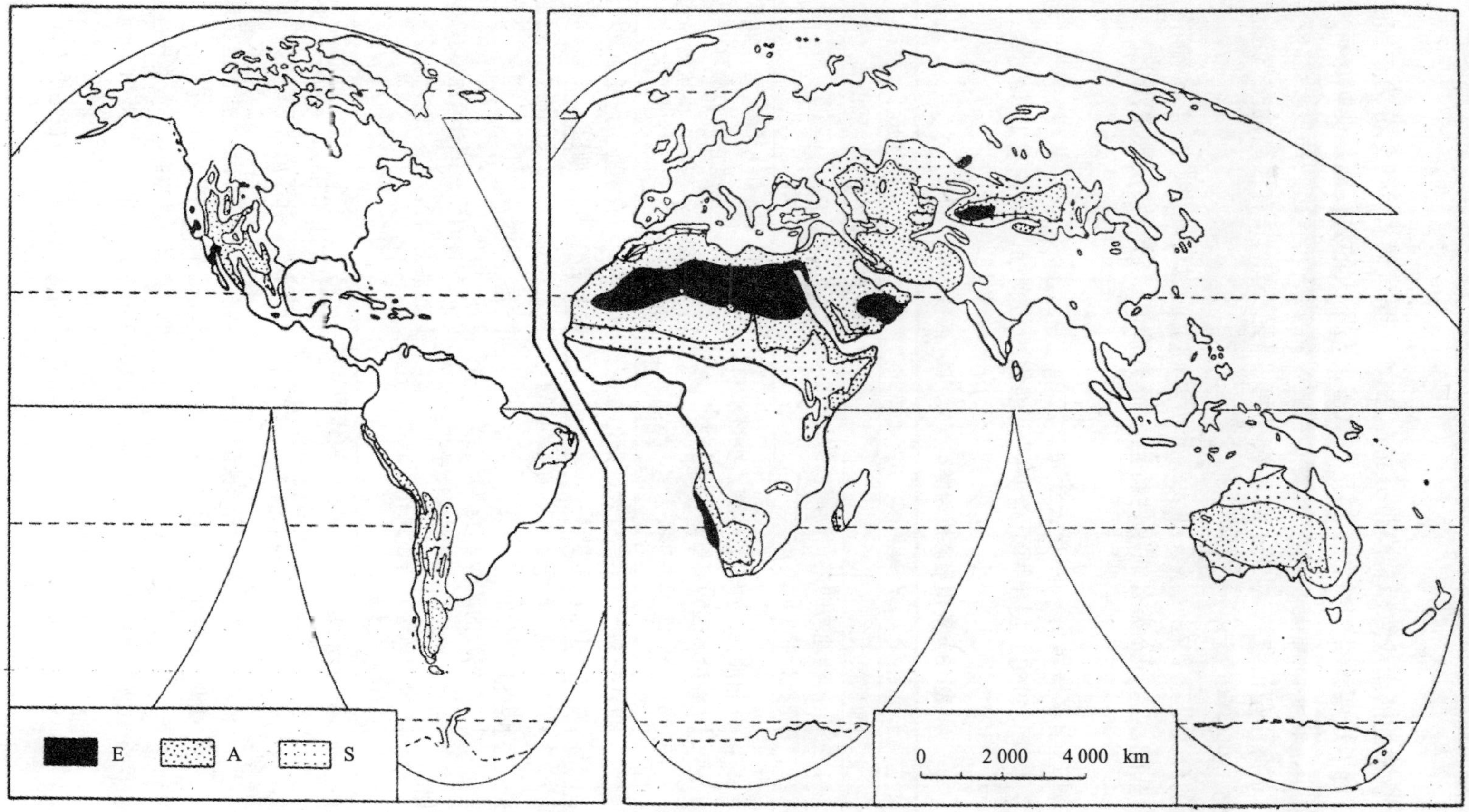

图 71　世界干旱气候分布（П. 梅格斯，1953）

图例　E—极端干旱，A—干旱，S—半干旱南美干旱省狭长带状分布。其分布特征受大陆形态与沿岸安第斯山影响。世界最干旱的荒漠顺着大陆西海岸延伸到赤道。南美的南部干旱气候分布在大陆东部的巴塔哥尼亚高原。

应当注意，狭窄的沿岸或海岸荒漠带分布在 5 个干旱气候省。可划分为东部的与西部的两种类型。对于这两种类型特征差异是空气湿度与不大的昼夜温差变幅。西海岸型广泛地分布在南非、北非、南美、北美、澳大利亚，特征是气候比同纬度要温和些，有从海上来的雾。东海岸型沿红海、亚丁湾、波斯湾、阿曼湾，具有很高的空气湿度和高温（Meigs，1955，344-346 页）。

П. 梅格斯的分类是建立在气候景观要素分析基础上，以受地形、海洋影响略有修正的地带性规律为基础。这一分类有通用性特点，很有价值。它能够反映荒漠岩性—土壤特征多样性。

地质学家与地理学家按照另一种方法分类。

A. B. 西多林科（1950）提出两组荒漠区：堆积区与剥蚀区域（表 13）。

表 13　荒漠形态成因类型（A. B. 西多林科）

	堆积区	剥蚀区
地表特征	面积很大的平原	台状高原，小圆丘，残山
构造	山前洼地与凹陷，高原低的部分，地壳相对下凹地段	褶皱区断块上升，地壳相对抬升地段
岩性成因	陆相冲积，冲积—坡积，少量洪积。从补给区远距离输移的“外来”块状物，进行过一定筛选	沉积（陆相、海相等）岩，花岗岩与变质岩。在低地它们被破坏，成为冲积、坡积、洪积物，块状物经过缓慢输移和分选
荒漠类型	以沙—黏土为主的荒漠，局地盐碱荒漠，少量砾石荒漠	以石漠碎石荒漠为主，低地斑状沙漠、黏土荒漠、砾石堆积
地貌成因	初始侵蚀—堆积地貌，以后经常性风力堆积地貌	构造地貌，很少火山地貌，侵蚀切割地貌，局地风力堆积
风力作用（风成形态）	广泛发育的风沙堆积，形态为沙垄、新月形沙丘链、蜂窝状沙丘等，石穴、石窝、风蚀雅丹，风作用致密山岩无这些风蚀形态	广泛发育的致密山岩风蚀形态（石窝、风蚀雅丹等），在风积沙情形——沙丘链、新月形沙丘，沙垄不发育
地下水	地下水汇集，一般有水透镜体和从补给区向盆地中心的构造斜面，水矿化度高	局部有地下水补给，一般无水透镜体，地下水少、化学成分不稳定
溶解盐分布	易溶盐累积：氯、硫、碳酸盐分布在盐湖与盐碱地，盐碱地广泛分布	难溶解盐累积，易溶盐在地呈斑状累积，盐碱地局部分布
例子	土库曼卡拉库姆，克孜勒库姆平原部分，穆云库姆，萨雷—伊希科特拉乌（Сары-Ишикотрау）	克拉斯诺沃茨克高原，曼格什拉克，乌斯丘尔特，图阿尔克尔（Туаркыр），克孜勒库姆风蚀区，别特—帕克—达拉草原风蚀区，科彼特山西部山前平原，巴德赫兹的西南

堆积荒漠分布靠近大的山体，是被来自山地的厚层松散的冲积——坡积、少量洪积填充的山前盆地与平原。这类荒漠典型剖面是交替的沙、亚沙、黏土尖灭层。因此广泛分布于沙、黏土荒漠，一般分布面积很大。堆积荒漠的上层被风作用形成典型的大沙垄、新月形沙丘链、沙堆及其他风成地貌。

在中亚，卡拉库姆、克孜勒库姆平原部分、穆云库姆、萨雷—伊希科特拉乌可以归入堆积荒漠类。

第二类荒漠是剥蚀荒漠。这是相对高出周围以山、高原为主的区域，不同程度地被侵蚀切割。在剥蚀荒漠中部可以看到基岩，在平缓情形下可以形成石漠。剥蚀荒漠区覆盖松散的残积、坡积、洪积物。

A．B．西多林科将曼格什拉克、图阿尔克尔褶皱区、克拉斯诺沃茨克高原、克孜勒库姆风蚀区、科彼特山西部山前平原、巴德赫兹的西南、乌斯丘尔特，归入剥蚀荒漠。

在堆积荒漠区与剥蚀荒漠区中，荒漠类型组合是不同的。在堆积荒漠区以沙漠、黏土荒漠为主，砾石荒漠少见，无石漠。在剥蚀荒漠区，广泛分布的是石漠、砾石荒漠，伴随沙漠、黏土荒漠。无论在同一个区或在不同区看到的沙漠与黏土荒漠，相比较之，其差别在于物质成因、分选、层理、沉积厚度。

与构造差别及不同的水文地质环境相应的是两类荒漠的溶解盐类分布不一样。剥蚀荒漠以难溶解盐累积为主，堆积荒漠由于“可迁移”水以及蒸发，易溶盐水浓缩，主要是氯盐、硫盐、碳酸盐、钾盐、钠盐、锰盐。盐类浓缩达到很高浓度，在地下水尖灭处或近地表，形成盐湖与不同的盐碱地（A.B.西多林科，1950）。

T．克列门特斯（Clements，1954）在研究美国西南干旱区的基础上，对美国荒漠提出了地貌分类系统。

（1）干盐湖。有积水的洼地，冬季有水、夏季干涸，洼地底部平坦或几乎平坦。分为干盐湖与湿盐湖，有沉积盐层的，为碳酸盐的及其综合体。

（2）荒漠平原。干盐湖向冲积锥过渡区。

（3）冲积锥。位于山地峡谷。

（4）锥间低地。

（5）出露基岩。山前岩质平原，穹状，石漠。

（6）冲出物。临时性水流形成。

（7）沙丘。

（8）劣地。

（9）有过境河的荒漠。分布于湿润区。

（10）火山。成因与荒漠无关。

（11）童秃山。是荒漠或者荒漠区分界。

作者以为所提出的美国地貌分类也可用于世界其他荒漠，但未必符合，因为北美荒漠地质构造特点与其他大陆荒漠有很大差别。特别是无论北非、中亚、澳大利亚，都没有如此宽阔、单一的构造平原（高原）。在北美也没有像卡拉库姆这样大的古冲积平原，也没有高大沙丘（撒哈拉、塔克拉玛干等）。

Ж．德列什（Dresch，1963，1964）认为荒漠分类应按照构造—地貌原则进行。与此相应地划分两类地表形态构造类型：平缓的通常是侵蚀地盾荒漠；古盆地荒漠。每一类都有特有的地表沉积。

侵蚀地盾荒漠构造平原相应的是古结晶地盾。侵蚀地盾荒漠景观的古地理环境可以相互比较。这是宽阔的准平原，由结晶岩构成，有高出地面的残山，也可以是平缓的或倾斜沉积岩高原，在大多数情形下，有陡崖、单面山、宽阔构造盆地与松散冲积物。

Ж. 德列什将非洲—阿拉伯荒漠，即撒哈拉、叙利亚—阿拉伯及澳大利亚荒漠，归入这一类。这是炎热平原荒漠。荒漠中有阿哈加尔、提贝斯提、西奈等岛状山。阿拉伯半岛宽背山生长高度带性所决定的半干旱植物。

对于荒漠的沉陷区（古洼地），特征是具有垂直带性的高山与山前平原（剥蚀）结合，或与输移物堆积的凹陷（山前拗陷）结合。

Ж. 德列什将南美西海岸荒漠（智利—秘鲁荒漠）、北美落基山荒漠、中亚与亚洲中部荒漠、地中海荒漠归入这一类型。

Ж. 德列什在构造—地貌类型中又划分亚类，相应于极端干旱、干旱、半干旱气候，在不同的气候环境下地貌形成的过程与强度不同。此外，在山地荒漠可以划分高度带。在这种情形下，可以随高度分布的极端干旱、干旱、亚干旱荒漠。

按照A. B. 西多林科和Ж. 德列什的意见，在这种或那种类型荒漠地理分布与形成中，成因—形态—构造有重要意义。

以亚洲温带荒漠为例。其中中亚荒漠可以分出具有大凹陷区的天山—土兰地质构造。大凹陷即土兰平原被第四纪古冲积平原与湖盆（巴尔喀什湖，咸海，萨雷卡梅什湖）占据，被第三纪构造高平原——乌斯丘尔特、外温古兹、克拉斯诺沃茨克、克孜勒库姆、图阿尔克尔等占据。突兀地面岛状山有：苏尔塔努伊兹达克（Султануизаг）、布杰恩塔乌（Бутентау）、阿克塔乌（Актау）。哈萨克斯坦缓丘是独立的地貌区。

在亚洲中部荒漠可以分出几个荒漠区。这里属于带有山前拗陷及北部大陆拗陷的东天山地貌构造。山前拗陷被准噶尔第三纪平原（天山北）所占据，北部大陆拗陷被新生代中期沉积所填充（天山南）。独立的地貌构造区是南山、阿尔泰山及其宽阔的北部拗陷。拗陷东部是阿拉善荒漠，西部是嘎顺戈壁。柴达木盆地也是独立的地貌构造区，被南部的昆仑山、北部的南山、阿尔泰山围限。

亚洲中部的嘎顺戈壁、准噶尔、阿拉善、柴达木是属于桌状构造平原。它们被第三纪—白垩纪的产状水平的沙、块砾填充。这与中亚完全无径流而亚洲中部的东部（东阿拉善、鄂尔多斯）有流入海洋的黄河有关系。

非常有特色的是亚洲中部的岛状山——罗斯达哥（Россетаг）、塔里木盆地马扎尔达哥（Мазартаг）、阿拉善的巴音—乌拉（Байн-Ула）、雅巴拉依（Ябарай）等。最独立的地貌构造是北山的低山与圆丘。

相当多的地貌构造体不占很大面积（如岛状山）。这样在一些气候区分布上不止一个而是几个地貌构造区。

在南非、澳大利亚，其他大陆干旱区的地貌学专家可能很容易划分类似的地貌构造类型。

这样，在澳大利亚可以很清楚地划分岛状山（麦克唐奈岭、彼得曼山等），构造桌状平原（大沙沙漠、大维多利亚荒漠、纳拉伯、吉布森荒漠），古冲积平原。这些，应当归入大沙沙漠与延伸到艾尔湖盆的辛普森沙漠。

荒漠地质构造特点分析，可以更准确地确定地表沉积的特点与年龄。

在干旱区域地貌构造划分的基础上，可以容易划分荒漠岩性类型，它与地貌构造类型密切相关（Петров，1966）。

在给定的环境下，根据岩性环境我们不但可以知道土壤环境特征，而且可以知道形成土壤的岩石特征。简单地说，不仅知道土壤种类而且知道土壤的母岩。

对于中亚荒漠，Л.С.贝尔格（1911）提出了岩性分类。分出 4 个荒漠类型：沙质荒漠；黏土荒漠；盐碱荒漠；石漠。随后，И. В. 科孜罗夫（1959）提出了更为详细的中亚荒漠基质分类。他分了 10 个类型：沙质荒漠；沙—黏土荒漠；黏土—石漠；石膏荒漠；山前洪积石漠；以基岩为基础的黏土荒漠；在古河谷、古三角洲上的黏土与亚黏土荒漠；黄土荒漠；砾石—黄土荒漠；盐碱荒漠。原则上这些类型是相互独立的，但有些类型是有争议的。

Б. А. 费道洛维奇（1960）以西土库曼为例，提出了中亚沙漠分类。分类依据为：沙的成因、成分与年龄。分类为：风成—河成与河成；风成—海成（里海）与海成；风成—湖成；风成—洪积与风成。根据形态与切割程度，划分不同高度不同大小的流动沙丘、固定沙丘、蜂窝状沙丘、沙垄。根据植被固定程度划分为：流动沙丘；半固定沙丘；固定沙丘。

作者（Петров，1963，1966）对中亚、亚洲中部荒漠提出了 10 种岩性类型。沙漠 3 个亚类；沙—砾石荒漠 5 个亚类；碎石石膏荒漠；石漠；亚黏土荒漠；黏土荒漠；黄土荒漠；龟裂地与类龟裂地荒漠；劣地与盐碱荒漠。

对于北非荒漠Л. А. 米哈依洛夫（1957）提出 6 个岩性类型：沙—碎石荒漠；砾石荒漠；碎石荒漠；岩石荒漠；沙漠；盐碱荒漠。

荒漠岩性类型在许多情形类似景观类型。这是因为在干旱气候环境下，基质特点影响许多景观特点与自然地理过程，微地形形成、土壤形成、水分状况、植物特点、动物。

在文献中经常见到以荒漠岩性类型的描述。在干旱环境下，特别是当植物强烈衰退时，景观特征主要取决于地表沉积—沙、碎石、岩石、砾石、沙—黏土。它们的地理分布取决于第三纪、第四纪剥蚀—堆积过程。例如，对于残山、山地、低山缓丘，以石漠、碎石荒漠占优势，对于桌状构造平原，以砾石、沙砾石荒漠为主，对于第四纪堆积古冲积、湖积、山前平原和海成低地，以沙、黏土荒漠为主。

在干旱区所有地貌构造中，荒漠岩性类型最丰富的是山前平原（准平原）。这里可见到碎石荒漠、砾石荒漠、黏土荒漠、黄土荒漠，以及组合类型。

按照植物地理划分荒漠，如大家所知，考虑植物、植物群落特点。但是干旱区植物分布与土壤、气候环境密切相关。植物地理区划反映的是荒漠气候进一步划分和土壤基质特征。

A. 艾格（Eig，1931）对亚洲、北非荒漠最为全面地论述了这一问题。他提出，近东、北非划分 3 个植物地理区：撒哈拉植物地理区；伊朗—土兰植物地理区；地中海植物地理区。

E. M. 拉甫林科（1962）汇集欧洲和北非（除过草原）所有干旱区为统一的撒哈拉—戈壁植物地理区。在植物地理区内划分 3 个亚区：中部亚洲亚区；伊朗—土兰亚区；撒哈拉—新德里亚区。

В．И．格鲁波夫（1959，1963）在亚洲中部划分了 3 个植物地理省：蒙古植物地理省；准噶尔植物地理省；西藏植物地理省。

中亚与亚洲中部划分 4 个自然地理区：亚洲中部自然地理区；准噶尔—哈萨克斯坦自然地理区；伊朗—土兰自然地理区；西藏自然地理区（Петров，1966）。

植被本身的特征，即种的结构、构成景观的植物生活形态、群落结构，对荒漠景观的形成起重要作用。

这一或那一大陆荒漠植物种的结构，是群落形成历史所决定的。这反映在荒漠植物的植物地理分区中。例如，撒哈拉—戈壁植物地理区，南非植物地理区，澳大利亚植物地理区。

荒漠植物生活形态非常多样，从一年生草到大的灌木甚或不大的树木。亚洲荒漠的梭梭（梭梭柴，白梭梭，李氏碱柴等），北非荒漠金合欢、牧豆树（扭弯金合欢、穗花牧豆树）澳大利亚荒漠桉树（灌木桉）金合欢（无脉金合欢），在亚利桑那荒漠、墨西哥、秘鲁杆状仙人掌。

综述世界荒漠分类的研究，提出这样一个问题：荒漠景观特征与那些指标是分类的依据。或许，荒漠分类应当是多级的。

第一级根据气候特点划分荒漠类型——极端干旱型与干旱型。干旱型划分为海岸亚型与大陆亚型。为达到这样的目的，可参照П．梅格斯的图做一些补充。特别强调的是在每一气候带内必须划分为极端干旱、干旱、半干旱类型。实际上这可以通过叠置在П．梅格斯的图上划分气候带、气候区图。

第二级是在气候带或地貌气候型内划分 3 个地貌构造区，地貌构造区按照A．В．西多林科（1950）和Ж．德列什（1962）分区：

（1）剥蚀构造区。前第四纪古断块——褶皱中山、低山、缓丘。

（2）构造桌状平原。形成于第三纪与白垩纪。

（3）堆积平原。形成于第四纪和现代，古冲积平原、湖盆平原、海岸低地、山前洪积平原。

第三级是在每一地貌构造区内划分荒漠的岩性类型，根据地表沉积与土体。荒漠根据这些标志可以划分 10 个岩性类型。

（1）古冲积平原松散沉积上的沙；

（2）在第三纪与白垩纪高原、山前平原上的沙—砾石；

（3）在第三纪高原上的石膏质砾石；

（4）山前平原砾石；

（5）在低山与缓丘上的块石；

（6）在弱碳酸盖层上的亚黏土；

（7）山前平原上的黄土；

（8）山前平原与古三角洲上的黏土龟裂地；

（9）不同年龄的含盐泥灰岩、黏土构成的低山上的童秃劣地；

（10）盆地与海岸盐碱。

这样的多样性是由于不同沉积成因与物质特性决定（残积碎石、第三纪—白垩纪沙岩、洪积砾石—沙、冲积沙、黏土、亚黏土等）。

荒漠岩性类型地理分布分析表明，在这种情形无地带性规律。在气候区内荒漠分布与地质（岩性）地貌以及湿润程度密切相关。这决定了荒漠景观综合性。综合体是面积不大的不同荒漠限区。在古河床、三角洲、湖盆最常见的综合体是沙漠、沙—盐碱荒漠、龟裂地荒漠。

在不同大陆荒漠自然环境特点比较时，已经强调过的是，荒漠之间最相似的是岩性特征。上述的荒漠岩性类型，对于世界所有干旱区是普遍适用的。景观的相似性取决于地貌构造特点与自然地理过程，特别是地表物质沉积的堆积与剥蚀以及地形形成过程。可以这样说，如果独立的荒漠具有相似的形态结构、地质构造、气候环境、地貌形成过程，则地形形态特征是相似的。

第四级是进一步将荒漠岩性类型划分景观类型。

荒漠景观地理最复杂也最具特色。景观非常复杂。其中有世界性景观，这是在所有气候带都可以见到的、没有植物参与的景观。也有其面貌与植物密切相关的景观，也有地方性景观。

在同一岩性环境下，正是植物决定了景观的不同特征。可是在极端干旱荒漠植被非常稀疏，有时候几公里没有植被，植物影响就不存在。在这种情形下荒漠景观只取决于两个因素——地形与地表沉积、土壤。实际上它们很接近荒漠岩性类型。因此在无植物的极端干旱荒漠，各个大陆有完全相似的特征。无植物的景观有新月形沙丘荒漠、盐碱荒漠、石漠、碎石荒漠。

决定不同景观植物特点的因素是地表沉积类型、成因。也就是说某一地表经受气候因素作用，特别是稀少的大气降水。

大家知道，100 mm 降水，降落在沙地完全下渗，而同样量降水降在黏土表面，迅速流入洼地（达 95%）。甚至在相同的微气候环境下，土壤累计湿度差别很大。这就形成相邻的梭梭荒漠与龟裂地荒漠，前者生物量 20～30 t/ha，后者无生物量。

正因为植物决定生命形态特征，常以它命名荒漠景观类型。例如，在文献中已经出现这样的术语——中亚“灌木”（梭梭、沙拐枣）荒漠，南非和中美的“肉质植物”荒漠，土库曼北部平原与近东“蒿”“短命植物”荒漠，澳大利亚的“盐灌丛”荒漠。

在相同的土壤环境下各个大陆的植物群落差别很大。可以举例为证，比较生长在索诺拉、科罗拉多山间盆地砾石土上仙人掌（仙人掌，巨型仙人掌），与伊朗高原山间盆地蒿荒漠差别很大。后者也是分布在山前砾石荒漠。

亚洲荒漠分类方案可以作为多级分类的例子（表 14）。

表 14　亚洲荒漠分类

	荒漠气候类型		
	准噶尔—哈萨克斯坦干旱气候（Aa04）	伊朗—土兰干旱气候（Ac13）	亚洲中部干旱气候（Ea03，Ab03）
岩性—生物类型			
1 在古冲积平原与近海平原沙质灰钙土、灰褐土上的典型沙漠			
植被类型	灌木、旱生、喜沙	灌木、旱生、喜沙	灌木、中生、喜沙
景观类型	沙漠灌木（梭梭，沙拐枣）		
岩性	无		沙丘沙（无植物）

	荒漠气候类型		
	准噶尔—哈萨克斯坦干旱气候（Aa04）	伊朗—土兰干旱气候（Ac13）	亚洲中部干旱气候（Ea03，Ab03）
2 在第三纪、白垩纪高原上石膏质灰—褐土上的沙—砾石荒漠（戈壁）			
植被类型	喜石膏的小灌木、半灌木		
景观类型	小灌木（猪毛菜）沙—砾石荒漠		
岩性	无		沙砾石（无植物）
3 在第三纪高原灰褐土上碎石石膏质荒漠			
植被类型	喜石膏的小灌木半灌木	喜石膏的小灌木、半灌木	小灌木半灌木类型
景观类型	小灌木砾石石膏荒漠		无
岩性	无		砾石石膏荒漠，碳酸盐壳
4 山前平原砾石荒漠			
植被类型	半灌木、有时灌木，带有短命、类短命植物		灌木
景观类型	短命植物砾石—黏土荒漠		灌木砾石荒漠
岩性	无		砾石绝对荒漠
5 低山与圆丘上碎石、砾石荒漠			
植被类型	喜石膏的灌木、半灌木		
景观类型	灌木、半灌木石漠		灌木石漠
岩性	无		碎石、砾石绝对荒漠
6 弱碳酸盐土桌状平原与高原上的黏土荒漠			
植被类型	蒿-猪毛菜半灌木		无
景观类型	半灌木荒漠		无
岩性	无		无
7 灰钙土山前平原上的黏—黄土荒漠			
植被类型	短命植物与北土兰蒿	短命植物与南土兰蒿	无
景观类型	短命植物—蒿黏土荒漠	短命植物—蒿黏土荒漠	无
岩性	无	无	无
8 山前平原与古三角洲龟裂地荒漠			
植被类型	灌木固定古三角洲	盐生、一年生猪毛菜	无
景观类型	灌木龟裂地荒漠	含盐龟裂地荒漠	无
岩性	无	无	
9 劣地荒漠			
植被类型	一年生猪毛菜		无
景观类型	猪毛菜劣地荒漠		无
岩性	无		劣地荒漠
10 湖盆与沿海盐碱荒漠			
植被类型	灌木与喜盐灌木		
景观类型	灌木、草盐碱荒漠		
岩性	绝对盐碱荒漠		

通常在地理学文献中使用荒漠岩性分类。这是因为在许多情形下，特别是极端干旱荒漠，无植物生长，地表沉积是景观特征的主要标志。

世界所有荒漠可以划分为10个基本的岩性类型。简述如下。

沙漠 发育在厚层松散沙物质上，以河成、海成为主。沙漠有一些地方性名称，例如，突厥语叫库姆（кум）、巴尔旱（бархан），阿拉伯语叫厄格（эрг）、塔马哈克（тамахак），柏柏尔语叫艾杰因（эдейен），汉语叫沙漠（шамо），蒙古语叫艾利苏（элисун）。

沙漠的面积一般都很大。按成因可以划分为 4 个亚类：古冲积平原沙漠；海岸低平原沙漠；山前平原沙漠；第三纪、第四纪砂岩构成的古构造平原沙漠。

几乎世界所有的大沙漠都分布在拗陷区，古冲积成因。沙源来自面积不大的古基岩（第三纪、白垩纪砂）。

属于古冲积平原沙漠亚类的沙漠有：中亚的卡拉库姆沙漠、萨雷—伊希科特拉乌（Сары-Ишикотрау）、木尤恩库姆、咸海沿岸卡拉库姆；印度与巴基斯坦的塔尔沙漠；阿拉伯半岛的大内夫得沙漠、小内夫得沙漠、鲁卜哈利沙漠；撒哈拉的伊吉迪沙漠、东部大沙漠、西部大沙漠、舍什沙漠；澳大利亚的大沙沙漠、维多利亚大沙漠。

海岸低平原沙漠的面积比较小。属于这个类型的有：中亚的里海北部沙漠；西撒哈拉沿海沙漠；可能还有澳大利亚大沙沙漠。

山前平原沙漠一般积沙不多。它们分布于沙、沙砾石洪积物之上。这样沙漠在中亚的科比特山前、阿拉伯半岛可以见到，在撒哈拉很少见。最大的这类沙漠分布在南北美的干旱区（阿塔卡马沙漠）。

构造平原沙漠形成于这样环境，地表层为砂岩。砂岩风化形成大量风成沙。这一类型的沙在鄂尔多斯、阿拉善（中部亚洲）分布非常广泛，这里的第三纪—白垩纪砂岩强烈风化。在阿拉伯、利比亚，这种沙形成于努比亚砂岩风化区。在中亚外温古兹新第三纪高原与克孜勒库姆。

沙漠地貌多种多样，但可以分两大类：①以灌木固定的沙垄、沙丘、蜂窝状沙丘及其组合；②流动新月形沙丘、新月形—圆沙丘，几乎无植被（图 4，图 7，图 21；详见第十一章）。

沙漠植物能生长在年降水量 100 mm 以上、岩性类型比较多的区域。这是因为沙的水理特性很容易吸收降水抑制蒸发。因此，沙漠有比较高的生物生产量。在中温带沙生灌木、半灌木占优势，例如，梭梭、沙拐枣、猪毛菜、银沙槐、麻黄、蒿、优若藜等。

亚洲和非洲热带、亚热带沙漠典型灌木植物是：梭梭，沙拐枣，猪毛菜，银沙槐，麻黄，蒿，优若藜。

北美沙漠肉质灌木植物健群种：仙人掌，仙人球，龙石兰；硬叶植物：牧豆树，麻黄，假紫荆。

澳大利亚沙漠灌木植物不典型。

沙-砾石荒漠　分布在第三纪、新第三纪、白垩纪高原、山前平原、山间盆地。其表层是砂砾岩、卵石。地方名称：阿拉伯语叫列戈、塞里尔、阿兹里尔（Рег，серир，азрир），蒙古语叫戈壁（гоби），伊朗人叫列戈（Рег）。

应当指出，地理学家对于“列戈”概念没有一致的理解。有时将黏土荒漠、砾石—石漠理解为列戈。O. 贝尔纳尔（1949）认为列戈是荒漠平地，类似石漠（hamada）—荒漠高原。M. 列柳伯尔（Lelubre，1952）指出，列戈（它的定义“砾石表面”）也是石漠，但是分布比较低。在P. 卡保-列依等（Capot-Rey et al.，1963）主编的词典中，将沙—砾石荒漠称之为列戈。P. 卡保-列依认为这个术语的同义词是“серир”“азрир”“эзеюль”。

沙—砾石荒漠在亚洲中部广泛分布，鄂尔多斯、阿拉善、柴达木西部、蒙古戈壁、准噶尔、塔里木。这一景观在撒哈拉、阿拉伯半岛、澳大利亚（辛普森荒漠）都很典型。在中亚这一类型荒漠分布于外温古兹卡拉库姆与卡拉库姆。

沙—砾石荒漠一般比较平坦，只在局部可见到起伏不大的固定沙丘和流动沙丘。其特征是生长矮小的喜沙、喜盐灌木。草类很少或没有。

碎石和砾石荒漠一般有石甲胄，因为风从表面层吹走了尘粒与细沙，因此砾石、碎石覆盖风蚀地表。取决于风力作用地表的特征，这样环境中留下的或者是散堆的碎石（石灰岩），或者是砾石（或砾石堆积或沙砾石堆积）。

应当根据成因与地表沉积岩性区分几种类型的沙—砾石荒漠（图 72）。特别是亚洲荒漠，可以划分下列类型。

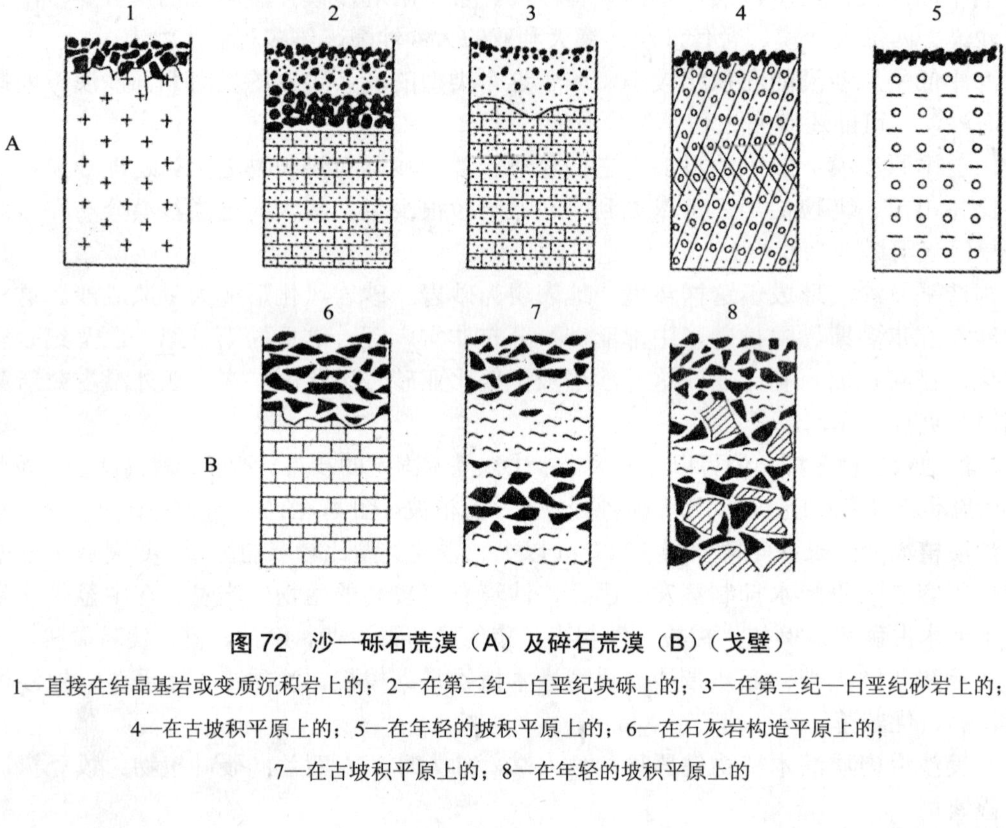

图 72　沙—砾石荒漠（A）及碎石荒漠（B）（戈壁）

1—直接在结晶基岩或变质沉积岩上的；2—在第三纪—白垩纪块砾上的；3—在第三纪—白垩纪砂岩上的；4—在古坡积平原上的；5—在年轻的坡积平原上的；6—在石灰岩构造平原上的；7—在古坡积平原上的；8—在年轻的坡积平原上的

（1）第三纪—白垩纪构造平原上的砾石戈壁，表面是沙混杂堆积（阿拉善戈壁、准噶尔戈壁、嘎顺戈壁、蒙古戈壁、柴达木戈壁）。

第三纪沉积厚达几百米，是产状水平混杂堆积，由砂岩、泥岩、结晶石膏构成。风化壳不厚，冲积层厚 0.5～1.0 m。砾石甲胄壳几厘米厚，荒漠漆皮非常完好。

残积层显著特点是碳酸、石膏含量高。地表滴盐酸强烈起气泡。

（2）在第三纪—白垩纪带有少量砾石灰色或红褐色砂岩上的砾石—沙戈壁，厚度为 100 多 m。风化壳厚度小不超过 1 m，是表面有砾石的残积物。这类戈壁是由于风从地表吹走沙，留下砾石年复一年累积而成。砾石甲胄层发育弱仅厚 1 cm。残积物与土壤碳酸盐含量高，石膏含量低。局地有微弱侵蚀的高大沙垄，沙垄上有厚 20～30 cm 的碳酸盐层。

（3）荒漠平原外围山地的山前平原砾石戈壁，有北山、南山（河西走廊）、昆仑山、东天山、贺兰山等（图 6）。洪积物厚度很大，有时达几十米，古坡积砾石层薄。在 2 m 厚的砾石层中，细粒的石膏、碳酸盐含量高。在一些土壤剖面中它们可达 20～30 cm（碳酸盐与石膏壳）。

砾石在剖面中分布不均匀，在表面特别多。砾石甲胄为多层。荒漠漆皮完好。

（4）年轻的山前平原戈壁，2 m 厚的地表剖面是有弱胶结的大小不同的砾石构成，有少量火山喷出物。洪积物有时可以达几十米，砾石间充满细粒的胶结物，碳酸盐与石膏含量比较少，地表滴盐酸起气泡，在剖面发现碳酸盐与石膏积累，有多层砾石甲胄，没有荒漠漆皮。

（5）有一定倾斜度山前平原高地段碎石—砾石戈壁，分布在北山低山、阿拉善、柴达木，以及哈萨克斯坦的圆丘。残积层厚度不大（0.5～1.0 m），分布在低山、圆丘的沉积岩、结晶岩基底上。下层大碎石，上部碎石少。无细粒物质，碳酸盐含量少。有多层砾石甲胄。荒漠漆皮弱。在砾石和碎石下部有石膏形成物。这一类型的戈壁可以看做是向石漠—碎石荒漠的过渡型。

前两类戈壁最古老。其形成从第三纪—白垩纪构造平原形成时开始，经历了长期的剥蚀。因此表现出很大的差异性。风化壳是厚 1 m 的残积层，它的变化是由于风化物经常性淋洗，在轻微风蚀的平原较高地段最典型。

在构造平原上戈壁古老性的证据是在风化壳中有很厚的碳酸盐、石膏层。它们只形成于长期的大陆干旱环境下。

古坡积平原上的戈壁比第三纪—白垩纪构造平原上的戈壁年轻，但是它们不晚于第四纪。关于这方面的证据是有清楚的碳酸盐层和丰富的石膏。

最后一种戈壁比较年轻，是现代输移物质堆积而成。不同于古戈壁的是古堆积平面和堆积层进行着活跃的过程（侵蚀、风蚀）。

碎石石膏荒漠　分布在第三纪石灰岩高原（图 22）上的桌状高平原。地方性名称是撒哈拉—哈马达（hamada 是阿拉伯语）。碎石荒漠分布相当广泛。可以在中亚（乌斯丘尔特高原）、撒哈拉古构造高原（廷盖尔特高原、哈姆拉高原）见到。中亚很少见到碎石石膏荒漠。

这类荒漠具有特有性与原本性，反映了最干旱的生境。构造桌状平原在长期干旱的状况下，形成强石膏化的发育微弱的残积石膏土。

这类荒漠的植被很稀疏，主要是耐盐耐石膏的灌木、半灌木。一些区在土壤背景条件下，在砾石被荒漠漆皮覆盖情形下，植物完仝消失。

碎石荒漠非常多样。应当按照成因、砾石岩性、黏结材料（石膏、碳酸盐、黏土）特性进行分类。后者的状况反映了碎石荒漠一定的地貌分布。

碎石荒漠可以划分下列景观（图 72，B）。

碎石碳酸与石膏荒漠　分布于石灰岩组成的第三纪或白垩纪构造平原。由于地表面 0.5 m 厚堆积层淋溶过程，石灰岩碎石被石膏、碳酸盐黏结。

在构造平原上发育的碎石荒漠古老性证据，是在风化壳中有很厚的碳酸盐、石膏层。它们只有在长期的大陆干旱环境下形成。

碎石黏土荒漠　分布于粗骨性洪积物为基础的山前平原。这种类型的粗大混杂物是洪流从山上冲来的，散乱堆积成洪积层。随着淋洗程度细颗粒物质不留在表面。碎石甲胄壳有多层，荒漠漆皮完好。

碎石荒漠　分布年轻山前平原。表面洪积层由弱胶结不同砾径的碎石构成，有少量漂砾。洪积物厚度达几十米。砾石被细粒土黏结。碳酸质的石膏质地比较年轻，在剖面中没有明显的碳酸盐积累。碎石甲胄壳有多层，无荒漠漆皮。

这一类碎石荒漠，年轻的有的地方现在还进行着堆积过程，而比较老的在古堆积面和洪积层继续破坏过程（侵蚀，风蚀）。

由于风蚀与侵蚀过程以及相伴随的疏松沙堆积，随着时间变化，碎石荒漠转变为碎石—沙荒漠，然后变为卵石—沙荒漠。

石漠　分布在低山、缓丘，在山前平原的高部位也可见到。在中亚它们分布在哈萨克斯坦的缓丘、土兰低地的岛状山。亚洲中部比较干旱，石漠分布广泛。北山、南山西部（洪堡冰川等）、阿尔泰山、东天山、戈壁阿尔泰山、戈壁天山、所有环柴达木、塔里木盆地的山。在蒙古戈壁、阿拉善荒漠的岛状山（巴音乌拉、哈拉乌拉、汗乌拉、亚巴拉一、伊布拉善等，图 5）塔里木盆地（巴楚山）也有分布。在伊朗高原、撒哈拉、阿拉伯、澳大利亚分布在岛状山的外围。

石漠的植物很稀少，以旱生的小灌木与半灌木为主。土壤发育微弱。

术语“石漠”与“碎石荒漠”不同作者有时候理解为不同类型。一些描述为石膏荒漠（Викторов，1949），一些描述为石漠（Коровин，1934），指的是乌斯丘尔特同一类型荒漠景观。

作者认为将形成于山坡、山麓、低山、缓丘上的有石堆的景观，称为石漠比较合适。这是坡积型的堆积物，通常与风化区密切相关。坡积物厚度不大（0.5～1.0 m）。位于低山、缓丘的沉积岩或变质岩基底上。高处块砾少些、低处块砾多些。

这样的堆积物实际上无细粒土，无黏结物。通水性很好不持水，但保护下层水分。石漠的地化学特征是在基岩碎石的下部形成碳酸盐、石膏累积。

根据基岩岩性，石漠可以划分为一些亚类——变质岩（花岗岩、斑岩等）或沉积岩（石灰岩、砂岩等）。

亚黏土荒漠　主要分布在中亚与南哈萨克斯坦，或窄或宽的带状从穆戈贾尔山西部到天山东部山前。它们占据了哈萨克斯坦新第三纪宽阔的桌状平原与高原，平原与高原的第四纪亚黏土上发育弱碳酸化灰—褐土。主要植物是蒿和蒿—猪毛菜灌木。

黏黄土荒漠　也分布在亚洲荒漠。在下列山的山前平原都能见到：土库曼—霍拉桑山、兴都库什山、帕鲁帕米苏斯山、帕米尔山、天山、阿拉套山。分布在倾斜的经常被侵蚀的山前平原，由洪积物与河流冲积黏土亚黏土组成。土壤为灰钙土，弱盐化很肥沃。植物以短命草本植物为主，向北以短命—蒿草为主，或是高大草—短命群落。中亚绿洲主要分布在黄土荒漠的灌溉开发土地上。

在亚洲中部，黄土沉积主要分布在荒漠外围（黄土高原）。在荒漠带仅在喀什以西的山前平原见到。

龟裂地黏土荒漠　与山前平原有关，也与下列河流的古三角洲有关（图 23）：中亚的阿姆河、锡尔河、穆尔加布河、捷詹河、喀什噶尔河；亚洲中部的孔雀河、塔里木河、叶尔羌河、疏勒河、玛拉斯河等。在北非与澳大利亚可见到小面积分布。

龟裂地形成于洪积与古冲积的致密黏土、亚黏土上。其地形平坦有裂缝。典型的龟裂地在亚洲中部很少见。

由于龟裂地致密程度不一样，植物所决定的景观特点不同。在典型的龟裂地以蓝绿藻、地衣为主，有少量的猪毛菜。在致密的适合的龟裂土生长乔—灌木（黑梭梭、柽柳）与半灌木（蒿，图 24）。

劣地黏土荒漠（bad land） 分布在中新生代黏土、泥岩含盐沉积区。在亚洲分布在科佩特山西部山前（图 25）、帕米尔、伊朗高原、柴达木与其他区域，以至曼格什拉克低山、哈萨克斯坦缓丘的南部。对世界其他荒漠它们一般分布在撒哈拉、澳大利亚、北美。

土壤原始发育很弱，母质含盐。植物非常稀疏。

劣地荒漠特点是地形切割破碎，不透水，形成的基质——黏土、泥页岩含盐量高。在致密的含盐量高的基质上植物很稀疏，只有草本竹毛菜。在所有的景观类型中这一景观最单调。劣地很具特色，必须单独将它划为一个类型。

盐碱荒漠 形成于地下水近地表的盐化洼地。地方性名称：突厥语叫梢尔或稍尔（сор，шор），阿拉伯语叫塞布哈、塞布克尔、稍特（себха，себкр，шотт），在伊朗叫开维尔、开比尔（кевир кебир）等。盐碱荒漠可以划分两类：近海盐碱荒漠；内陆盐碱荒漠。第一类型分布在下列海与洋的沿岸：里海与阿拉伯海［凯尔阔尔（Келькор），库尔图克，卡伊道克（Кайдак）］，地中海（迈勒吉尔，杰里德）、大西洋［塞布可拉-阿里达尔（Себкрф-Аридаль）］。第二类散布在全亚洲的湖盆、洼地的底部。在中亚分布在萨雷卡梅什、巴尔喀什、斋桑、阿拉等湖盆，分布在乌斯丘尔特（巴尔萨克尔梅斯）、克孜勒库姆（明布拉克）以及其他区。在伊朗高原卡维尔盐湖属于这一类型。撒哈拉的塞尔布克拉-乌木-艾得-土斯-盖布里，塞尔布克尔-哈恩（Сербкра-Умм-эд-Друс-Гебли，Себкр-хан，地名，音译）属于这一类型。

汇总文献资料，M．A．莫拉霍夫（1970）将苏联干旱区海岸与内陆盆地划分 7 个盐碱荒漠类型。

（1）海边被盐层覆盖的无植物生长的盐碱荒漠。

（2）海边生长海蓬子和一年生碱蓬的盐碱荒漠。

（3）生长盐节木的丘状盐碱荒漠。氯盐特别是钠-氯盐。

（4）丘岗盐碱荒漠。形成于柽柳、白茨、枸杞旁的大丘岗。

（5）草地盐碱荒漠。以碱茅、獐毛为主，以硫酸盐为主。

（6）综合盐碱荒漠。是丘状盐碱荒漠、草地盐碱荒漠、海边盐碱荒漠的组合。

（7）盐碱—沙荒漠。流沙可覆盖任何类型的盐碱荒漠。

在亚洲中部盐碱荒漠分布面积相当大。在柴达木盆地、塔里木盆地、蒙古许多小的封闭洼地、阿拉善荒漠等（图 10）。撒哈拉的内陆盆地——盖塔拉盆地、图瓦特绿洲及其他区。在澳大利亚荒碱荒漠特别多，分布在这些湖盆：威儿斯、卡内儿、雷伊佐、麦克唐纳、伍德斯、艾尔等。

岛状分布的盐碱荒漠与地貌与地质因素有关。因此盐碱荒漠的分布不服从地带规律。盐碱地是地下水很浅的以沙质平原为主的低地。植物很稀少，以盐生的灌木为主：盐节木，盐穗木，白茨，猪毛菜，碱蓬，盐角草。

不同岩性类型荒漠的面积比例，在各大陆甚至在相同荒漠中都不一样。这由于不同地质历史，形成不同地表沉积物。例如，在北非、阿拉伯以石漠、沙—砾石荒漠与沙漠为主，沙漠中大部分是流沙（大约是撒哈拉总面积的 1/5）。与此同时，这里几乎没有与植物有关的地貌形态（沙垄、生草沙堆等），因为这类地貌形态在北非发育非常微弱。

在中亚的南部区，主要景观是被植物固定的沙漠，以及黏土荒漠（黄土与龟裂地）。在北部景观是在桌状平原上亚黏土蒿荒漠，以及第三纪高原上的碎石石膏荒漠。

在中部亚洲的西部区（喀什噶尔），主要景观是沙漠（塔克拉玛干），在中部区是石漠与沙—砾石荒漠，在东部区是沙漠与沙砾石荒漠。

在南非卡拉哈里荒漠中以沙漠为主。在北美、南美荒漠岩性非常多样，这是复杂的地质、地貌所致。只在阿塔卡马为典型的沙—砾石荒漠与碎石荒漠。

在澳大利亚以沙漠、沙砾石荒漠为主。

在所提出的荒漠分类的基础上，可以进一步详细研究划分某一自然区域综合体，编制不同比例尺的类型（景观）图。利用这些图，编绘荒漠经济利用具体规划和应用图，例如荒漠生物土壤改良类型图。

第十章　沙漠生物土壤改良类型

所有的荒漠类型中最有农业开发前景的是沙漠。沙漠具有很适宜的水分状况，当年降水量为 75～100 mm，即可生长植物。因此在所有的荒漠类型中，沙漠最有利用价值和生物土壤改良前景。在沙漠中放牧、樵采，当地下水浅时可进行农业、林业开发。因此，沙漠比其他荒漠研究得更详细。

决定各种类型沙漠可能生产性能的环境，称为沙漠生境类型，或称为生物土壤改良类型。

沙漠生物土壤改良类型由下列最重要生存因素关系决定：下伏岩性特征（透水或不透水）；风成积沙厚度；沙层表面盐化特点与程度；地下水随地形要素埋深；地下水盐化特点与含盐度；地表沙层的水分状况、干沙层的深度；地形特征与风蚀程度，地形与主要形态要素（顶、坡、基部）关系的综合特点；在一定风况下沙运动形态和输移速度；沙的固定程度与植被特点；沙的蔓延与毁坏过程；风成沙的成因与堆积沙的经济利用程度。

下边详细说明亚洲荒漠带流沙的植物生境因素。

风成沙下伏的基岩特征具有重要意义。特别是积沙深部有疏松下伏层，植物根系发育无机械阻隔层。不透水岩层植物根生长很困难。如果下伏岩层不深，成为阻挡乔木、灌木生长的因素。

乔木与大部分多年生植物根生长层，在疏松沙可达 8～10 m。在有土壤形成（盐溶液迁移）过程的表面层深度不超过 1 m。在研究乔木根系分布水分供给问题时，不能仅仅局限于风成沙的土被层，必须研究 4～6 m 深的下伏母岩性质，即主根吸收层。下伏岩性与积沙厚度对于林业建设影响很大。

生物土壤改良环境的决定因素是表层沙的水分状况，与地下水埋深、盐化程度有关。

在根生长层的上部储存相当数量的水，但保障栽植与播种是不可能的，这是由于沙的孔隙度高而持水性差。细沙的最大分子持水性 3%～4%之间，而透水性 3%～45%。大气降水如果较多，很快下渗，年复一年浸润沙层到毛细压水层，在那里蓄积成淡水。这就是为什么水蓄积只在地下水层附近。这一特性决定了沙漠生物土壤改良和利用的特点。因此，应当特别注意未来生物水分供应环境特点。

根据地下水深度，沙漠生物土壤改良类型可以划分 4 组：①地下水为咸水，深度 1～2 m 的沙（盐碱地）；②生长地地下为淡水，埋藏深度为 2 m；③生长地地下水深为 2～5 m；④生长地地下水深超过 5 m。

地下水的深度有重要意义。特别是这些的植物种（如杨、柳）地下水不超过 2 m 时最适合生长。如果深度深（2～5 m），则生长缓慢并迅速退化。当地下水深度超过 4～5 m，所列举的植物种类根栽困难或死亡。因此这些生长地可归入有限利用的林地。要有效利用必须采取特殊措施，例如打钻高秆栽植。

根据地下水质可分 3 组：淡水，矿化度 2 g/L；微咸水，矿化度 3 g/L；咸水，矿化度超过 3 g/L。当地下水为咸水，能生长的植物种类大为减少。这样的生长环境下，即使地下水不深（2 m），也只有喜盐植物可以生长窄叶胡颓子、柽柳、黑梭梭、胡杨。

当进行生物土壤改良环境评价时，沙地地形特点对于确定农业技术措施非常重要。例如，缓丘—凹地地形对于机械耕作很困难。另外，平缓垄状地形所有的造林机械都很适用。

分散的流动沙丘应当特别进行分类。根据沙丘与丘间低地相对高度可以划分 3 类：高度达 1 m 的小沙丘；高度 1～3 m 的中等沙丘；高度大于 3 m 的大沙丘。重要的是确定沙丘类型，以及区域风况、积沙厚度、固定程度所决定的沙丘运动速度（前进式的、往复式的、往复—前进式的）。

植物特征在决定生物土壤改良环境也有重要意义。植物的负面影响，是随着生长流沙表层变干形成干沙层而产生。大气降水不能达到地下水层，地下水上层变咸。植物的正面效应是固沙、减低风速、阻止沙的流动。

如果无植物，沙表面发生经常性风力作用（近地表沙流动或沙丘移动）。这决定农业技术的采用，确定在不同情况下保护作物不受吹蚀和积沙的影响机械防护，栽植植物包，以更多蓄积水分。

总之，对沙进行研究时，应当确定流沙形成的途径，以及风成沙形成过程与沙区经济利用特征关系。研究清楚这些情况，可迅速消灭积沙风力作用的源地。

特别重要的是研究系统的预防措施，保护固沙植物免予死亡。

上述的自然因素的不同组合，形成了流沙生物土壤改良的很多类型。

世界干旱区可以划分下列林木生境主要类型组。

（1）半干旱沙（草原、热带稀疏干草原、潘帕斯草原），在蒸发量为 1 500～1 600 mm 情况下，具有相对好的大气湿度（年降雨量为 200～250 mm），保障中生、喜沙植物的生长。

（2）干旱荒漠沙，大气湿度保障旱生、喜沙植物—灌木、草类的生长（年降雨量为 100～250 mm，蒸发量 2 300 mm 左右）。

（3）极端干旱（绝对）沙，大气湿度不足，不能保障草类植物的自然生长（年降水量 100 mm，蒸发量 2 800 mm）。

所列举的类型组取决于大气湿度，可以在同一气候带见到，也可以在不同的气候带见到。

在上述的类型组中划分林木生长类型，应考虑下伏岩性、风成物的厚度、地下水的埋深及盐度。特别是在世界沙漠与半荒漠中可以划分下列林木生境类型（图 73）。

（1）位于低山不透水的变质岩层或者沉积岩石之上的不同厚度的流沙，通常是输移物，无地下水。

（2）位于沙—砾石平原上（戈壁、砾漠）的不同厚度的流沙，地下水深植物不能利用。这类型广泛分布。

（3）位于白垩纪砂岩不透水岩层上不同厚度的流沙，地下水很深植物无法利用。

（4）位于黄土丘上的不同厚度的流沙，地下水很深植物无法利用。

（5）位于山前洪积平原上的不同厚度的流沙，地下水很深植物无法利用，但靠洪水补充。

（6）位于松散的湖积、冲积物之上的不同厚度的流沙，地下水为咸水，埋深浅可以为植物利用。

（7）位于松散的湖积、冲积物之上不同厚度的流沙，地下水为淡水，埋深浅可以为植物利用。

（8）位于有植物生长的古灌溉土地上的不同厚度的流沙，古灌溉土地分布在河谷、三角洲。地下水为淡水、埋深浅可以为植物利用。

在每一类型中可以划分亚类型，根据沙厚度划分为：①高度 1 m 的小沙丘；②高度不超过 3 m 的中等沙丘；③高度大于 3 m 的大沙丘。

上述的不同气候环境下的沙的分类具有自己特点，与此相应的应当划分为极端干旱、干旱、半干旱沙的独立类型。它们具有不同的水分、热量、地下水含盐量，这些将决定所采用的不同固沙措施。

世界喜沙植物的分布主要限制因素，不仅是水分，而且还有热量。因此在热带、亚热带的干旱区植物不能在冬季寒冷的温带荒漠生长。

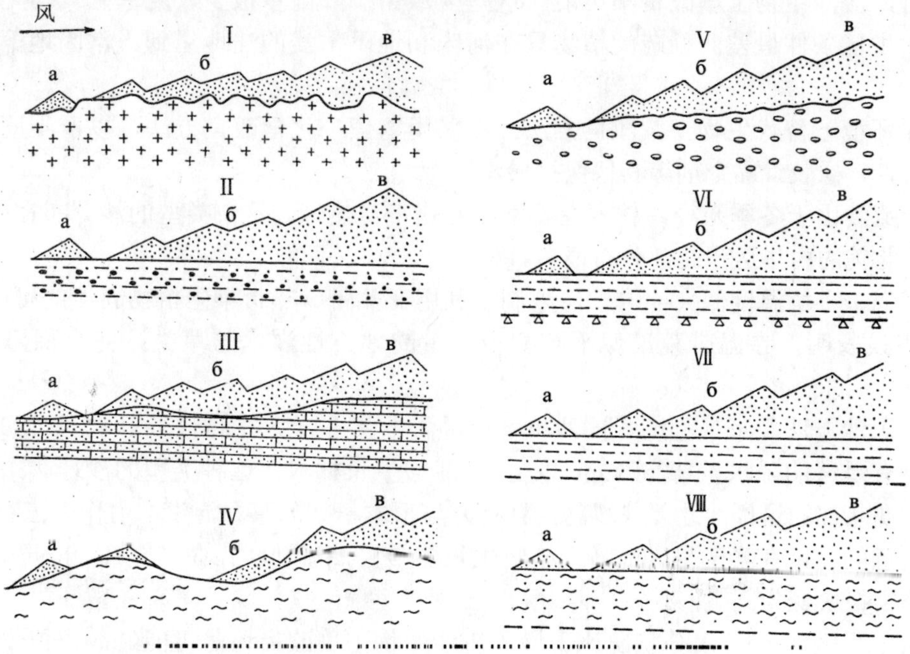

图 73 亚洲中部沙漠与半荒漠林木生境类型

不同厚度的流沙：Ⅰ—阿拉善与北山荒漠，在水不能下渗的变质岩、沉积岩低山上的流沙；Ⅱ—阿拉善荒漠，在白垩纪沙砾石—戈壁上的流沙；Ⅲ—鄂尔多斯，在侏罗纪砂岩上的流沙；Ⅳ—黄土高原，在黄土上的流沙；Ⅴ—南山、贺兰山北山前带，在坡积物上的流沙（Ⅰ～Ⅴ类型地下水很深，植物不能利用）；Ⅵ—亚洲中部，地下咸水植物能利用的荒漠，在疏松的湖积、冲积物之上的流沙；Ⅶ—亚洲中部，地下淡水植物能利用的荒漠，在疏松的湖积、冲积物之上的流沙；Ⅷ—亚洲中部河谷，地下水植物可以利用土壤环境好灌溉土地上的流沙。风成沙的厚度：a—1 m；б—1～3 m；в—3 m

为更详细研究这些问题，可以利用П. 梅格斯（1953）编的气候图，在图上将世界干旱区划分为极端干旱（E）、干旱（A）、半干旱（S）区。

遵循这些特征，在不同的气候环境下，防止流沙、植物固沙的效果将特别好。

在冬季温暖降水量多的亚热带和热带，澳大利亚、南美、中美、北美、南非、北非、南亚（印度）、东南亚（近东国家），内陆半干旱区（S）占了相当大的面积。在这些区域，用于栽植和流沙的固沙植物种非常丰富。在这样的环境下应当选乔—灌木种。

这些区域的生物土壤改良能取得积极的效果。每年栽种植物有高的成活率。在许多区可以进行农业开发（葡萄、棕榈、苜蓿）。

在亚热带和热带干旱区（A），在这一范围的大陆，林木生境干旱，流沙的生物土壤改良难度比较大。首先，在这样的环境下应当注意植物幼苗被风吹蚀或被流沙压埋。对此必须设置各种机械防护措施，保障植物 2～5 年正常生长。在这期间植物扎根以抗御不利的流动基质影响。

在干旱区固沙植物品种是有限的。古老的品种在这样的环境下不能延续下来。主要是灌木、半灌木、多年生与一年生阜。因为周期性的干旱植物栽植不是每年可以进行。但是植物固沙是可能的。

在亚热带和热带极端干旱区（E），撒哈拉中部、阿拉伯半岛南部、阿塔卡马、科罗拉多河下游，流沙生物土壤改良不可能。这些区域由于降雨量极少、夏季空气与土壤温度高，林木生境条件最差。稀疏的植物只在河床和地下水浅的洼地见到，常因地下水盐化死亡。

在这样环境下替代生物土壤改良方法，而采用物理—化学改良方法，以及不同的机械防护、沥青、橡胶、黏合剂等其他保护层。

在温带流沙由于冬季寒冷，林木生境不如亚热带与热带。这一类型的沙分布在中亚、亚洲中部，北美的内华达州北部分布很多。

冬季空气、土壤温度低（–40℃），限制了利用亚热带、热带旱生植物固沙的可能性。但是正如实践表明，在温带荒漠似乎有相当数量的地方性灌木与草类，完全保障流沙固定。

取决于固沙方法及干旱程度，固沙植物的品种非常多样。在温带半干旱区（S），在流动沙丘上有足够的降水量（250 mm 以上），能够生长林木。这种类型的沙地必须用作牧场。在亚洲北部的这样沙地蒿（沙蒿、籽蒿）与禾本草（冰草）混生，用作人工牧场。

应当注意的是，在半干旱区流沙上植物生长非常快，流动沙丘在 5～10 年期间（取决林木生境）很快变为固定沙丘。

在温带干旱区（A），水分状况比干燥，流沙生物土壤改良还是可能的，但植物品种比较有限。

此外，流沙上植物生长比较缓慢，在这样的环境下，要使流沙完全固定，需要的时间不是几年而是几十年。

在每一气候带内根据林木生境特征再划分沙的亚型—内陆的、沿海的、近绿洲的。在近海平原荒漠和内陆荒漠流沙固定方法有很大差异。

近海沙地有比较有利的林木生境，因为地下水浅水分状况比较好，可以利用毛细水和水汽。在海边与内陆相比空气水汽多气温比较低。

在海边沙的含盐度一般比较高，但是它们未达到盐生植物生长的极限。与此相适应，在近海沙地生长的固沙植物，常常具有盐生植物的生态特征，可以将其称为喜盐沙生植物。例如，在澳大利亚的三齿稃，地中海的一些柽柳种、旱生多年生禾草、欧洲海岸草等。

近绿洲的沙分布于绿洲外围或岛状分布于绿洲内部，具有比较好的林木生境。这由于地下水比较浅、周期性的绿洲灌溉渗漏水湿润沙。在这样的环境下，植物固沙非常有利。不仅可以用做林地，而且可以用于农业开发（农作物、果业、瓜业、葡萄等）。

第二部分

荒漠生境特点

第十一章　沙运动与堆积一般规律与风成地貌形态成因

关于沙漠地貌的成因与动力问题，在地理学文献中不止一次地成为研究与讨论的对象。关于这个问题下列区域研究者写过文章：中亚与亚洲中部（Петров，1939，1940，1948，1950；Федорович，1940，1948а，1948б，1956，1960，1964，1970；Знаменский，1942，1950а，1950б，1952，1958）。北非（Cornish，1897；King，1918；Aufrere，1931a，1931б，1932，1934，1935；Kadar，1934；Bagnold，1941，1945，1953；Capot-Rey，1943，1945，1953，1957，1963；Capot-Rey，1948；Price，1950，1964；Monod，1958；Verstappen，1968；Hanna，1969）。澳大利亚（Madigan，1936，1946；King，1960；Daniels，1968；Mabbutt，1968；Mabbutt，Sullivan，1968；Mabbutt，1969）。北美（Melton，1940）南美（Finkel，1959；Price，1960；Hastenrath，1967）。

所有这些作者都非常注意研究风况与风成地貌形态的相互作用。由于这些研究工作，风成沙的运动与堆积过程被研究得非常透彻。常运用空气动力、水动力规律解释其本质。风沙流中沙的运动规律被特别详细地研究过。苏联的下列学者的文章，是这一方向最重要的研究成果：Н.А.Соколов（1884）、Б.П.Орлов（1928，1938）、М.П.Петров（1939，1940，1948，1950）、А.И.Знаменский（1942，1950，1950，1958）、Л.Г.Добрин（1959，1964，1965）、А.В.Гвоздиков（1962）。英文、法文发表论文的作者：Р.Багнольд（Bangnold，1936，1937，1941）、В.Чепил，Р.Майлн（Chepil，Milne，1939）、Ж.Дюбьеф（Dubief，1942，1943，1952，1953）。

P．拜格诺（Bangnold，1941）的著名著作特别精辟地论述了风沙流中沙运动的动力过程，沙纹（sand ripples）形成，纵向沙垄—赛夫沙丘也叫鲸背沙垄（whalebacks）的形成。

所列举的研究者，指出了风力．风向与流沙堆积的形态大小之间存在的规律性及其动力。但是在所提到的文献中，没有揭示风成地貌形态与自然动力过程的多样性。只有在近 30 年，随着新资料特别是地貌风动力资料的积累，这一问题才部分地完善。特别是P.卡保-列依（Copot-Rey 等，1963）和 M．克罗-阿尔赛杜克（Clos-Arceduc，1967）研究了撒哈拉流沙风成地貌形态多样性。对于中亚与亚洲中部新的地貌形态——土库曼西南和塔克拉玛干的复合新月形沙垄，Б.А.费道洛维奇进行了研究（1956，1964）。在南美荒漠发现了独特的风成地貌——复合新月形沙丘（Martonne，1948，Мартони，1950）。在阿拉伯半岛的内夫得沙漠发现了大型的新月形沙丘（Holm，1953）。亚洲中部的金字塔沙丘与线形沙垄被多次描述（Петров，1966，1967）。

所有的研究，为比较完满地解决沙的运动与堆积及风成地貌多样性，奠定了基础。

研究这些复杂的问题，必须从分析决定沙运动的环境开始。

影响沙运动与堆积的环境

沙的机械成分

一般认为沙是粒径从 1～2 mm 到 0.06 mm 的松散矿物。根据沙颗粒大小可以划分为：粗沙（粒径 1.0～0.5 mm）；中沙（粒径 0.5～0.25 mm）；细沙（粒径 0.25～0.1 mm）；粉沙（粒径 0.1～0.05 mm）。在每一种类的主粒级的重量应占 70%以上（Сергеев，1953）。

根据沙物质的成因以及经受风力后成作用，A．B．西多林科（1961）对荒漠的风成沙提出了如下的分类：①风成—冲积沙；②风成—洪积沙；③风成—坡积沙；④风成—近岸—海积沙；⑤石质平原风成沙—砾漠；⑥早第四纪砂岩构造平原风成沙。最后一种类型是作者划分的。

风成—冲积沙在世界荒漠分布最广泛。这是因为世界大部分沙漠是冲积成因。

在中亚与亚洲中部的克孜勒库姆、鄂尔多斯、阿拉善、塔克拉玛干以及撒哈拉，风成冲积沙形成了荒漠的主体。

风成—三角洲沙分布面积比较小，分布于流入第四纪湖泊而现代已无水的河流古三角洲。这些湖泊分布于干旱区（亚洲的咸海、里海、巴尔喀什湖、罗布泊；澳大利亚的艾尔湖；撒哈拉湖等）。这些沙的特点是分选性很好并混有相当多的细沙。

风成—洪积沙分布也是有限，这种成因的沙分选性差，常混有块石和风力作用过的砾石。

风成—近岸—海积沙与近岸—湖成沙的形成，是近海或近大湖带干涸后沉积沙吹扬而成。最常见的是在中等湖及大湖，分选并不总是很好。砾石—小卵石一般见不到。在所有的自然带都能见到这一类型沙。

上述风成沙成因类型，是松散沙质沉积在风力的吹扬作用下在原地形成的。A.B.西多林科（1949）称之为“未混合”沙。

石质构造平原—砾漠的风成沙的形成，主要靠风力从别处输移，常常是依靠下垫块砾及基岩风化供给。这一类型的沙主要分布在亚洲中部、撒哈拉、澳大利亚的极端干旱区。

它们分布广泛。A.B.西多林科称之为“混合”沙。

在前第四纪砂岩构造平原上的风成沙，在亚洲中部、中亚、阿拉伯半岛、撒哈拉、南非、澳大利亚分布非常广泛。

根据风力沉积的类型、成因的差别，应当解决一些与风力形成物有关的实际问题（在沙丘下寻找淡水透镜体、防止流沙及固沙的措施、找矿）。

风成沉积的厚度，因为它们发育在其他成因的沉积上，仅涉及疏松堆积的上层，通常不大，用米量算，很少有百米。

风成沉积的形态多种多样。在一些情况下是不大的局域性的，或者是沿海岸、湖岸、河岸以窄的沙堆积带延伸。在沙漠中通常是大面积分布。

风成沉积的特点不同于其他成因的沉积，沙粒有严格的大小，通常粒径 1 mm 以下。

风成沙的另一特点是很少含尘或黏土颗粒（粒径 0.05 mm）。尘与黏土在 4 m/s 风速下，脱离地表，在上升流作用下立刻从静止态转变为在气流中悬浮运动态。因此这些细颗粒的物质通常被带到堆积沙范围之外，不参加沙的运动。

沙颗粒大于 2 mm（砾石），因为比较重，只有当风向标高度的风速超过 16～18 m/s 的大风下，沿地表运动。因为大多数沙漠区域这样大的风很少见，所以砾石运动形成风成地貌不常见。

风成沙的分选程度取决于输移的距离。沙粒的磨圆度也与沙粒机械加工的距离有关，但同时与矿物的硬度有关。特别重要的是沙粒的比重与空气暴露面。空气暴露面我们可以将沙粒在风沙流中悬浮状态理解为在水流中的悬浮状态。

无论在一个沙漠或者在不同大陆的沙漠，都可以找到磨圆度好、分选程度好的沙。但是它们的特点因地而异，或者优势粒径的细沙不同（0.25～0.01 mm，表 15）。

表 15　世界荒漠沙的机械组成

成因类型　采样地点　样品编号	粒径/mm						资料来源
	>1.0	1.0～0.5	0.5～0.25	0.25～0.10	0.10～0.01	<0.01	
亚洲荒漠							
阿拉善							
风成沙							
巴丹吉林　No. 96	—	—	0.3	91.3	0.6	7.8	Петров 1966
腾格里　No. 3	—	—	—	95.2	1.60	3.8	Петров 1967
吉兰泰　No. 12	—	—	痕迹	95.5	1.6	2.9	同上
吉布斯苏木　No. 6	—	—	—	98.8	1.2	—	同上
敦煌　No. 58	—	—	6.5	83.3	2.9	7.3	同上
雅布赖　No. 23	—	—	—	96.8	2.0	1.2	同上
塔里木盆地							
风成沙							
卡拉哈什　No. 56	—	—	—	78.5	4.8	16.7	同上
和田　No. 53	—	—	—	—	81.5	18.5	同上
阿克苏　No. 29	—	—	1.3	54.5	19.7	24.5	同上
中亚							
卡拉库姆							
风成沙：列别捷克	—	—	3.7	96.2	0.1	—	Дубянски，1928
古冲积灰色沙，列别捷克	—	8.5	14.8	70.3	6.5	—	Гауль，1963
西卡拉库姆							
风成沙							
阿伊津站北　No. 481	—	—	0.3	95.2	3.1	1.0	Леваднюк，1963
外温古兹卡拉库姆							
固定沙垄垄坡：达尔卡拉特站向南 30 km　No. 1	—	3.35	20.9	53.6	19.8	2.1	Леваднюк，Чередниченик，1969
东北部，哈扎拉斯南 120 km　No. 4	—	0.1	0.7	80.3	10.8	0.1	同上

成因类型　采样地点 样品编号	粒径/mm						资料来源
	>1.0	1.0～0.5	0.5～0.25	0.25～0.10	0.10～0.01	<0.01	
西部，伊什克-阿恩可列可雷尔高平原 同上，No. 11	0.7	0.2	11.2	85.9	2.7	0.2	同上
达尔瓦扎站南部　No. 15	—	—	18.0	76.3	5.3	0.4	同上
克孜勒库姆							
风成沙							
南部，加兹利西 20 km， No. 18	0.2	0.9	5.5	61.0	30.1	2.2	同上
西北部	—	—	0.3	99.5	0.2	—	Никитин， Псков，1936
北里海平原							
伏尔加-乌拉尔沙地							
风成沙　No. 18	—	—	—	89.0	8.9	2.1	Трушковский， 1966
基恰恰高河漫滩上的风成沙 No. 36	—	—	—	91.0	8.1	0.9	同上
同上，冲积沙　No. 34	—	—	—	66.3	22.1	11.6	同上
南里海平原							
近里海卡拉库姆							
风成沙，No. 263	—	—	0.1	93.2	5.9	0.5	Деваднюк，1963
新里海沙，No. 239	0.3	0.2	0.1	84.3	12.5	2.6	同上
风成沙，No. 146	—	—	1.0	97.0	1.6	0.4	同上
古海成沙，达尔扎库姆	0.2	7.3	17.1	72.8	1.6	0.6	同上
卡拉博加兹戈尔湾							
海成风成沙　No. 30	—	0.4	1.5	73.4	21.2	1.8	Кривенков, 1961
海成沙　No. 20	0.2	0.2	4.4	66.3	8.1	19.2	同上
印度斯坦荒漠							
塔尔							
风成沙：巴尔梅尔	—	0.7	—	98.3	—	0.6	Благовеще
久鲁	—	0.2	—	98.8	—	0.4	нский，1968
近东							
以色列							
风成沙							
米赫莫列特 （Михморет）	0.1	0.4	27.0	70.1	—	1.4	Ravikowitsch，1957
内盖夫荒漠	—	1.1	8.1	87.2	2.1	1.5	同上
非洲荒漠							
北非							
风成沙							
尼罗河三角洲	—	—	0.9	94.3	94.3	4.8	Якубов，1966

成因类型 采样地点 样品编号	粒径/mm						资料来源
	＞1.0	1.0～0.5	0.5～0.25	0.25～0.10	0.10～0.01	＜0.01	
利比亚荒漠							
风成沙							
利比亚高原，艾斯尤特，沿绿洲道路 15 km，0～20 cm，No. 21	9.0	90.4	90.4	—	5.9	3.7	Якубов，1966
哈尔嘎绿洲，阿布莫哈雷克，0～10 cm，No. 9	—	2.0	2.0	92.2	92.2	5.8	同上
哈尔嘎绿洲砾石平原 0～10 cm，No. 19	—	9.0	9.0	83.2	83.2	7.8	同上
哈尔嘎绿洲砾石平原 0～10 cm，No. 20	—	14.1	14.1	73.2	73.2	4.7	同上
中撒哈拉							
风成沙							
穆拉儒克							
沙质平原表面 No. 39	15.4	0.6	13.6	35.0	35.2	—	Sindowski，1959
高 20 m 新月形沙丘 No. 40	—	—	9.2	78.6	12.2	—	同上
同上，沙丘基部 No. 41	42.4	4.4	14.4	25.8	13.0	—	同上
阿尔及利亚撒哈拉							
风成沙，盖尔达耶	—	—	96.9	2.0	—	1.1	同上
南非							
纳米布	—	—	23.0	73.0	3.0	1.0	Lewis，1936
卡拉哈里							
霍莫得	—	—	10.0	84.0	4.0	2.0	同上
潘德浩克	—	—	6.0	85.0	6.0	3.0	同上
南美荒漠							
阿塔卡马							
南秘鲁，沙丘，No. 40	—	—	86.0	11.0	6.0	—	Finkel，1959
南秘鲁，新月形沙丘	—	—	86.0	6.6	7.2	—	Finkel，1959
澳大利亚荒漠							
艾尔湖盆							
湖冲积沙，南部边缘 No. 594	—	32.5	—	61.2	—	6.3	Жукова，1969
艾丽斯斯普林斯							
冲积沙 No. 681	—	55.8	—	38.1	—	6.1	同上
维多利亚大沙漠							
风成沙：							
北部 No. 641	—	14.8	—	81.2	—	4.2	同上
南部 No. 679	—	16.9	—	78.9	—	4.2	同上
辛普森荒漠							
风成沙 No. 740	—	7.9	—	91.1	—	1.0	同上

这些资料是讨论沙粒的粒级曲线的基础（Рухин，1947；Сергеев，1953；Chavaillon，1964，等）。不同类型的沙可以用粒级曲线表示。分选好的沙具有典型的单峰陡波曲线。风成沙的母质沙曲线特征不明显，通常是很缓的多峰态（图 74）。

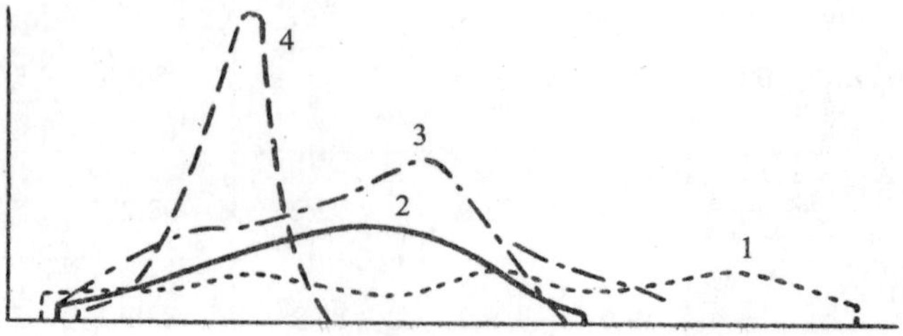

图 74　沙的机械组成曲线类型（根据 Chavaillon，1964）

1—冲积沙；2—冲积沙，经常受风力作用；3—风成—冲积沙；4—风成沙

根据物质比较（冲积等），风成沙中尘、黏土颗粒（粒径不大于 0.05 mm）明显地减少。风力吹扬的沙与原始沙比较，尘、黏土相差几倍，含量不超过 1.5%～2%。见不到全是尘粒的输移物质，因为风成沙中这样的颗粒不断补充是靠大颗粒的碰撞研磨。与此同时，粒径大于 0.25 mm 的颗粒减少，而占优势的粒级组（0.25～0.05 mm）增加。因此，沙具有很好的分选性。风力作用越强分选越好。

在风力作用过程中，由于颗粒的研磨，其形状变化，比较风成沙与未经风力作用的沙，前者的磨圆、半磨圆的颗粒增加。

一般是古冲积物与现代沙的磨圆度比较差，它们是锐角形。年轻的风成沙保持着沙物质的棱角形。古风成沙具有均等的磨圆度。例如，阿拉善、卡拉库姆、撒哈拉的风成厚层沙都有很好的磨圆度。这一特点在沙颗粒显微镜照片很清楚（图 75）。

取决于矿物成分，沙颗粒表面形态有下列形式：a）矿物硬度不大磨圆度很好，例如石膏、钙、磷灰石；b）矿物硬度大几乎无磨圆度，例如硅线石、锆石、石榴石；c）标准的球状，矿物没有节理，在三维方向加工均匀，例如石英、石榴石、方解石；d）劈裂快于圆化的矿物，例如角闪石、透闪石、闪锌矿、云母，先劈裂然后劈裂层圆化；e）风力作用形成的磨圆颗粒，例如风力作用的晶石、透灰石、绿帘石，其磨圆度优于新鲜颗粒。

风成沙的颜色在不同的荒漠是不同的。取决于矿物颜色、风力加工长期性、地质过程、氧化铁对沙的浸染。例如在卡拉库姆，由无色的石英、长石与大量的黑色颗粒的闪锌矿、黑云母以及其他矿物构成的灰色沙，在风力作用下变成为黄灰、黄、黄褐色。颜色这样变化是因为深色矿物（闪锌矿、黑云母）由于无色的石英碰撞磨圆被破坏而减少，长石被氧化铁浸染。在风成沙中这样的颗粒可达 50%～90%。在卡拉库姆冲积沙层不超过 10%（Сидоренко，1948）。

由基岩（第三纪或更早）风化而成的沙，几乎总是红色调，与其他古代或现代冲积物形成的灰色调沙不同。这与形成沙的母岩颜色有关。例如卡拉库姆的古冲积平原以暗黄色为主。而外温古兹卡拉库姆、克孜勒库姆，以第三纪高原（新第三纪）为基底，为红色调。

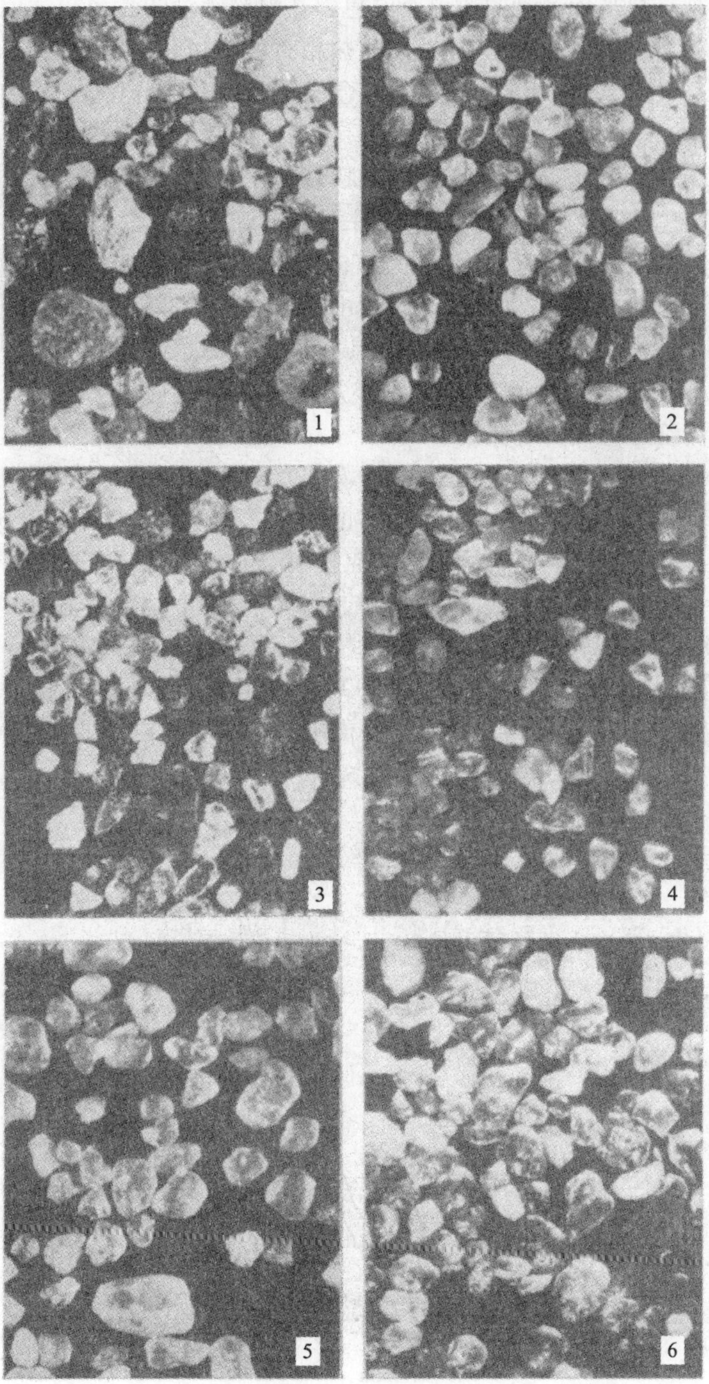

图 75　沙的显微照片

亚洲中部，阿拉善：1—古冲积沙，雅布赖；2—风成沙，大柴旦；

中亚，卡拉库姆：3—古冲积沙，列别捷克；4—风成沙，列别捷克；

中非：5—风成沙，阿尔及尔撒哈拉；6—风成沙，澳大利亚，辛普森荒漠

（放大 1×20）

通常在亚热带、热带荒漠沙的颜色为红色，在温带荒漠的沙为暗黄色、灰色。

地化学过程对沙的颜色有重要意义。在热带荒漠古风化壳广泛分布，沙为红色调。这一颜色是由于氧化铁对沙的浸染。在古红色岩层风化物经过风力作用的区域，这样沙是典型的。

在卡拉哈里荒漠，沙的颜色由暗红色，特别是南部、西南部，变为玫瑰、黄色，再变为亮灰色。亮灰色沙是比较年轻的，它们主要分布在盆地。

在澳大利亚的构造平原也有红色沙的分布。在艾尔湖盆地红色更亮。

撒哈拉的沙丘沙颜色的差别更大，也是由于母岩的岩性差异与年龄所致。在砾石荒漠中分布的大沙丘，一般为红色沙。小沙丘比较年轻，由灰黄色沙组成。

Г. 阿里门（Alimen，1955）认为红色沙是比较古老的早第四纪（Q_1）沙。年轻的沙丘沙与最低的河流阶地有关，是灰色沙。

尽管风成沙的机械组成，甚或在同一沙漠非常多样，还是可以总结出一些规律的。例如，中亚沙漠是细沙分选性好。亚洲中部也是如此，但是有例外，巴丹吉林沙漠、腾格里沙漠分选差、含有尘粒。在柴达木、塔克拉玛干的外围这样的沙非常多。

撒哈拉的沙机械组成非常一致，以细颗粒沙为主。在卡拉哈里荒漠，根据A. 杜托伊特（Du-Toit，1954，1957）的资料，主要以中—细沙为主（0.4～0.1 mm）。Д. 卡尔若勒（Carroll，1944）研究了澳大利亚艾尔湖盆的辛普森沙漠，发现按机械组成为中沙（粒级0.5～0.25 mm占60%～70%）。塔克拉玛干与南美的沙漠沙更粗，是中沙（表15，图76）。

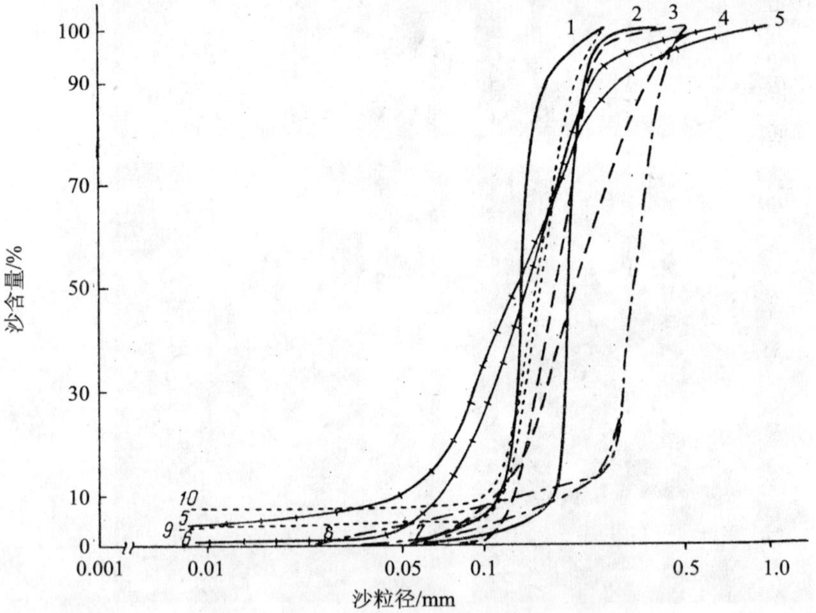

图76　世界不同荒漠风成沙的累积曲线

北非：1—大东沙漠；2—中亚拉斯-艾里-阿列格（Рас-эль-Арег）；3—卡拉库姆；4—克孜勒库姆；

澳大利亚：5—大沙沙漠；6—辛普森沙漠；

南美：7—阿塔卡马；8—潘帕-得里-焦雅（Пампа-дель-Джойа）；

亚洲中部：9—腾格里；10—巴丹吉林

比较评价世界主要荒漠风成沙的机械组成，可以得出下列结论。

（1）在同一沙堆积区取决于沙吹扬，沙的分选程度可能变化幅度很大。一方面取决于形成风成沙的母质沙或沙岩颗粒大小（初始粒级）；另一方面取决于细粒（最终）粒级。

（2）最终粒级的细粒程度与区域风况相关，风况越强，最终粒级越大，反之亦反。

（3）风力分选程度取决于母岩的分选性原始沙的风力作用时间。一般是越古老风成沙越一致（99%为同一个粒级）。

（4）世界不同沙漠风成沙的最终粒级组是同一类型，大部分是 0.25～0.1 mm 粒级组（图 76），即细沙。在亚洲、非洲、南北美洲的风成沙，是以这一粒级组为主。在北美荒漠这一粒级组比较少。世界所有沙漠风成沙的机械组成的一致性，与物理规律有关，也与矿物成分相似性有关。

风况

风况的研究对于理解地貌过程，特别是研究沙的运动与堆积过程，有重要意义。

世界荒漠区，地貌循环不仅是地质过程的结果，而且是气候特别是风况作用的结果。因此，研究风况对于阐明风蚀与风化产物——沙尘的风力输移过程，提供必要的依据，可以正确解决风成地貌的成因与大规模流沙运动规律性问题。

许多国家的地理学家早已关注分析风况与沙运动关系的必要性。为达这一目标，最初利用风频或风速玫瑰图。以后研究起沙风（Орлов，1928，1938；Bangnold，1936，1937a，1937б，1941；Петров，1939，1950；Dubief，1952，1953）。

如众所周知，为了起动细沙（0.25～0.01 mm）需要地表风速 3.5～4 m/s。这相当蒲福风级在 10 m 高风向标风速 5～6 m/s。这样的风称做起动风（Петров）或起沙风（Дюблеф）。所有起动风速都应当是与风向标高度风速有一定的比例关系。

在文献中有下列不同粒径沙的起动初始风速指标（根据Соколов，1884）。

沙种类	粒径/mm	风速/（m/s）
细沙	0.1～0.25	4.5～6.7
中沙	0.25～0.5	6.7～8.4
粗沙	0.5～1.0	9.8～11.4
砾石	1.0～2.0	11.4～13.0

引用的资料表明，研究风况特征与沙流动性关系时，不能利用未经订正的普通风速、风向频率的气象资料。

我们通常使用安装在 10 m 高的风速表一昼夜 4 次观测的风向、风速资料。必须要将这些资料转换为近地表风况特征。转换很容易，利用著名的风速随地表高度变化的公式。

P. 巴哥罗里特（1953）在P. 波拉恩得特尔（Prandtl，1949）和Ж. 保尔卡尔特（Bourcart，1928）工作的基础上，研究了这一问题，编绘了风速随地表高度变化的曲线图。在许多文章、专著中有类似的近地表层微气候曲线（Geiger，1957 等，图 77）。

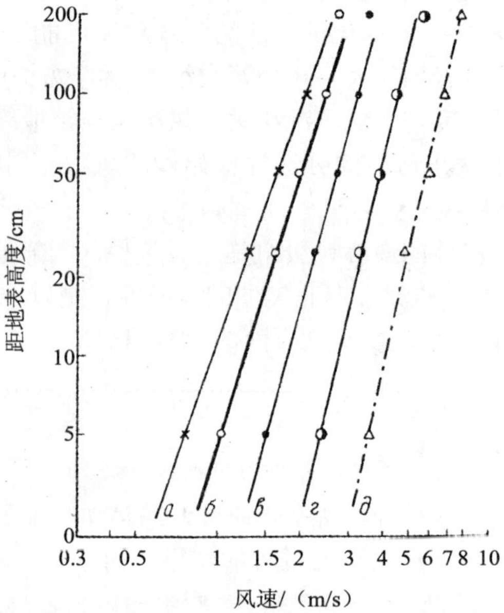

图 77　在近地表层不同风速随高度变化（根据 Гейгер，1960）

气象站的风况资料进一步整理有不同的方法。介绍一些方法。一些作者编绘了 8 或 16 方向的活动风累计风速表或玫瑰图。另外一些作者认为，研究风必须考虑的不是风速而是风能，根据机械能的规律用风速的三次方表示。例如 10 m/s 风速所做的功不是 5 m/s 风速所做功的 2 倍而是 3 倍以上。将风速三次方后再除以 64（起动初始风速 4 m/s 的三次方）得到的系数，表示所给的风速所做的功是 4 m/s 风速所做功的倍数。

Л.Г.多波林（1965）提出了不同风速的风能系数。

不同风速的风能系数

V/（m/s）	*K*	V/（m/s）	*K*
5	2	13	34.4
6	3.4	14	43
7	5.4	15	53
8	8	16	64
9	11.4	17	77
10	15.6	18	91
11	21	19	113
12	27	20	125

Ж. 杜比耶夫（Dubief，1952）提出推动沙的起动风速，用年有效起沙风指标表示。这个指标量的获得，是计算气象站全年连续起动风速。它可以用数字表示，也可以用矢量图表示。Г. 费凯尔（Finkel，1959）运用有效风矢量图法研究了秘鲁荒漠的风况。

根据累计风或起动风速的立方或有效起沙风指标，编绘的玫瑰图，只是给出某区域风况的一般概念，根据它能判别优势风向。

观察表明，在许多情况下沙的输移不是取决于优势风，而是次风向的飓风。后者通常不是连续的，但是引起强烈的沙移动，形成沙丘或沙丘链。

风暴在沙运动中起重要作用。不同国家有不同地方名称。在澳大利亚叫威力—威力（вилли-вилли），在撒哈拉叫哈木森（хамсин）。有时达到很大的强度引起尘暴。

矢量年过程图对于输移沙的活动风表现很具体。苏联地理学家使用这种方法。编制年过程图的资料，像编玫瑰图一样，利用气象站标准高度为 1、7、13、19 时观测的结果。计算沙开始运动标准高度为 5 m/s 以上的风速，从表中剔除小于 5 m/s 的风速。

年矢量过程图编制程序很简单，按照这样顺序：①确定起点，1 月 1 日作为吹优势风的开始；②风速、风向用矢量线段表示，在吹风方向选一点，矢量线段长与风速大小成比例；③每一后来情形（按观测顺序），甚至相当大的风，都用矢量表示。始端与前一矢量的终端重合。

结果得到曲折的线，有时很离奇，反映了风速、风向的序列变化（图 78）。

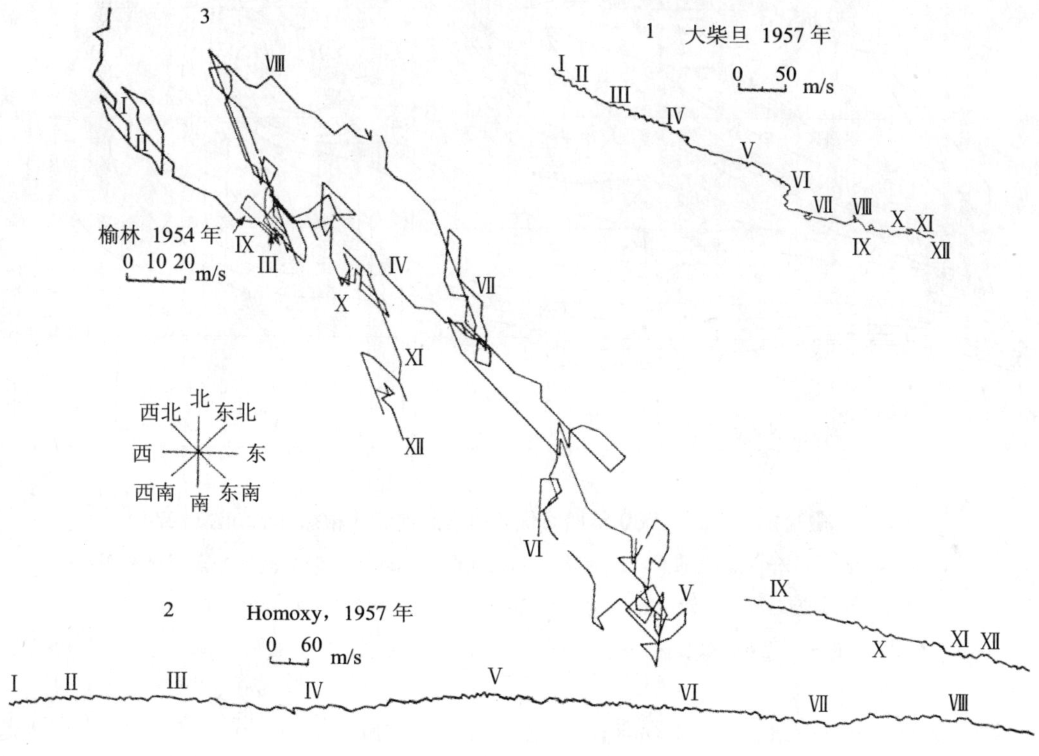

图 78　风矢量年过程类型

1—2 以一个优势风为主（柴达木盆地）；3—主风向随季节变化的季风型（亚洲中部）

地理学家给出了深入分析某一区域风况可能性。根据矢量年过程图，能够完全判断活动风与风况特点，线越直越是优势风。折线表示风况有反复。强风、暴风在矢量年过程图上表示很明显，是比较长的线段。

大家知道，风况甚至在两个相邻年变化很大。因此必须采用多年观测资料，这样给出的数字接近平均值。

作为地形形成因素的风，作用于沙和地形表面的途径很复杂。不同的优势风的风向、风速的不同组合，会形成不同的地貌形态。

世界荒漠的风况研究得还不充分。作者研究大多荒漠只限于其一般特征，深入研究的只有中亚、亚洲中部、北非及澳大利亚。

Ж．杜比耶夫（Dubief，1952）在自己关于撒哈拉与沙运动有关的风的专著中，研究了风况特征（不包括埃及）。在撒哈拉中部（不包括提迪凯勒特绿洲），起沙风（vents de sable）频次不太多。最大的起沙风带分布于撒哈拉边缘，北部、南部及太平洋沿岸，是海洋信风调节的结果（图 79）。北部撒哈拉的风与极地锋的低压活动有关，南部撒哈拉的风与陆地龙卷风有关。

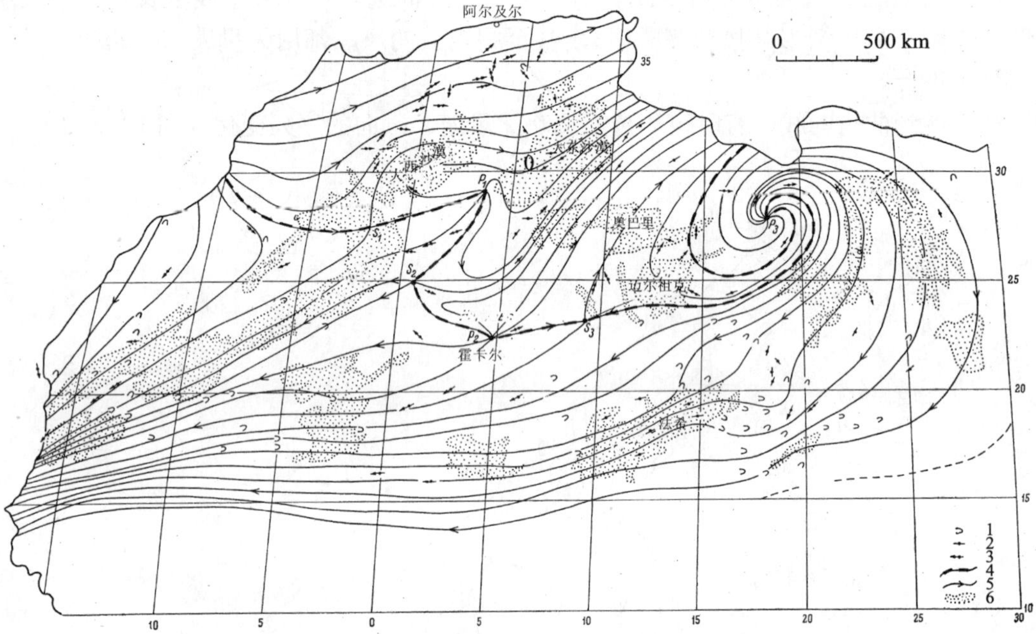

图 79　撒哈拉 1925—1960 年期间优势风与风沙流（根据 Wilson，1971）

1—新月形沙丘；2—赛夫与雅丹；3—起沙风风向（根据 Dubief，1952）；4—风沙流的界限；5—风沙流流线；6—沙漠（厄格）。高压脊：P_1—塔代迈特；P_2—霍卡尔（Хоггар）；P_3—利比亚。低压区：S_1—舍什沙漠；S_2—塔奈兹鲁夫特；S_3—泰内雷

最活跃频次最多的起沙风在春季：北撒哈拉在 4 月、其他区域在 5 月。次最大起沙风（比最大弱得多）在秋季（9 月）。最小的在 11—12 月。南撒哈拉最大的起沙风在季风期间。太平洋沿岸不确定，在北部夏季观察到最小起沙风。

阿拉伯半岛的风况非常复杂。夏天北阿拉伯西北风为主，顺着南部沿岸分布季风区，吹西南风。特别是北阿拉伯在春季到夏初吹干热的哈新风。冬季阿拉伯半岛被北风控制。

全年在北部半岛是西北风，在南部半岛是东北风。只有在最南部是南风与东南风。这些方向的风决定了主要堆积沙的运动，形成半岛的沙垄地貌（图 80）。

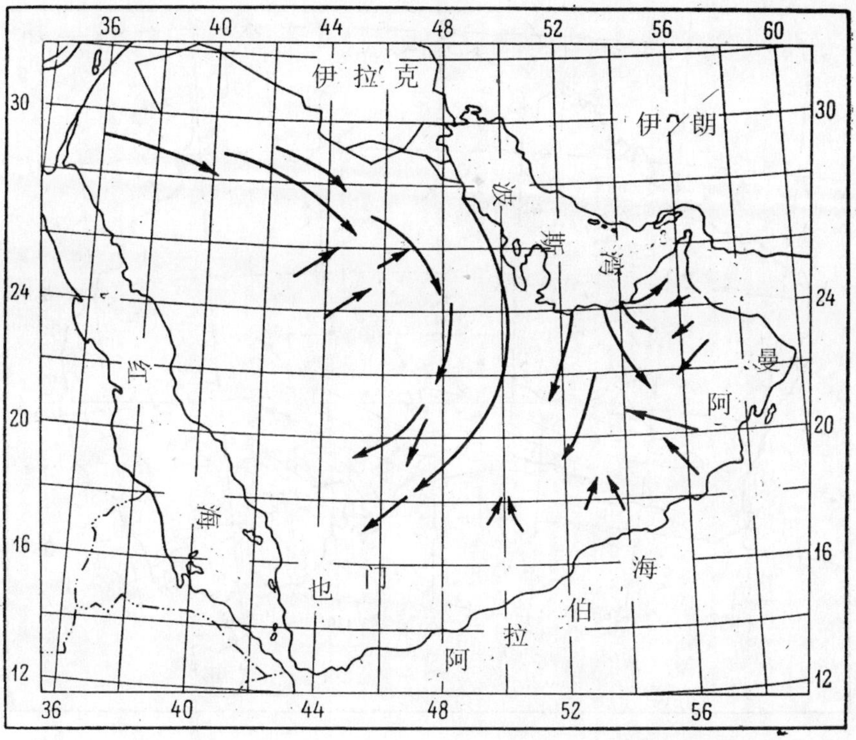

图 80　阿拉伯半岛的优势风（根据：地貌百科全书，1968）

南非荒漠的风况由夏季（1 月）低压区所决定。在这期间卡拉哈里荒漠东北风占优势，纳米布荒漠南风占优势。锋线位于达马拉兰山与纳马兰山之间。

冬季（7 月）在南非的东部上空有高压区。但是荒漠中风况变化不大。在卡拉哈里荒漠东北风占优势，纳米布荒漠风平行海岸吹，方向从南南东转为北北西。

К．麦基盖（Madigan，1936）文章中给出澳大利亚荒漠风的概况。但应说明的是作者不是按照风速而是按照风频给出的风况。

澳大利亚总的以西风为主，在南部海岸是东南信风。此外，大陆季风有重要意义。夏季低压区位于大陆的西北边缘，而高压区位于东南。冬天高压向大陆内部移动，靠近东南部，因此低压向北移动。全年保持这样总趋势，是因为在大陆从东南到西南有一个稳定的压力梯度。东南信风稳定地吹向中部与东北部。但是在大陆内向西，服从贝尔定律左偏（图 81）。

在中亚荒漠风况特征是与气压梯度方向相一致，东北风占优势。优势风年平均风速达 6.0～6.5 m/s。东北部平原以东、东北风为主，年平均风速达 3.5～4.5 m/s。在东南部一般是弱的北风与西北风，风速达 3.5～4.5 m/s。

冬季西伯利亚反气旋的西南分支位于中亚平原上空，有东与北两方向的气流。1 月优势风的频率——东北风、东风、北风占 30%～40%。这些风的风速不同区域变化很大。在中亚西部观察到东风月平均最大风速（6.0～6.5 m/s）。在中亚东部，东北风与东风弱些，月平均风速 4.0～4.5 m/s。中亚南部优势风是北风、西北风，月平均风速达 3.0～3.5 m/s。

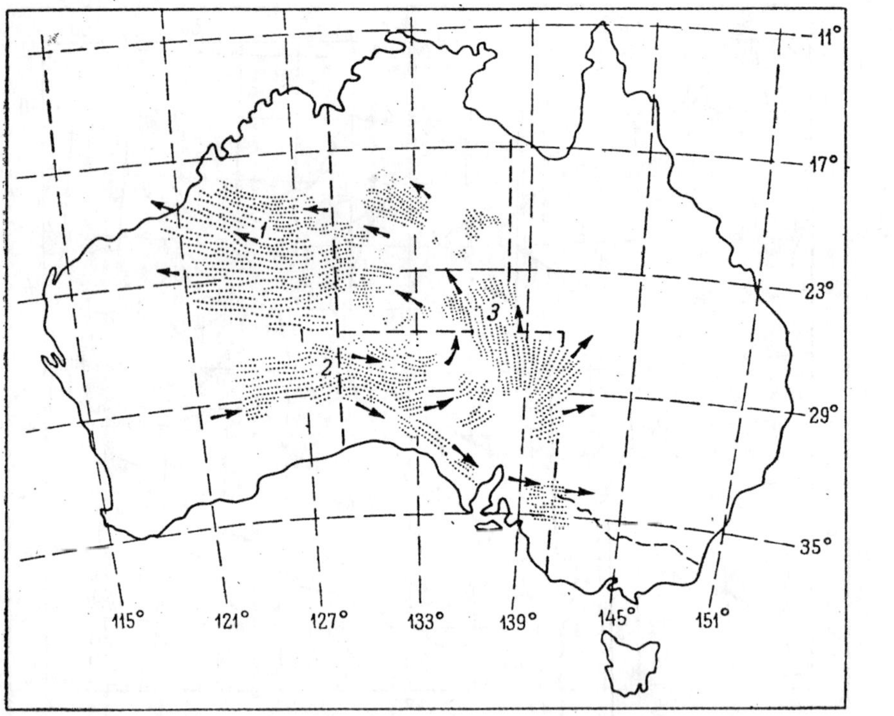

图 81　澳大利亚荒漠风况与沙垄分布图（根据 King，1960）

1—大沙沙漠；2—维多利亚大沙漠；3—辛普森荒漠

夏天中亚风况变化与气压形式变化相一致。整个区域分成两半：西北部与东南部。西北部的特征是存在一个反气旋，在乌斯丘尔特高原形成高压分支。在这个高压分支的东北外围（图 82）观察到西北风与西风。而在南部以东风为主。夏天中亚的东南部上空有一热低压，以气旋活动为主。气旋形成的西北风吹向查尔朱区，北风吹向卡甘区、巴伊拉姆—阿里区。

在中亚平原的西北部，西北风与东风的年平均风速，在 5.5～7 m/s 变化。在中亚的东南部，月平均风速达 2～5 m/s。在中亚的东半部最大风速达 20～21 m/s。西半部达 24～26 m/s（Балашова，1960）。

中亚平原最大风速，一般在春季可观测到。夏天是最弱的。只在里海沿岸平原（卡甘）风速比较大。最小的月平均风速在秋、冬季可以观测到。

年大风天数（15 m/s 以上）变化很大，南部多年平均 5 天，北部 10～11 天，西部里海沿岸 30 天。

亚洲中部气流环流的特点是在东经 98° 附近有一风的分界线，西部东北风为主，东部西北风为主。但是在山前，由于地形影响风况变化很大。

在鄂尔多斯东部风况特征是以西—南—西风为主。在西北部以西、西北风为主。在东南部夏天西、西北风与季风相遇很大程度为中立的弱风区。根据气象站资料，鄂尔多斯中部优势风是西北风。在冬月（1—2 月）特别强烈而稳定。夏天雨季风的强度低而风向不稳定。

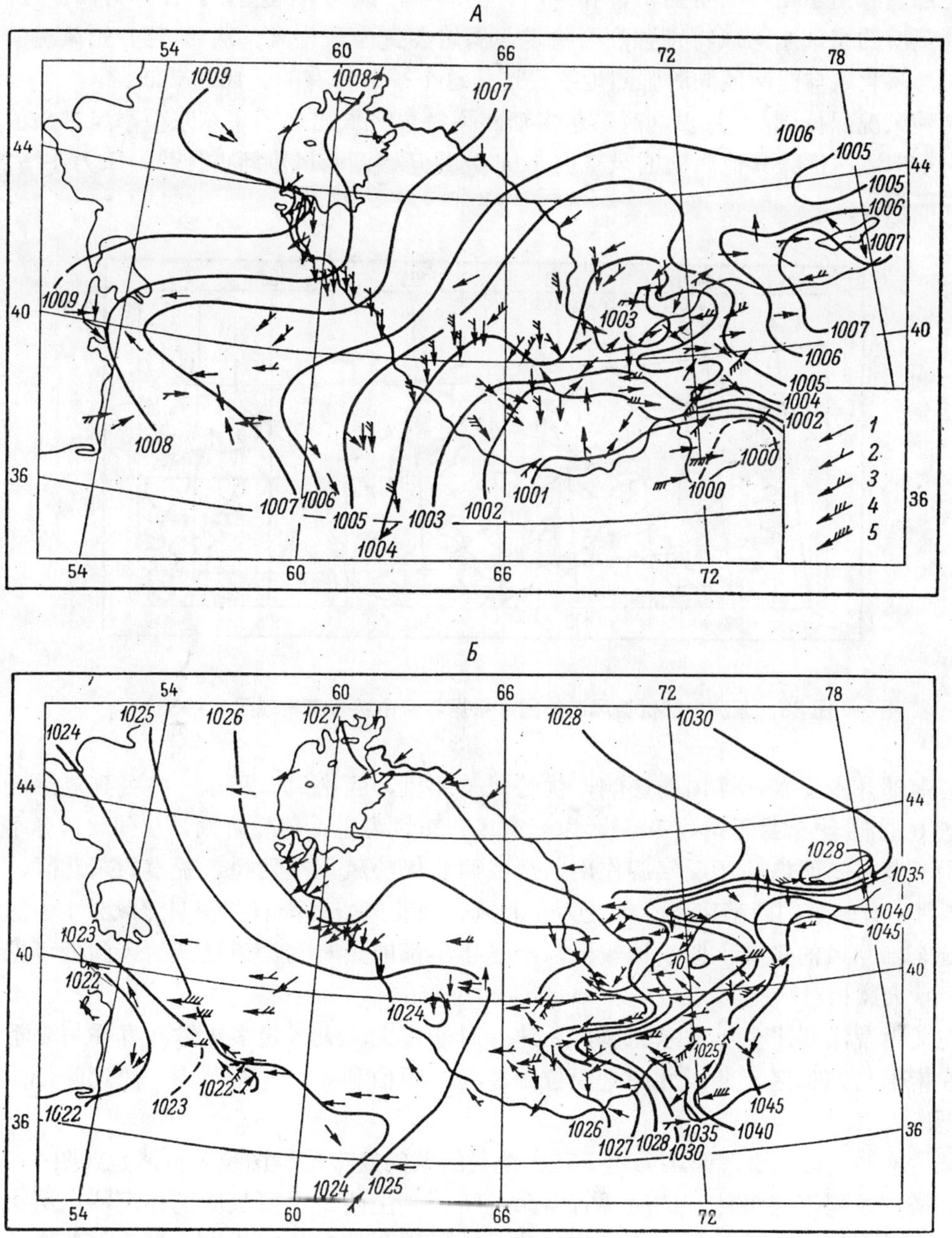

图 82　中亚主风向图（根据：Балашова 等，1960）

海平面气压与主风向：А—7 月；Б—1 月。

风频百分率：1—小于 30；2—30～40；3—50；4—50～60；5—大于 60

而且东南季风 8 月特别活跃占优势，风速一般达 5 m/s。从 9 月开始冬季风况西北风占优势（图 83）。鄂尔多斯更详细的风况，年矢量过程图予以表示（榆林，图 78）。

阿拉善荒漠西北风为主，风力比较强。一般分布在平坦的西部（额济纳旗）、中部、东南部（头道湖、沙坡头）。这是由于亚洲中部总的大气环流特征所决定。这一荒漠的东部、南部边缘由于山岭（贺兰山、祁连山）的影响，风向有些变化。在冬月（1—2 月）阿拉善荒漠的东部东南风特别强烈而稳定，偶然会变为东北风。从 3 月开始风况的稳定性消失，东北风与西南风同时强烈地吹。这是这个季节特有的。风速减低。

这种风况保持到 7 月，这时鄂尔多斯、阿拉善区域出现了华东东南季风带来的湿热气团。东南风占优势其他风向的风减弱。从 9 月开始西南风重新占优势，风力在增加，1 月达到最大。

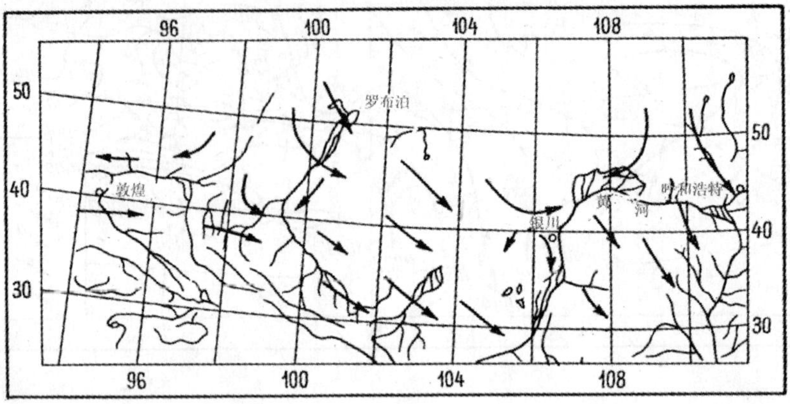

图 83　亚洲中部优势风向略图（根据苏—中综合考察成果，1958）

在南部外围受到祁连山的影响，优势风是西风、西南风。稍东一些受到夏季风的作用，从 6 月甚至 5 月开始到 9 月，以东南风、东风为主，伴随降雨。从仲秋、冬季到春季，由于蒙古—西伯利亚反气旋作用，形成西北优势风。在阿拉善荒漠的东北区，冬月（1—2 月）有强烈的西南风。春天变为东北风、西北风。夏天有些年东北风为主。这里受到中国东部季风的影响，似乎比较弱，不是年年都能影响到。最活跃的风到处可见到。夏天、秋天风相对小些。

在北山荒漠几乎全年是东北风，风速有时非常大。大风最多天数在春季与夏季，特别是在南部与东部区。冬天北山荒漠位于蒙古—西伯利亚反气旋范围，风速降低，有时出现无风天气。

柴达木的高山荒漠，西风为主。在大柴旦的风矢量年过程图反映很清楚（图 78）。

在塔克拉玛干（喀什）的风况有复杂的特征。由两个主要气团的环流特点所决定。冬季、春季在蒙古—西伯利亚反气旋影响下，以强烈的东北风为主。夏天在荒漠的西部区，从天山来的西北与北风为主。在克利亚河两个气流系统相遇，形成复杂的环流，在风沙地貌有明显反映。春天塔克拉玛干地表增温形成上升气流，东北风给予特别的力。这期间经常发生尘暴，所引起的大气扬尘可以上升到 3 500～4 000 m 高度。其他方向的风同样扬起大量的尘。常常从嘎顺戈壁吹来的强东北风增加了起尘量。因此荒漠上空全年有尘。经常能见度低到看太阳是血红色圆盘。

北美荒漠没有优势风向。此外，一些局域性气流循环被山地破坏。冬季北美上空是高压区，在温带荒漠吹北风，而在墨西哥荒漠吹东风与东北风。夏天在荒漠的西部是低压区。相应的主导风向变为南风。墨西哥荒漠以前是东风与东北风。春天最强最多的风，叫做尘暴，是在不同方向的风作用下形成的。

南美近海岸荒漠（阿塔卡马）西北风为主。

这样，世界不同荒漠的风况，在强度与风向有许多实质性差别。但是从对沙漠形态成因所起的作用的观点，这些可以归纳一定的风况类型：①单风向的风；②方向相反风力均等的双向风；③风向垂直风力相等的风；④成锐角的双向风；⑤不同方向的风无明显主风向。

除了上述的风况类型外，还可以有不同风向风力的组合方案。例如，两个不同风向或相反或垂直，但是其中一个比另一个强，等等。

在这种或那种风况类型作用下，可以形成一定的风沙地貌类型。

沙的湿度

沙的湿度对沙的流动性影响非常明显。湿沙在中等风作用下几乎不动。即使强风，也是在表层迅速干燥后才明显移动。

降雨时沙的湿度影响沙的移动，降雨后只在短时间影响，直到表层沙变干。当温度高于 0℃沙丘表层沙变干很快，风开始从沙脊上输移单个沙粒，然后面状输移沙。由于沙的移动过程，沙纹迅速形成。在强风下一些沙形成不大沙堆。降雨 1 mm 以下，甚至中等风也不能引起沙的移动。

沙表面的湿度状况可能是暂时的（降雨后），也可能是永久的（近地下水）。第一种情况湿度对沙的移动影响不大，第二种影响很大，影响风蚀地貌形态。

在沙丘上湿沙是降雨暂时变湿，而沙盐碱地上是永久性，地下水毛细水上升，浸透不同沙盐碱层。

在苏联，A．И．兹拉门斯基（1950，1958）利用风洞研究了湿沙运动特点，C．巴依拉莫夫、C．别依索夫（1969）在自然环境下研究了湿沙运动特点。他们确定，在湿沙表面沙的运动只紧贴地表运动，不上到空气中。沙粒的运动具有流束特征。

沙纹形成与运动按另一方式进行。沙纹在湿沙表面运动，消失了自己典型的平行的直脊，一部分分出，形成半月形，就像单个沙丘的缩型。它们运动很快，不断被吹蚀形成风沙流。在沙丘的迎风坡，最大的风蚀在脊部，首先风蚀的是湿沙。因此这一部位形成与风向平行的小沟。随时间加深同时加宽，这些小沟相互连接，湿沙变干沙。这样在沙丘的整个脊部形成新沙源。沙丘脊部逐渐降低到迎风坡中部。湿坡变干燥，沙丘脊部形成新的干沙堆积，开始重现沙纹地表。最终沙丘的迎风坡变缓变长，落沙坡变短（Пейисов，1969；图 84）。

分析风况时，这种情况应当考虑，在雨天即使 10 m/s 的风速，沙也不会移动。

在盐碱地上常湿的沙的风力作用过程，完全不同在干沙表面看到的过程。风蚀与沙的输移，发生在沙堆积且风速大的地方，通常在炎热的夏天。盐碱地上沙的吹蚀强度取决于地下水深度。在湿润年，地下水位高，沙表面湿度大，风沙流吹干困难或不可能。这样，地下水对盐碱地上的沙表面是风蚀过程发展的自然调节器（Байрамов，1963）。

湿沙表面风成的形态一般不是垂直风向作用的结果，像干沙表面一样，是平行风向作用的结果。有时形成古怪的形态（图 85）。这样的地貌形态特征，经常可以在那些由积沙和残余形成物构成的平缓地发生二次吹蚀的地方见到。

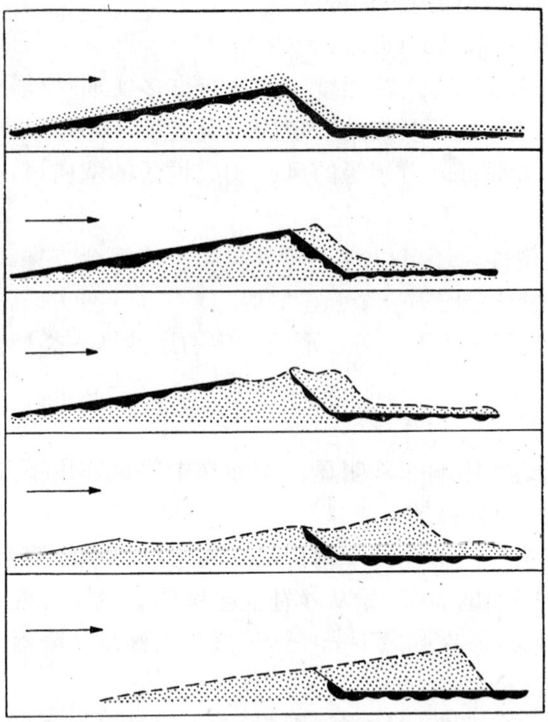

图 84　在表层湿沙的情形下沙丘链纵剖面变化示意图（根据 Пейисов，1969）

图 85　湿沙的风蚀形态 В. Соболев 摄影

风对盐碱地表的破坏强度是非常大的。根据在土库曼西南的凯里果尔（Келькор）盐碱地观测，10 年吹走 30 cm（Кривенков，1959）。

植物的影响

植物对风沙地貌的形成影响是很强烈的。植物是仅次于风的地貌形成的第二因素。植物参加后流沙地貌形态转变为半流动或者固定的。植物的茎、叶或一种草都是机械沙障，降低风速改变风向。由于这些沙障，沙从风沙流中降落在植物附近堆积。沙垄、蜂窝状沙丘、穹状沙丘形成，风的活动与植物相互之间有复杂的关系（详细参看“固定地貌形态”一节）。

沙运动过程

通过自然环境流沙地貌形态形成的研究，风洞阻体（平板、格栅、地貌形态要素模型）饶流及其在阻体附近积沙的观测，都表明无植物的流沙风成地貌形态的形成，是风沙流与在附面层中形成的涡旋相互作用的结果。

流沙地貌的发展有系列形态，相互有成因联系，组成下列序列：风沙流，然后在湍流中积沙并形成沙纹，表明沙堆积开始；复杂的流沙地形—波状沙或缓起伏沙、沙墚、沙丘、沙丘链、沙丘场、金字塔沙丘等。

流沙风成地貌形成的主导因素，如上边所强调的，是起沙风。由于起沙风风速风向的不同组合，决定了沙丘地形形态与动力特征。下边将详细地研究沙运动的过程。

风沙流

沙的运动与堆积过程，只有在空气动力分析的基础上才能全面地解释。有关这方面研究最常见的方法，或者在自由风沙流中，或者对具有不同阻流特征的不同种类阻体饶流研究。

风沙输移的原理、一些风成地貌的形成，P. 拜格诺（Bangnold，1935，1936，1937，1939）独立地进行过深入研究。其后这一研究被其他作者所细化（Знаменский，1942，1950，1958；Гвоздиков，1958；Закиров，1968）。

他们提出了许多公式，揭示决定沙运动、堆积主要因素与风成地貌形态相互关系。应用这些公式能准确确定：

（1）不同风力、不同高度风沙流强度（Bangnold，1941；Знаменский，1942；Закиров，1962）；

（2）沙移动强度（Bangnold，1941，1953；Dubief，1952；Гвоздиков，1962；Finkel，1959；Закиров，1962）；

（3）沙堆积强度（Bangnold，1941；Гвоздиков，1962；Закиров，1968，1969）。

鉴于这些大量研究，我们不再详细讨论这些公式在上述问题应用。

应用物理—数学方法分析风成沙运动与堆积过程的必要性，现在已经非常明显。一些地貌学家研究了风成地貌形态成因的理论基础，构建了物理—数学规律（Bangnold，1941；Scheidegger，1961）。

沙以自己结构种类移动，应当看做是风沙流的运动。沙的这种移动叫“近地面运动”，或“飞沙”（blow sand）。沙颗粒以风沙流的形式运动，相应地引起地表沙层以沙纹、堆积沙—沙丘、沙丘链形态运动。沙这些方式的运动叫流沙（moving sand）。

风沙流应当看做是两个环境作用的结果——气流与干沙层。例如，0.01～0.25 mm 的沙必须在沙表面大于 3.5～4 m/s 的风才能运动。

应当指出的是，气流在大气涡动力作用下，经常变化速度与方向，即使在很短的时间（风的阵发性）。因此，风沙流的运动经常看到一会儿加速、一会儿减速，甚或改变方向。但是这些偏离是频繁的微小的，气流总有优势的方向和速度。

观察沙在风中近地面运动，不难发现单个沙粒的不同运动形式。这些形式P. 拜格诺（Bangnold，1941）已经很好地研究过。可以归纳三种基本形式（图 86）。

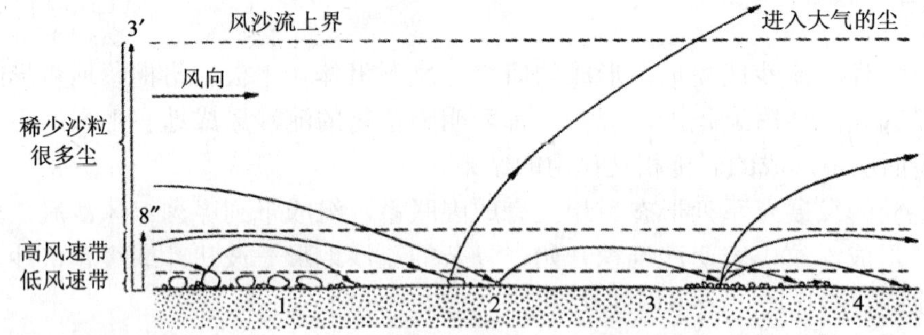

图 86　沙粒运动形式（根据 Bangnold，1941）

1—不运动的大颗粒沙；2—受撞击跃入空气的沙粒；3—相互撞击的沙粒（部分进入高速带）；4—沿地表运动的沙粒

（1）沙粒沿地表不均衡的蠕动或滚动，最大的沙粒这样运动。

（2）跃移，沙粒脱离地表，在气流中以抛物线形式运动，与地表碰撞重新弹起完成运动轨迹，或撞击消耗自己大部分能量，迫使其他沙粒蠕移、跃移、悬移。中沙或细沙这样运动。

（3）悬移，沙粒脱离地表在气流中运动，不与地面接触，直到气流发生变化使其降落于地表，细沙和尘是这样运动。

在风洞的观测表明，沙粒脱离地表跃移，最初几乎是垂直向上，然后以平缓曲线降落于地表，或被风吹走。沙粒脱离地表是由地表涡流获得能量。物理学早就描述了在气流中存在底部椭圆的水平轴向的涡流，使沙粒脱离地表进入气流中运动（Прандтль，1951）。这可以说明跃起的瞬间涡流传递给沙粒能量的过程。

这样，沙粒表面不仅给予气流摩擦阻力，而且受到涡流的力和来自跃移沙粒的力。

对一定粒径的沙，P. 拜格诺（Bangnold，1941）确定了恒定的距离，在这一距离内风携带的沙再不能增加，A. И. 兹拉门斯基（1955）称之为“风沙流极限饱和路程”。对于沙运动的不同类型，极限饱和路程长度是不一样的。对于翻滚的沙粒饱和路程长度随风速变化，确切的是随轰击沙粒跃移距离变化，因为地表风速永远接近零。

滚动沙粒极限饱和气流路程长度的外在表现，是任何陡坎、小埂、沙纹，而对于跃移沙粒是沙丘的任何陡坎。在平均起沙风（6～7 m/s）与中等大小沙（0.15～0.20 mm）沙纹直脊之间距离 12～15 cm。不复杂的沙丘的迎风坡长，在这样大小的沙和任何风速下，等于 8～10 m（Добрин，1965）。

如果考虑风成沙的机械成分不一致性，沙粒不同运动形态就不难理解。但是不仅沙粒的线性尺寸决定其运动，沙的比重、体积、形状等特征，即沙接触气流尺寸这一概念所涉及的量，都对其运动有影响。确定了气流中沙的比重、体积、形状与其运动速度的关系，就很容易解决沙的运动性与风力分选问题。遗憾的是这方面的研究进行得很少。

风沙流的密度在不同高度是不同的。近地表观测到比较密集的沙粒流。在大的高度（超过 1 m）只有很强风才扬起沙粒。可以说，在同一风速下风沙流密度与高度成反比例。

风沙涡流高度界限取决于降落的沙粒、风速以及上弹沙粒的空气摩擦力。这样的关系很明显。这可以如此解释，风成沙的沙粒具有相同大小的空气接触尺寸，相应的它们在同一风速下应当达到某一高度。

P. 拜格诺（Bangnold，1941）研究了这一问题，提出了悬浮性的概念（susceptibility），用下式表示。

$$S = \frac{p}{mg}$$

式中：S——沙悬浮性；p——阻力；mg——重力。在实验的基础上P. 拜格诺编绘了不同风速气流中沙悬浮性曲线（图 87）。这可以计算沙在风沙流中的轨迹，计算地表不同高度沙的含量。

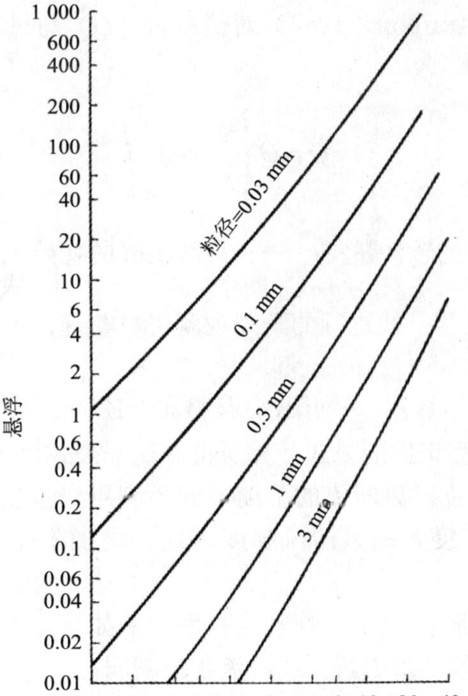

图 87 不同风速气流中沙的悬浮性曲线（根据 Bangnold，1941）

在列别捷克（卡拉库姆东南）进行的风沙流观测表明，在不同风速下不同高度的风沙流中的沙是变化的（表 16）。

表 16　自由沙表面风沙流携带沙在近地表层分布（根据 Рябихин，1970）　单位：g/h·cm²

高度/cm	风速/（m/s）								
	4	5	6	7	8	9	10	11	12
15	—	—	—	—	—	—	—	—	0.01
14	—	—	—	—	—	0.01	0.01	0.01	0.01
13	—	—	—	0.01	0.01	0.02	0.02	0.02	0.03
12	—	—	0.01	0.02	0.03	0.03	0.03	0.04	0.05
11	—	0.01	0.02	0.04	0.05	0.06	0.07	0.08	0.10
10	—	0.0	0.05	0.08	0.10	0.12	0.15	0.16	0.19
9	—	0.0	0.1	0.15	0.2	0.25	0.29	0.32	0.37
8	0.01	0.1	0.2	0.3	0.4	0.5	0.57	0.65	0.73
7	0.03	0.2	0.4	0.6	0.8	1.0	1.14	1.3	1.45
6	0.05	0.4	0.5	1.2	1.6	2.2	2.28	2.6	2.89
5	0.1	0.8	1.7	2.3	3.2	3.9	4.57	5.2	5.77
4	0.2	1.6	3.3	4.6	6.4	7.8	9.15	10.4	11.54
3	0.4	3.2	6.5	9.2	12.9	15.5	18.3	20.7	23.08
2	0.9	6.4	13.0	18.5	25.7	31.0	36.5	41.4	46.16
1	1.8	12.8	25.9	36.9	51.5	62.0	73.0	82.8	92.32

P. C. 扎克诺夫（Закиров，1968）对输沙量（Q）与风速（v）的关系提出了下面公式。

$$Q = Q'\left(\frac{v_{1.0}}{v_{kp}} - 1\right)^3$$

式中：Q——当 $\frac{v_{1.0}}{v_{kp}}$ 时的输沙量；$v_{1.0}$——高度 1 m 的初始风速，v_{kp}——气流极限风速。根据在古里耶夫-呵斯特拉罕一线进行的野外观测资料整理，P. C. 扎克诺夫（1968）提出了量值 Q'=3.3 g/（m·s）。

图 88 给出了曲线 $Q' = f(v)$。是利用P. 拜格诺、И. M. 奥斯特洛夫斯基、P. C. 扎克诺夫的资料，运用的扎克诺夫的公式计算所得。这一公式可用作地表风蚀预测。

在沙丘地貌的不同部位，风沙流的强度不同。利用集沙仪观测表明，在沙丘链的迎风坡，随着向脊线方向坡度升高风沙流强度增加。增加不是与风速成比例，而是增加很快。

在同一风速下沙表面状况也在影响气流强度。例如，当沙纹形成的时刻，风向变化风沙流仍然强烈增加，当沙纹形成后，风沙流逐渐减弱。

沙在风沙流中的运动，取决于地表特征和进入气流中的沙量而不同。当沙量少、携沙风在平缓地表，气流运动是层状。在这种情形下，由于风沙流的作用层状沙流经常改变方向。但总的与优势风的方向平行。这种现象经常在城市的沥青路面上看到。当风沙流经过疏松干沙地面时，引起地表沙层强烈地输移。在这种情形，沙的层流运动在地表转变为水平轴向的涡旋。因此在沙地表形成沙纹（图 89）。也就是说，地形与主风向垂直。

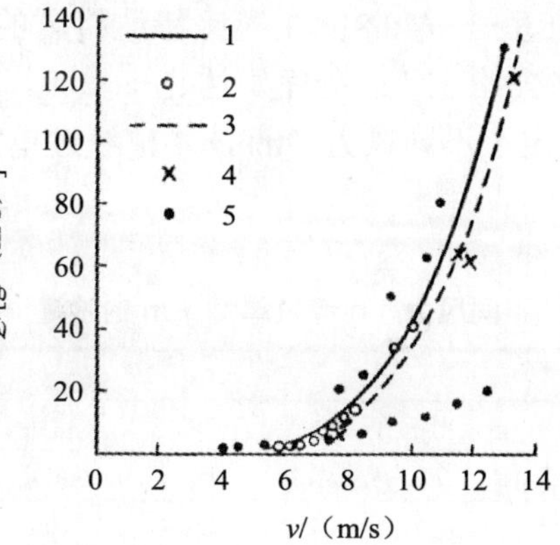

图 88 风沙流中沙量（Q）与风速（$v_{1.0}$）关系曲线（根据 Закиров，1968）

1—根据作者公式计算；2—作者实测资料；3—根据P.巴格罗利特（1936）公式计算；

4—P.巴格罗利特野外实测资料；5—И.奥斯特洛夫斯基的野外资料

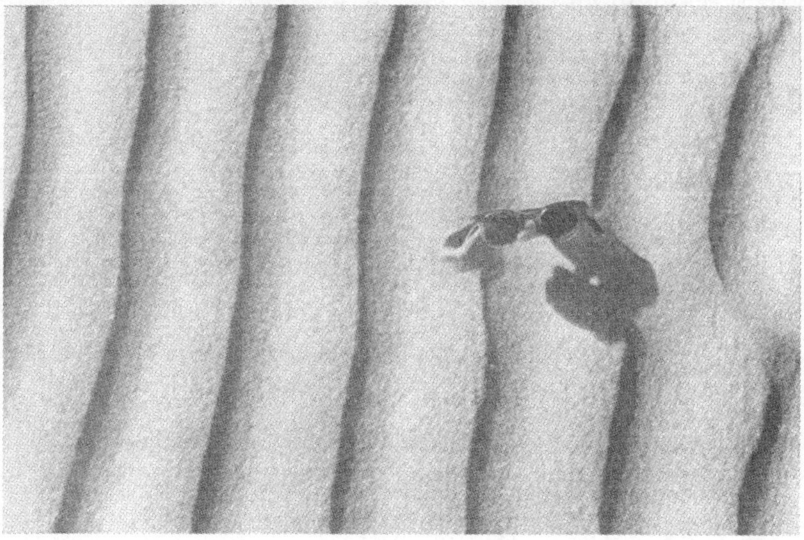

图 89 沙纹

在气流中沙的输移量取决于风的活动性，即风力与作用的时间。С．П．拉基科夫斯基根据分布于中亚荒漠带中的气象站资料（个人提供资料），计算起沙风（气象站风向标高度风速达 8 m/s 以上）的强度指标（10 年平均资料）：西瓦——498.2 kg/（m/s）；拉曼冈——918.0 kg/（m/s）；真别尔——1 163.9 kg/（m/s）；布格达亦里——1 299.5 kg/（m/s）；库亚—乌尔盖奇——1 337.8 kg/（m/s）；卢古司——1 568.7 kg/（m/s）；塞阿格里——1 965.9 kg/（m/s）；科勘德——3 302.0 kg/（m/s）；克孜勒—阿尔瓦特——3 710.7 kg/（m/s）；卡萨朱可——3 983.5 kg/（m/s）；阿亦季——4 536.0 kg/（m/s）；涅比特达格——5 545.9 kg/（m/s）。

被风输移的沙如此之多，在风沙流垂直的方向每 1 m 直线一年输沙量（单位 t）：西瓦——4.5；库亚—乌尔盖奇——16.1；克孜勒—阿尔瓦特——19.3；真别尔——23.4～26.6；卡萨朱可——38.7；布格达亦里——40.8；在涅比特达格区的凯里科尔——63.9；卡萨可古尤——82.1；在涅比特达格公路 31 km 处库姆达克——89。

C. П. 拉基科夫斯基测定了不同风力（m/s）1 h 经过单宽 1 m 的沙量（kg）如下表所示。

不同风力 1 h 经过单宽 1 m 的沙量

风力/（m/s）	沙量/kg
5.8	6.3
8.6	23.1
12.8	46.2
14.6	54.6
16.0	157.5

风力是在近地表 15 cm 测定的。

风沙流的方向、输沙量确定方法有 3 种（Wilson，1971）。

（1）根据风速资料利用下式（Багнольд公式）计算：

$$q = 1.4\times10^{-5} v'^3 \sqrt{d}$$

式中：d——沙粒径，cm；v'——地表风速，起动地表沙的粒径 d（“起动风速”）；q——在给定的风速携带的沙量，g/cm。在这一计算中必须考虑：①不同粒径的沙输移方向可能不同；②给定 d，实际输移的方向与距离（Q_σ），小于同时期内累加计算的输移量 Q，比例关系用同一方向气流的指标；③实际的矢量由连续观测确定（应剔除季节变动）。

（2）根据沙暴发生时风的持续时间与方向。计算结果与上述公式计算结果很相近。

（3）根据风蚀、风积地形形态与大小。根据风沙流图编绘，类似开放或封闭的流域图。但与水系图不同，水系图不能直接分析风沙流与地形关系。

如果风流不携沙，也就是说如果它的搬运能力大于携沙风，那么它经过不黏结的基质，就进行风蚀。风蚀的速度（E），当不饱和风沙流速度 4.9 m/s，1 年为 66.2×1 000 kg/m²，相当地表面降低 32 m。然而这些数据只适用很小的面积，因为风沙流极限饱和的路程长大约 5 m。实际测得的风蚀强度大约一年为 1 kg/m²（2000 年地表降低 1～4 m）。考虑两个独立气流轴之间距离，计算风沙流速度，建议按照下式：

$$Q = \frac{1}{y}\int_0^z E_s y \mathrm{d}x + Q_0 y_0$$

式中：x——气流经过的路长；y_0——两个气流轴间的初始距离；y——经过路长 x 后两气流轴间距离。在其他相同条件下，两气流轴汇合 Q 增加，两气流轴距离增大 Q 减少。当地形表面为流线型（包括风积地形）风速不稳定二次流发生，引起局部的风蚀与风积（Спасская，1972）。

风波与沙纹

所有流沙表面布满与主风向垂直的沙纹（ripple marks）（图 89）。当风速大于 4 m/s，沙纹移动。这是典型波状运动，表面沙滑动或沿着沙纹小埂沙粒滚动，到达直脊后下滚。这样形成沙纹移动。沙纹形成与移动已经被详细地研究过（Tricalinos，1928；Bangnold，1941；Scharp，1963）。

如大家所知，密度、运动性能不同的并列的两种介质（给定的情形是松散沙与空气），分界面具有波状的特征。在介质分界面所形成的波的波长，取决于它们的密度与气流的速度。空气介质的波动性眼睛一般不能看到。沙介面层运动的波动性很好地反映在沙纹形态。在一定的风速下沙纹的分布与大小非常稳定。当沙表面与气流相互作用稳定时，沙运动轨迹是波形。沙纹小埂后的涡流形成明显的脊。

沙纹是动态地貌形态。这是“跑动波”类型之一。取决于风速改变自己的特征，或更高更稀，或更低更密。这样，风流与干沙地表经常相互作用，形成最有规律地表形态。这种地表保障运动的最小摩擦，能量可能是最合理的。

在中等风速下开阔水平沙面上沙纹的剖面最典型，背风坡长与迎风坡长比例为 2∶3。迎风坡是凸形坡，到达脊部坡度最大为 30°～33°，即自然休止角。

沙纹的运动从迎风坡输沙到背风坡堆积。沙的移动仅在一个小埂的范围内，从迎风坡的某一点开始到直脊结束。在背风坡堆积的沙量与迎风面吹蚀的沙量之差，是跃移与滚动运动的沙量。这样，在沙纹覆盖的沙地面上沙的输移与堆积永远是相伴随的。

随着风速的增加，输移与堆积量增加。两坡的转换强度的增加引起沙纹运动速度的增加。沙层厚度也增加，在这一过程中进行交换，随之小沙埂增高，促进坡陡度增加，抑制了沙粒的滚动。

沙纹的直脊间的距离与其高度，取决于风速与沙粒大小，变化幅度很大。北土库曼 16 m/s 的风速形成的沙纹，高 15 cm，间距 72 cm（Добрин，1959）。而在近巴尔罕区，沙纹直脊间距离 3～30 cm。只有在个别环境看到 30 cm 以上。一般风速 6～7 m/s，沙纹直脊间距离 11～12 cm。在列别捷克（卡拉库姆东南）沙丘链迎风坡（细沙）同一地段，进行的沙纹直脊间距离很多例测量（2 914 次），用最小二乘法数学处理，表明当风速达 4～6 m/s，沙纹直脊间距为 15.4 cm，当风速达 7 m/s 间距为 16.7 cm。

在不同风速不同大小沙粒的条件下，沙纹的高度不同。根据Л. Г. 多布林的资料（1965），在卡拉库姆（细沙）0.7～15 cm。P. 拜格诺（Bangnold，1941）在利比亚荒漠发现最大的沙纹 60 cm 高。Б. 贝尔顿（Bertin，1964）描述过撒哈拉沙漠（瓦尔格拉区）高 1 m 的细砾纹。

沙纹相对高度与直脊间宽比例，在 1∶10 与 1∶70 之间变动。取决于沙的机械成分，越一致，比值越大，反之亦反（Bangnold，1941）。

如已经发现的，在风的影响下沙纹的运动是逐渐的。其运动速度取决于风速。根据在西土库曼观测（Добрин，1959），当 10 m/s 的风速，位于龟裂地上的沙丘的顶部沙纹运动速度 372 cm/h。在沙丘的不同点是不同的。在脊部 288 cm/h，在迎风坡上界 228 cm/h，在背风坡上界 193 cm/h。（风速 14 m/s）。运动的不均衡性引起沙纹的分开与合并。在平坦地面风速 6～7 m/s，沙纹运动速度 40～70 cm/h。

如果计算在沙丘链上运动的沙每 1 m 的输沙量（dm^3/h），得到以下数据。

沙丘链上运动的沙每 1 m 的输沙量

风速/（m/s）	沙量/（dm^3/h）
5	2
7	3
12	6

类似地计算表明，在风沙流中运动的沙量（也是每小时 1 m 直脊长），经过脊线跃移状态沙占总量一半，悬浮态占另一半。

沙纹的形成引起直脊后水平轴向的涡流的形成，涡流不仅影响大沙粒运动，而且影响气流运动（图 103）。

在涡流的上空引发二次涡流系统，它与地貌要素无关。两个涡流系统相互作用，引起一些近地表涡流的加速。相反，其他地方受到制动作用。这样引起地表风速的不均衡分布，引起沙从风沙流中的降落，形成比较大的微地貌——“沙波”。在个别情形他们高 20～25 cm，基部宽 2 m。它们分布与平坦沙面有关，有时“沙波”在不同基质的缓平面上看到。

在中等风速下这种沙波的流线型气流不形成涡流，不会破坏已经形成的形态。但是如果风速增大破坏流线型气流，并随之附面层分离产生涡流，跌落的沙增加。因此落沙坡的压力与迎风坡压力相比增加，形成从压力大的地方向压力小的地方回转流。

这样形成流沙的初始地貌形态——不断增大的覆盖在沙纹（ripples）上的沙斑。继续发展沙波与沙斑开始变成沙丘形态——单个沙丘与沙丘链（Знаменский，1950a，1950b）。

风成地貌的形态成因

荒漠中风所做的功表现在风化物的风蚀、搬运、堆积过程中，因此形成风蚀地貌与堆积地貌。

沉积物的表面的风蚀过程非常多样，可以划分两类：面蚀与深蚀（吹蚀源）。

面蚀发生在盐碱地，由于毛细管水上升地表经常湿润。这样环境下沙的吹蚀是在盐碱地表面均匀进行的。类似的过程在岩性致密的构造平原上可以看到，甚至在碎石、砾石堆积（哈马德，厄格等）上，也可以看到。

深蚀在深厚的干而疏松古冲积或现代沙沉积或古风成沙可以观察到。由此形成的风蚀源以不同大小宽浅坑形态出现。在迎风面形成正地形形态，分布杂乱。在比较平坦沙地或阶坎，由于风蚀形成纵向吹蚀浅凹地。每一凹地的长、宽及横截面差别很大，取决于基质密度与风作用时间长短。

在风力作用层岩性一致、吹蚀的风力同一类型，在这样的环境下形成的吹蚀槽与浅凹地，与残余地和垅有规律地相间排列。这样的地貌形态在宽阔的湖积沉积区（古湖积盆地雅丹，分布在亚洲中部的柴达木、伊朗高原、北非的利比亚荒漠）。

在致密的基岩——石灰岩、沉积岩（砂岩），风力作用形成独特的侵蚀形态——风蚀壁龛。

风蚀过程永远伴随着吹蚀物的堆积过程。吹蚀沙堆积于斜坡或吹蚀坑、浅洼地后。他们形成不规则的积沙、沙丘沙、抛物线形沙丘。后者总是与风蚀洼地的长轴垂直。

荒漠中所有的风积地貌可以分为两组：自由运动强流动的；固定的。

风沙地貌的形成取决于下列因素：流沙量；致密与松散程度；前进的周期性；风况的活动性；植物；风蚀地表湿度；流动方向遇到阻挡（不同大小的蚀余地形、峭壁等）。

这些因素的每一种都非常多样。例如流沙的量，有周期性增加与周期性减少。特别是风况非常多样。这是最复杂多样的风沙地貌形成因素，可能是一个优势方向，或两个相反的均等的或互补的。在荒漠中有不少区域，起沙风有几个方向，或垂直或成锐角夹角。每一种风况都形成自己的风成地貌形态，暂时的或永久性的。

植物是地形形成很重要的因素，特别是沙漠。植物对起沙风和沙的流动性作用如此之大，以致在风成地貌分类中分出专门组，反映植物特别是灌木对地貌影响。植物可以看做是机械障碍，调节积沙的迅速增加。在自然界可以观察到，中等积沙上的喜沙灌木能促进很快增高。

与机械障碍有关的地貌形态也非常多样。这是风影沙丘，沿着风蚀残体、堆积埂不可穿透的障碍或者可以穿透的障碍（筛状阻隔）后的流线延伸。这样的风沙堆积形态，机械防沙（fences）的专家特别注意研究。

以上论述表明，荒漠中风沙地貌形态形成过程的复杂性，对其分类的困难性。下边列举一些著名分类。

A．奥夫列尔（Aufrere，1931）对北美风沙地貌提出环流动力分类，根据风况划分下列沙丘类型：①一致的；②相反的；③正常的；④互成角度的。

Φ．密尔顿（Melton，1940）对北美荒漠区，根据下伏基质和植物划分下列风沙地貌类型。

A 自由沙

Ⅰ沙丘，在非沙质基础上孤立的童秃沙丘。

Ⅱ横截方向沙丘（沙丘链—作者注），形成于沙源丰富的厚层沉积沙。

Ⅲ孤立的沙丘垄，形成于童秃的无植物的面积广阔的不厚的沙沉积。

Ⅳ风影沙丘，纵向沙丘。形成于丰富沙源背风面，面积有限。

B 在植物影响下形成的地貌形态

Ⅰ与灌木有关的沙丘群，形成于灌木背风面，沙源充足地面平坦细颗粒沙（沙堆—作者注）。

Ⅱa—抛物线沙丘，或吹蚀洼地沙丘；b—长形洼地沙丘；c—墚状沙丘，在有灌木、草类的深厚沙上，相应的弱风、中风、强风形成的。

上述地貌形态有时候见到综合形态。

苏联地理学家风沙地貌分类，是作者（Петров，1940，1948）与Б．А．费道洛维奇（1940，1948a）提出的。

作者提出了中亚荒漠风沙地貌分类。考虑了综合因素——下伏基质、积沙厚度、植物、作用于流沙的风况。划分为下列类型。

（1）纯粹的风沙地貌，在风力作用下由松散沙按照空气动力学规律形成的：①在平原或缓坡（12°）上（砾石、砾漠、龟裂地等）；②在古风成长草沙丘或长草的平原。

（2）综合的风成地貌形态，是风况、沙、植物综合作用的结果。①临时风沙地貌：a）在平原上长草的古风成沙地貌；b）在第三纪基岩、高原等。②古风成固定风沙地貌：a）厚层沙与冲积沉积上；b）在第三纪基岩高原薄层沙质输移物上。

每一地貌组有一些风况类型形成的流动类型：在优势起沙风作用下形成的前进型；在反风向作用下形成的摆动型或前进摆动式；在综合风向下形成的综合型。

Б. А. 费道洛维奇（1940，1964）划分流动与半流动风沙地貌根据 3 种地貌形成风况：单风向优势风，称为信风型；两个相反风向但风力不相等（季风—软风型）；垂直或不同方向作用的风（对流型和干扰型，图 90）。

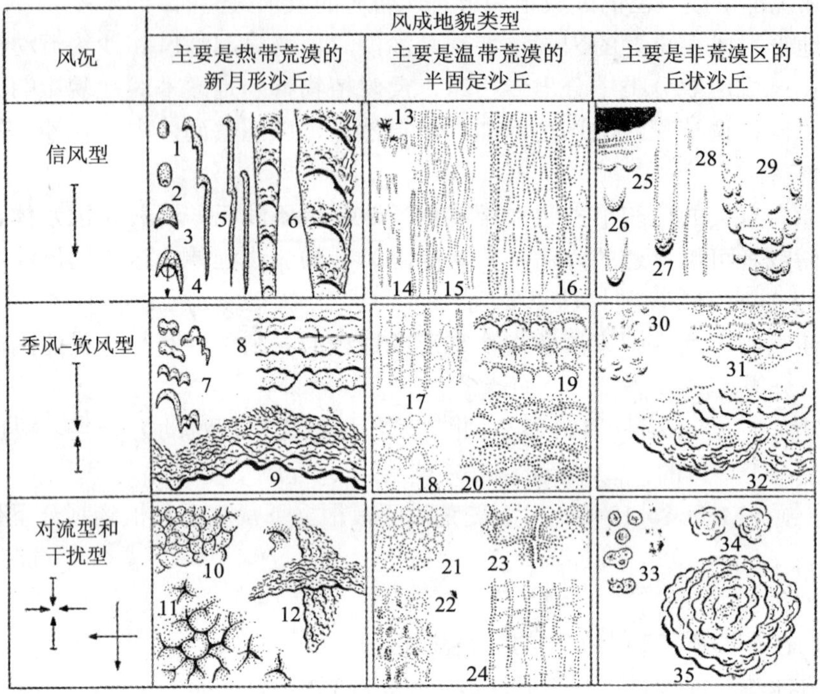

图 90　与风况和地带性有关的风沙地貌基本形态（根据Б. А. 费道洛维奇，1964）

荒漠新月形沙丘

信风型（单风向或风向接近）：1—沙盾；2—沙盾、漏斗（雏形新月形沙丘）；3—镰刀状对称新月形沙丘；4—不对称新月形沙丘；5—纵向新月形沙垄；6—复合纵向新月形沙垄（“鲸鱼背”）。

季风—软风型（在反风向作用下）：7—成组的新月形沙丘；8—简单的新月形沙丘链；9—复合新月形沙丘与沙丘链

对流型和干扰型（在均等风系统和在横向风作用下）：10—环状新月形沙丘；11—环状新月形沙丘，金字塔形新月形沙丘；12—交错的复合新月形沙丘。

半固定沙丘

信风型：13—灌丛沙堆；14—小沙垄；15—沙垄；16—大沙垄。

季风—软风型：17—沙垄—草沙垄；18—草沙垄；19—草耙形横向沙垄；20—横向沙垄。

对流型和干扰型：21—蜂窝状沙丘；22—大型蜂窝状沙丘；23—金字塔沙丘；24—格状沙垄。

非荒漠带沙丘

信风型：25—海滨沙堤；26—抛物线形沙丘；27—发针形沙丘；28—双生纵向沙丘；29—复合抛物线形沙丘。

季风—软风型：30—半圆形小沙丘；31—大的半圆形沙丘；32—半圆形复合沙丘。

对流型和干扰型：33—环状小沙丘；34—环状大沙丘；35—复合同心状沙丘。

箭头指示优势风向。

发展自己以前提出观点，参考Б．А．费道洛维奇的图式，作者提出在自然界见到风沙地貌新的简表（表 17；图 91）。

表中有 5 种风况类型：一个主导起沙风向；两个相反风向；复杂的垂直或多风向。对于每一风况类型研究下伏岩性与地下水深的相互关系：①致密构造与山前平原，地下水深；②疏松的古冲积沙，地下水深；③盐碱平原，地下水浅。应当指出的是，表中没有无遗漏地列举多种多样的风成地貌，有些受到机械阻挡的过渡形态并未包括在表中。

正如所发现的，植物在风沙地貌的形成中起重要作用。与此相应的风成地貌应划分两大组：自由流动的沙丘形态；固定的风沙地貌形态。

表 17　世界荒漠风沙地貌基本类型

风况	下伏面的特征			
	致密沉积平原，地下水深，无植物	疏松沙质平原，地下水深，无植物	盐碱平原，地下水浅，盐生植物	沙质平原，地下水深，喜沙植物
单向起沙风	1．单个新月形沙丘与新月形沙丘链，较稳定。平行的新月形沙丘链场。复合的新月形沙垄	2．单个新月形沙丘链。平行的新月形沙丘链场。复合的对称新月形沙垄	3．顺主风向延伸的对称生草沙堆、缓丘沙尾	4．小、中、大沙垄，被喜沙植物固定
两个风向相反的起沙风	5．单个新月形沙丘与新月形沙丘链。平行的新月形沙丘链场	6．单个新月形沙丘链。平行分布的新月形沙丘链场	7．生草沙丘—小、中、大。小沙垄	8．小、中、大固定沙垄
两个风向相互垂直的起沙风	9．交叉的固定的单个新月形沙丘与沙丘链	10．蜂窝状新月形沙丘	11．生草沙丘（近生草沙丘）—小、中、大，取决灌丛大小	12．蜂窝状、圆丘状及其类似形状沙丘—小、中、大
两个风向成锐角相交的起沙风	13．对称的新月形沙丘与沙丘链。线形沙垄。赛大沙丘。鲸背沙丘	14．对称的新月形沙丘。赛夫沙丘。鲸背沙丘	15．圆丘沙尾。对称的灌丛圆丘	16．小、中、大固定沙垄及圆丘
无主导风向的多风向起沙风	17．金字塔沙丘系统。单个沙丘	18．单个金字塔沙丘，很少成组	19．生草沙丘，小、中、大取决于灌丛大小	20．圆丘与蜂窝状沙丘—小、中、大。格状沙垄。固定金字塔沙丘

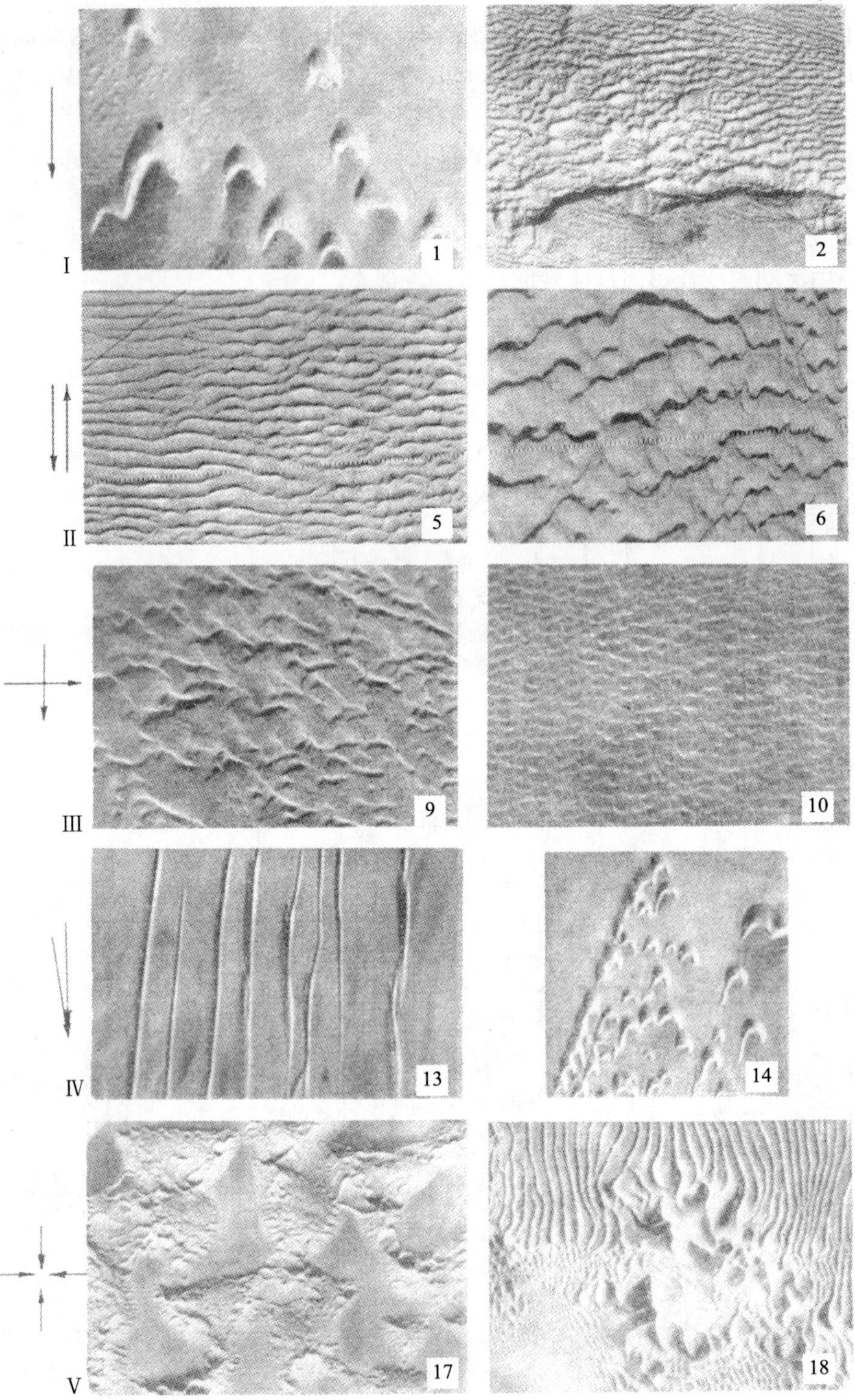
I
1
2
II
5
6
III
9
10
IV
13
14
V
17
18

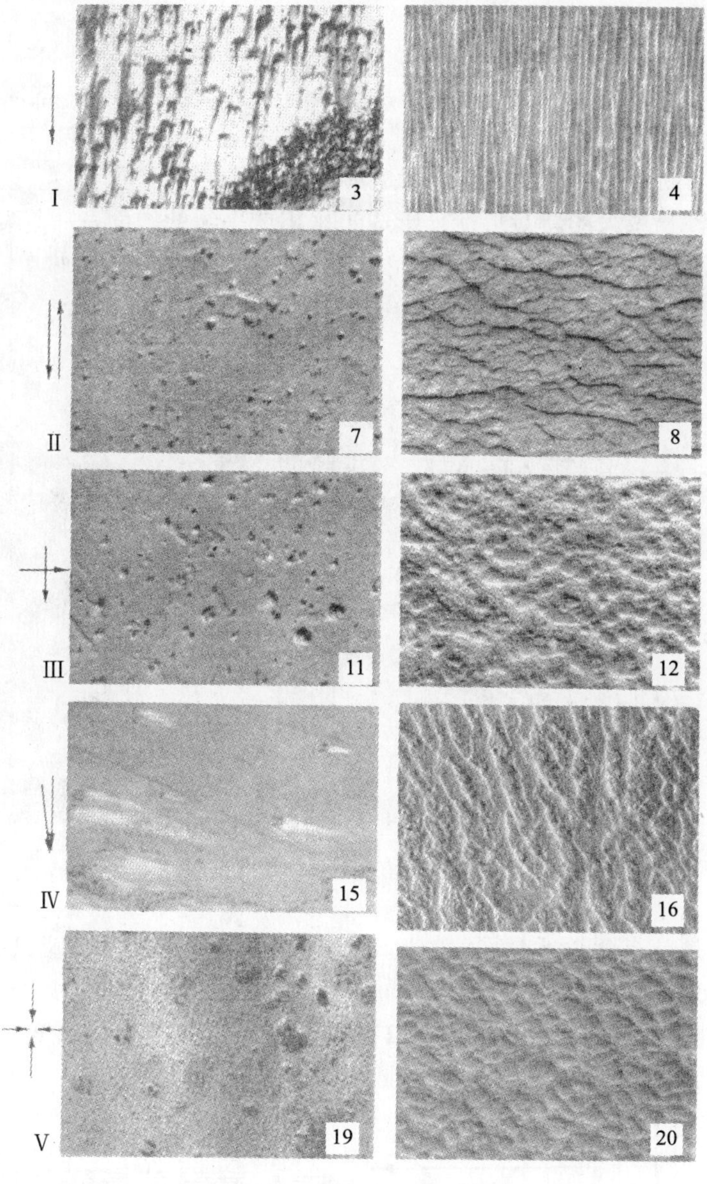

图 91　风沙地貌基本类型及其风况

Ⅰ单风向作用下：1—利比亚荒漠单个新月形沙丘；2—中亚复杂的新月形沙垄；3　亚洲中部小丘沙嘴；4—澳大利亚固定沙垄。

Ⅱ两个相反风向作用下：5—中亚抛物线新月形沙丘链系统；6—美国大起伏的抛物线新月形沙丘链系统；7—亚洲中部生草沙丘；8—中亚垂直沙垄。

Ⅲ两个垂直风向作用下：9—中亚垂直垄状新月形沙丘链；10—亚洲中部蜂窝状新月形沙丘链；11—亚洲中部草沙丘；12—中亚固定新月形沙丘链。

Ⅳ两个锐角相交风向作用下：13—亚洲中部线形沙垄；14—楔形分布的单个新月形沙丘；15—中亚灌木沙丘沙嘴；16—中亚平行风形成的沙垄。

Ⅴ几个相互垂直风向作用下：17—撒哈拉金字塔沙丘；18—亚洲中部金字塔沙丘；19—亚洲中部沙堆；20—中亚蜂窝—锅状固定沙丘

自由运动的新月形沙丘

自由运动的新月形沙丘的特征取决于起沙风的风况，可以划分一些风成形态类型。

单风向形成的形态 这一类型的有：单个新月形沙丘与沙丘链、新月形沙丘场、复杂的新月形沙丘与新月形沙垄。主要特征是垂直于主导起沙风向。

单个新月形沙丘或大的新月形沙丘形成于平坦或平缓的地面——龟裂地、砾石平原、缓坡等。很少在深厚积沙的地方见到单个沙丘。

图 92 单个新月形沙丘

新月形沙丘是具有两个不对称坡的流动沙丘。迎风坡缓而凸，背风坡陡。缓坡的坡角有限，10°～20°，而陡坡为 33°～35°，取决于沙的机械成分。细沙多陡坡，反之亦反。在缓坡与陡坡连接处形成弧形翼角（图 92）。新月形沙丘高度变化幅度大，从 0.5～50 m 不等。大的新月形沙丘通常在沙砾石平原见到。

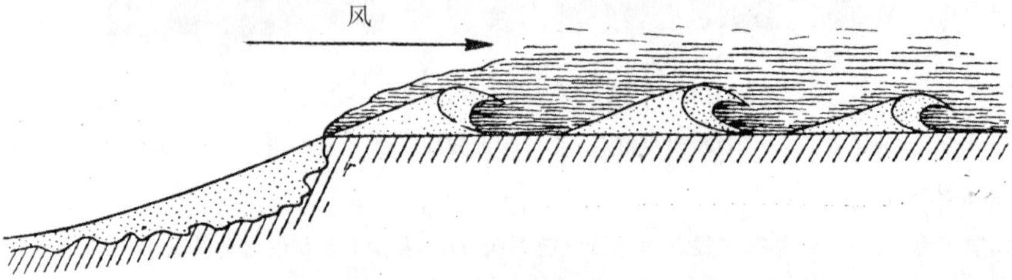

图 93 沙从坑向平地输移时形成新月形沙丘

单个新月形沙丘在缓起伏的微地形上的形成过程，B. 拿里夫金（1887），B. 金（King, 1918），P. 拜格诺（Bangnold），M. П. 彼得罗夫，A. И. 兹拉门斯基的文献中曾经论述过。除平原新月形沙丘还可以形成于有凸坡或凹坡的平面上（图 93）。Э. 麦尔顿（Melton，1940）列举了一个新月形沙丘形成的很有意义的例子。他观察到在岩堆后形成的大沙丘末端形成单个新月形沙丘系列（图 94）。所有这些例子说明：新月形沙丘是在一些不动地形的一定的流场环境形成的。当存在相当丰富的沙，就有可能进一步自由前进运动。

图 94　在岩堆后单个新月形沙丘形成（根据 Melton，1940）

新月形沙丘风流线以及风沙流的发展，在平面形成半月形态。新月形沙丘的分类只是对单风向而言。

在单个新月形沙丘上气流分布，由空气动力学规律决定，有一定的特点。

如果仅限于单个新月形沙丘的涡流系统，在它的风影区，可以得到一个很好的水滴状的流线体（图 95），保障流体阻力最小。

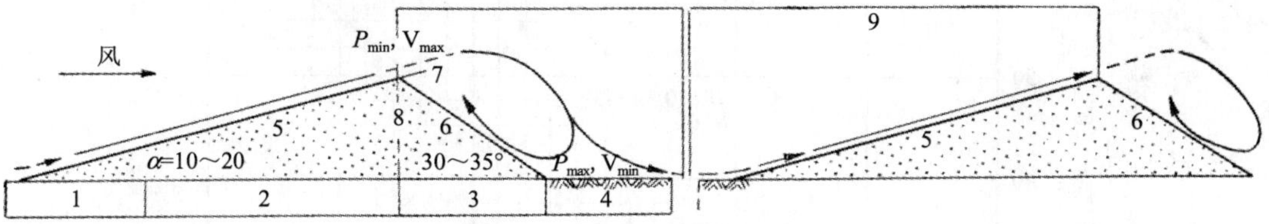

图 95　新月形沙丘纵剖面与基本要素

1—输出带；2—输移与交换带；3—堆积带；4—中立带；5—迎风坡；6—背风坡；
7—脊线；8—高；9—风沙流极限饱和路程

这个形态是几何规则形态，发生于两种不同的物理介质——均匀沙与气流。因此新月形沙丘的要素（高、长等）有一定的相关性和比例。

可以分出新月形沙丘的基本要素：高、落沙坡角、脊（图 96）。这些要素的比例，在稳定的风况与同一大小沙粒情形下是固定的。

图 96　单个新月形沙丘航空相片（根据 Melton，1940）

相应于单个新月形沙丘的基本要素，形态分类可以下列公式进行（Гвоздиков，1962）：①新月形沙丘高 $h=L\sin\alpha$，或者 $h=L0.76$，式中 L 为落沙坡长，α为落沙坡角；②新月形沙丘宽（垂直于经过脊线的新月形沙丘纵轴）$a=L1.16$；③新月形沙丘面积 $S=0.7aL$。作者曾对参数进行过验证。

Г. 费凯尔（Finkel，1959）研究了秘鲁南部的新月形沙丘要素，确定了新月形沙丘两翼角间宽度（W）与沙丘高度关系（图 97）。

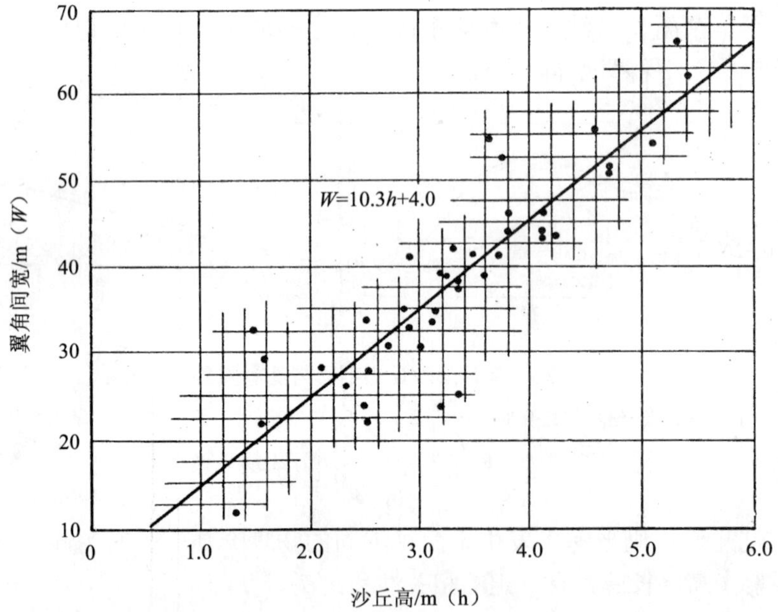

图 97　新月形沙丘两翼角间平均宽度与沙丘高度关系曲线（根据 Finkel，1959）

Г. 费凯尔利用最小二乘法建立回归方程：

$$L = 8.73h + 1.1$$

式中：L——翼角长，m。从脊线中部沿风向测量；h——沙丘迎风坡高度，m。翼角宽是与风向成直角方向测量，平均值为 37.2 m。Г. 费凯尔确定了翼角宽与沙丘滑动面有关，回归方程为：

$$W = 10.3h + 4.0$$

他曾用这些个关系式根据航空相片计算沙丘高度与移动量。

新月形沙丘的角特征很有意义。例如，细沙的落沙坡角是固定的大约为 33°。新月形沙丘两翼角轴线夹角 55°。这是物理学常量之一，是两个运动物体速度矢量线的极限夹角。

新月形沙丘与沙丘链是动态的，取决于风速风向与沙补充的均衡性或沙量，有自己的形态。新月形沙丘（沙丘链）运动的速度取决于其高度（落沙坡长）。

涡流形成于落沙坡后，并在那里形成作为流线形结果的，它给予落沙坡稳定性，在一般情况下不可能被破坏。但是整个新月形沙丘是不稳定的地貌形态。

新月形沙丘运动过程有一些规律，表现在迎风坡风沙流发展的环境与特点。因此，每一地貌形成的风都相应于一定的平缓的坡度。

在风力变弱的情形，被强风带到迎风坡上的沙不再向上输移，堆积在坡的基部，逐渐形成极限坡度，在一定的风力作用下沙沿极限坡上移。与此同时，风也将沙从沙丘的上部卸载于落沙坡。因此，新月形沙丘高度与迎风坡长相适应而降低，到现在为止迎风坡角不再与风力作用相适应。

更强的风不仅吹平迎风坡，而且开始从迎风坡的基部将沙带到顶部，直到迎风坡的坡角不再与风力相适应，即不再变陡。对于卡拉库姆迎风坡的平均坡度为 20°。

这样，新月形沙丘剖面特征表示了与风况相应的沙运动强度。可以划分三种新月形沙丘类型：①正常剖面，新月形沙丘顶部平缓；②低顶；③凸顶（图 98）。

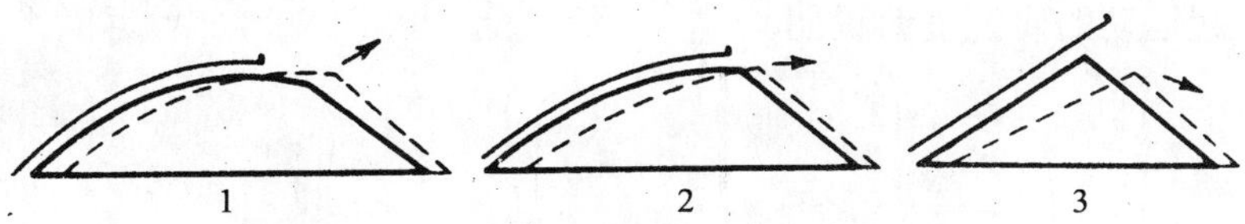

图 98　新月形沙丘剖面的基本类型（根据 Добрин，1964）

1—正常；2—低顶；3—凸顶

沙沿新月形沙丘剖面运动，不同部位是不相同的。可以划分为下列带（图 95）。

（1）风力带或风蚀带，特征是由于气流携带的沙不足，沙从沙表面脱离。这里沙颗粒从沙表面输出。

（2）输移与交换带，其特征是来自风蚀带的沙重新分配。它发生在风沙流与沙表面相撞的时刻。这引起一部分沙降落而另一部分从沙地表进入气流。由于相撞引起了对沙表面的侵蚀。进入这个带的新沙部分卸载，部分飞出进入气流，部分当风速增加时继续沿坡运动，增加了风沙流强度。

然而，当风速不大时，风沙流强度不大。可是有的地方仍然以沙纹风蚀方式强烈运动，引起迎风坡增高。这样，看不到这个带直接的风蚀过程，只是从外部带来的沙粒输移与交换过程，也进行着表面沙层以沙纹方式移动、沙颗粒的悬移与跃移。

（3）累积或堆积带，这一带的功能是，来自风蚀带经过交换带加工的沙进行堆积。这一带的特征是在脊线后形成具有水平轴的涡旋，导致落沙坡回流风的形成。风沙流携带到脊部的沙，由于惯性脊线移动一些距离，不可避免地进到回旋的涡旋中，降落在落沙坡。以沙纹的形式运动的沙粒，到达脊部，在自重作用下沿落沙坡下滑，停留到与自己重量、大小相适应的位置。

（4）中立带（新月形沙丘间低地）在堆积带后。这一带不论风力过程或堆积过程都得不到充分发展。各种现象仅具有局部特点。例如，近地表的风向并不始终与总风向相同，而是取决于地形与流线特征。在落沙坡的坡脚附近，地表风向常常与主风向垂直，也就是沿落沙坡的坡脚方向。

这样，新月形沙丘形成过程与运动，取决于沙的堆积与输移。

必须注意新月形沙丘表面沙运动的一个特点：所有沿新月形沙丘或沙丘链平缓坡运动的沙，到达脊部，将落入风影区的落沙坡，只有在它们上移到脊线的角度小于 45° 时才能进行。当角度大情形下，部分沙被沿脊线的风所携带，新月形沙丘的经典形态开始风蚀。

一般情况下，新月形沙丘的翼角顺风向，相当迅速地延伸。

风向变化不可避免地引起新月形沙丘的重建，适应新的方向。

在自然环境下不仅能经常观察到风成地貌的形成，而且能看到风成地貌的破坏。如果新月型沙丘在龟裂地上运动，会相当快地形成新月形沙丘，然后逐渐降低，完全被吹蚀，转变为风沙流。这是因为新月形沙丘在龟裂地平坦的黏土地表运动，快于在复杂的沙丘地表（Вейисов，1969）。

在荒漠中新月形沙丘或单个分布或成组分布。成组的分布有一定的几何形状。新月形沙丘分布的常见几何图形是楔型（图 99）。新月形沙丘这样的分布，引用物理学关于两球在液体中一起运动的研究资料说明。

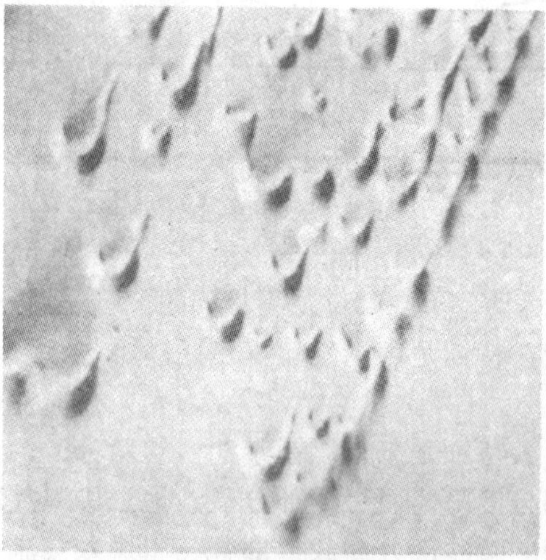

图 99　新月形沙丘的楔型分布（根据 Clos-Arceduc，1967）

“理论与实验表明，在任何液体或气体中共同运动的两球，应当是或相互吸引或相互排斥，取决于运动方向即运动的球体中心连线的夹角。当运动方向与量均衡时，运动方向即运动的球体中心连线的夹角是极限角，等于 54° 40′。如果小于 54° 40′，两球相互排斥。如果大于 54° 40′，两球相互吸引。如果两运动方向间夹角正好等于极限角，则两球不发生任何作用，既不吸引也不排斥（Шулейкин，1949，328-329 页）。”

两个新月形沙丘运动也有相互作用力。因此新月形沙丘分布以楔型或链型分布，链型可以看作为楔型的一半。

顺便提及的是，上边引证物理学证据解释楔形分布特征。在完全不同的领域竟有如此相似的自然现象。

更复杂的新月形沙丘是新月形沙丘链与新月形沙丘链系统。这些对于所有有流沙堆积与相应的风况的内陆沙漠都是典型的（图 100）。

图 100　新月形沙丘链

应当再一次确切沙漠研究文献中的两个地貌术语沙丘“дюны”与新月形沙丘“барханы”。它们经常混淆。Л. 斯戴木波（Stamp，1963）在自己编的地理术语词典中比较指出，重要的区别在于近海的沙丘“дюн”与荒漠风成新月形沙丘“бархан”形态。因此，比较准确地将荒漠以外的近海的沙堆积称为沙丘“дюнные пески”（dunes），区别于分布在大陆荒漠中的新月形沙丘“барханые пески”（barkhan sands）。

Э. 马尔顿（Martonne，1926）详细地研究了热带以外的海岸沙丘的形成，指出湿润区域沙丘以链状分布，总是对称的。迎风坡平缓。脊线波状，由一系列顺风向弯曲的弧段组成。横向新月形沙丘链可以看做是先形成的。纵向新月形沙丘链依次形成许多纵向的，或者独立平行，或者两个弯曲连接成抛物线形（也叫抛物线沙丘）。抛物线沙丘是横向沙丘向纵向沙丘的过渡形态。

按照Э. 马尔顿的观点，横向沙丘及其横向沙丘转变为平行沙丘，经历 3 个阶段

（图 101）。

（1）已经形成的横向沙丘（新月形沙丘链）在离岸方向运动中遇到灌木植物，它们与风力平行，制动单个横向沙丘的运动。

（2）在灌木之间建立了沙自由通过的环境，沙从灌木间通过，开始堆积成抛物线形沙丘。

（3）沙进一步从灌木之间通过，增加抛物线形沙丘长度，终于发育成与主导风向平行延伸的独特的沙丘。后续来的沙被风带到沙丘的转换部位堆积于落沙坡。纵向沙丘通常很快被植物固定。

与发育阶段相适应上述的沙丘的移动是完全有规律的：横向沙丘沿海岸分布，抛物线沙丘位于离岸线稍远的陆地。

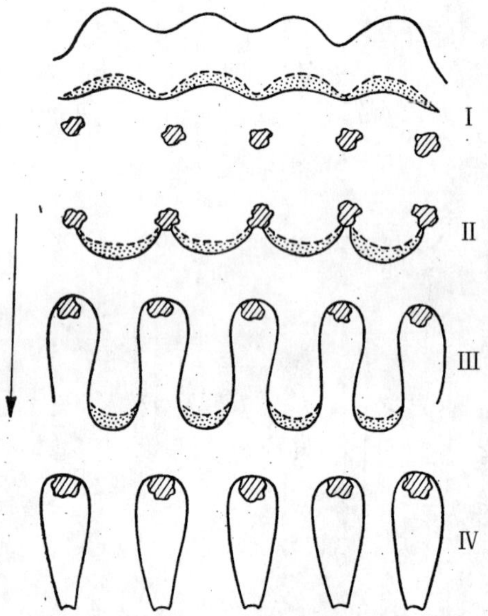

图 101　横向沙丘演变为纵向沙丘的模式（根据 Martonne，1914）

Ⅰ—横向沙丘运动接近灌木的时候；Ⅱ—植物阻滞沙丘，植物间形成纵向沙丘；Ⅲ—平行沙丘进一步形成、伸长；Ⅳ—平行风向的沙丘形成。点表示落沙坡，虚线表示沙丘的脊部

这样，在沿海区植物生长好的地段形成沙丘地貌。在这种环境下，形成的沙丘是几乎不移动的地貌。植物、林木等沙丘堆积的因素，是沙丘形成、不断增长原因，从沙源地在植物前边堆积。这一过程使沙大量堆积、沙丘不断增长，形成沙丘运动的景象。

新月形沙丘链的流线特征与单个沙丘无多大区别。新月形沙丘链可以看做是流动的积沙，具有延伸很长的两边不对称波状的埂，宽度（中亚）10～12 m、长 10 m 到几百米。迎风坡（缓）与背风坡（陡）的界限是清楚的弯曲的脊。平缓的迎风坡与地平的平均角度 10°～20°，陡的落沙坡根据沙颗粒大小在 33°～35°间变动。新月形沙丘链高度通常从 1 m 到 10～15 m 之间变化。在单向起沙风和极端干旱气候环境下新月形沙丘更高些。

新月形沙丘链的形成不应当理解为单个新月形沙丘的机械组合，如果能看到这种现象，也是极少并且面积不大，单个新月形沙丘与众多的新月形沙丘链分布（龟裂地、砾石平原上）是有界限的。新月形沙丘常发育在流沙中。

C. 维伊一索夫（1966）在卡拉库姆进行了实验验证。根据他的观测，在人工夷平的地表初始的流沙地貌形态发育成新月形沙丘链，经过下列阶段：①均匀的沙纹；②大的带状的与小的不均匀沙纹；③等坡度等高度平缓的波状，初级新月形沙丘；④对称的等高度的卵形波，新月形沙丘第二阶段；⑤对称的半月形的低新月形沙丘波；⑥具有脊线与落沙坡的低新月形沙丘波，是独立的成熟的新月形沙丘的过渡形态；⑦新月形沙丘链。在保持形成新月形沙丘的风况下，新月形形态更加稳定。

通常新月形沙丘链平行分布，以往复式、前进往复式运动（图 102）。在平行新月形沙丘链系统气流分布有一定的规律。在新月形沙丘链系统有两个相互垂直的方向。其中一个是主要的，是主风向和近地表气流的方向，决定了新月形沙丘的分布。另一个是在新月形沙丘链本身影响下，气流变化所形成的，一般垂直于主方向，形成于丘间低地的基部。这样方向的气流的形成，可以解释为背风坡压力差所形成的环流所致。在风洞的观测表明，阻障越高，在背风坡的基部负压越大。

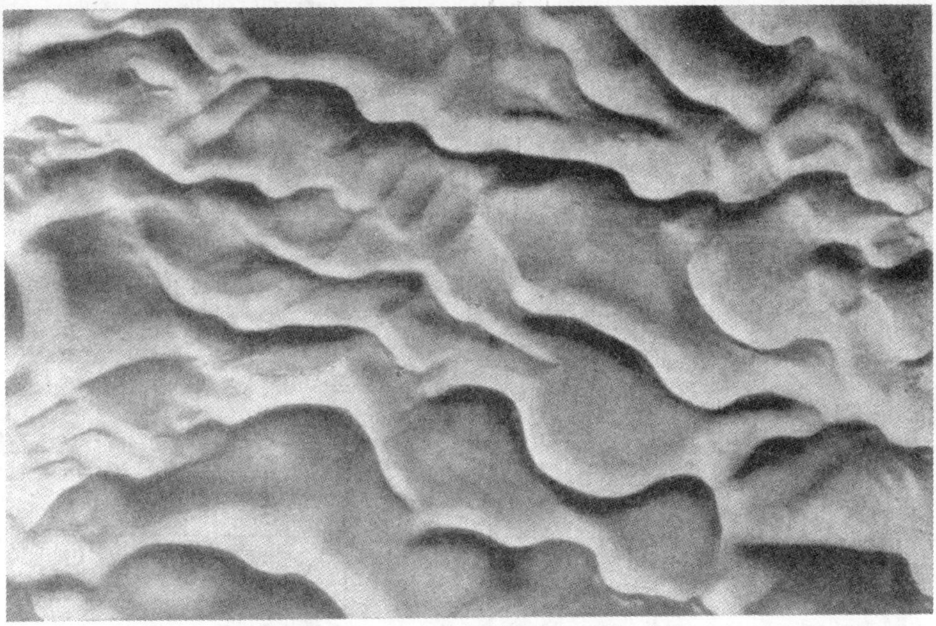

图 102　新月形沙丘链系统　航空相片

新月形沙丘链的高度（沿落沙坡坡长方向计算），在其分布区从来不是固定的，很大程度上取决于地方特征及其他环境。

在一定的风力与沙的粒度组成条件下，新月形沙丘的形态与大小是确定的。在很大面积分布的新月形沙丘，其形态的惊人相同性证明了这一点。

野外与风洞中新月形沙丘形态测量研究表明，新月形沙丘链的高度与丘间距有一定的相互关系：新月形沙丘链越高，丘间距越大。K. 顾尔邦穆拉多夫（口头通知）测定新月形沙丘高与丘间距有下列关系（平均值）。

新月形沙丘高与丘间距的关系

新月形沙丘链高度	新月形沙丘之间距离	
	最大距离/m	最小距离/m
1～3 m（138 次测量）	33.1	7.9
3～7 m（27 次测量）	46.8	8.0
＞7 m（16 次测量）	75.5	15.4

在航空相片上新月形沙丘链分布的规律性非常明显。新月形沙丘所有形态的多样性，有共同的空气动力学特征。因此，沙漠地形形成过程，必须详细分析大气附面层结构与动力以及局部涡流特征。

大气附面层通常可以理解为贴近地表的空气层，其中大气与地表进行着机械作用、热交换、水交换。这一层的厚度取决于这一过程的长度与强度，可能达到几公里。

大气附面层也可以看作很薄的具有不同物理特征的空气层。最活跃的近地空气层 30～50 m。

分析近地表层中风在地形形成的作用中，最有意义的是与涡流有关的对流过程。它在很大程度上决定了荒漠堆积地形的特点。涡流在不同的大气附面层中有不同的规模与效力，形成多层地貌系统。在荒漠环境中所看到的风成地形形态形成过程证实了这一点。

近地表空气层不同规模的涡流系统形成分 3 个阶段（图 103）。它们与主风向垂直。每一涡流系统与地表面干沙相互作用，形成一定的风成地形形态。

（1）Ⅰ阶段微涡流，直接近地表，波长几厘米，风成沙纹（图 103，1）；

（2）Ⅱ阶段涡流，波长 30 m，新月形沙丘（图 103，2）；

（3）Ⅲ阶段涡流，厚度达 300 m，最大的风成地貌——复合新月形沙丘链（图 103，3）。

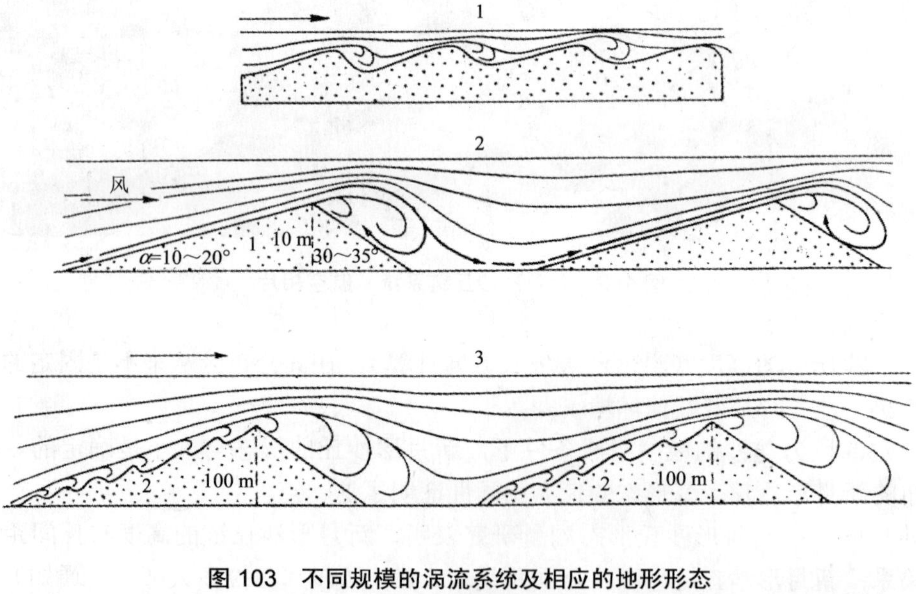

图 103 不同规模的涡流系统及相应的地形形态

1—沙纹，高度 1.5 cm；2—平行新月形沙丘链系统，高度 10～15 m；

3—复合新月形沙丘链，高度达 100 m

上述的涡流阶段没有固定的界限，最大的涡流系统自我干扰会更小些。

上述阶段的地貌形态的动力过程与形态学特征，有许多共同点。与涡流大小相适应。

每一地貌形态地表涡流特征具有不同规模，但是同一类型。涡流的纵轴与形成地形的风向相垂直。与风成地形相应的涡流也与形成涡流的风相垂直，运动是缓慢的，形成理想的流线体，从沙纹到复合新月形沙垄。

复合新月形沙垄上堆积沙，在平缓的迎风坡上分布平行的新月形沙丘链。这些一个接一个相距较近的链，形成一些类似阶梯。Б. А. 费道洛维奇（1964）将这样的风成地形称为“综合新月形沙丘链”。背风坡是陡的落沙坡，通常角度 30°～33°。垄长从半公里到几公里，高度达 100 m。

一般复合新月形沙垄分布与主风向垂直。它们是在新月形沙丘链系统前进式运动过程中形成的，阻滞了新月形沙丘链系统的运动。

在航空相片上，可以看到单个新月形沙丘向平行新月形沙丘链的变化，以及向复合新月形沙垄变化过程中的典型特征（图 104）。

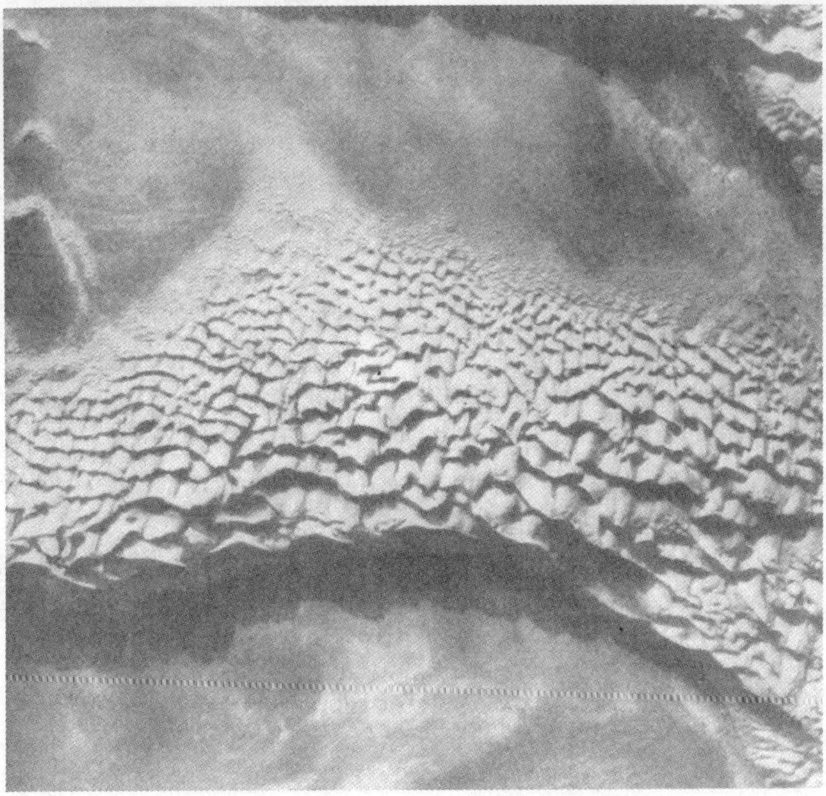

图 104　土库曼西部新月形沙垄　航空相片

复合新月形沙垄分布面积有限。Б. А. 费道洛维奇（1961）在中亚与西土库曼，朱震达（1962）在亚洲中部塔克拉玛干沙漠，П. 梅格斯（1966）在阿塔卡马沙漠，分别研究过。这一地貌形态在北美荒漠非常典型。例如，尤马区（亚利桑那）类似的照片被O. 艾格里（Engeln，1948）引用于地貌学教科书。复杂新月形沙垄形成很长时期，几百年甚至上千年。

最有意义的但也是少见的新月形地貌，是分布在阿塔卡马荒漠的塞丘拉（Sechura）的单一型复合新月形沙丘。在Э. 马尔顿（Martonne，1948）、П. 科索可（Kosok，1952）的专著中有其航空照片。这一种新月形沙丘地方名称叫塞罗波波（Cerro Pur-Pur，音译），（图 105）。复合新月形沙丘的形成，是由普通的单个新月形沙丘与沙丘链有规律堆积而成，但保持一般经典形态。因此沙丘的兽角是有一系列小的新月形沙丘一个接着一个组成。

图 105　在阿塔卡马荒漠（秘鲁）单一型复合新月形沙丘（根据 Kosok，1965）

这种独特的风成地貌，可能只在气候非常干燥和一个非常活跃的主导风向环境下形成。

新月形沙丘风成地貌形态在单一风向下的演化，Б. А. 费道洛维奇进行了详细地描述（1956，图 90，1～6）。

在两个季节性风向相反风力相等的风作用下形成的地貌形态　在这样的风况下形成纵向新月形沙丘与沙丘链，但运动形式是往复式。由于这种新月形是在交替风作用下形成的，也形成了经典形态，但具有镜像性。当新月形沙丘或沙丘链变换形态时，剖面比较复杂。

这种与风向垂直的新月形沙丘链系统形成的原理，仍然可以用物理规律解释。新月形沙丘链的往复式运动，可以看做是两个方向相反大气波干扰所产生的波动过程。在这种情形下，平行分布的新月形沙丘链，可以看作固定的波系统。

在两个风向相互垂直风力大致相等的风作用下的地貌形态　在这种情形下，单个沙丘将由原始状态变形为垂直沙丘。在新月形沙丘链上变化更复杂。正如上述，在落沙坡气流变为与主风向垂直。在这种情形下，主风向将变为更强烈的沿丘间低地运动的风。因此形成了坡度不对称的埂，即新月形沙丘链之间的横堤。

深厚沙层在经常性的交替的相互垂直的风作用下，形成蜂窝状新月形沙丘，其中新月形沙丘链总的分布是相互垂直的。在比较平缓的非沙质地表形成十字交叉的新月形沙丘与沙丘链。

在两个锐角相交（小于 45°）的季节性风作用下形成的地形　在这种情形下形成对称的新月形沙丘、沙丘链，随时间变化转变为纵向沙垄，P. 拜格诺（Bangnold，1941）将其称为“赛夫”沙丘（图 106）。应当指出，P. 卡保-列依（1958，138 页）不仅将纵向沙丘而且将横向沙丘理解为“赛夫”沙丘。

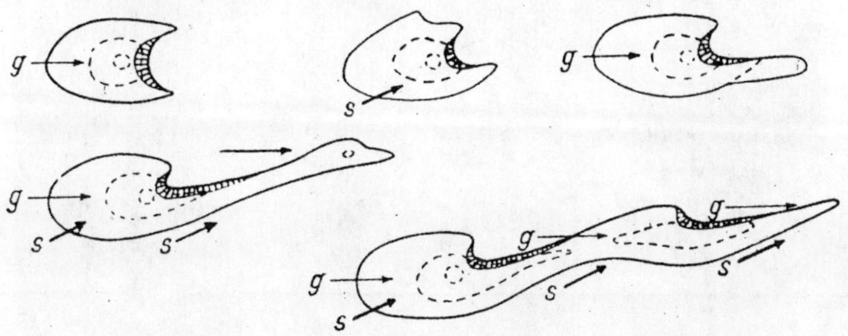

图 106　纵向新月形沙垄—赛夫沙丘的形成略图（根据 Bangnold，1941）

s—强风；g—弱风

除赛夫沙丘，P．拜格诺描述过自由堆积沙，称为“鲸背”沙丘（whaleback）。它们是在类似的风况下形成的，不过沙堆积比较厚。

在平坦的平原由于来沙有限（盐碱地、龟裂地、构造平原），在上述风况下形成独特的直线形沙垄（图 107）。这种沙丘见到的比较多。亚洲中部广阔范围，作者仅在柴达木通往格尔木公路 94～97 km 处的盐碱地研究过线形沙垄，沙垄从东南向西北（北西 70°）延伸，长 1～5 km，高 26 m。它们几乎是等坡度，西南坡稍陡。细颗粒沙强烈盐化，因此沙垄分布在沙质疏松的湿盐碱地上。沙垄上无植物生长。直线形沙垄的基部，有很多大的沙纹，与沙垄轴相垂直，也就是西南—东北（北东 25° ）。沙纹长 2.5 m，高 10～15 cm，由粗颗粒沙构成。

另一线形沙垄分布在柴达木盆地的中部，在那仁郭勒河、台吉乃尔河、乌图美仁河的下游之间。沙垄长达 5 km，宽 50～100 m，高 5～17～30 m。从东南向西北（北西 60°～65°）延伸。这些线形沙垄是由单一的新月形沙丘与不大的与线形沙垄垂直的新月形沙丘链组成。新月形沙丘链方向为西南—东北（北东 25°～30°）。研究是根据航空相片资料进行的。这是柴达木荒漠的奇观之一。

其分布在中亚卡尔希草原（乌兹别克斯坦）的龟裂地上类似的线形沙垄，长 1～2 km，相互平行。

形态与线形沙垄相似几乎无植物生长的沙丘，在澳大利亚荒漠广为分布（Madingan，1946；Mabbutt，1968；等）。它们在这里形成于平缓的构造平原上（图 107）。这样的沙垄在利比亚荒漠常见，许多人研究过（Beadnell，1910；King，1918；Ball，1927；Bangnold，1931；Kadar，1934；等）。

上述线形沙垄的主要形成于不同成因的平原。主要是广阔的盐碱地、龟裂地与构造平原。在深厚的干沙区很少见。

虽然流动新月形沙丘的地貌形态取决于风况，在自然界同一地方实际见到的，有横向风成地形，也有纵向风成地形。柴达木的风成地貌形态是这方面的例子（亚洲中部，图 108）。

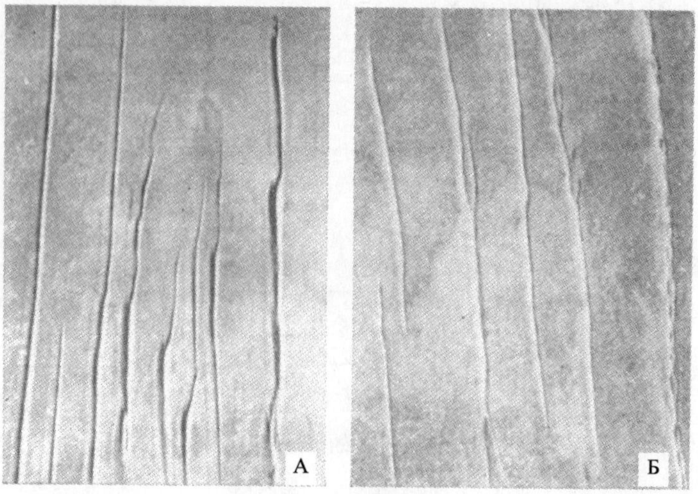

图 107　线形沙垄

A）在柴达木盐碱地上的线形沙垄；Б）在中澳大利亚西北的构造平原上的线形沙垄。

（根据 Mabbutt，1968）

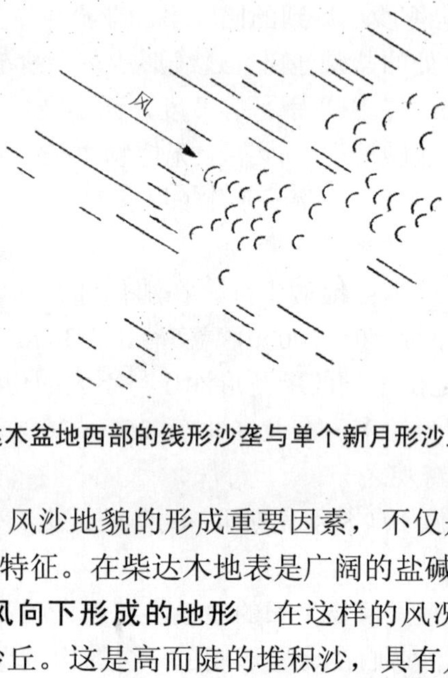

图 108　在亚洲中部柴达木盆地西部的线形沙垄与单个新月形沙丘（根据航空相片转绘）

在柴达木的观察表明，风沙地貌的形成重要因素，不仅是形成地貌的风向，而且还有形成风成地貌的下伏地表特征。在柴达木地表是广阔的盐碱地。

在多于两个地形形成风向下形成的地形　在这样的风况环境下形成独特的风成堆积——金字塔形的新月形沙丘。这是高而陡的堆积沙，具有几条脊线与落沙坡，放射状分布。高达 200～300 m。

如果在航空相片上仔细研究金字塔沙丘，可以发现分布有一定规模（图 44）。

一些荒漠金字塔沙丘的形成以及棋盘格式分布，可能是在大气存在蜂巢状的对流。在荒漠中形成蜂巢状或棋盘格式对流的环境，是有广阔的同一类型的地表沉积、获得大致等量的太阳辐射。它们通常分布在砾漠、龟裂地。根据Г．拜拉尔德（Benard，1900）的实验分析，荒漠中这样的表面就像巨大的平板，其上由于太阳强烈增温形成蜂巢状的垂直对流。

蜂巢状对流是特殊类型的环流。热空气不是整个层状上升，而是独立的蜂巢状上升，中部上升、边缘下降。开始形状不规则，这些蜂巢很快形成等六边形，分布在沙垄上。蜂巢状的对流在厚层大气形成高度达几公里。在大气中，这些蜂巢状对流形成形态规则的高密度云系或羽毛状高密度云系。与地面上金字塔沙丘对应的蜂巢状云系，也具有规则的几何形态。

金字塔沙丘形成的必要条件，是有固定的风成沙源，或者是输移沙，或者是就地形成沙。

有时候金字塔沙丘具有基岩核。在这样的情形下，沙堆积在残岩或山丘的周围，随时间变化掩埋到顶部。这样的沙丘在亚洲中部（阿拉善）就有。

金字塔沙丘不移动，仅脊线取决于起沙风向发生摆动。世界所有荒漠都可以见到金字塔沙丘。在撒哈拉（东部大厄格、西部厄格、舍什沙漠等）及沙特阿拉伯特别多。在亚洲中部的巴丹吉林沙漠（阿拉善）和塔克拉玛干沙漠很常见。

上述没有植物参加的风成地貌的形成，不仅取决于地貌形成的相应的风，而且取决于形成这种地貌的地表特征。许多研究表明，单个新月形沙丘经常在平缓的平原——砾漠、龟裂地、山前平原。比较复杂的蜂窝状与金字塔沙丘是广阔的堆积沙漠的特有地貌。

从以上论述可见，对流型的风成地貌相应于一定的风况。它们的相关性是由空气动力学规律所决定的。知道这些规律，就可以根据区域风况，预测可能的风成地貌形态。也可以解决相反问题，分析地貌形态确定区域风况类型。

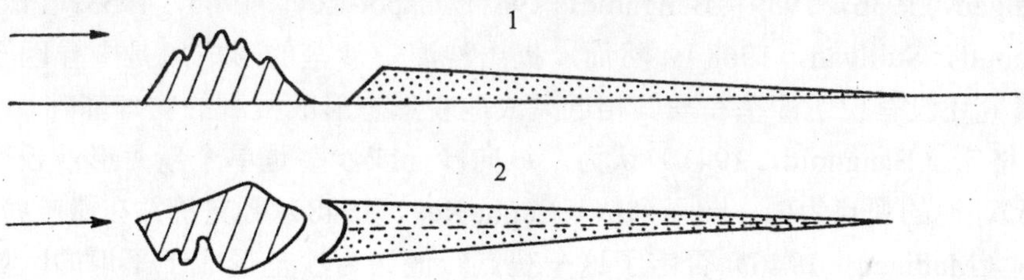

图 109　风影沙丘分布略图 根据航空相片编绘（根据：Островский，1966）

1—剖面；2—平面

在自然机械障碍附近形成的地貌形态　这是在残山、山岭、独立的陡崖与石块附近形成的独特的风成地貌。规模取决于障碍物的大小，从独立的石块前的不大堆积到巨大的沙垄——风影沙丘。

它们形成的空气动力学机理不同。其中一部分形成于不可穿透的障碍绕流体之前，形成与主导风向垂直的沙埂，另一部分形成于绕流体附近，在绕流体后形成风影沙丘（图 109）或新月形沙丘系列（图 94）。

风影沙丘（umbraces dunes）是非常长的沙埂，顺主导风向延伸。风影沙丘在许多荒漠被研究过：在撒哈拉-杜富尔（Dufour，1936）；在亚利桑那-Ф. 米尔顿（Melton，1940）；在中亚-Э. Н. 布拉果夫什斯基（1948）И. М. 奥斯特罗洛夫斯基（1966）。这种风影沙丘很清楚的航空相片引自Ф. 米尔顿的文章（图 9，图 10）。在山岭后分布平行延伸的沙垄。长度很长（达几公里），高 15～20 m，宽 100～150 m。

风影沙丘形成非常简单。它们形成于被隔离的高地之后，风沙流碰到这样的障碍，从两边绕流。这样两侧的气流密集流速增大，沙被高速气流从两侧带走，在障碍物后气流形成一系列涡旋，致使压力减低。在这种情形下流速降低沙开始堆积。形成顺风向延伸的等坡度的有中脊线的沙垄，随着远离障碍物高度逐渐降低。在沙垄的尾部，气流辐合，流速恢复到初始状态，沙无障碍地输移。

到目前为止，关于所有类型纵向、横向新月形沙丘风成地貌形态的形成问题解决了。它们形成是堆积沙在不同的风况下形成的。这一观点为大多数研究者所接受。但是正如P. 卡保-列依（1958）所指出的："仅有很少符合这一规律，还有一系列例外，应当解释风通过什么方式确定了沙丘的方向。显然，还有横向沙丘与主风向一致的主体地貌方向之间的矛盾。换句话说，沙丘如何转化为纵向沙垄，而赛夫沙丘如何转化为横向沙丘？这一问题有两种答案，第一种是由于发生侵蚀，第二种理论是由于堆积"（140-141 页）。

横向新月形沙丘的形成研究者的解释是完全可信的。平行风向的沙垄（线形沙垄、赛夫沙丘）的形成机理揭示得还不够，需要深入研究。

在苏联地理学家中，关于中亚荒漠沙垄的形成有两种观点。一种（少数）认为，沙垄的形成不仅与风的活动有关，而且与土兰平原第四纪的侵蚀活动有关（Макеев，1932；Геллер，Кунин，1933）。第二种是比较普遍观点，风是沙垄形成的主导因素。这一结论是在详细分析大量沙漠航空相片和气象站资料的基础上，在Б. А. 费道洛维奇的著作中比较完整地（对于亚洲荒漠）予以揭示（1940，1948a，1948b，1956，1964）。

撒哈拉和澳大利亚的研究者也发展了沙垄形成的风成观点（Bourcart，1928；Aufrere，1931；Madigan，1936，1939；Bangnold，1941；Capot-Rey，1945，1953；Price，1950，1964；Mabbutt，Sullivan，1968）。然而，提出沙漠中沙垄的形成风是主导因子，所提到的研究者终究还没有说明沙垄和与其相近风成地貌形态形成机制的物理基础。

P. 拜格诺（Bangnold，1941）认为，纵向沙丘或沙垄是单个新月形沙丘变形所形成的（图 106）。他的观点为P. 卡保-列依（Capot-Rey，1948）所支持并在撒哈拉予以发展。K. 梅基盖（Madigan，1946）否定了这一观点。他认为沙垄形成于平坦的区域，无新月形沙丘阶段。他认为初始形态是与风向平行的沙带，是在两个与沙带轴线夹角小于 45° 活跃的风向周期性作用下形成的。

初始沙带的形成可以解释为风沙流的涡动性所致。如大家所知，气流具有层流的特征，单个层流的方向与速度很快变化。在变化过程中发生层流的交错，自然会产生相互干涉。按照物理规律，干涉会产生同一周期的复杂的波。这会引起波幅的增强或减弱，取决于叠加波相的相互关系。如果是同一波向，所形成的波增强，如果是反波向则相互减弱。结果形成干涉带。

在复杂的同向波情形下，流速增大引起地表土壤风蚀，形成吹蚀沟。如果反向波，流速减低，开始沙带的堆积。进一步，按照K. 梅基盖（Madigan，1946）的意见，沙带增高伸长，转变为沙垄。对于这一过程的必要条件，是存在两个周期交替的风且夹角小于 45°。沙垄轴是风向变换的结果。在这样的风况下，尽管过程很缓慢，但稳定地增长保持线形。

由于沙垄的空气动力学特征，沙从沙垄输移是不可能的。落在沙垄上的沙，是当两侧风向转变时，沙从一侧撒落在类似风影的另一侧，沿沙垄坡滑落。这一结论的正确性的证据是沙垄的延伸特征。沙垄的形成与分布，受两个周期性变换方向的风的作用，形成于不可穿透的障碍物之后。在沙垄的形成过程中，没有固定的主风向，而只有周期性从一方或从另一方来的风流。

当后续的与沙垄轴平行的风作用下，可能携带大量的沙在已经形成的沙垄上形成横向新月形沙丘链。正是这样的地貌形态称为“赛夫沙丘”，在撒哈拉被研究过。

Э．马克-凯，Д．基比特斯（McKee，Tibbits，1964）深入研究了砾漠上的线形新月形沙丘。详细地研究了利比亚这种沙丘的结构。解释线形沙垄的形成原理是等作用的风形成，与上边的论述相符合。这个解释最真实，完全符合沙堆积、输移的空气动力学特征。作者（Петров，1967）在柴达木沙垄剖面中观察到类似的情景（图 110）。

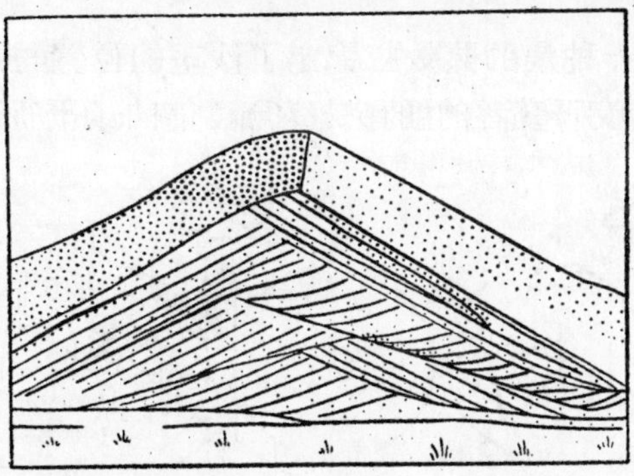

图 110　利比亚沙漠线形沙垄中的交错层理（根据 McKee，Tibbits，1964）

Б．А．费道洛维奇（1956）解释的沙漠风成地貌形成过程不太具体。他写到“所有风沙地貌的形成受一种螺旋状涡流影响。它们或者具有垂直轴（下降气流或上升气流），形成方向不定的风沙地貌，或者具有与风向平行的水平轴，也就是顺风向绕轴螺旋运动，形成纵向堆积—风蚀沙垄地貌。在风沙流有障碍的区域，螺旋状的涡流密集、转向，形成垂直风向的风沙堆积地貌。在涡流碰到山体或高大的峭壁，与基部碰撞—不反射—与其相交，形成复杂的综合金字塔沙丘”（134 页）。关于沙垄的形成，Б．А．费道洛维奇写道“风沙地貌形态沿着主导风向延伸，确切一些是在等作用的风作用下，沙丘形态是长形、对称、平行的垄状”（1956，133 页）。

可是Б．А．费道洛维奇的沙垄形成的说法有一些矛盾。正如大家所知，等作用的风的方向经常与形成地貌的风不相符合，它们之间的差值达 90°。

这样，在文献中广泛引用“沙垄平行于主导风向”的结论，需要修正。更确切的另一种表达是：“沙垄分布与等作用的风向平行，等作用的风向与沙垄长轴夹角 45°。”

关于流沙、风活动特征，Ж．杜比耶夫（Dubiief，1952）得出类似结论。提出了它们一年运动结果的指征。

关于纵向沙垄的形成过程，С．哈恩拉（Hanna，1969）提出了与Б．А．费道洛维奇相似的解释。他认为形成的原因，是发生在赤道附近的信风环境下，形成的纵向螺旋形涡流所致。

很多气候学家在赤道附近观察了大气附面层气团动力特征，指出这里纵向涡流是涡流运动的主要形式，其方向与气流运动的方向大致相同。涡流的波长是附面层厚度的 2～3 倍。按照Дж．凯特涅尔的观测，螺旋型的涡流形成的必要条件有以下几个：①平缓的陆地下垫面，平稳的增温；②风向随高度变化不大，且风速高于正常风速；③风速剖面为陡曲线—从地表开始强烈上升，到达 1 km 高度后减低。

在这样的空气动力条件下形成长的线形沙垄系统，与主风向平行。

对于平行的纵向沙垄系统的形成，除了稳定的单一风向外，还必须有形成沙垄的同一类型的地表。在荒漠中这样的地表是砾漠、龟裂地、盐碱地。同一特征的地表保障了增温的同等性。由于这些能够产生比较稳定的纵向螺旋形涡流，形成平行的沙垄系统。

C．哈恩拉（Hanna，1969）研究了北美热带区域与阿拉伯的大气附面层垂直流的特征，指出：这些荒漠的纵向沙垄，是在两个反方向纵向螺旋形涡流的辐合带形成的（图 111）。

由于沙的热传导较低，荒漠的热效应稳定了沙垄的位置与螺旋形涡流系统。因此沙丘比丘间低地温度高。这就引起辐合性的空气环流，空气环流形成纵向螺旋形涡流。

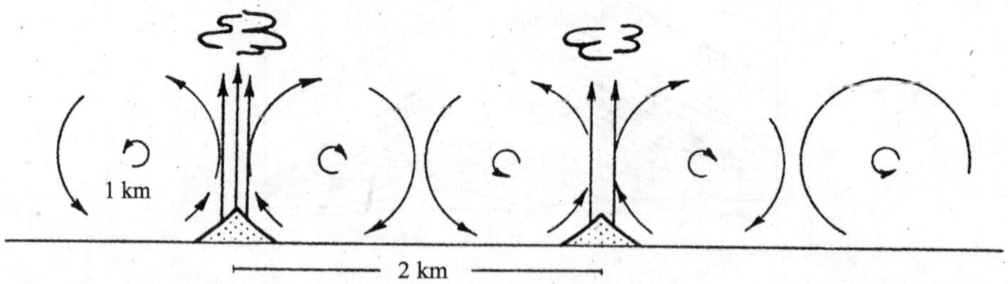

图 111　表示纵向沙垄和云道形成机理的附面层纵向涡流剖面（根据 Hanna，1969）

在信风带的气象环境促进了大的螺旋状涡流的形成。第一，世界信风带最稳定。第二，信风带东部地表气流通常转变为西部上升气流。最终由于一定规模的涡流（整个大气附面层），在 1～2 km 的高空发生信风温度的倒置。稳定性问题的理论分析表明，最不稳定的涡流的波长高于附面层厚度的 2～3 倍。在信风带的涡流理论波长为 2～6 km。

纵向沙垄相互间分布的平均距离为 2～3 km。这样，涡流波长的理论分析值，与实际观测的纵向沙垄平均分布距离相符合。

在荒漠分布区域缺乏足够的气象观测，C．哈恩拉不可能解释在不同的荒漠纵向沙垄的分布距离差异。例如，在卡拉哈里和澳大利亚纵向沙垄间的距离，是撒哈拉和沙特阿拉伯的沙垄间的距离的 1/5。可能是由于风速和信风倒置高度所致。

在荒漠中见到的纵向线形沙垄以及棋盘格分布的金字塔沙丘，可以看作类似云系，或者是大气附面层对流过程，或者是地表对流过程。

新月形沙丘与沙丘链的运动

新月形沙丘的运动，是由于沙从输出带输移、交换、跌落在堆积带，沙丘沿风向缓慢移动。新月形沙丘移动的方向与速度，取决于风速风向、流沙的量、沙的机械成分与湿度。

特别强调的是总的规律，新月形沙丘的移动速度反比例于沙丘的大小。在同等风速条件下，大的新月形沙丘与沙丘链移动速度小于小新月形沙丘。这是由于一定的风力搬运大沙丘大量沙需要消耗更多的能量。

在野外确定新月形沙丘与沙丘链运动有一定困难。因此，流动沙丘地貌几何形态测量，只能获取一些形态参数。野外最容易测量的是平缓的迎风坡、落沙坡的坡长，以及新月形沙丘翼角间距离。这些数量能确定不同形态地貌的体积。

在说新月形沙丘运动速度时，应指出起沙风速与沙丘的基本参数。然而在文献中不是经常有这些数据。新月形沙丘运动的研究者仅仅指出其高度。这在某种程度是对的，沙丘的高度与其他参数甚或与风速都有固定的比例关系。

这样的观测在许多荒漠都进行过。例如，Г．费凯尔（Finkel，1959）与C．哈斯特拉斯（Hastenrath，1967）给出了南秘鲁沙漠年平均风速 5.3 m/s 条件下，细沙组成的不同高度新月形沙丘移动速度。

南秘鲁沙漠平均风速 5.3 m/s 下新月形沙丘移动速度

沙丘高度/m	1	2	3	4	5	6	7
新月形沙丘移动/m（1955—1958 年，Г．费凯尔）	32.3	22.0	16.8	14.5	12.2	11.5	9.2
新月形沙丘移动/m（1958—1964 年，C．哈斯特拉斯）	47.0	39.0	26.0	27.0	28.0	17.0	—

C．哈斯特拉斯将自己在Г．费凯尔观测的同一区域所作的观测数据，与Г．费凯尔数据作了比较，认为 1958—1964 年新月形沙丘运动速度，快于 1955—1958 年运动速度。甚至同一高度的沙丘运动速度差别很大。5 个高度为 5 m 的新月形沙丘同一期间运动距离为 22～32 m。可惜作者没有说明观测期间的风况。

引用的数据对所有细颗粒沙的沙漠，是有一定的典型性。它的准确性很高，因为符合作者所取得的大量准确的资料（重复航空摄影，1955，1958，1964）。

在克孜勒库姆荒漠的南缘，高度为 4～5 m 新月形沙丘链前进式的运动速度为 12～15 m/a，比较小的新月形沙丘运动速度快一些。列彼达克（土库曼西南）的流动沙丘是属于这种前进式运动类型。这里全年强烈的东北风，使小沙丘前进式的向西南方向每年运动 130～135 m，沙丘高度一年内从 4～4.5 m 变化为 40 m。

Г．彼得涅尔（Beadnell，1910）给出了在埃及（哈里杰绿洲）1 年期间观测的单个新月形沙丘运动速度数据。

埃及单个新月形沙丘移动速度

新月形沙丘高/m	移动/m
20.9	10.9
17.0	10.8
11.0	16.2
10.5	18.8
4.0	18.4

4 m 高沙丘移动速度有些疑问。

所引用的新月形沙丘运动强度的数据具有局域性特征，只有在沙丘运动速度与沙丘大小、风力强度相互关系研究的基础上，沙丘运动速度才有普遍意义。

P. 拜格诺（Bangnold，1941）在这方面做了很多工作，他提出公式$C—\frac{Q}{y^h}$，公式表达的是：新月形沙丘运动速度与脊部上沙的流动速度正相关，与落沙坡的高度反相关。在式中：C——新月形沙丘运动速度；Q——新月形沙丘脊部上沙的流动速度；y——单位体积落沙比重；h——落沙坡高度。

类似的研究应当继续深入。

正如上边所提到的，新月形沙丘链的脊部后，在空气稀薄带，形成自己的风流特点，使沙从侧旁输入，沿地表或以堆积形态运动。这一运动是与沙丘运动的主方向垂直。这部分沙经过新月形沙丘的脊部，但不落入落沙坡，沿着沙丘链方向被带走。

侧向输移的沙量用公式$m\sin\alpha$ 计算。其中 m——经过沙丘脊部单位长度输沙量；α——与脊线垂直的落沙坡的坡度。这里应当纠正的是，垂直风向的基部上 1 m 宽，落沙坡角α，在 1 m 宽度范围降落的沙量是$m\cos\alpha$ （Добрин，1965）。

这样，新月形沙丘系统的运动不光是前进式的，而是在丘间低地平行于脊线，也就是垂直于主导运动方向。比较大的地貌形态——复杂的新月形沙垄的运动与主风向垂直。在沙丘的陡坡后，所有新月形沙丘链后都这样，局部气流垂直于主导风向。沙的两种运动类型在航空相片的地貌形态上反映得很清楚。

风况的不同组合形成流动沙丘四种不同的运动特征：前进式；往复式；前进—往复式；混合式（图 112，图 113）。

前进式对于产业发展是最危险的。在这种情形下，主导风向是某一方向，反风向很弱。沙丘总的是不断运动，占据了越来越多的面积。这种情形沙丘的运动过程很简单（图 112，2）。世界很多荒漠沙的运动是这种类型，主要是中亚（土库曼西南）、亚洲中部（柴达木南部）、秘鲁南部、撒哈拉中部等。

流沙往复式运动类型在这样的区域，一个方向的风能与其相反方向的风能基本相等。形成的新月形沙丘链具有典型的流线型特征。初始风向变为反风向后，将使新月形沙丘链的脊部后移，形成弯曲的沙脊线（图 112，1）。随风吹时间增加，在反方向最终形成落沙坡，重新建立剖面，沙丘形成很好的流线体，但是在相反的方向。

流沙往复式运动使经济体——井、农田、少数工业设施遭受掩埋。影响的区域位于大量流沙的边缘，在这里沙从新月形沙丘链的分布区边缘输移到经济区。此外，由于局部地貌特征风况发生了变化，发生持续性流沙入侵。

在许多沙漠中往复运动的流沙很典型。中亚分布在卡拉库姆东南，亚洲中部分布在鄂尔多斯和塔克拉玛干许多区域，在撒哈拉分布在季风区。

在一些荒漠区，风况特征不是一个风向与另一个反风向。甚至在一些年这样的风向不变化，或多或少固定地作用流沙。这一运动类型是前进—往复式（图 112，3）。这样的沙丘运动类型，可能在许多沙漠可以发现，但是目前证据还少。这一运动类型在下列荒漠比较典型：中亚卡拉库姆东南部、北部，亚洲中部的鄂尔多斯中部、阿拉善、塔克拉玛干边缘。

混合运动类型发生在有几个地形形成风向的区域。在这种情形下，沙丘运动无一定的方向性。这样区域的风成地貌形态缺乏明显的方向特征。在这样的环境下优先发育的是金字塔沙丘，以及类似的地貌形态。

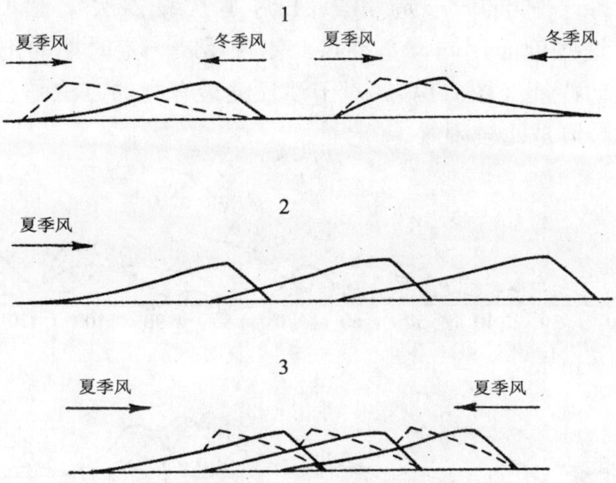

图 112　新月形沙丘运动类型

1—往复式；2—前进式；3—往复前进式

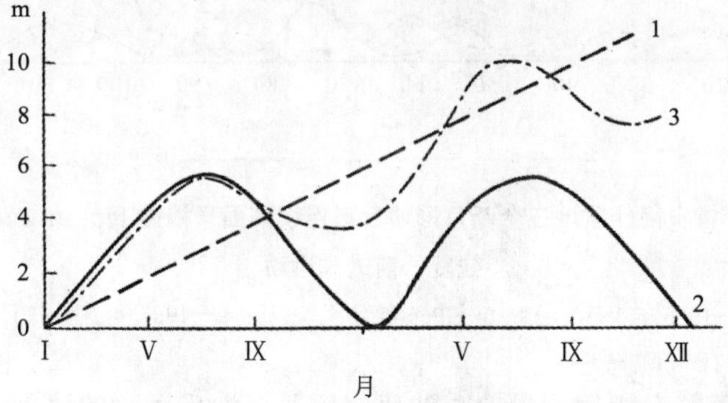

图 113　沙运动曲线

1—前进式；2—往复式；3—前进往复式

大的新月形沙垄、金字塔沙丘、大的单个新月形沙丘，实际上是不移动的，特别是基部被植物固定。全年的风移动的仅仅是最上部，整个沙丘是不动的。

根据直接的或间接的地面标志（存在堆积层理、风沙场、通道、植物等），很容易确定沙运动类型。比较准确的新月形沙丘运动速度的信息，可以有专门仪器进行 1 年或多年定位观测（Кунин，Петров，1934）。为了确定水平移动速度及测量新月形沙丘链高度，在沙丘链的脊部分小区插一些测杆，每一小区编号。每月 3 次观测：从测杆到新月形沙丘脊线最短距离测沙丘脊部移动；移动的方向（方位角）；脊部高度。所有观测数据记录在专用表中，根据这些数据绘制沙丘运动曲线图。

图 113 是引用的列别捷克区（卡拉库姆）新月形沙丘链的运动曲线图，是典型的往复—前进式的运动。正如曲线图所表示的，所有的新月形沙丘从一年到另一年几乎是在初始位置。当前进运动时曲线以一定斜率向上，然后向下。斜率与运动速度相对应，斜

率大运动速度高，反之亦反。

一些研究者利用另一种方法——周期法（1 月 1 次或 2 次），借助测角仪编绘实验区新月形沙丘横剖面。这些剖面用同一基准点。比较反映一定时期的剖面，能够分析新月形沙丘与沙丘链的运动特征（图 114）。对于沙丘链最有利的方法是在开阔区域进行新月形沙丘重复地形测量，但是比较困难。

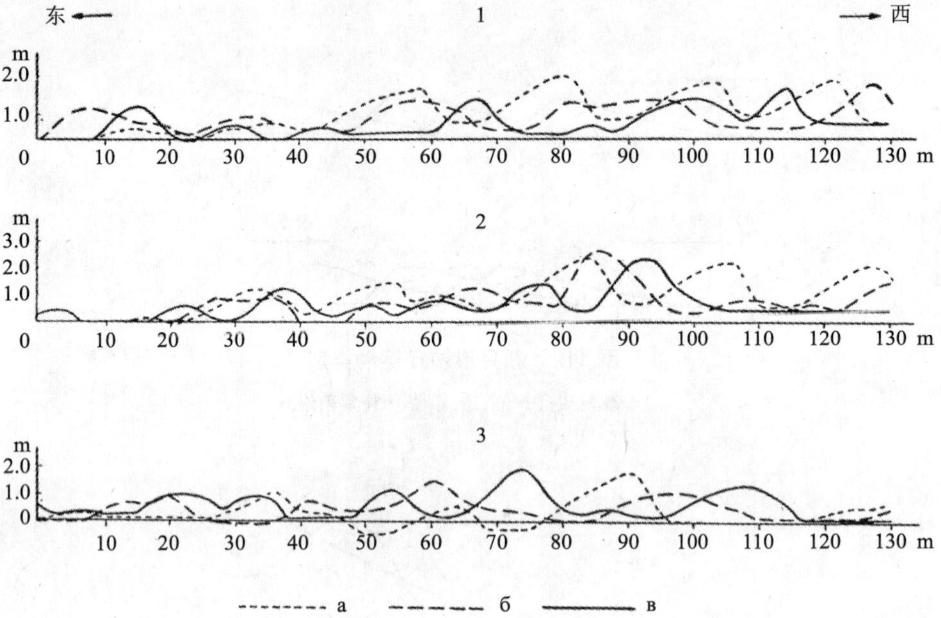

图 114　中亚萨雷卡梅什盆地三个新月形沙丘链连续剖面（根据Чередниченк，1970）往复—前进式运动

а—1966 年 3 月 27 日；б—1966 年 10 月 22 日；в—1967 年 7 月 17 日

近年来利用重复航空相片测量的方法研究新月形沙丘运动的速度与特点。这种方法应当认为是最有效的，因为给研究者大量的准确的第一手资料。Г. 费凯尔（Finkel，1956）、С. 哈斯特拉斯（Hastenrath，1967）在秘鲁南部所进行的工作，是这方面研究的范例，他详细地研究了新月形沙丘运动的特征。

固定沙丘形态

在自然界对植物在风沙地貌形成的作用观测表明，植物对流沙作用非常大。具有一定生物特性（根系长，根蘖萌生能力，不定根）的先锋喜沙植物，能够改变部分积沙与吹蚀，影响新月形沙丘的特征，强烈改变其流动性。一些灌木（沙拐枣）在自己周围阻滞了新月形沙丘链的一部分，形成大的灌丛沙堆。在继续流动的过程中新月形沙丘链被分割，更有利植物的生长。这样，新月形沙丘链逐步转变为许多灌丛沙堆。

在流动沙丘上出现植物的第一阶段，引起地貌形态的平缓化，新月形沙丘的脊线几何特征消失，出现比较平缓的大灌丛沙堆形态。在植物参与下地貌发育的总进程，正如Б. А. 费道洛维奇（1956）所发现的，朝着破碎化程度增加、形态由高到低趋势发展。

进一步在丘间低地与灌丛沙堆之间开始生长短命草类植物，积沙变密实失去了移动的可能性，因为风沙流经过长有植物的沙表面，在灌丛草被阻挡下不断降低活动能力。然而即使固定沙丘仍然有部分沙流动。

在不同风况和新月形沙丘原始地貌情况下，新月形沙丘的固定过程中，形成不同的固定沙丘地貌。

现代气候环境，一般来说，对许多荒漠植物的生长不太有利。在亚洲、澳大利亚、北美荒漠，有的地方存在流沙固定过程，但是非常缓慢。广为分布的是新月形—灌丛半流动沙丘。

固定的沙垄、丘状沙丘、蜂窝状沙丘以及其他固定沙丘，应当作为古老的、遗留的沙丘。这些固定沙丘类型在亚洲、南撒哈拉、澳大利亚有分布之处，形成于最近的雨期（晚第四纪）。

应当指出，固定沙丘地貌类型不是静止的，它们也在缓慢地变化。特别是中型地貌，也就是丘状沙地、小沙垄、缓丘—洼地、蜂窝状沙丘、灌木沙堆。

固定沙丘现代如何变化？它与植物动态、人类与动物的活动密切相关。近灌木沙堆以及灌木群系沙堆，随着灌木的生长不断增加面积。因为灌木的根具有半穿透能力，固定部分流沙。生长植物的沙，每年被落在土壤中有机物固定一层。在近灌木沙堆中的层理结构与植物残体是其证据。

在荒漠中，从风蚀沟中反映灌丛沙堆结构的剖面非常多。由于老灌木沙堆风蚀破坏、动物活动、人类不合理的植物利用（放牧、挖植物）的例子很多。风蚀斑是不同大小的沟，从几米到数百平方米，一般分布在沙垄迎风坡与灌丛沙堆。被风携带的沙被灌丛与草固定。

在单向风作用下，形成长满灌木的沙堆，逐渐被固定。在相反风或多风向作用下，形成灌木沙堆。应当指出，这两种类型的沙堆维持到还存在灌木的时刻。随着灌木的老化及根系变稀少，灌木沙堆发生变化。灌木的死亡是灌木沙堆破坏的开始，因为积沙，尽管容易胶结，总的遭受风吹。这样开始灌木沙丘破坏的反过程。

近灌木沙堆与长满草沙堆本身尽管是不可穿透体，因为是比较好流线体，不引起大量积沙。

在遭受频繁风吹的固定沙堆上进行再堆积，沙堆积在已经固定的新区段。这样形成顶层，反映在沙丘剖面。这样加深风蚀坑。地形通过从风蚀坑输沙在固定区段积沙的方式增高。

应该强调的重要一点是，固定沙丘最大的地貌形态，总是与深厚的沉积沙源及丰富的植物相关。沙源越深厚，地貌分布越广阔。

在植物生长的区域形成的风沙地貌形态非常多样，形成独立的风成地貌类。多样的地貌形态区分为两类：①发育在沙源或深或浅但地下水深的区域的风成地貌形态，地貌形成不受影响；②在地下水比较浅的区域形成的地貌形态，地貌形成过程受到影响。属于第一类的有：缓丘—沙尾；生草沙堆；蜂窝状沙丘；沙垄及其组合。属于第二类的有：不同大小的长草沙堆；长满灌木的沙堆。

我们区分沙堆与生草沙堆两类地貌：沙堆是形成于喜沙灌木附近，地下水深；生草沙堆形成于盐生植物附近，地下水浅，主要分布在盐碱地（图 115）。

有植物参与形成的地貌形态仍然与起沙风的作用密切相关。因此在沙层厚、有单向或双向相互垂直的风作用下，形成小、中、大型沙垄。在那些有几个风向的区域，形成小、中、大生草沙堆、蜂窝状沙丘（表 17；图 91）。

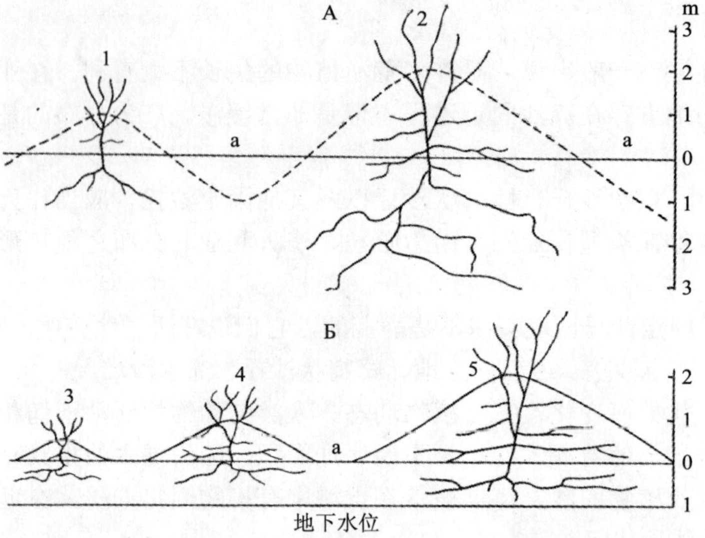

图 115　长草沙堆（A）与草丛沙堆（Б）地形发育阶段

----- —现代风蚀面；a—原始风蚀面。沙丘：1—小的生草沙丘；2—中等生草沙丘；3—小圆丘；4—中圆丘；5—大圆丘

对多种多样的风成地貌形态，可以作如下结论：

（1）在单向优势风、有植物参与的区域形成的短期地貌形态。这种类型地貌开始形成缓丘—沙尾（图 116）。缓丘—沙尾形成于透风的障碍物附近，这种障碍物一般是灌木。通过灌木的风流，反射部分很少，大部分从基部穿过障碍，在灌木中和灌木后降低风速。风流在障体后的分布如图 116 所示。根据图 116，沙堆积最多的应当是灌木之后，风速削减最大的地方。灌木继续往后，从风沙流中降落的沙大量减少。与从穿过灌木气流携带沙的沉积过程同时，从灌木侧旁绕流的涡旋携带沙到风影区（低压区域），在风影区沉积。这两边的绕流控制着菱形积沙的形成，形成缓丘—沙尾形态。

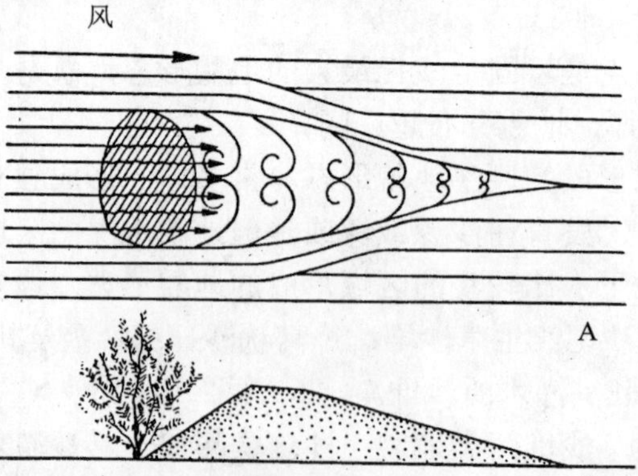

图 116　在灌木附近流线分布（A）；缓丘—沙尾（Б）

缓丘—沙尾的地形要素大小比例关系，给出流线体的常量。例如，缓丘—沙尾的高与长，在平均风速下大约比例是1∶6。

缓丘—沙尾的大小，它的高与长决定于透风的障碍物。缓丘—沙尾的高矮由灌木高所决定。应当强调的是，一次形成的缓丘—沙尾不是不变化的，随着风向的变化相应的变化。当障碍消失，缓丘—沙尾被风吹蚀。这些短期地貌形态，有时存在总共几天，最长不超过一季。在文献中有关缓丘—沙尾转换为新月形沙丘的资料。在透风的障碍物后形成缓丘—沙尾，这一现象非常普遍。不仅在荒漠带看到，而且在温带海岸也可以看到。

（2）在复杂的风况下形成于地下水浅的盐碱平原的风成地貌形态。在不同风向起沙风作用下形成小（灌木沙堆高 0.5 m）、中（达 1 m）、大的生草沙堆（达 1～2 m）。在中亚被叫做“乔克拉克”，在撒哈拉被叫做“涅布克”（небки，音译）。它们的形成，当存在风蚀源或风蚀场，风从那里吹沙，多年生灌木或半灌木阻滞了沙。这样，它们形成是风蚀与堆积共同作用的结果。沙与尘被输移，在灌木附近风沙流减速发生堆积，因为降雨或水分积累而浸润，丧失流动性。

由于下伏基质盐碱化，生草沙堆也盐碱化，这是其主要特点。有时候生草沙堆盐碱如此严重，肉眼可以看到盐，局部有盐壳，是氯—硫酸盐。

生草沙堆的大小完全由灌木的高低与密度决定（图 117）。所形成的灌木沙堆保持自己典型的生草沙堆的特征，直到植物存在的条件发生变化。如果由于某种原因（土体盐碱加重、地下水位降低、积沙等）植物死亡，则生草沙堆遭受风蚀。

图 117　盐碱地上的生草沙堆

（3）在厚层积沙、单向优势风、植物参与下形成的风成地貌形态。地下水深植物根系不能利用。而年降雨量 80～100 mm，植物可以存活。在这样的环境下形成垄状沙丘。

关于沙漠中垄状沙丘的形成可参看上边（170 页）。这样的沙丘在世界所有荒漠广为分布。它们的大小与分布非常多样。在一些情形沙垄的平行性表现得非常清楚。另外一些沙垄形成复杂堆积。卡拉库姆的沙垄形态没有撒哈拉、澳大利亚典型。卡拉库姆的沙垄间距不大，几百米。平行性特征也不明显。撒哈拉垄状地貌非常典型。地面观测、航空相片及卫片解译表明，撒哈拉沙垄间距 2～3 km，平行特征明显。在卡拉哈里荒漠垄状沙丘间距 0.1～0.5 km。在纳米布沙漠，根据卫星照片垄状沙丘相互间距 2～3 km。南非沙垄的平行特征表现得非常明显。

在阿拉伯半岛鲁卜哈利荒漠，同样根据卫星相片确定，沙垄相互间距 2.5～3.5 km。在澳大利亚沙垄间距 0.5 km，是利比亚、沙特阿拉伯沙垄间距的 1/5。所有沙垄与主风向平行。

（4）在厚层积沙、多风向、地下水深植物不能利用的情形下形成的风成地貌形态。

在垂直风向或多风向下形成生草沙丘或蜂窝状沙丘（图 118）。根据大小可以划分大、中、小型。

图 118　卡拉库姆长草的蜂窝状沙丘

形成近灌木生草沙堆所必需的沙，风直接从就近吹来。在这样的情形下形成的风蚀源地，面积、大小不均匀，取决于风蚀源与风向的关系。风蚀深度可达几米。生草沙堆与沙堆形成环境的区别，后者风蚀是平缓的。

生草沙堆与蜂窝状沙丘的区别，是地貌要素的正、负差别。生草沙堆是以正地形为主，蜂窝状沙丘以负地形为主。

根据蜂窝状沙丘的大小与深度，Э. 谢尔赫罗夫（1969）划分了下列类型。

根据蜂窝状沙丘的大小与深度划分的沙丘类型

类型	蜂窝状沙丘深/m	蜂窝状沙丘大小/m
大型的蜂窝状沙丘	9～14	100～150
中型的蜂窝状沙丘	6～9	60～90
小型的蜂窝状沙丘	2～6	60～80
长草的蜂窝状沙丘	3～4	30～90

上述的荒漠风成地貌形态可以看作是主要的。此外，在荒漠中还可以看到一些过渡的形态，以及一种与另一种的综合形态。地形的综合性以及沙丘的土壤、植物，是沙漠景观特征。这些都能在表 17 中找到相应的位置。

固定沙丘在年降雨量 80～100 mm 的沙漠广泛分布。中亚荒漠、亚洲中部的东部区、塔尔荒漠、北美荒漠、澳大利亚、南非，这样的条件是存在的。而撒哈拉荒漠、阿拉伯荒漠、亚洲的中西部固定沙丘不典型。

对于沙漠风成地貌形成与动态的讨论总结如下结论。

（1）无植物的流动风成地貌（所有的新月形沙丘类型）的形成与动态完全遵循空气动力学规律。

（2）固定沙丘形态（沙垄、蜂窝状沙丘、生草沙堆等）的形成过程还没有一致的解释。还有待讨论。但是与植物有关的风沙微地貌（缓丘—沙尾、生草沙堆等）形成，有非常完满的解释。

沙漠中形态成因一致性

风成地貌的成因、结构特点、动态分析，使我们可以提出沙漠中形态成因过程一致性的问题。在沙漠中风成地貌所有形态，不论流动的或固定的，其分布的一致性被研究者所关注。

显然，在自然界存在着一定数量风成地貌，这些地貌形态以空气动力学规律为基础。因此不能像 Э.马尔顿（Martonn，1948）所说的："看来，每个大陆有自己的特有的沙丘。"确切地说，一定的风况有自己的风成地貌类型。因此同一风成地貌类型在不同大陆可以见到。

这样就可以将在某一荒漠发现的风沙地貌形成与动态规律，扩展到世界其他荒漠区。理想的方法是在世界荒漠（图 70，图 107）中，找景观相似的系列航空相片。在扩展过程中，如我们已经使用过的，则使用航空相片外推方法。

无论是流动沙丘还是固定沙丘的地貌形态，都有许多相似特征——几何相似，可能动力更相似。在土库曼西部（中亚）盐碱地上新月形沙丘链、新月形沙丘上沙纹，纳米布荒漠的沙垄系统（图 119），一些航空相片的对比是证据。在纳米布更多地利用发表在国家地理杂志的美国卫星相片资料（National Gographic Magazine，1966，1∶200 000）。

在这些照片上清楚地看到小型、大型地貌的详细分布特征。在这样的高度，影像的分辨率为几厘米，新月形沙丘的高度一百多米。

如果测量新月形沙丘链脊部、复合新月形沙丘顶部的沙纹间距，得到相近的数值。这是荒漠流动沙丘地貌最有意义的特点。

这样，自然界已经给予了研究者，从沙纹到大的新月形沙垄的风成地貌复杂空气动力学图谱。这些类似性，毫无疑问，会使从事松散体运动理论研究的数学家、物理学家感兴趣。

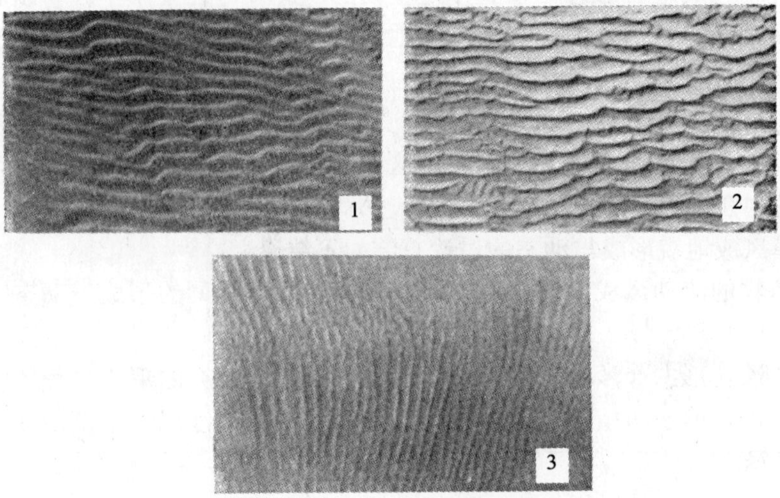

图 119　几何相似的风成地貌形态

1—沙纹；2—新月形沙丘链（土库曼西部）；3—沙垄（纳米布沙漠）

第十二章　荒漠生境

荒漠中限制因子

荒漠微气候研究对于生境评价和各种具体开发措施评价有重要意义。

大气—植物—土壤是复杂的综合体。在综合体中热、水、土等生境要素相互作用。在干旱气候环境下，其中一些因子为最低或限制有机界存在与发展强度（最低或限制因子）。限制因子有：①干旱的气候（降水量不大，蒸发强烈）。②夏天除近海荒漠外所有荒漠气温高。冬天温带荒漠气温低（低于 0℃）。③近地表土层以及地下水深植物根层水分缺乏。④土壤表层增温。⑤基质流动。⑥盐碱化。

植物群落、动物的内生因素对于外生限制因子有很大的影响。内生因素对于土壤表层水分和盐分动态、微气候、基质流动性等有影响。

在不同季节限制因子对于植物、动物的影响与强度不同。因此应对其进行动态分析。

热量状况与热平衡

荒漠中热循环与其他气候带一样，可分为两个基本类型——辐合与辐散。当研究卡拉库姆荒漠（列别捷克）沙表面 8 月昼夜辐射平衡曲线（图 120），发现 6 月与 8 月中午最高，平均 0.6～0.75 cal/（cm^2·min）（1 cal=4.186 8 J）。地表获得 70%的热量消耗于空气增热。受风、地表干沙影响，地表干沙减少蒸发以及热量与下部沙层热量交换。

在荒漠中植物转化的到达地面的太阳能是不大的。通过紊流热交换进入大气的热量 280 cal/cm^2，占同期辐射平衡总量的 86%。

分析白天热紊流量高的原因，得出的结论是存在风的作用，增加热交换。沙流动可能对热交换也有作用，在中午温度最高时参与地表活动层。

土壤中热交换量不大，原因是不太致密的沙层的上层热通量小。

在梭梭林间空地热交流的特点是，比较低的热紊流对土壤热交换量有一定提高，引起地表风速的降低（Айзенштат，Зуев，1952；Айзенштат，198，1963）。

卡拉库姆的热平衡资料，对于世界其他荒漠是很典型的。任何荒漠的热平衡应当划分两个时期——土壤的增温期与降温期。在北半球上半年增温期，从 1 月到 7 月；下半年降温期，从 8 月到 12 月。在南半球正好相反。

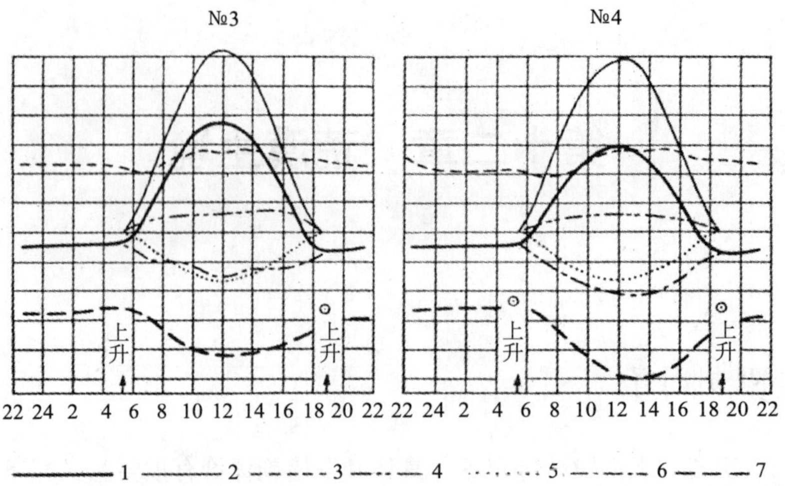

图 120 热量平衡各分量昼夜变化 卡拉库姆（列别捷克）（根据 Айзенштат，Зуев，1952）

1—辐射平衡（S）；2—直射（J）；3—大气辐射（Ae_A）；4—散射（D）；5—反射（R）；

5—辐射效率（E）；6—地面辐射（E_a）。点：№3—新月形沙丘顶部；№4—黑梭梭林

在某一荒漠中土壤的增温与降温强度，取决于气候类型，特别是太阳辐射。在热带与亚热带大陆荒漠增热量最大。

正如大家所知，最高温度在加利福尼亚的死谷（54.7℃），利比亚的阿泽泽区（Азизи）（58℃），亚洲中部的吐鲁番（48.1℃），中亚的列别捷克（49.9℃）。

沙漠土壤表面增温也比较强烈。例如，红海近岸荒漠，苏丹港以北发现沙表面最高温度是 83.5℃。在撒哈拉达到 81℃。在卡拉哈里达到 72℃，在亚利桑那高于 70℃，在加利福尼亚大约 69℃。增温的原因除大气辐射外，周围山地的盆地封闭性，热量交换困难。

在降温期降落在荒漠中的雨水，对表面层起了增温作用。因为与干沙相比，改善了热通量。在增温期间，降雨显著地降低了沙层温度。植物也限制土壤的增温。

荒漠土壤温度变幅最大的，像其他自然带一样，在半米深的地表层。

在温带大陆荒漠带，温度最大值、最小值的变幅是世界荒漠中最大的。可达 120℃。例如，在中亚荒漠绝对最低温度为–40℃，绝对最高温度为 74.9℃（列别捷克）。在亚热带荒漠的变幅小一些。例如，在加利福尼亚的死谷达 66℃。而在近海荒漠温度变幅最低。

在温带荒漠土壤冻结层 60 cm（中亚）。在亚热带与热带荒漠表土层负温很少。不同荒漠的近地表的土壤、空气层温度动态有共同特征，所不同的仅仅是指标量（图 121）。白天近地表空气层温度垂直分布的特征（无云天气），是在 10～15 cm 的范围空气温度与湿度迅速变化。高于迅速变化范围，则比较稳定，高度大约在 150 cm，无论任何生境温度、湿度均一致。夜间温度垂直分布比较稳定，最近地表沙层与上部温度差别不大。

对植物最适宜的温度环境是这样一些荒漠，在植物生长期开始有足够的降水，通常是春天（中亚），少数在夏天（亚洲中部）。例如，在卡拉库姆这一时期是 3—5 月。夏天沙增温近地表层高温，形成非常不利的环境，引起大量草干枯，而灌木的部分蒸腾组织关闭，进行叶的更替。

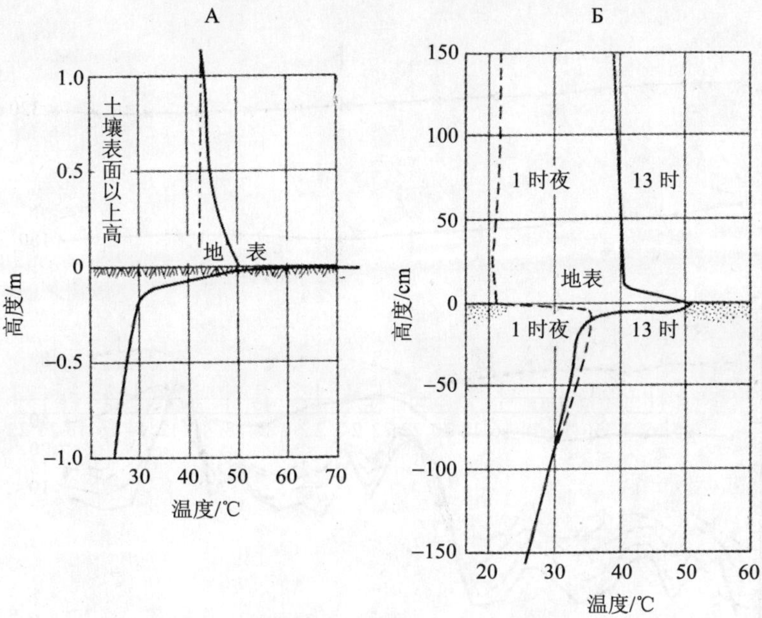

图 121　荒漠沙的温度变化

А—图桑（亚利桑那，美国，根据 Sinclair，1922）；Б—列别捷克

（卡拉库姆，根据Петров，1937）

温度环境持续恶化到 8 月，近地表沙层温度逐渐降低，重新开始的植物生长的有利温度环境，仅在 9—12 月。然而这一期间，植物生长遭受强烈的地表流沙影响。秋天到来植物根加深并伴随结实。

为了仔细研究亚洲荒漠温度状况特征，可以引用 1931 年卡拉库姆东南（列别捷克）沙地的年温度变化。这一年的气象指标可以认为是具有代表性的。

沙地表增温期开始与太阳高度角增加相符合，即 1 月初。在增温期的第一月，沙地表增温是偶然性的，因为云与降水破坏了平稳增温进程。气团移动形成的冷波动的影响也不少，沙地表面的增温不是连续的，积蓄的部分热量重新辐射到大气中。这样的温度变化仅仅发生在半米厚的沙层。在 5～40 cm 的干沙层，温度总是差几度。在湿沙层，由于热通量状况好，这样大的温差还没有观察到，在地表层几乎是一致的（在曲线图上表现为汇合曲线）。

通常 1 月沙表面温度最低；而 1 月最高温度在深度 320 cm（图 122）。1 月 40 cm 深的沙层增温很慢。但是在 1 月表层沙中温度从负值转变为正值，土壤中的热储量也有增加。与这一过程同时，在很深层（160～320 cm）温度表现为缓慢降低趋势。这是由于温度随深度降低的原因。这些现象对所有地理带和卡拉库姆是常见的现象。

2 月沙地表增温与 1 月相同。也有冷波动降低地表沙层温度现象。但月总增温缓慢。根据 5 年观测资料，5 cm 深的沙层温度升高 6～7℃。

在一些年份，2 月底沙地表面增温与湿度结合，形成播种与发芽的有利环境。在卡拉库姆植物开始生长时进行的观测表明，每年 2 月能看到大量的短命植物分布。但是多年生草与灌木还没有生长的迹象，这是由于土壤根层增温还不够。

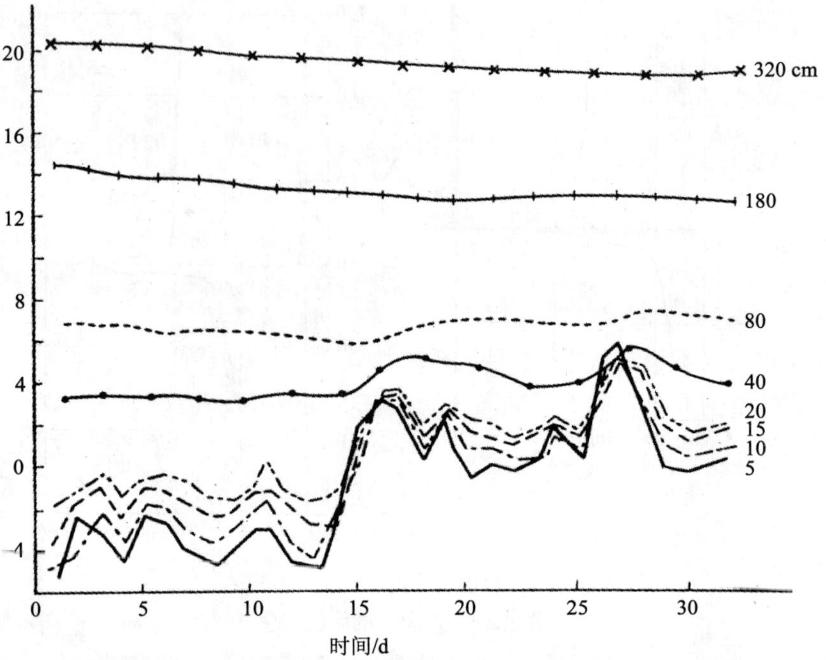

图 122　列别捷克 1 月不同深度沙层平均昼夜温度变化过程曲线（1933 年）

3 月沙层继续增温。月增温总量不少于累计总量（图 123）。沙的热量状况，特别是 3 月底，已经完全满足植物的生长需要。这个月在卡拉库姆通常是不仅草类而且小灌木迅速生长。沙增温达到深根层，灌木、乔木也缓慢生长。卡拉库姆 3 月降水量最大。降水往往破坏了增温过程，降低地表温度。

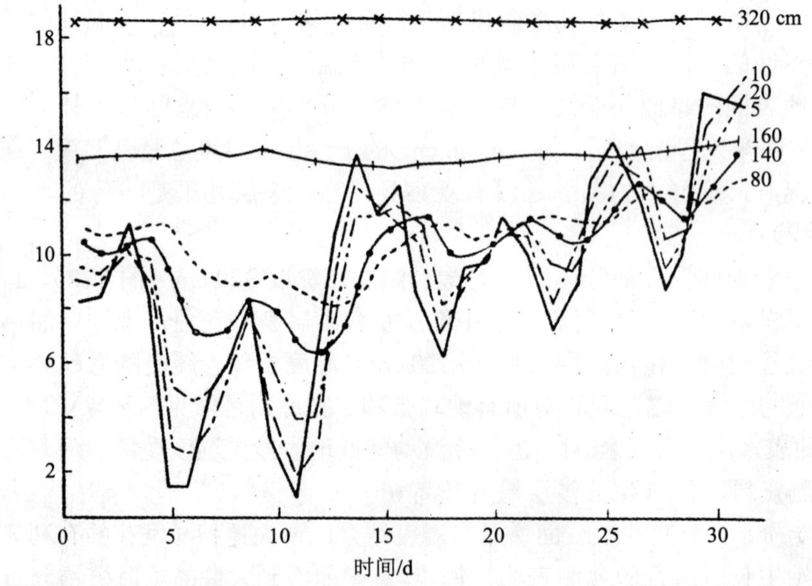

图 123　列别捷克 3 月不同深度沙层平均昼夜温度变化过程曲线（1933 年）

春季依靠太阳辐射沙层持续增温一直进行到 4 月，整个沙层比较强地增温。沙层温度变化出现了强烈突变，深层沙温度平稳增加。由于冬季、春季降雨，4 月是卡拉库姆沙层水分含量最多的时期。

5 月在沙干燥性增加的同时，沙仍然是以比较强烈的增温为特征。但是 5 月的降水稀少，降低了对表层沙温度的影响。月增温总量与 4 月相当，地表层温度更高。

4 月到 5 月初沙地很好的水分与充足的热量配合，为植物生长发育创造适宜环境。这一时期大部分植物迅速生长、开花。然而 5 月底由于强烈的沙增温与干燥，使短命植物快速结束花期而结实。

7 月卡拉库姆太阳高度角最大。夏季过后太阳辐射强度逐渐减小。沙强烈辐射以及强烈上升气流导致大气不稳定状态，7 月风活动加强。由于大气强沙尘使太阳辐射强度降低。因为这些沙的增温因素 7 月比 5 月显著下降，在 5 cm 深沙层温度为 3～4℃。

卡拉库姆沙的增温期延续到 6 月，但是有半个月是表层沙温度波动，开始降低。在特别热的年份，例如 1933 年，沙增温期延续到 6 月底。在这种情形下，温度增加非常不明显，温度分布特征与 7 月非常相似。6 月沙的温度分布特征对夏季很典型，是与冬季温度分布相反的景象（图 124）。

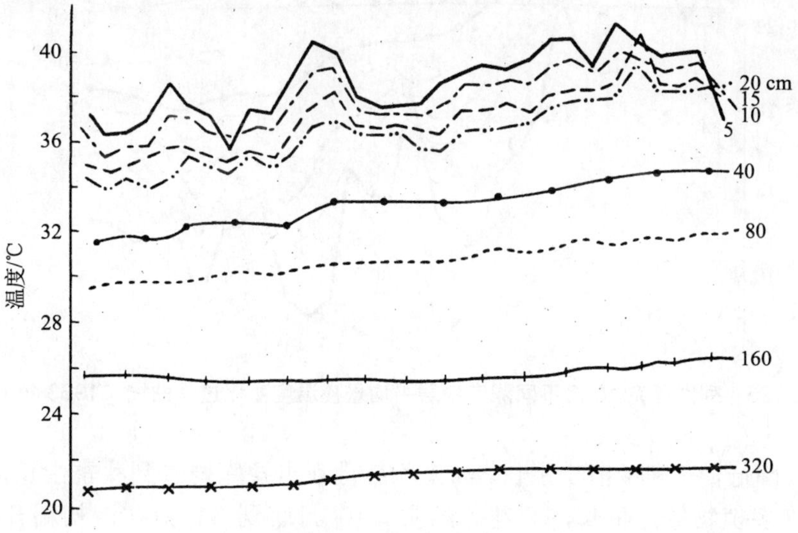

图 124　列别捷克 6 月不同深度沙层平均昼夜温度变化过程曲线（1933 年）

表层沙热量散发开始于 6 月，8 月达到最大值。5～40 cm 沙层温度迅速降低。继续往深部，沙增温的滞后性还在继续。

7—8 月是植物生长的最不利时期。强烈增温与表层沙干燥，6 月底达到很大的深度（40 cm）。卡拉库姆这一时期所有的植物生态习性显著下降。多年生草开始长时间休眠。大、小灌木的部分营养组织凋落，盐生植物增加抗热、干旱的内部活性（提高渗透压，增加戊糖量）。

9 月热量过程与 8 月相同。也是太阳辐射强度降低，光照时间减短。此外，云量增加使辐射减少，减少地表沙层增温连续性与强度。

9 月在比较深的沙层（160 cm），温度开始降低，而在 320 cm 深度增温仍然继续。最上层沙变凉如此迅速，5 cm 深度沙层在 8 月是最高温度向最低温度过渡期，而 9 月已经是最凉的沙层。夏季温度分布向冬季温度分布过渡就是这样进行的。

应当看到 9 月、10 月在地表沙层有很大的温度梯度。如果在 5～40 cm 沙层，最强烈的增温期（3 月、4 月）变化特征是完全辐合曲线，而在迅速降温期的变化特征是非常发散曲线。解释这一现象，原因是应该在与沙层水分结合寻找。春季湿润的沙有很好的温度传导性，促进温度增加。秋季卡拉库姆的沙干到 1 m 深，温度传导性强烈下降，这形成很大的温度梯度。

10 月降温的强度已经达到极大值。在 5 cm 的沙层中平均每月降温 8.5℃。太阳辐射减弱也促进了这一过程。另外，云量与降水量增加也对热量状况具有有利影响。夜间云量增加降低夜间辐射。秋冬降水，一般比冷的表层沙温度高些。因此在秋季雨天昼夜热量平衡仍然为正值。可是当阴天后晴朗夜晚，在沙层上空降温为主。在 9 月底到 10 月初，所有深度是等温的（图 125）。

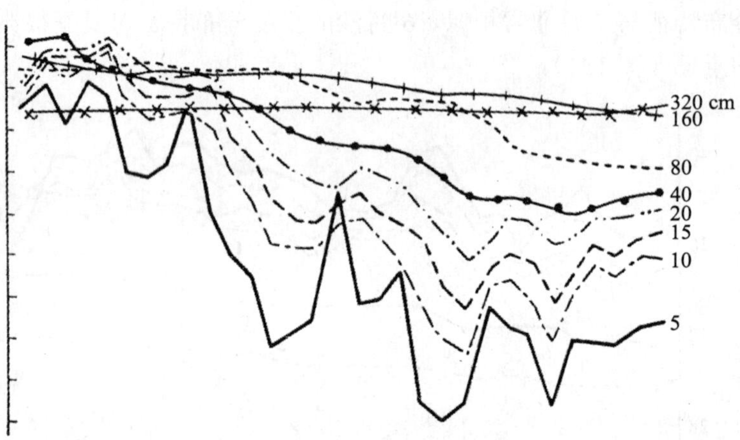

图 125　列别捷克 10 月不同深度沙层平均昼夜温度变化过程曲线（1933 年）

初秋温度降低，有利于植物生长。与此相应地在卡拉库姆看到秋季生长期的转折点，夏季生长的许多植物停止生长，开花、结实。10 月底到 11 月初，初霜开始，生长期结束。

在 12 月由于沙层持续降温，冬季温度垂直分布是很典型的。最低温度分布在沙的最表层，最高温度在深层。降雨是这个时期热量状况最有利的因素，浸润最冷的表层，提高最上层的温度。

整个 12 月温度的垂直分布同于 11 月。12 月沙层热总量，根据 5 年的观测资料，是有负平衡，尽管数值很小。一般 12 月结束降温期，1 月开始新的增温期。

卡拉库姆（列别捷克）沙层热量动态变化，具有例证性与代表性（图 126）。

卡拉库姆不同年份有些深度月平均温度，与多年平均值相比有些波动，特别是冬季。夏季不同年份温度相近。这可解释为与强烈的射散有关的沙层热量状况是稳定的。在冬季和早春，正如我们所了解的，温度的正常过程被大气降水所影响。在冬季的寒冻期，降水改善沙层的热量状况，春天相反，降水降低温度。冬天有降水的月份，一般地，沙层的月平均温度高于无降水的干旱月。这很容易理解，如果考虑降水对沙层增温有利影响，云减少沙的辐射量。此外，在中亚荒漠冬季温度的年变化大于夏季。

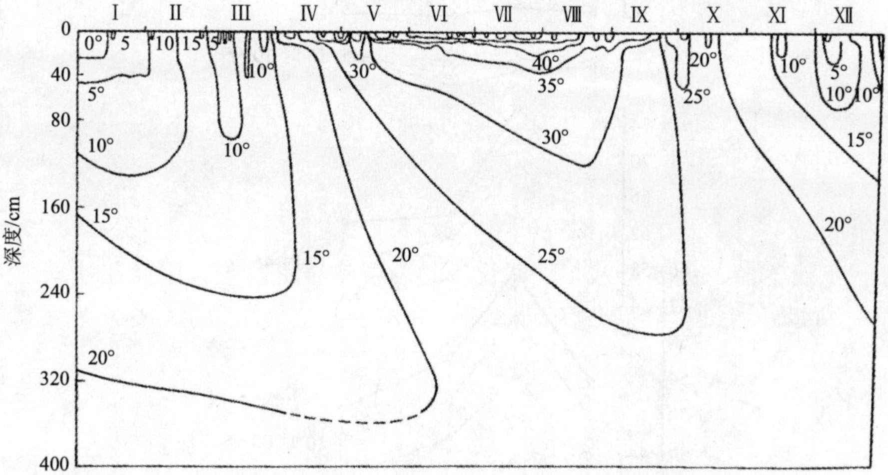

图 126　列别捷克薹草与盐碱梭梭灌木地 2 m 表层沙温度变化曲线

在卡拉库姆温度随深度的滞后现象非常明显。在 5～80 cm 的表沙层 7 月温度最高，深度 160 cm—8 月，320 cm—9 月。另外，5～80 cm 的表沙层最低温度在 12 月或 1 月，160 cm—2 月，320 cm—3 月和 4 月。

卡拉库姆不同深度温度变幅很大。当深度按照算术级数变化，温度变幅按照几何级数变化。

卡拉库姆沙层绝对最低温度在 12 月和 1 月。1929 年 12 月，观察到所有深度层的最低温度是中亚 10 年间最寒冷的（5 cm 深最低温度为–25℃，40 cm 深最低温度为–4.0℃）。

卡拉库姆冬季沙层冻结 12 月～次年 3 月可以看到，但是不很严重。1929—1930 年寒冬沙层温度最低，当时 1 月沙冻透 52 cm。与此相对照的一般暖冬，零度等温线沿几厘米的深度经过。1943—1945 年北卡拉库姆出现更寒冷冬天，这一地区的沙冻透到 65 cm 深。

列别捷克沙层的最高温度，与最低温度相似，由于大陆性气候，成为中亚最高值。最高温度在 6 月、7 月。1933 年是中亚最热年，5 cm 深最高温度为 55.5℃。1932 年在 320 cm 深最高温度（22.3℃）出现在 9～10 月。列别捷克表层沙最高温度（79.4℃）出现在 1944 年。

新月形地形要素坡向，对表层沙增温有很大影响。夏季白天南坡与北坡的表层沙温度相差 10℃（图 127）。

在其他荒漠中观察到沙层温度动态特征与卡拉库姆相同。例如，Э. 马可凯塞-泰伊罗尔（McKenzie Taylor，1928）在埃及荒漠，进行的土壤增温与降温研究，得出类似资料。

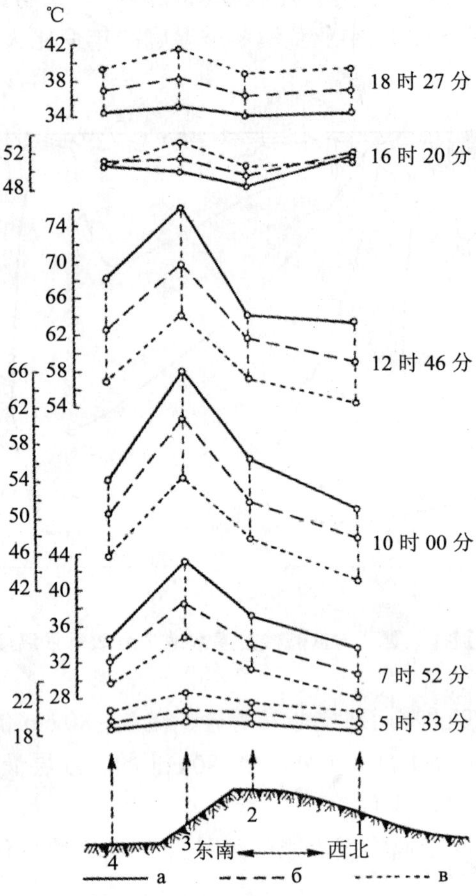

图 127　新月形沙丘链不同部位表层沙的温度（根据 Айзенштат，Зуев，1952）

1—迎风坡；2—脊部；3—落沙坡；4—丘间地。a—表层沙；深度：б—1 cm；в—2 cm

总结这些资料，可以形成世界沙漠下列共同结论。

（1）荒漠表层沙热量动态，可以分两个时期：增温期与降温期。其差异主要取决于总的气候环境，其中最重要的是太阳辐射。在大陆荒漠的增温、降温期，具有大的温度变幅。在近海荒漠非常平缓。

（2）无雪被的冬季，干沙强烈降温。夏季沙干到极限发生流动。生根层的温度达到植物发育的极限。

（3）在沙湿润的情形下，很好地改善沙的热通量以及植物发育的温度环境。湿沙传热快于干沙，因此增温更有效。这是对植物最实际的，因此加速创造了生长季有利的水热环境。

（4）荒漠中大气降水以降雨为主，在沙层降温期降雨具有促进增温作用。在沙层增温期降雨降低表层沙温度，减缓温度变幅，减低温度梯度。

（5）存在茂密的草与灌木，对表沙层起到降低增温减小温度变幅的作用。

（6）不同年沙层温度年变化过程，与多年平均状况无实质性差别。最表层沙的温度变幅最大，深层变幅减小。

（7）最高温度出现时间随深度的滞后性很明显。

（8）新月形地形要素坡向对表层沙增温有很大影响。

这样，土壤与空气的温度作为限制因子表现在两方面：夏天极端高温，以及与土壤、空气的干燥性结合；冬天对动物、植物生存极端低温。

动物与植物的极限温度的概念，仅限于约定条件下。这与植物的抗热、抗寒性能有关，其变幅很大。例如温带荒漠短命禾草能经受 25～30℃的负温，而热带荒漠禾草在0℃就要死亡。

沙层水理特性与水分状况

所有的荒漠类型中，在有充足的水分的条件下沙漠最有利于植物生长。沙强烈干旱与移动性对植物生长造成强烈的胁迫，对生命过程不太适宜。但是植物就生长在这样沙地表上。

在一些沙漠中生长非常丰富的灌木，可以认为是荒漠奇观之一。它们生长在河谷、三角洲、湖盆（杨、柽柳、椰枣等），完全不惊奇。惊奇的是在那些地下水深、植物根系不能利用的生长环境。在位于温带的中亚的灌丛沙漠、半荒漠是这样的类型。生长梭梭、沙拐枣、猪毛菜、沙槐、沙蒿等。甚至在北美生长常绿香、三齿蒿。在亚热带的澳大利亚荒漠带广泛分布无脉金合欢，以及灌木桉等。

这样丰富的荒漠植物依靠大气降水浸润沙层的水分生长。

不同荒漠的降水分布非常不均衡。地形切割程度、坡度坡向，以及沉积物的岩性成分，对径流强度、表层沙水分影响很大。在基质致密、地形无显著变化的荒漠（起伏以几厘米计），出现径流。在沙漠观察不到径流，甚至地形起伏几十米也不起作用。

沙的特点是降水高渗透性。同时因为降水渗透性强，在黏土荒漠或具有亚黏土的荒漠，形成径流很快、量很少。相应的沙漠中水分动态比黏土荒漠更好。另外沙中水分易保存不易蒸发。由于这些原因，在沙漠中广泛生长灌木，在黏土荒漠与砾漠中以短命植物与半灌木为主。这样地植物学中“荒漠性”与区域生态面貌的概念，不仅取决于气候因素，而且与土壤环境有关。

如果仔细研究沙的物理与水理特性以及水分状况，沙漠的这些特性很容易解释。

在一些国家荒漠沙物理与水理特性研究得非常透彻，因为这是农业利用措施研究所必需的（中亚、亚洲中部、美国、澳大利亚）。此外，沙特别是风成沙，机械成分相似，是研究水理特征与机械成分、矿物成分关系的很好对象。

不同沙漠或同一沙漠流沙的机械成分，如已经论述的（第十一章），由于沙源、输移、打磨的影响，变化范围很大。因而沙的水理特性也有变化。

沙的物理特性—黏着性、结构性、密度、渗透性，各个沙漠具有同类型性。

风成沙的黏着性、结构性很弱。在干燥状态疏松、松散、完全无结构。不同矿物成分的风成沙的密度变化幅度不大（2.60～2.65）。例如，卡拉库姆（列别捷克）细粒沙平均密度 2.65，里海北部沿岸是 2.60～2.65，取决于云母的含量。容重是一致的，为 1.6～1.7，新鲜的风成沙小一些为 1.4～1.5 g/cm^3（表 18）。

表 18　风成沙的物理特性

沙粒径/mm	密度/(g/cm³)	容重/(g/cm³)	渗透性/%		休止角/（°）
			疏松沙	致密沙	
粗沙（0.5～1）	2.65	1.75	40	—	—
中沙（0.25～0.5）	2.65	1.74	44	38	32
细沙（0.1～0.25）	2.65	1.68	51	43	33
粉沙（0.05～0.1）	2.65	1.60	57	53	37

沙粒之间（孔隙）的体积与沙的总体积之比，称为孔隙率。取决于沙的矿物成分与分选程度，孔隙率变化范围 35%～57%。矿物成分对孔隙率影响不大。

卡拉库姆（列别捷克）的平均孔隙率为 40%（32～45）。固定的生草沙堆孔隙比较一致，为 40%～48%（Орлов，1928）。根据A．A．特鲁什科夫斯基的资料（1966），里海北部沿岸风成沙孔隙率 32%～39%。

在评价沙的孔隙率时，大孔隙与小孔隙的比值有意义。非毛细孔隙（大孔隙）与毛细孔隙（小孔隙）与此值有关。新月形沙丘由于尘与黏土被吹走，以非毛细孔隙为主。这使新月形沙丘具有高渗透性和水分积蓄特性，为植物生长提供有利的水分状况。此外，非毛细孔隙沙，持水性差，通气性好。通气性是随着渗透性降低而变差，反之亦反。

沙的水理特性取决于沙的机械组成，以及物理特性。沙的水理特性包括：吸水性；透水性；毛细性；持水性（表 19）。

表 19　风成沙的水理特征

沙	最大吸水性/%	透水性/(mm/min)	持水性/%		最大上升性能/cm	达到的时间昼夜	渗透率/%
			分子水	毛细水			
粗沙（0.5～1）	—	—	1.57	—	13.1	4	—
中沙（0.25～0.5）	0.22	5～6	1.60	25.0	24.6	8	11.82
细沙（0.1～0.25）	0.22	1.5～3	2.73	31.6	42.8	8	5.58
粉沙（0.05～0.1）	0.1	0.1～1	4.75	32.9	105.5	72	1.02

卡拉库姆细粒风成沙透水性如下列数字所示：经过 2 min 水下渗 18.5 cm，5 min—34.6 cm，10 min—53.6 cm，20 min—87.7 cm，30 min—120.3 cm（Орлов，1928）。固定沙丘尘含量高，透水性将减弱。

沙的毛细特征或水上升特性，因为孔隙大特别低。沙的持水量在毛细管的下部（10 cm）是绝对干沙重量的 15%～20%，根据沙的矿物成分略有变化。毛细上升水高度，有利于沙层水分的保持，即使在地下水比较浅的情况下。

因为世界所有荒漠风成沙以细粒为主，上边引用的中亚与西卡拉库姆荒漠的风成沙的物理、水理特征，适用于其他荒漠。

关于土壤水物理特性与分布规律，苏联土壤水分研究专家（Лебедев，1930；Долгов，1949；Судницын，1957；Роде，1965；Кулик，1970 等）进行了详细的研究，其他国家的专家（Philip，1957；Philip，Vries de，1957；Gardner，1960 等）也进行了详细研究。按照他们的观点，当温度高于 0℃，土壤或基质中的水形态及其对植物根的生理意义不同，可以划分：气态水；结晶水；紧密束缚水或吸附水；疏松束缚水或吸着水；自由水或毛细—重力水；地下径流自由水。所研究的水的化学键，水与土壤相互作用，还未引起注意（图 128）。

气态水（水汽） 在未充水的土壤空隙中运动，或扩散，或随气流动。容易通过蒸发、凝结转变为其他土壤水的形式。尽管量很少不超过土壤总重量的 0.000 3%，但是气态水在土壤中水分转化、储存水分扩散（蒸发于空气中）、特别是储存（从空气中凝结）起了重要作用。气态水不直接供给植物。

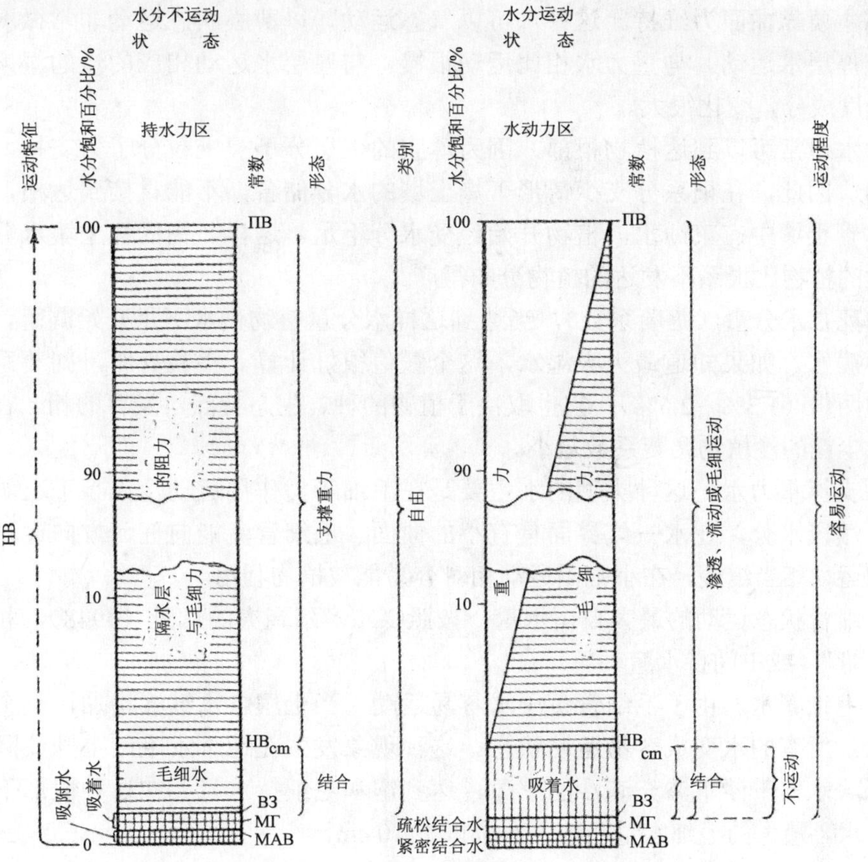

图 128　沙质土及基质，水分常数，土壤水分结构、形态、分级及其运动（根据Роде，1952）

ПВ—饱和持水性；НВ—最小持水性；ВЗ—凋萎水分；МГ　最大吸水性；МАВ—最大吸附水；

HB_{CT}—最大结合水

结晶水 与溶解盐有关。当盐溶解时转化为液态水。量相对小，对植物不起主要作用。

紧密束缚水或吸附水 在土壤中，水分子被具有大量吸湿热性能的土壤颗粒表面吸附，是土壤吸附状态的主要证据。吸附水紧贴土壤颗粒表面，因此，它们可以转化为气态水。

最大吸水性是这种形态水的物理指标之一，最大吸水性随沙的成分变化很大（表 19）。

疏松束缚水或吸着水 是通过吸附的水分子与吸附游离的离子形成的。疏松束缚水在土壤中以薄膜形态分布的，覆盖紧密束缚水。按照它的状况，看来是具有高束缚性的液态水，能以气态运动，或以薄膜状存在。

因为植物根细胞的渗透压超过外部疏松束缚水层的压力，所以部分疏松束缚水可以到达植物体内。可是，这种状态的水的运动性非常微弱，所以将其归入难利用水。

自由水（毛细—重力水） 在土壤中主要是重力或毛细管力作用作用下的运动，取决于土壤水汽的饱和程度。主要有以下的形态。

（1）悬浮水或结合水，在沙粒的接触部的很薄毛细水，聚集成有弯液面的单个水滴。悬浮状态主要靠曲面力维持。这种水可以气态运动，以薄膜状态运动非常微弱，仅有很少的部分厚层水运动。与重力水相比运动很慢。与厚层水运动相应的沙的湿度，取决于土壤的粒度成分，变化很大。

接触水通常可以到达植物根部，因为薄膜的上层分子被土粒分子力支持，而且还有根细胞力。因此，在根系分支少情形干燥土壤的水分储备，不能直接到达根，不能恢复来水，尽管土壤中有束缚水，植物开始经受水分不足。这样，在同样土壤水分情形下，根系发达的植物比根系不发达的植物分布得广。

沙的死亡水分量（凋萎系数），当达到这样水分量植物供水不足开始凋落，它来自吸湿水、薄膜水。如果知道最大吸湿水，这个量值很好计算。实验表明，凋萎系数大约是吸湿水的两倍（1.3%～2.5%）。它也取决于植物的种、生态特点，发育的相。在所有类型的沙中无尘粒的沙植物凋萎系数最小。

（2）支撑重力水。这种类型的水主要是在毛细管力作用运动，而且干土壤段吸引比较湿润土壤段水分，在水—气界面具有小的曲面。毛细管流能向任何方向运动。这种水在大范围运动相当缓慢，在小范围运动相对容易能被植物利用。

以毛细管状态运动的最大自由水量，按照С.И.多尔阔夫的意见（1948），相当于“沙最小持水量”，或田间持水量。

（3）毛细管水。由于毛细管负压水容易运动，当土壤含水继续增加，整个毛细管系统充满水。所有的水变成容易运动状态。这种现象发生在地下水毛细上升或降雨表层沙浸润情形。水向干沙下渗充满沙的空隙，达到饱和毛细持水量。在这种情形下，多余水流向地下水。最大的毛细水量在地下水位以上 10 cm。

（4）重力水。所有自由水在土壤中不断富集，在重力作用下向深处渗透，水的运动呈垂直状态。到达饱水带转化为地下水。在沙土中当浸润状态达到最大含水量，即饱和持水量或土壤持水量。

重力水容易被植物利用，因为它不被土粒紧密束缚，在重力作用下运动。这是植物供水的基本形式之一。

在荒漠中一个季节降雨浸润表层沙，一般不深。因此重力水不能到达地下水。在沙中充满毛细管形成悬挂水。与地下水之间有干沙层，沙漠中一些植物依靠这层水。

饱水带自由土壤水 地下水运动也在重力作用下，因此服从达西定律。地下水埋深不超过 8～10 m，很少达到 15 m，对植物起重要作用。荒漠灌木根系有时候达到毛细管水上升高度，有时候直接到达地下水层（梭梭，柽柳）。在这种情形下，水分供应或靠悬挂水，或靠沙层中与地下水相关的毛细水。当植物吸收毛细水减少，地下水沿毛细管上升补充。

在上述的分类中，找到了土壤水分下列特征的反映：水分运动以及决定运动的力；水在空隙中的分布；植物与土壤水分的关系。

这样，土壤水分是处于重力、表面力、浸润力的作用下。首先是外部与土壤关系，其次是内部的。这些力综合作用的结果，决定了土壤水分状况。重力与表面力我们在所有的土壤中可观察到。表面力仅在土壤中或多或少含有易溶盐的情形有意义。

表面力的作用决定土壤的水分特性——持水性。土壤空隙率是土壤的另一特性——透水率的原因。持水性与透水性是土壤最重要的两个水理特征。

表面力（骨架能）与重力（重力能）、浸润力结合，是土壤水分运动的动力，决定土壤水分运动状态及速度。土壤季节、昼夜温度变化是土壤热动力能，也影响水分运动速度与方向。

除过吸附水，重力能作用于土壤水的所有形式，在达到极限最大吸湿水量，形成垂直或一定角度的水流。水流运动速度由水分状况决定。

Н.Ф.库利克（1870）在水利实验设施观察证实，在土壤通气带持水量比较小的情形，液体水能够移动。他得到下列数据：在尘—细沙中水分含量为 5.5%时移动 0.04 mm/h，4.0%—0.005～0.007 mm/h，2.0%—0.002～0.000 6 mm/h。土壤水分不超过凋萎水分，水分移动是不存在的。

重力流对于流沙有重要意义，它使流沙全年获得的水分比植被覆盖获得的水分多。Н.Ф.库利克将重力流分为两类：空隙流（渗透），在饱和持水量与最小持水量之间；薄层流，在最小持水量与最大吸水量之间。在沙地形成空隙流的情形是很多的，秋季、冬季降雨量不足于使整个通气带达到最小持水量。在这种情形空隙流转化形成薄层流。大气降水重力流在开阔沙地补给淡水透镜体。

骨架能（势）引起水分超过最小持水量的土壤以及只有束缚水的干燥土壤中水分移动。在水分恢复带，因为自然形成的渗透压梯度小，骨架能（势）很小。

土壤水分热动力移动，在沙地广泛分布。在这一过程水分移动经过很多相变—汽-液-汽（Морозов，1938），从热沙层向冷沙层移动。汽按照热流方向移动。在热流流经的不透水体，凝结成水。

对于所有沙地，由于土壤通气带周期性增热与变冷，水分移动具有季节与昼夜变化节律。在沙、沙土的通气带移动的水分，由于温度梯度可能在植物根系凝结供给植物。因此在大陆干旱气候区，温度的季节变化与昼夜变幅，应予以肯定地评价。热动力水移动及给植物供给量，在水量平衡中占比例很小，因为这些过程是以降落在土壤的雨水及其他水源为基础的（库利克，1970）。

在卡拉库姆沙漠（列别捷克）土壤水分移动过程研究得很透彻。这里有不同水汽弹性层的 3 m 厚的沙层，水分移动两个主要方向：冬天（10—次年 5 月）从下向上；夏天（6—9 月）从上向下。秋季、春季是过渡期，水汽弹性压力差不大。水汽弹性压力差最大是 7—8 月以及 12—次年 1 月。在这期间水汽移动最强烈。

从实践的观点，秋季气态水从下向上层移动最有意义，上层这期间最干燥。在卡拉库姆秋季（9—12 月）气态水移动具有最有利的条件：随着温度降低表层沙夜间温度降到最低。因此，深层沙的水汽弹性比表层沙的水汽弹性高几倍。由于这一原因，有的地方水汽从下向上并在上部沙层凝结，这时这些地方的表层温度低于零度。

湿沙也是具有上述过程。这时观察其表层非常干旱，直到 100～150 cm。更深沙层被地下水湿润，有丰富的水分储存。

上述的土壤水分对荒漠植物生长有重要意义。在 100～200 cm 的沙层提高水分含量，同时降低沙的温度，可以提高植物的生命活动。这个时期正好是代表种（梭梭、猪毛菜等）的开始结果期。

H.Ф.库利克（1970）研究了苏联的欧洲部分东南沙地的液态水及气态水在土中移动的详细过程。这些过程具有明显的季节、昼夜过程。H.Ф.库利克利用水汽凝结器进行实验，确定了在春、夏增温情形水分向下层移动的速度，在 25 cm 深为 10 mm，100 cm～5 mm，200 cm～1.5 mm，400 cm～0.3 mm。秋、冬的情况相同或者水分移动量稍低一些。

在上述沙地 9 月前半月，测得下列水分昼夜移动量，在 2.5 cm 深为 0.15 mm，7.5 cm～0.17 mm，12.5 cm～0.11 mm，27.5 cm～0.04 mm，45 cm～0.01 mm。2.5 cm 与 7.5 cm 深度比较，水分移动是不成比例的。

我们不可能在这里更详细地进行土壤水分移动过程分析。这些问题在上述作者的文献予以阐述，我们对其感兴趣。

沙地的干、湿环境

水文地貌环境类型不同的荒漠，植物根层的水分动态有很大差异。差异取决于：地下水埋深，沙的粒度成分和密度，固定程度，降水量与降水历时，太阳辐射强度。所有这些条件在不同荒漠变化很大。

荒漠水分平衡由下列环境要素决定：降水+地下水+土壤凝结水+吸附水=径流+地表蒸发+植物蒸腾。

大气降水量与降水状况对于沙的水分动态影响最大。大气降水不是在所有情形下，直接影响厚 10～20 cm 的根层。在温带沙漠降水仅影响被植物固定的沙丘 1～1.5 cm 的有限深度。更深层是另外的特征，其状态取决于气态水、毛细管上升水，仅有一部分（半流动、流动沙丘）是渗透水。

如果按照 1 mm 降水浸透大约 1 cm 疏松干沙，那么很明显，即使蒸发量很小，一个季节沙的浸润，在年降水 100 mm 的荒漠也仅达 100 cm 深。但是沙漠降水稀少而且间隔很长。因此会很快蒸发，对表层沙的水分动态不产生实质性的影响。这也限制了水分渗透深度，以及生长季节的水分储存。

制约沙层水分动态的另一个因素是粒度成分（表 18）与致密程度。透水性与沙的粒度成分有关。

流沙几乎无尘粒很疏松，透水性最好。在生长灌木的沙地，由于在根的周围沙致密，水将流动，灌木根部与灌木间的空地相比，比较干旱。而灌木间的空地沙非常疏松，透水性与流沙相近。

如果地下水与被降雨湿润的表沙层近，对根层的水分状况有正面影响。在这种情形下，下层水分丰富，主要依靠毛细水、层间水。自然而然，地下水越深对表层沙水分状况影响越小。反之亦反。水位比较高的含盐地下水，由于毛细管上升水经常蒸发，形成盐基（盐碱地）。

不同荒漠年降水分配不均衡：分为干旱无雨期与湿润雨期。因此荒漠沙层水分也分两季——干期与湿期。它们与热量变化不完全符合，因为降雨状况各个沙漠不相同。降雨不仅取决于太阳辐射强度过程与纬度，而且取决于带水汽到荒漠中的气团的动态。

这样，在地中海型荒漠中，湿季是冬春季（12—次年 4 月）。而在北美（科罗拉多）、亚洲中部的东区（阿拉善，鄂尔多斯），南美（阿塔卡马）的湿期，相反是夏季。

这样，在一些荒漠沙层最大水分含量与最大增温相符合（北美、东亚等），而另外一些荒漠则与冬季冷期相符合（中亚南部荒漠）。

在研究干旱区沙层水分状况时，凝结水对植物的供给是值得讨论的问题。我的意见，在荒漠与半荒漠中凝结水是有可能的，但在水分平衡中可以忽略不计。

如H.Ф.库利克（1970）在苏联欧洲部分的东南（里海北部）研究指出，甚至在温带干旱、半干旱环境，大气中气态水进入土壤是不多的。利用微渗水仪进行许多实验（200多个方案），确定存在两个过程：大气中水汽进入土壤；分子凝结过程（Лебедев，1930）。两个过程都是热季的特征。如果沙表面干旱、水分储存少，夜间能观测到凝结水。如果是湿润沙表面，进行自然水分蒸发，但是蒸发量比白天小得多。

分子凝结方式可以提高沙层水分，其水汽来自大气与沙的下层。两者量的变化取决于天气与表层沙下伏沙层的水分。分子凝结水每夜最大不超过 0.15 mm（0.08～0.10 mm）。这些量不仅为天气条件所限定，而且有下列限定因子：大气附面层水汽压梯度强烈降低；土壤水分积累达到最大含水量；表层土昼夜温度状况。不论在哪种情形下，植被会降低分子凝结水量 1.5～2 倍。

露形成于沙丘的东南坡，很稀少（一年 10～20 次）。偶然一次可达 0.2 mm，通常为 0.1～0.12 mm。在沙丘东南坡分子凝结水与露总量 15～20 mm。这些水量上午大部分返回大气。在沿海荒漠，全年都可以观察到或多或少的露。

众所周知，所看到的露水由三部组成——露、蒸馏产物、植物泌水。在植物表面的露珠降低蒸腾量，可能部分被叶子吸收或被植物体同化。这些因素促进了水分状况改善以及植物的生长。但是在大陆荒漠环境下，空气所含水分的作用不大。它们在近海洋或沿岸荒漠对植物的生长影响明显。

在这样的水文气象环境下凝结水如此丰富，可以用于供水与灌溉。在阿塔卡马荒漠中使用的尼龙丝制成的凝结器，是一个例子（See，1963；图 129）。

在湿润期间所积累水分消耗于沙地的根层，是通过下列途径：间接（直接）从沙表面蒸发；植物蒸发，渗入地下水。

直接蒸发强度取决于地表空气层的温度、湿度，沙的密度，表层沙的特征与颜色。换句话说，沙的干燥性取决于沙的物理特性与影响其增温的因素。

沙的热通量相对地高，而热容量相反则比较低，因此沙迅速增温也快速降温。在许多沙漠中，当气温 40～45℃时地表温度达 75～78℃。

水分从沙层蒸发，大家所知，是由于在沙层和大气中水汽压力差。在蒸发的地方，水分从沙土中进入新的储存状态（汽态）。土壤温度越高水汽流越快。沙粒小密度越大，在同样温度条件下，能够到达沙表面水分越多。疏松的沙表层，气态水到达的很少。

在沙漠环境从表面直接蒸发的现象，我们在无植物的流沙上可以看到。这种情形发生在早期影响深度为 50～100 cm，干沙层仅为 50～60 cm。这一数字对于干旱荒漠细沙是平均值。

图 129 阿塔卡马荒漠 安托法加斯塔 尼龙丝凝结器 B.H.库宁摄影

表层沙水分动态的第二个决定因素是植物水分消耗，在固定沙丘上超过了从沙表面直接蒸发。在中亚荒漠茂密的草类在抑制蒸发中起主要作用。此外，大量的水分消耗于古老的灌木。

在中亚地下水深（4～5 m）或下伏干沙层的固定沙丘，根层经常是干旱状态。其厚度从几十厘米到几米。

在固定沙丘看不到大气降水下渗很深补充地下水的现象。通常是雨期渗入土壤的水分干旱期蒸发。而且观察到更强烈的反过程，也就是水分超支，植物从地下水层或湿沙层吸收水分蒸发。因为这个原因，固定的灌丛沙堆出现经常性的水分亏空。

这样，植被在表层沙水分动态中作用是存在的，在一些情形下决定了生境水分状态特征。在地下水深的固定沙丘影响特别强烈。在植物稀少的流动沙丘，干旱影响表现很弱，是固定沙丘的 1/2。

新月形沙丘的水分状态

流动新月形沙丘水分动态研究具有重要的理论与实践意义。由于所有的风成沙层具有同一性，这里的干、湿过程是在同一类型的沙层中进行的。这是大的自然试验研究。

在新月形沙丘地下水有时候很深（20～25 m）。但是尽管如此，在温带荒漠新月形沙丘，除过最大的流动新月形沙丘链，还没有不浸润的死沙层（干沙层）。通常无植物的流动沙丘，从表层到地下水层有最大的分子持水量。然而由于新月形沙丘积沙很厚，在年总降水 100 mm 下，一个季节不能发生浸润。这是由于降水量不大的原因所致。

中型的新月形沙丘可以划分两类生境，流动型新月形沙丘链与丘间低地流动性小的积沙。决定水分动态的条件（粒度成分、热量状况、有无植被）是相同的，但是它们的水分状况由于沙流动程度而有差别。

丘间低地在完全无植物的情形下，在湿润期靠大气降水浸润。当降水量 100 mm 可以达到 80～100 cm 深。从裸露的沙表面蒸发干燥层可以达到 50～60 cm 深。更深沙层总是有高于 1%的湿度。总结丘间低地干燥沙层特点，在不大的深度超干燥，而在干沙层的下部表现为水分盈余。

这样，在丘间低地每年沙的水分平衡是正值。在新的湿润期，大气降水浸润可以达到很大深度，因为在上一年下层沙已经是湿润的。在新的一年蒸发小于进入沙层的水分，在沙层深部是盈余状态。所描述的过程年复一年，使大气降水在越来越深的沙层蓄积，直到与地下水毛细上升水相接。流动沙丘这样的水分积累有重要意义，因为这些水分积累，补给地下水，形成在咸水之上的淡水层，供给荒漠植物与畜牧业。

卡拉库姆东南（中亚）新月形沙丘水分动态，以列别捷克沙漠研究站资料绘制的年过程曲线为代表（Леонтьев，1941；图 130）。可以把它称为中亚沙层水分动态型。

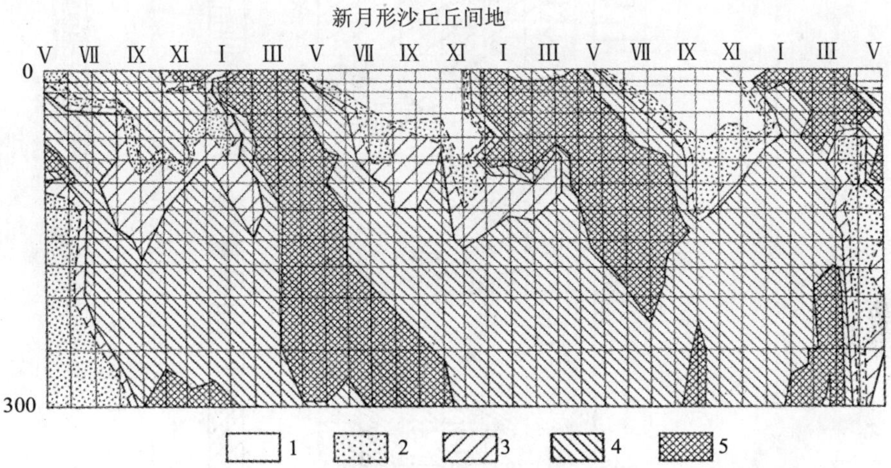

图 130　卡拉库姆东南（列别捷克）1932—1935 年沙层水分动态

（根据 Леонтьев，1941）

1—小于 0.5%；2—1%～6%；3—2%～3%；4—3%～4%；5—4%～5%

苏联欧洲部分的东南部流动沙丘的水分动态也是下渗型的。В.Н.库宁（1970）观察确定，干燥的表沙层最大水分累积厚度达 5～8 cm。很厚的干沙层是堆积而成。当最小持水率为 5.5%～6%，在 50 cm 深度夏天水分保持在 2%～3%，而 100 cm—4%～5%。由于 4—10 月降水超过自然蒸发，在这一时期观察到重力层流水，流沙的饱气带水分减少。

10—12 月沙层的上表层沙水分含量开始稳定。秋冬季节降雨下渗沙层深度 100～120 cm。冬季沙层水分继续增加。雪融化后下渗深度达 250～300 cm。进而下渗流转化为重力层流。无植物的流动沙丘，除少数例外都是依靠降水下渗积蓄地下淡水。这些淡水或浮于或位于矿化水之上。其平均厚度在里海北部为 1.5～2 m。这样的透镜体与中亚透镜体相似（Кунин，1959，1963）。

里海北部沙地的根层水分含量高，流沙中存在淡水透镜体，这对林业、牧业提供很好背景条件。亚洲中部新月形沙丘 3 m 厚表层沙的水分动态，以阿拉善荒漠（腾格里）东部沙坡头为代表。这里代表了亚洲中部与季风降水有关的沙丘水分类型。其特征是夏天短而湿润，秋—冬—春长而干燥（图 131）。

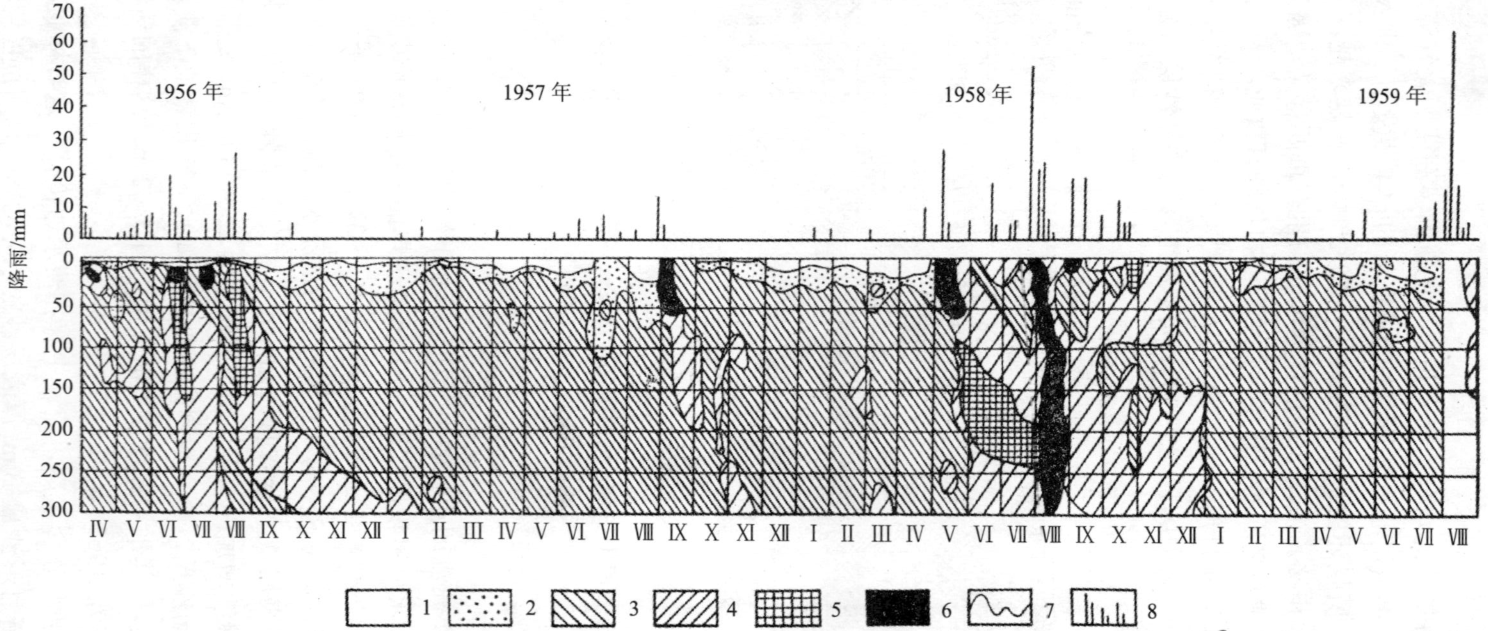

图 131 阿拉善腾格里沙漠 1955—1960 年丘间低地 3 m 厚表沙层水分年动态

（根据 Чжи-Би-жень，1962）

1—小于 0.5%；2—1%～6%；3—2%～3%；4—3%～4%；5—4%～5%；6—大于 5%；7—温度曲线；8—降雨

对植物生长最有利的水热组合，是从季风雨开始的后半年。春季甚至在沙、空气温度很高情形下，因土壤干燥植物不能生长。

新月形沙丘链顶部经常流动段，沙的流动性增加了水分从表沙层的消耗，引起表沙层变干以及薄层干沙输移。这引起湿润的表沙层裸露，以及与不流动的沙丘相比更快的干燥。

总之，在新月形沙丘链由于地形不稳定，水分条件变化很大。因此很难说水分状况的稳定性，仅在确定水分状况时候，只能说湿润沙层与新形成干燥输移沙比较状况。新月形沙丘链的流动性与水分状况，排除了植物生长的可能性，在自然界看到的也是这样。

在丘间低地基质流动性不大，水分状况是荒漠所有生境类型最好的。然而在这样环境生长多年生植物，遭受水分不足的经常性胁迫。特别是植物生长的第一年，根系还很弱小。随着植物生长，根系向深部干燥沙层伸展。

环境对喜沙植物影响：第一年幼苗的根向垂直方向发展（主根）。第一年以后生长变缓，主要是侧根生长。在新月形沙丘这些现象非常清楚。例如，克孜勒-沙拐枣的侧根长20 m，三节的垂直主根只有 1.5～1 m。在生草沙丘上，灌木与乔木根系与地下水相连，侧根发育弱，其长度不超过主根的3～5倍。

在生长期植物的水分供给通过下列形式：春季当表沙层水分充足，植物吸收水分或从表层沙或从深部沙。以后的季节湿润沙层不断降低，植物根形成亚表沙层根系带，引起沙层干燥。更深层根与毛管上升水或与地下水相连，功能正常，保障植物水分供应到生长季末。

遗憾的是其他荒漠沙丘水分资料很少。鉴于这种情况，М.И.布德科（1956）提出间接计算方法，对于研究沙丘水分年动态有重要意义。水分平衡方程如下：

$$\Delta W = r - E - f$$

式中：ΔW——生长期土壤水分含量变化；r——降水；E——蒸发；f——径流。

陆地表面蒸发与土壤水分含量密切相关。当土壤有充足水分供给植物生长情形，E=E_0，或者蒸发等于可能蒸发。如果有效水分（植物利用的）小于极限值 W_0，则 $E < E_0$，在这种情形下可以用简单的物理计算式确定：

$$E \ - E_0 \frac{W}{W_0}$$

利用最后的关系式，水分平衡与蒸发量方程，可以计算任何时期土壤水分变化与蒸发，甚或其年动态（Будыко，1956，140 页）。

荒漠化学特征

沙的矿物成分

如果研究世界荒漠的构造特征差别，则发现由于地质构造不同，沙的矿物成分不同。

甚至在同一荒漠也有很大差别。塔里木盆地的矿物成分多样性可以作为例证（表 20）。表中数字表明，盆地第四纪和现代冲积与风成沉积的矿物成分差别很大。这与携带沉积物到盆地的河流流域的地质构造差异性有关。重矿物的差别特别显著。

与此相反，中亚及哈萨克斯坦第四纪，特别是古冲积与风成沙研究，表明矿物成分在广阔范围有很大的共同性。第四纪沉积以及土兰低地平原上山系的结晶岩、变质岩的矿物成分，很好证实这一点。第四纪沉积的细粉沙以石英、长石、角闪石为主，甚至有绿帘石、闪锌矿及其他成分（表 20）。

А. Т. 列瓦秋可，В. П. 切列得尼科（1969）比较了外温古兹卡拉库姆、南卡拉库姆、萨雷卡梅什湖沿岸沙沉积的矿物成分，竟然得出非常相似的结论。区别仅在于重矿物含量的差别。广阔的卡拉库姆平原（卡拉库姆第四系），成因类型也是一致的。轻矿物主要是石英与长石。重矿物占 1.5%～4%，成分差别很大，主要是金属矿物与角闪石。透辉石、石榴石、绿帘石等含量极少（表 20）。

В. В. 道布罗沃里斯克（1966）将中亚荒漠区划分下列矿物省。

外里海省　包括里海与咸海之间广阔区域。北以南乌拉尔省为界，东沿至乌斯秋尔特。这个省的个别区矿物成分有些不同，但总特征是以源于本地细粉沙为主。在北部、西部石英比硅石多，绿帘石比角闪石多。这种情况向南有变化。第三纪沉积覆盖的高原，以当地的基岩碎屑为主，主要是石灰岩。

土兰省　包括有残丘的广阔的沉积平原。不同区有明显差别。总特征是含大量的硅石。角闪石的含量一般低于绿帘石。在北部（咸海沿岸）硅石含量减少。土兰省的北界通过咸海—楚河连线，再继续无明确界线。在残丘分布区覆盖的沉积富含地方性岩屑。在克孜尔库姆的残山分布区，含有古生代石灰岩、变质岩碎屑。在图阿尔克尔、曼格什拉克、巴尔汉洛伏，是中-新生代的沉积岩碎屑。在积沙区经常发现石英含量高，这可能与风力过程有关。在残余地形分布区覆盖沉积物中富含土兰岩系成分。因为土兰省覆盖的沉积物成因、环境多种多样，进一步根据实际资料可以划分亚省。

楚河—巴尔喀什省　位于荒漠带的东部，与土兰省以卡拉套山为界。积沙（穆云库姆，塔乌库姆）、楚河河谷黄土沉积、楚河-伊犁河黏土沉积，具有共同的矿物成分：硅石碎屑多于石英，绿帘石含量不高但多于角闪石。在靠近变质岩、石灰岩分布区（别特帕克达拉，楚河-伊犁山）的沉积物含有大量的当地的含硅物质（Добровольский，1966）。

尽管风成沙矿物成分与母岩有关，但有一系列特征差别。根据占优势的矿物成分，可以划分一些类型：单矿物（例如石英）；双矿物（长石—石英）；三矿物（绿帘石—石英—长石）；多矿物（石英—多矿物，长石—多矿物）。在所有这些情形下，主要矿物含量不应低于总量的 80%（Сургеев，1953）。风成沙富含风成的稳定矿物：石英、石榴石、锆石、硅线石、磁铁矿。很少含易碎的矿物——石膏、方解石、角闪石、闪锌矿、透闪石、黑云母角闪石等。几乎没有容易被风吹蚀破坏的矿物——云母、绿泥石。风蚀的半磨圆度的颗粒含量高。风成沙的矿物种类总是少于冲积沉积物。重矿物含量高于原始沉积。

与矿物成分变化同时，其颜色也变化。特别是卡拉库姆所有被氧化铁薄层包裹的沙颗粒。由于这个原因，沙颗粒由钢灰色变为灰黄色。

卡拉库姆风成沙的特征：黄色，尘粒含量少分选性好，富含圆颗粒及有发光表面的石英颗粒，大量被风力作用的长石，几乎无石膏，有细微的页理，磨圆度好，重矿物含量高（Сидоренко，1948）。

遗憾的是我还没有找到世界其他荒漠沙矿物成分的足够量的资料。阿尔及利亚撒哈拉沙的矿物成分研究得比较完整（Alimen 等，1964）。也是多种多样，由于沙源区（古地质历史时期输沙到撒哈拉的地方）地质构造复杂性所致。阿尔及利亚撒哈拉大量重矿物沙为金属矿物、石榴石、榍石、电气石。很有意思的发现是，在亚洲沙漠沙的榍石、电气石含量很少。

在卡拉哈里沙漠（南非）沙中也有很多金属矿物（Rogers，1936）。

Д. 卡尔洛尔（Carroll，1944，1952）研究了澳大利亚艾尔湖盆辛普森荒漠的沙，发现在盆地东南，重矿物有：金属矿物（磁铁矿、钛铁矿、白钛石），电气石，锆石，金红石，红柱石，石榴石，蓝晶石，硅线石，十字石，闪石，绿帘石，黝帘石，独居石，尖晶石，刚玉，榍石。金属矿物占优势。很多沙样可以找到电气石，锆石，金红石，十字石，其余的重矿物少见。主要的轻矿物是石英颗粒。所有沙粒磨圆度不是很好。有意思的是长石不是在所有的沙样中都能见到，它在微气候环境风力作用下是比较稳定的。这证明沉积经受风力作用很长时期。

由于P. 维里索夫主持澳大利亚的地质调查，我有幸得到澳大利亚不同区域 13 个沙样，按照苏联的通用方法测定了粒度成分、矿物成分、化学成分。尽管资料有限，使我能够比较亚洲与澳大利亚荒漠沙的特征。我取中亚荒漠的沙与其对比，不仅是因为我熟悉，还因为成因方面中亚荒漠沙（Q）比澳大利亚荒漠沙（T，C_r）年轻。

比较分析表明，澳大利亚荒漠风成沙轻矿物成分以石英为代表（98.6%～99.3%），长石含量低（0.7%～1.4%）。几乎是纯净的石英沙。中亚荒漠沙是属于长石—石英类型，石英含量为 31.7%～87%，长石含量为 0.5%～36%（表 20）。这样的差别，应解释为澳大利亚沙经过长期的风力作用，相应的轻矿物贫乏。重矿物以稳定的矿物为主，特别是金属矿物。分析所得到资料与Д. 卡尔洛尔的结论不矛盾。

B. 维特（White，1939）比较了世界不同荒漠（卡拉哈里，利比亚，澳大利亚，北美，印度）矿物成分，结论是矿物成分丰富多彩、差别很大。最重要的共同特征是石英稳定存在，它是荒漠形成的标志矿物。可以想象在荒漠（风成）沙中石英保存得比水成环境好，在水中石英被溶解。此外应注意磷灰石，主要取自小沙漠的沙样（印度，北美），在利比亚沙漠与卡拉哈里沙漠缺失磷灰石。这使作者有一个推断，缺失磷灰石表明大沙漠与小沙漠相比，沙颗粒大。作者发现，荒漠沙一般比水成沙重矿物含量低。发现在所研究的沙样中完全缺失花岗质砂岩，这与荒漠沙样成分的一般概念不相符合。

这样，我们应肯定，每一荒漠的矿物成分有自己的特点。这是由于地质构造特点（岩类成分）、沙源的流域特点、疏松堆积特点所决定。

与此同时，世界荒漠风成沙有矿物成分的成因与风成过程的共同特点。沙的相似性表现在大多数情形以石英沙为主，有时含量达 98%。比较少见其他矿物——长石、石膏、石灰岩颗粒。

表 20　世界荒漠湖积、冲积、坡积、风成沙矿物成分（质量分数）

单位：%

样品号	采样地点	轻矿物					重矿物																文献来源（略）
		石英岩	长石	白云母	石灰岩	硅岩	金属矿	绿帘石	闪锌矿	石榴石	锆石	金红石	榍石	电气石	辉石	十字石	蓝晶石	褐帘石	钛铁矿	黑云母	硅线石	风化粒	
	亚洲中部																						
	柴达木盆地																						
	大柴旦城东南 16 km 风成沙	64.7	27.7	0.3	—	7.3	23.4	23.8	40.3	6.0	0.6	0.4	0.8	0.1	3.4	0.5	0.8	—	—	—	—	—	
	南柴达木都兰河风成沙	84.0	12.0	—		4.0	33.5	22.5	25.0	4.0	1.5	—	1.5	痕	11.5	—	—	—	0.5	—	—	—	
	南柴达木格尔木城东 18 km 风成沙	64.0	16.5	3.5	—	16.0	29.0	18.5	29.0	7.5	8.0	0.5	2.5	3.5	3.5	痕	0.5	—	—	—	1.0	—	
	塔里木盆地																						
	塔里木河高 5 m 新月形沙丘链	58.5	24.0	1.5	—	16.0	25.0	34.0	24.0	5.5	3.0	0.5	2.0	—	2.5	1.0	1.0	—	—	1.5	—	—	
	和田河口高 3 m 新月形沙丘链	52.0	34.0	5.0	—	8.5	19.0	24.0	27.5	9.0	2.5	0.5	2.5	0.5	12.0	1.5	痕	—	1.0	—	0.5	—	
	昆仑山前平原高 3 m 新月形沙丘链	52.0	30.0	1.0	—	17.0	30.5	26.0	27.0	5.0	2.0	1.0	2.0	1.0	4.5	痕	0.5	—	1.0	—	0.5	—	
	卡拉喀什西南 28 km 风成沙	61.3	15.3	14.3	—	9.0	22.0	31.0	33.0	5.0	1.5	0.5	—	—	6.5	—	—	—	—	—	—	—	
	阿拉善荒漠																						
	腾格里中卫 15 m 高新月形沙丘链	52.0	24.0	1.5	—	—	24.0	20.0	56.5	19.0	1.5	1.0	痕	痕	痕	2.5	—	—	—	—	—	—	
	中阿拉善，基布苏木，高 15 m 新月形沙丘链	70.0	18.5	0.6	—	10.9	49.1	24.1	15.2	3.4	2.5	痕	1.3	0.1	3.7	—	0.6	—	—	—	—	—	

样品号	采样地点	轻矿物					重矿物																文献来源（略）
		石英岩	长石	白云母	石灰岩	硅岩	金属矿	绿帘石	闪锌矿	石榴石	锆石	金红石	榍石	电气石	辉石	十字石	蓝晶石	褐帘石	钛铁矿	黑云母	硅线石	风化粒	
	雅布赖高 15 m 新月形沙丘链	57.0	22.0	—	—	21.0	35.0	42.0	15.0	3.5	0.5	—	1.5	—	2.5	—	—	—	—	—	—	—	
	吉兰泰，高 10 m 新月形沙丘链	55.0	20.0	—	—	25.0	25.0	38.0	23.0	4.5	4.0	痕	0.5	0.5	4.0	0.5	痕	—	—	—	—	—	
	巴丹吉林，高 290 m 新月形沙丘链	42.0	19.5	痕	—	38.5	37.0	21.5	2.0	3.0	6.5	—	1.8	—	5.5	—	—	痕	—	—	—	—	
	鄂尔多斯																						
	乌审，高 7 m 新月形沙丘链	52.0	29.0	痕	—	19.0	20.0	0.5	41.0	35.5	1.0	—	0.5	0.5	痕	1.0	—	—	—	—	—	—	
	库布齐，乌拉特，高 20 m 新月形沙丘链	62.0	8.0	—	—	30.0	26.5	36.0	20.0	12.0	2.0	—	—	痕	3.5	痕	—	—	—	—	—	—	
	榆林，高 15 m 新月形沙丘链	56.0	30.0	—	—	20.0	25.0	6.0	42.0	18.0	3.0	0.5	2.0	痕	1.0	痕	—	—	—	—	—	—	
	克孜勒库姆																						
	南部卡孜里西 20 km，新月形沙丘链	52.3	39.0	0.9	—	7.8	39.5	22.0	17.3	4.3	1.9	1.3	0.4	1.1	2.3	1.1	0.2	—	—	—	0.2	7.5	
	南部，乌齐可尔西 30 km 新月形沙丘链	53.4	38.5	—	—	7.4	41.1	20.4	17.4	6.8	1.1	0.9	1.2	1.2	1.3	2.1	0.2	—	—	—	0.4	—	
	外温古兹卡拉库姆																						
	东部区，达尔甘阿塔南 30 km，新第三纪沙	48.8	16.8	—	—	34.4	10.5	—	7.8	—	—	0.2	—	0.25	—	2.4	1.5	—	4.8	1.2	—	50.3	
	固定沙垄坡上的古风成沙	54.7	38.5	0.9	—	5.8	30.4	24.1	4.9	4.7	2.3	1.3	0.6	0.9	0.9	1.1	0.2	—	—	—	0.4	7.9	

样品号	采样地点	轻矿物											重矿物										文献来源（略）
		石英岩	长石	白云母	石灰岩	硅岩	金属矿	绿帘石	闪锌矿	石榴石	锆石	金红石	榍石	电气石	辉石	十字石	蓝晶石	褐帘石	钛铁矿	黑云母	硅线石	风化粒	
	东北部，哈扎拉斯普 25 km，新月形沙丘链	55.8	37.4	0.6	—	5.9	47.9	17.2	4.7	8.6	6.6	1.1	0.6	0.9	1.1	1.9	4.1	—	—	—	—	6.4	
	固定沙垄坡上的古风成沙：西部，厄舍克-阿可雷凯尔高地	62.7	30.3	0.6	—	6.4	34.1	16.2	12.2	5.3	2.2	0.9	0.9	1.7	2.2	3.4	1.2	—	—	—	0.2	7.0	
	南部达尔瓦扎	60.3	32.0	1.5	—	6.2	42.1	16.7	10.2	11.8	2.6	0.9	1.5	1.5	1.3	2.2	1.3	—	—	—	0.2	7.4	
	中卡拉库姆																						
	古冲积沙系列（卡拉库姆层）克孜勒龟裂地，井	64.8	10.1	—	—	28.1	4.3	—	2.9	—	—	0.4	0.4	—	—	—	—	0.4	1.98	—	85.1		
	图尔特库尔，阿姆河、锡尔河上层冲积沙	68.7	6.4	—	—	20.9	2.3	3.7	11.7	—	—	—	—	4.1	—	0.7	0.4	—	1.5	—	—	62.1	
	外温古兹高原新第三纪沙	48.8	16.8	—	—	34.4	10.5	—	7.8	—	—	0.2	—	2.5	—	2.4	1.5	—	4.8	1.2	—	50.3	
	卡拉库姆东南，列别捷克，风成沙	73.4	5.3	—	—	21.3	4.9	3.8	6.4	—	—	—	—	0.8	—	0.4	0.4	—	1.9	—	—	72.9	
	别什尔，阿姆河右岸，风成沙	73.8	20.8	—	—	5.4	5.5	13.3	40.5	11.5	4.7	—	—	0.5	—	—	0.3	—	1.8	—	—	—	
	西卡拉库姆																						
	奇利马捷特，风成沙	57.0	10.4	—	12.4	20.2	11.9	52.4	22.6	6.3	2.5	0.2	—	0.4	—	0.4	痕	—	—	痕	痕	1.7	
	里海南岸沙地																						
	达尔扎风成沙	31.7	15.4	0.4	14.9	35.6	10.3	1.1	28.5	8.5	0.5	0.3	—	0.4	7.4	1.0	0.4	—	0.8	10.1	0.4	37.2	

样品号	采样地点	轻矿物					重矿物																文献来源（略）
		石英岩	长石	白云母	石灰岩	硅岩	金属矿	绿帘石	闪锌矿	石榴石	锆石	金红石	榍石	电气石	辉石	十字石	蓝晶石	褐帘石	钛铁矿	黑云母	硅线石	风化粒	
	达尔扎海成沙	40.1	14.7	0.4	1.6	32.7	13.7	6.7	24.4	8.3	0.3	—	—	0.5	3.0	0.4	0.4	—	1.0	0.4	0.2	5.32	
	汉巴，风成沙	83.2	0.5	1.2	12.1	3.09	2.9	13.7	65.0	5.0	2.8	1.6	—	2.0	0.5	0.1	—	—	—	0.7	—	—	
	盖尔扎恩沙地	87.4	1.5	0.5	10.6	—	3.4	7.0	74.0	2.6	2.3	2.1	—	2.8	0.2	0.1	—	—	—	0.2	—	—	
	敏什得沙地	85.8	0.5	—	13.7	—	4.3	14.3	60.0	2.6	2.3	2.1	—	2.8	0.2	0.1	—	—	—	0.2	—	—	
	卡拉博加兹戈尔湾沙地	58.8	36.6	—	—	9.6	18.0	46.2	20.6	7.5	2.2	0.1	—	0.9	0.1	痕	0.1	—	—	痕	0.5	3.4	
	里海北岸沙地																						
	伏尔加-乌拉尔沙地，风成沙	78.5	17.0	—	—	4.5	25.5	9.0	17.5	8.5	—	3.5	—	2.0	2.0	3.5	1.0	—	—	—	—	17.0	
	拜斯克斯沙地	80.0	6.0	1.0	—	12.0	6.0	10.0	4.0	2.0	2.0	1.0	—	6.0	—	4.5	5.0	—	1.0	—	1.0	54.0	
	贾卡拉沙地	81.0	11.0	—	—	7.0	10.0	8.0	14.0	2.0	7.0	1.0	—	4.0	—	1.0	8.0	—	1.0	1.0	—	33.0	
	伯兹达克沙地	67.0	1.0	痕	痕	13.0	12.0	6.0	7.0	1.0	3.0	1.0	—	2.0	—	2.0	—	—	1.0	4.0	1.0	33.0	
	北非																						
	大东沙漠																						
	塔哥乎特	—	—	—	—	—	23	2	15	30	1	6	16	—	6	—	—	—	—	—	—	—	
	伊格利	—	—	—	—	—	27	3	4	17	2	—	26	14	6	—	—	—	—	—	—	—	
	贝尼阿巴斯	—	—	—	—	—	20	1	1	17	2	—	37	20	痕	—	—	—	—	—	—	—	
	汝夫	—	—	—	—	—	36	8	3	11	2	—	22	23	3	—	—	—	—	—	—	—	
	马尔浩乌木	—	—	—	—	—	41	3	3	7	4	1	21	17	痕	—	—	—	—	—	—	—	
	丰可尔泉	—	—	—	—	—	16	1	1	27	2	—	34	18	1	—	—	—	—	—	—	—	
	翟吉特泉	—	—	—	—	—	11	4	6	20	6	—	50	2	2	—	—	—	—	—	—	—	
	舍比	—	—	—	—	—	17	4	2	49	3	1	8	11	1	—	—	—	—	—	—	—	
	拉维	—	—	—	—	—	8	3	3	35	2	—	30	17	2	—	—	—	—	—	—	—	
	小新月形沙丘	—	—	—	—	—	30	1	3	20	1	2	12	25	4	—	—	—	—	—	—	—	

样品号	采样地点	轻矿物					重矿物																文献来源（略）
		石英岩	长石	白云母	石灰岩	硅岩	金属矿	绿帘石	闪锌矿	石榴石	锆石	金红石	榍石	电气石	辉石	十字石	蓝晶石	褐帘石	钛铁矿	黑云母	硅线石	风化粒	
	贝尼-阿巴斯新月形沙丘	—	—	—	—	—	33	10	2	15	3	2	16	16	1	—	—	—	—	—	—	—	
	盖尔达耶	98.6	1.4	—	—	—	70	1.7	12.2	—	11.7	2.7	—	—	—	—	—	—	—	1.7	—	—	
	卡伊罗东北 15 km，风成沙	—	—	—	—	—	—	27.8	23.5	2.1	4.2	1.5	—	2.1	34.6	1.9	—	—	—	—	—	—	
澳大利亚																							
	南部艾尔湖盆湖积沙	99.3	0.7	—	—	—	80.3	2.6	7.7	—	7.7	—	—	—	—	—	—	—	—	—	—	—	
	艾丽斯斯普林斯风成沙	99.0	1.0	—	—	—	55.7	3.9	28.4	—	9.4	1.7	—	—	—	—	0.9	—	—	—	—	—	
	维多利亚大沙漠，南部，年轻风成沙	99.3	0.7	—	—	—	94.0	—	4.0	—	0.8	1.2	—	—	—	—	—	—	—	—	—	—	
	维多利亚大沙漠，北部，风成沙	99.0	1.0	—	—	—	90.7	2.1	4.1	—	2.1	—	—	—	—	—	—	—	—	—	—	—	
	维多利亚大沙漠，北部，风成沙	98.6	1.4	—	—	—	74.4	2.1	11.5	—	10.8	—	—	0.7	—	—	0.7	—	—	—	—	—	
	辛普森荒漠风成沙	98.6	1.4	—	—	—	91.0	—	1.2	—	—	7.3	—	—	—	—	—	—	—	—	—	—	

沙的化学成分

土壤与土体的化学成分对于荒漠开发有重要意义。不同气候带土壤有一系列差别。它们的共同特征首先与干旱气候、常常与植物特征有关系。

荒漠土壤，众所周知，是属于生物岩矿型。在温带与亚热带，分为灰棕土、灰钙土与沙漠土。在热带分布灰色土与红—灰色热带荒漠土。此外，世界许多荒漠与半荒漠具有盐壳与盐碱地。与此同时风成沙占了很大面积，其成土过程处于初始阶段。由于植物稀少和水溶性盐含量高，所有土壤类型有机质含量低。腐殖质百分比低，因为在土壤中一般有机残体少，在干旱环境迅速矿化。在干旱区土壤中，腐殖质从亚干旱区、干旱区到极端干旱区降低，碳酸盐相反增加。在现代荒漠中有机物实际不存在，土壤形成过程以盐分迁移为主。

土壤硬化损失 0.1%，很少达到 1%。在沙中富含水溶性盐，因硬化损失的百分率在增加，是由于土壤存在碳酸盐与重碳酸盐，它们容易流失。

所有土壤的标志性特征是具有同一色调的颜色。在半干旱与温带干旱区是灰色（灰钙土），在热带荒漠是灰—褐色或灰—红色。这是由于在土壤颗粒表面有铁脱水物。一般所有荒漠土壤发生层薄，剖面难以根据颜色分层。一般根据盐分的密度分层。

荒漠土壤的特点是其综合性，土种更替频繁。

正如我们所了解的，荒漠土壤研究得很不深入。研究比较充分的是沙漠土（表 21）。表中数据分析表明，不同荒漠沙的化学成分有一定的差异。中亚沙漠氧化铝（Al_2O_3）含量（5.3%～12%）远高于澳大利亚沙漠（0.3%～8.4%）。澳大利亚沙漠二氧化硅（SiO_2）含量（84.8%～96.9%）高于中亚（64.5%～70.2%）与亚洲中部（87%）。在中亚与亚洲中部氧化钾含量比澳大利亚沙漠高几倍。氧化锰也是如此。

可能澳大利亚风成沙形成过程长，积累了最稳定的矿物（SiO_2），丧失了容易破坏的矿物（碳酸盐，硫酸盐，氯盐）。

比较中亚与澳大利亚荒漠风成沙的化学成分资料（表 21），中亚古冲积物形成的荒漠，风成沙特点是 Fe_2O_3 含量低（从咸海沿岸卡拉库姆 0.74%到卡拉库姆平原 3%）。在阿拉善和鄂尔多斯观察到类似的情景（0.70%～1.36%）。澳大利亚与此相反，氧化铁含量 10%。最低含量不低于 1.5%。这是澳大利亚活跃的红土化过程所致。

从干旱区地化学过程总结可以推断，世界所有荒漠风成沙化学成分有许多共同特征。盐碱性质与程度有差别，取决于母岩、下伏地面特征、沙的输移量、大气降水对沙的浸润强度、地下水的深度。

取决于降水总量，风成沙可能被低溶盐的水（盐含量小于 1 g/L）淋洗，也可能被强烈矿化的水淋洗。例如，在内华达（美国）和艾尔湖盆（澳大利亚）新月形沙丘，由致密的颗粒状石膏组成。在近地下水的沙总是含有氯—硫酸盐。

根据风成沙的盐渍性质，可以划分下列类：氯盐，硫酸盐，碳酸盐及混合类。经常见到的是氯—硫酸盐。

比较基岩与基岩形成的风成沙的化学成分，可以看出在形成过程中化学成分发生了很大变化。例如，努比亚砂岩在风力加工的过程中减少了 SiO_2、Na_2O_3，而 Al_2O_3、Fe_2O_3、CaO、MgO、K_2O、SO_3、CO_2 增加了几倍。

表 21 世界荒漠古冲积沙、风成沙、沙质土化学成分（质量分数）

单位：%

编号	采样地点	灼烧时损失量/%	SiO_2	Al_2O_3	Fe_2O_3	CaO	MgO	Na_2O	K_2O	SO_3	CO_2	文献来源
	中亚											
	卡拉库姆											
	阿什哈巴德，巴米火车站北 8 km，深入沙漠 60 km，古冲积沙	0.91	66.49	6.56	2.52	7.69	1.13	9.25	0.50	—	0.06	Петров，1950
	卡拉库姆，古冲积沙（卡拉库姆层），深 110～115 cm	—	64.56	12.11	3.45	8.41	2.0	—	—	—	—	Лобова，1960
	卡拉库姆，黄色风成沙	—	70.24	10.9	3.03	5.78	1.48	—	—	—	—	同上
	阿什哈巴德北 50 km，风成沙	—	68.90	0.37	4.37	7.55	0.47	—	12.85	—	4.06	Морозов Федоров，1968
	哈萨克斯坦											
	咸海沿岸卡拉库姆，贾克瑟-可雷奇湖，新月形沙丘	—	87.76	5.26	0.73	0.84	0.23	—	—	0.22	0.21	Боровской，1947
	伏尔加—乌拉尔河，里海北沿岸平原，风成沙，深 50～60 cm	1.49	88.95	5.12	0.99	1.03	0.91	0.31	1.12	0.38	—	Трушковский，1966
	霍舍乌托夫区，图塔-胡-杜可，风成沙	1.10	90.81	1.93	2.83	0.84	0.31	0.92	0.66	—	—	Томашевский，1931
	近海区，乌沙甘，风成沙	1.14	90.87	1.88	2.84	0.77	0.39	0.96	0.71	—	—	同上
	亚洲中部											
	阿拉善											
	腾格里沙，中卫	1.20	86.45	5.44	1.36	1.80	0.90	1.90	—	0.75	—	Петров
	乌兰布和，吉兰泰湖	1.56	87.34	6.37	1.15	1.12	0.81	1.25	—	无	—	同上
	鄂尔多斯											
	库布齐沙	1.76	86.76	6.17	1.13	2.24	0.71	0.95	无	无	—	同上
	鄂尔多斯东南沙	0.72	96.90	5.40	0.70	3.51	0.38	1.15	无	1.2	无	同上

编号	采样地点	灼烧时损失量/%	SiO_2	Al_2O_3	Fe_2O_3	CaO	MgO	Na_2O	K_2O	SO_3	CO_2	文献来源
	近东											
	内盖夫沙漠，别耶尔舍夫南 50 km，风成沙	1.10	81.62	3.63	1.20	4.79	0.74	1.04	1.14	—	3.64	Ravikovitch，1953
	北非											
	利比亚荒漠											
	开罗北 60～80 km，风成沙结皮，深 0～15 cm	—	57.84	0.62	2.78	12.91	6.60	—	0.39	—	15.92	Сидоренко，1959
	同上，碳酸盐壳下疏松沙，深 30～40 cm	—	91.45	1.77	1.52	0.82	0.11	0.77	0.45	—	0.97	同上
	努比沙岩	0.47	95.03	0.22	2.13	0.56	0.57	1.23	0.07	—	0.47	Blanck，Passarge
	努比沙岩形成的风成沙	2.74	71.65	8.56	5.04	4.50	0.95	0.02	0.56	0.46	2.72	同上
	黏土上沙土，深 0～23 cm	91.21	3.09	2.44	0.74	0.38	0.16	0.78	—	无	—	Van der Merve，1941
	砾石上沙土，深 0～28 cm	74.36	13.30	3.42	19.1	1.43	2.21	3.17	—	—	—	同上
	澳大利亚											
	南部艾尔湖盆，湖积沙	0.98	94.5	0.45	3.27	0.11	痕	0.65		0.194		Жуков，1969
	艾丽斯斯普林斯，风成沙	0.91	79.4	8.41	4.41	0.33	0.16	5.75		0.171		同上
	东南部维多利亚大沙漠，风成沙	0.65	93.4	0.93	2.62	0.08	痕	0.50		0.205		同上
	大沙沙漠，风成沙	1.20	91.0	0.51	5.51	痕	0.02	1.37		0.005		同上
	大沙沙漠，风成沙											
	北部	0.27	96.9	0.51	1.51	0.08	痕	0.95		0.25		同上
	南部	0.67	88.7	3.05	5.50	痕	痕	1.87		1.56		同上
	辛普森荒漠，风成沙	0.52	84.8	1.73	10.0	0.14	0.02	2.29		0.08		同上

母岩的年代与地质构造特征对荒漠沙的化学成分影响很大。例如，古冲积平原沙漠的特征是盐化度低，不同于石膏荒漠土。在石膏荒漠的大面积区域后成地质期，在地表进行强烈的盐的积累过程。

东南卡拉库姆新第三纪砂岩与第四纪古冲积沙的风力过程，这种差别表现得比较弱。在东南卡拉库姆，由新第三纪砂岩形成的风成沙化学成分，与下伏的母岩化学成分非常接近。在风成沙与母岩中都含大量的 SiO_2，含有很多 Al_2O_3、CaO。母岩中含量高，可能与其中的硅酸铝有关。溶解性盐含量低一些大约 0.2%。阳离子 Ca 为主，其次是 Mg、Na、K，阴离子—HCO_3，它们一般大于 Cl 和 SO_4 的总和。

沙中的氧化铝与氧化铁的数量不多，是由于其中的黏粒少。荒漠沙中钙含量高，一般作为硅酸铝、碳酸盐、硫酸盐的盐基。氧化钙含量从流沙 5%～6%到植物固定的致密沙 20%。氧化锰少一些（1%～1.5%）。

钾、钠在强烈盐化的非风成沙以及盐碱地中含量，是风成沙的几倍。在碳酸岩基岩形成的沙中，碳酸盐含量最多。

沙漠土中盐分状况完全取决于土壤的水分动态。因为土壤盐分的运动，只在土壤水分超过最大吸水性的时候才进行。如果土壤存在毛管水与重力水，盐分在土壤溶液中运动很活跃。

植物在表层沙的盐化中起重要作用。一般几乎所用的荒漠植物从土壤深处吸收一定量的水溶盐。到生长期末，这些盐分随着叶子或植物器官落在沙表面，继而被降雨淋溶渗入沙中。

在沙漠不同的水文地貌环境下，盐分循环是不同的。卡拉库姆一些区的地形——生态剖面可作为典型例子。这一剖面包括了地下水深植物根系不能利用的新月形沙垄，相邻的地下水 4～5 m 深生长黑梭梭、草、短命植物的生草沙堆，以及盐碱盆地（图 132）。

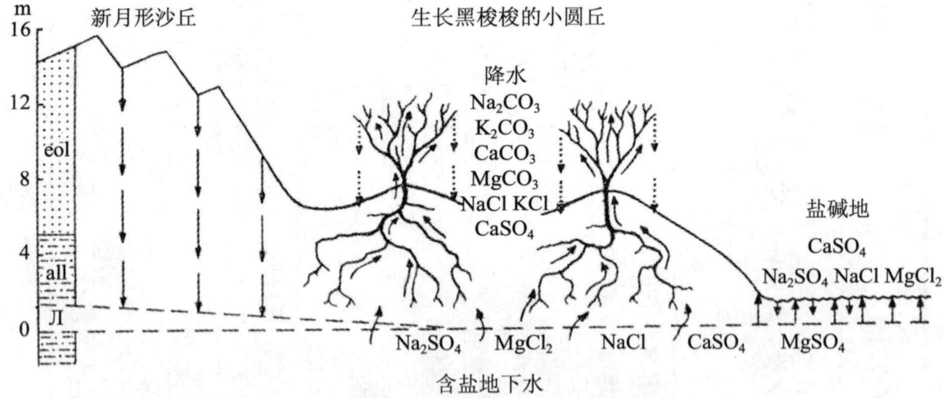

图 132　卡拉库姆沙漠溶盐循环

在无植物或有多年降水下渗过程的新月形沙丘，溶解盐经常性地下渗，因此在新月形沙丘下形成非淡水透镜体。这样，在风成新月形沙丘具有弱的均匀的盐化过程，无含盐分较高层（图 132）。

在生长黑梭梭和草类的生草沙堆，由水分动态所决定，盐分运动具有复杂的特征。

在这样的环境下，梭梭水分供应通过两个途径：大气降水形成的临时性表层沙水分；梭梭根系能够利用的地下水。后者是在整个生长季节梭梭能够利用的水源。大气降水在生草沙堆只能供给临时性水分。一般仅能湿润的 1～1.5 m 的沙层。这些水分由于自然蒸发与根利用，半年几乎消耗尽。

与这样的水分状况相应的表层沙、深层沙的盐分运动有不同方式。

在表层沙中盐分随大气降水淋洗下浸到深处，部分被植物根吸收。在地下水毛管上升带，盐分向上运动，其上下可达 1～1.5 m。这一沙带的一部分水溶盐可浸润到根系。

这样，在生草沙堆有两种独立土壤盐溶液运动的方向。它们之间有一个对植物水分效果很低的干沙层。

灌木的生长期，在地上部分与地下部分积累了大量的水溶盐。这样的盐分特别多地含在有机体中（表 22）。

表 22　卡拉库姆荒漠喜盐植物 Cl、Na、Ca 含量（干物质，质量分数）

（根据Родин，Базилевич，1965）

单位：%

植 物	叶			茎			根		
	Cl	Na	Ca	Cl	Na	Ca	Cl	Na	Ca
黑梭梭 *Haloxylon aphyllum*	1.56	8.56	2.02	0.04	0.21	0.33	0.87	0.65	1.21
猪毛菜**Salsola rigida*	1.87	2.16	1.42	0.15	0.14	0.76	0.10	0.04	1.70
盐生假木贼 *Anabasis salsa*	2.98	7.00	4.09	0.28	0.76	2.95	0.26	0.19	2.91
里海盐爪爪 *Kalidium caspicum*	8.63	10.56	1.02	1.28	1.46	0.32	1.93	2.84	0.36
多枝柽柳 *Tamarix ramossisima*	1.01	0.80	2.67	0.26	0.19	0.34	0.10	0.37	2.91

带*的植物译名不太确切，下同，译者注。

每年枝叶凋落，其盐分到达沙表面，迅速淋洗到沙层使沙层盐化。这一过程中盐的成分与含量在变化（图 132）。主要以氯盐、硫酸盐、苏打为主。这样，植物的残体以斑状覆盖沙表面，沙层盐化程度增加。

在盐碱盆地，盐分主要是从地下水向盐碱地表运动，随后进行结晶。在降雨期间盐溶解向下浸润几厘米。降雨结束后又重新开始盐溶液向表面运动过程（图 132）。

在生长黑梭梭与黑杨的卡拉库姆，根据坡向碳酸盐含量 3.5%～5.2%。溶解盐的总量比新月形沙丘大 2～3 倍。很多数据很好地表征了植物在卡拉库姆沙层盐化中的作用（表 23）。

表 23　卡拉库姆沙土腐殖质、CO_2、水浸出物成分（每 100 g 绝对干土的质量分数）

（列别捷克，根据Гаель，1939）

单位：%

采样地点与采样深度	吸湿水分	干残留物	水浸出物成分							CO_2	pH
			HCO_3	CO_3	Cl	SO_4	Ca+Mg	Na+K	腐殖质		
新月形沙丘链顶 0～10 cm	0.24	0.044	0.016	无	痕量	0.003	0.007	无	—	3.55	8.90
沙拐枣下结皮（头状沙拐枣）0～5 cm	0.26	0.069	0.020	无	痕量	0.006	0.008	无	0.82	3.30	8.11
薹草下沙质灰钙土（胀囊薹草）0～5 cm	0.22	0.044	0.030	无	痕量	痕量	0.012	无	0.15	5.20	8.50
猪毛菜灌木下结皮（李氏碱柴）0～5 cm	0.42	0.185	0.600	0.004	0.008	0.031	0.016	0.014	0.63	4.45	9.30
白梭梭下结皮 0～5 cm	0.69	0.619	0.195	0.044	0.020	0.074	0.019	0.080	0.77	4.37	9.80
黑梭梭下结皮 0～5 cm	0.57	0.513	0.180	0.030	0.014	0.057	0.005	0.097	0.73	4.90	9.90

荒漠土壤形成过程最有意义的是灌木根层的作用。在这里植物对土壤过程影响显著。取决于灌木品种、生态特征，盐化程度不同。在沙拐枣根系下溶解盐含量为 0.009%～0.04%，在梭梭根系下为 0.5%～0.6%（表 23）。以 $Ca(HCO_3)$为主的碱含量在沙拐枣根系下为 0.02%～0.05%，以 HCO_3 为主的碱含量在梭梭根系下为 0.18%～0.19%。此外，在梭梭与猪毛菜生长地浸出水发现苏打（Na_2CO_3）。

土层盐化对于整个植物生长阶段影响很大。土壤中盐分过量会影响种子的膨胀与发芽，经常是种子不发芽。植物的生长发育会偏离正常状态，一般植物生长畸形或矮化，不会形成种子。

当荒漠土中含的溶解盐含量高，土壤溶液渗透压高于植物吸水力。这引起植物生长功能的降低。水分进入植物体困难或生理缺水。破坏矿物补给以及呼吸、光合作用过程。影响最大的是氯化钠。氯化钠在土壤、地下水残留，特别强烈地限制植物的生长。如果它不含碳酸锰，对植物影响不大。石膏对植物的毒性影响不稳定。

在荒漠植物中长时期形成了喜盐、喜石膏的植物生态群落，适应土壤过度盐化。喜盐植物对于土壤、地下水盐化适应程度不同（表 24）。

为了表征沙生植物生境特征，引用了不同沙漠表层沙浸出水化学成分的资料，给出了植物能部分吸收的土壤溶解矿物含量的概念（表 25）。

表 24　喜沙植物生长的极限盐渍度

植物名称	盐渍度极限值，致密残体/（g/L）		文献来源
	在果实、种子阶段	在成熟阶段	
白茨（*Nitraria schoberi*）	—	30*	Крупенников，1944
			Жемчужников，1950
短毛柽柳（*Tamarix karelinii*）	—	4.79*	Шахов，1956
法国柽柳（*T.gracilis*）	—	4.97*	Крупенников，1951
	—	2.20*	Шахов，1956
细穗柽柳（*T.leptostachys*）	4.80	—	Русанов，1949
红柳*（*T.ramosissima*）	1.76	34.32	同上
粗硬毛柽柳（*T.hispida*）	1.75	—	Жемчужников，1950
	0.282	34.32	Русанов，1967
长、短穗柽柳（*T.elongata*，*T.laxa*）	—	34.32	同上
	18～30	—	Лалыменко，1967
	20～25	—	同上
巴氏碱柴（*Salsola paletzkiana*）	10～20	—	同上
李氏碱柴（*S.richteri*）	10～18	—	同上
白梭梭（*Haloxylon persicum*）	10～25	—	同上
盐节木（*Halocnemum strobilaceum*）	—	45.8	Румянцева，1959
盐穗木（*Halostachys caspica*）	—	35.9	同上

注：带*的数字，%。

表 25 世界荒漠风成沙、古冲积沙浸出液的化学成分

编号	采样地点	吸湿水/%	pH	致密残渣	浸出液成分/%（每 100 g 绝对干土的成分的质量分数）							文献来源
					碱性		Cl	$SO_4^{\cdot\cdot}$	$Ca^{\cdot\cdot}$	$Mg^{\cdot\cdot}$	$Na^{\cdot\cdot}+K^{\cdot}$	
					$HCO_3^{\cdot\cdot}$	$CO_3^{\cdot\cdot}$						
	中亚											
	卡拉库姆											
	卡拉库姆东南，列别捷克，风成沙	0.24	—	0.04	0.016	无	痕	0.003	0.007	—	—	Гаель，1939
	卡拉库姆东南，克尔基，风成沙	0.27	—	0.07	0.037	无	0.011	0.007	0.016	—	0.011	Дубянский，1928
	卡拉库姆东南，克孜勒齐—巴巴，井，生草沙丘—沙垄	—	—	0.04	0.033	痕	0.002	0.005	0.001	—	—	Палецкая，1954
	里海沿岸荒漠，列别捷克，0～5 cm 新鲜沙	—	—	3.57	0.023	痕	1.130	0.069	0.35	—	1.19	Петров，1950
	涅比特达格古海积沙，涅比特达格地表盐碱	—	—	9.15	0.020	痕	4.120	1.220	0.64	—	3.15	Кривенков，1969
	同上，风成沙	—	—	4.12	0.030	无	1.670	0.900	0.39	0.009	1.07	Кунина，1968
104	涅比特达格，复合新月形沙垄顶，0～10 cm	0.20	7.5	0.24	0.014	—	0.020	0.023	0.04	—	0.097	Фадеев，1960
20	近里海克孜勒库姆，盖尔扎恩沙地，沙垄顶，风成沙	0.34	—	0.09	0.018	无	0.000 4	0.010	0.000 4	0.003	0.005	Никитин，Песков，1936
	敏什得沙地	0.34	—	0.09	0.018	无	0.000 4	0.010	0.000 4	0.003	0.005	
	克孜勒库姆											
	布哈拉绿洲北部，库尼亚巴尔塔站附近	0.42	—	0.092	0.030	无	0.002	0.021	0.016	—	0.009	Гаель，Останин，1936
	奥一盖涅可，井（南克孜勒库姆），高生草沙丘—沙垄，风成沙	0.26	—	0.043	0.021	无	无	无	痕	—	—	
	穆云库姆，风成的生草沙丘，古风成沙	0.26	—	0.08	0.031	无	0.02	痕	—	—	—	
	里海北岸沙地											
	风成沙											Якубов，1955
	贾恩卡拉	—	—	0.046	0.024	无	0.001	0.003	0.007	0.003	0.004	
	科克塞尔特	—	—	0.062	0.050	无	0.002	0.002	0.010	0.005	0.005	

编号	采样地点	吸湿水/%	pH	致密残渣	浸出液成分/%（每 100 g 绝对干土的成分的质量分数）							文献来源
					碱性		Cl	$SO_4^{''}$	$Ca^{''}$	$Mg^{''}$	$Na^{''}+K^{'}$	
					$HCO_3^{''}$	$CO_3^{''}$						
	乌什塔干	—	—	0.076	0.050	无	0.004	0.003	0.015	0.002	0.003	
	浩舍乌特	—	—	0.052	0.030	无	0.002	0.003	0.007	0.002	0.002	
	别茨克兹	—	—	0.042	0.030	无	0.004	0.003	0.007	0.003	0.003	
	亚洲中部											
73	柴达木盆地											
76	大柴旦，新月形沙丘链，风成沙	—	7.4	0.104	0.020	无	0.006	0.007	0.009	无	0.005	Петров，1967
80	格尔木，高 25 m 新月形沙丘链	—	7.3	0.092	0.026	0.001	0.012	0.026	0.005	0.001	0.025	同上
	格尔木，昆仑山前平原，高 4 m 新月形沙丘链，风成沙	—	7.4	0.092	0.026	0.001	0.013	0.006	0.007	0.001	0.010	同上
31	塔里木盆地											
35	塔里木河，高 5 m 的新月形沙丘链	—	7.4	0.092	0.020	无	0.008	0.022	0.006	0.005	0.006	同上
48	和田河下游，高 3 m 新月形沙丘链	—	7.4	0.100	0.022	0.001	0.012	0.026	0.009	0.004	0.013	同上
	昆仑山前平原，皮山，高 3 m 新月形沙丘链	—	7.5	0.136	0.025	无	0.004	0.053	0.005	0.002	0.036	同上
56	喀尔噶尔河，高 12 m 新月行沙丘链，风成沙	—	7.5	0.084	0.023	无	0.011	0.016	0.004	无	0.019	同上
3	阿拉善荒漠											
7	腾格里，高 15 m 新月形沙丘链，风成沙	—	—	0.016	0.020	无	无	0.002	0.004	无	—	同上
13	中阿拉善基布苏木，高 15 m 新月形沙垄，风成沙	—	—	0.032	0.031	无	无	0.009	0.005	0.002	—	同上
23a	吉兰泰湖、中卫，高 10 m 新月形沙丘链，风成沙	—	—	0.043	0.034	无	0.140	0.002	0.005	0.001	—	同上
	雅布赖，高 15 m 新月形沙丘链	—	—	0.038	0.031	无	0.003	0.011	0.007	0.002	—	同上
	乌兰布和，高 20 m 新月形沙丘链	—	—	0.035	0.030	无	无	0.002	0.003	0.002	—	同上
41	鄂尔多斯荒漠											
53	乌审，高 7 m 新月形沙丘链	—	—	0.021	0.028	无	无	0.003	0.005	0.002	—	同上
69	库布齐，乌拉特，高 20 m	—	—	0.001	0.026	无	无	0.002	0.006	无	—	同上
	榆林，高 15 m 新月形沙丘链	—	—	0.019	0.012	无	无	0.003	0.002	痕	—	同上

编号	采样地点	吸湿水/%	pH	致密残渣	浸出液成分/%（每 100 g 绝对干土的成分的质量分数）							文献来源
					碱性		Cl	$SO_4^{\cdot\cdot}$	$Ca^{\cdot\cdot}$	$Mg^{\cdot\cdot}$	$Na^{\cdot\cdot}+K^{\cdot}$	
					$HCO_3^{\cdot\cdot}$	$CO_3^{\cdot\cdot}$						
	北非											
	利比亚荒漠（东部）											
9	哈里杰绿洲											
19	阿布—蒙—哈利克附近，0～10 cm	—	—	0.062	0.032	—	0.003	0.04	0.009	0.000 7	0.02	Петров，1967
20	埃尔—多木附近，0～10 cm	—	—	0.199	0.024	—	0.022	0.062	0.008	0.002 2	0.27	同上
	莎尔克—艾里—沙尔噶，0～10 cm	—	—	0.123	0.024	—	0.006	0.05	0.010	0.017	无	同上
	塔乌尔嘎湖南盐碱平原，地表	—	—	—	—	—	11.117	9.34	2.29	0.417	8.645	同上
	塔乌尔嘎湖南盐碱平原，风力输移	—	7.5	—	—	—	1.082	9.40	4.00	0.067	0.642	同上
	达赫拉湖冲积沙，0～30 cm	—		1.201	0.122	—	0.284	不定	0.106	0.092	0.155	同上
	利比亚荒漠（南部）											
39	迈尔祖格荒漠东北边缘，风成沙											
40	沙质平原	—	—	—	—	—	0.006	0.006	—	—	0.005	Якубов，1968
41	高 20 m 新月形沙丘顶	—	—	—	—	—	0.006	0.006	—	—	0.004	同上
42	同上，新月形沙丘基部	—	8.3	—	—	—	0.006	0.006	—	—	0.001	同上
174	盐碱地	—	8.7	26.43	0.06	—	8.90	5.36	1.00	—	11.26	同上
	埃尔—噶杜扎东南边缘，地表	—	—	0.20	0.11	—	0.05	0.09	0.002	—	0.31	同上
89	提贝斯北部，地表	—	8.5	0.18	0.06	—	—	0.10	0.01	—	0.06	同上
	阿尔及利亚撒哈拉											
	翟吉特湖盐碱地表											
	№20，0～13 cm	—	7.2	16.07	0.024	—	4.670	4.79	0.33	0.11	4.94	Зонн，1969
	№25，0～11 cm	—	—	1.16	0.012	—	0.050	0.7	0.24	0.01	0.07	同上
	盖尔达耶绿洲，风成沙	—	—	0.04	0.04	—	0.009	0.009	0.002	0.003	0.005	Жукова，1969
	南非											
	纳米布荒漠戈巴比斯干河谷南											

编号	采样地点	吸湿水/%	pH	致密残渣	浸出液成分/%（每 100 g 绝对干土的成分的质量分数）							文献来源
					碱性		Cl	$SO_4^{''}$	$Ca^{''}$	$Mg^{''}$	$Na^{''}+K^{'}$	
					$HCO_3^{''}$	$CO_3^{''}$						
	山，0～7 m	0.04	8.1	8.1	—	—	不定	不定	2.4	0.48	1.0	Schols，1968
	山，7～55 m	0.04	8.4	8.4	—	—	100.0	—	5.8	0.48	18.3	同上
	碳酸盐石膏壳											同上
	山，0～15 m	1.3	8.5	8.5	—	—	400.0	400.0	97.0	9.7	10.6	同上
	山，15～30 m	18.0	8.7	8.7	—	—	15.10	10.60	345.0	108.3	3 007.8	同上
	澳大利亚											
594	南部艾尔湖盆湖积沙	0.38	8.1	8.1	0.53	无	0.28	0.18	0.45	0.08	0.46	Жукова，1969
681	艾丽斯斯普林斯冲积风成沙	0.28	7.4	7.4	0.16	无	0.12	0.20	0.007	0.05	0.36	同上
744	维多利亚大沙漠北部，风成沙	0.28	6.4	6.4	0.07	无	0.20	0.60	0.007	0.02	0.78	同上
641	维多利亚大沙漠，西南部，风成沙	0.25	6.8	6.8	0.13	无	0.12	0.14	0.12	痕	0.27	同上
741	维多利亚大沙漠，北部，风成沙	0.30	7.5	7.5	0.17	无	0.52	0.37	0.09	0.06	0.91	同上
679	维多利亚大沙漠，南部，风成沙	0.10	7.4	7.4	0.15	无	0.12	0.25	0.12	0.16	0.24	同上
740	辛普森荒漠，风成沙	0.22	7.3	7.3	0.05	无	0.03	0.12	0.003	痕	0.17	同上

表中数据分析表明，在新月形沙丘，一般水溶盐含量不大。这是由于在风力作用下轻矿物被风吹走。富含盐碱的风成沙是例外，被风携带到盐碱地。例如在涅比特达格（西土库曼）盐化程度如此高，喜沙作物生长不理想。

从北非荒漠中取的沙样，盐化程度也很高（Berger-landfeldt，1957，1959；Sindowski，1959）。卡拉哈里荒漠土壤稍有差别。它们划分两个亚类：黏土之上的沙土；花岗岩、片麻岩之上的沙土。土壤剖面发育很弱。形成环境是年降水量 140～397 mm，植物为有稀疏灌木的草类。

在碳酸盐亚黏土以及在花岗岩、片麻岩的另一种情形下，堆积沙矿物成分的特征是红—褐色调。

在 pH 为 8.4，厚 117～140 cm 的碳酸亚黏土上，有粗沙—亚粗沙层，无碳酸，中性反应（pH 7.0～7.4），含有少量的腐殖质不超过 0.3%。无碳酸盐或者与母岩有关，或者是大于 300 mm 降水淋洗的结果。

在花岗岩、片麻岩风化形成的 200～250 cm 厚沙层中，大颗粒沙不超过细沙的 8.7%～9.3%。整个弱碳酸层（0.1%～0.5% CO_2）呈碱性反应，特别是在下层（pH 为 9.2～9.3）。腐殖质不存在。

显著差异不仅与风成沙的沉积环境有关，而且与化学成分及析出胶体有关。

在中亚沙漠易溶盐（Cl，SO_4）含量很少——0.01%～0.1%，腐殖质为 0.15%～0.77%。新月形沙丘的土壤总氮含量不超过 10～100 mg/kg，而长草的沙地中可达 250 mg/kg，在梭梭和猪毛菜生长的沙地中可达 600 mg/kg。钾的含量与植物年龄有关，从新月形沙丘 100～140 mg/kg 到黑梭梭、白梭梭生长地 310～380 mg/kg。在所有土壤中磷酸含量大 700～1 300 mg/kg。土壤的吸收性能很小，为 0.45～0.5 mg 当量。土壤反应（pH）6.7～7.2（Гаель，1939）。澳大利亚荒漠沙具有另外的化学成分。

这样，在亚热带荒漠成土过程，是在严重水分不足和热量充足的环境下进行的。它们的特征是：①土壤剖面不厚（50～70 cm）；②岩石风化形成的轻的机械成分；③碳酸盐含量高，但是在上层含量减少；④腐殖质含量低大约 2%；⑤腐殖酸非常简单；⑥黏化层 B 明显，黏化强度向南减弱；⑦土壤剖面铁化现象明显，在铁相对累积的土壤上层，特别是在 B 层，出现明显的粉红色；⑧相当明显的淀积现象与淀积层，越向南分异越明显；⑨在土壤的上层特别是 B 层，富铝化现象明显；⑩铁的运动量很大（总量的 35%～57%）；⑪交换容量不高（8～10 毫克当量）……由于亚热带荒漠水热状况，枝叶的分解过程非常快。植物残体大部分被浸解（Родин Базилевич，1965，181－183 页）。

土壤生物过程的总特征，这些作者这样描述：“在亚热带荒漠（灰钙荒漠土）生物循环贫乏，植被稀疏，土壤生物过程有限。按照E.B.罗保瓦（1960）的研究，土壤形成特点是：①形成从表层开始；②在表层下有弱铁化与弱黏化层；③腐殖质含量低（达 1%）成分单一；④由于水分浸润不深，土层薄；⑤表层土中碳酸盐含量高；⑥在土壤剖面下部有石膏累积；⑦土壤局部盐化、碱化；⑧交换容量低（4～6 毫克当量）。

荒漠灰钙土腐殖质特别少，一方面是残枝落叶少（500～600 kg/hm^2），另一方面植物残体的分解特征。因为稳定生产的有机矿物累积量小，所以这些土壤的吸收性能低。

植物残体分解释放的钾元素促进了土壤剖面中碳酸层的形成。植物枝叶中生物盐含量高，植物残体矿化过程中钠含量高于氯，引起一定量的生物碳酸和碳酸钠的形成，导致地表土壤盐碱化（181～182 页）。”

荒漠盐壳

世界所有荒漠的盐分积累，不仅对于盆地地貌，而且对于残积环境即地下水深的区域，都是典型特征，尽管荒漠物质迁移比其他有地下水、土壤盐分迁移的自然带弱。甚至易溶盐，例如 $NaCl$、Na_2SO_4，长时期保留在荒漠土中。弱溶性盐（碳酸盐）从土、风化壳中淋失得很缓慢。盐化的发展是由于蒸发量大于降水量，以及与土壤表面高温相结合所致。

在荒漠中盐沉积有两种成因类型：古盐壳——碳酸盐、石膏、铁盐、硅盐；现代盐壳——碳酸盐、氯—钠盐、硫酸—钠盐。两种成因类型与长期存在的荒漠、相应的水文地质环境、存在含盐的岩类有关。

正如上边所看到的，世界许多荒漠或被山包围或分布于山麓，是水文地质、水化学、固体流的堆积区。这些过程有长的地质历史。大家知道，现代许多荒漠（中亚、撒哈拉、中澳大利亚、非洲），从第三纪甚至白垩纪就已经是荒漠。

取决于地表沉积的年龄与地形特征，它们的盐化程度差异很大。应当指出，土壤与地下水矿化度与含盐量增加规律，是从山体向山前平原再向内陆盆地方向变化。

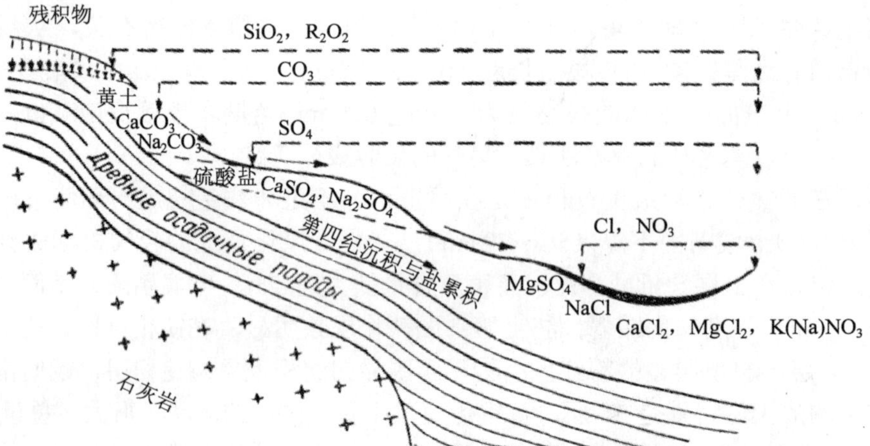

图 133　大陆盐分累积含量分异示意图（根据Ковда，1954）

可以说在荒漠中存在表现强烈的水文与水化学累积性。所有的风化产物与成土过程通常集中在封闭盆地。只有一部分流入海洋（近大洋荒漠）。

内陆平原最低的无流出部分，分布最具流动性的易溶盐类——氯化钠、硝酸钠、锰、钾、硫酸锰。这些盐类沉积分布于干涸的三角洲平原、沿湖阶地、原径流水已经蒸发的淹没区。在这些区域硝酸盐分布很窄、零散，就像所叙述过的氯盐分布。

现代盐分累计区与干热气候分布和堆积地貌区密切相关。现代最典型表现最明显的盐分累积区分布在极端干旱的大陆荒漠，这些荒漠中形成矿化度最高的河水、湖水、土壤水、地下水（河水—3～9 g/L，地下水—200～300 g/L，湖水与土壤水—350～450 g/L）。盐以氯、钠、锰以及硝酸为主要成分。在盐碱层中这些成分达到盐总量 20%（Ковда，1954）。

在理想大陆盐分累积化合物分异的总示意图（图 133）。B.A.科夫达（1954）揭示了这一过程的实质："设想大陆已经经过了风化循环，累积了机械的与化学的沉积。因此，大面积的结晶岩被深厚的沉积物所覆盖。

现代风化与成土过程主要在第四纪沉积盖层进行，由于长时期的风化与成土过程，理想大陆的内陆水系，成为不同盐类堆积区。这些盐类在大陆的内陆水系区的分布与分异，服从Б.В.鲍雷罗夫（1934，1947）最早提出的规律。

大陆的平坦表面被残积物所覆盖，从残积物分布区输出的硅盐，很快达到饱和溶液，形成宽阔的次生硅盐分布区，与残积物分布区相邻。在次生硅盐的分布区域，在稍低的大陆坡上，形成硅盐累积的分布区。这个分布区就像我们所熟悉的黄土状亚黏土和黄土碳酸盐分布区域一样。在黄土与碳酸盐累积带的下部，就像已经描述过的中亚与外高加索形成的著名的石膏、硫酸盐累积带，被称为黏土石膏，是来自运动、蒸发过程形成的饱和溶液。这一分布带与河漫滩、干三角洲、湖泊沉积有岩性成因联系（48～50 页）。"

越是古老的荒漠风化壳越具有多样性。在温带荒漠带，主要以碳酸—石膏壳和盐壳为主。在亚热带和热带除此之外，还有铁壳、硅壳。

一些盐壳对于土壤溶液和植物根系具有不可穿透性。农业开发不可能，但是对于矿业和化工有价值。

现代盐壳形成是由于现代的海水蒸发、湖泊蒸发，以及地下水蒸发。残留盐壳是保存的或被破坏的盐壳。后者形成土壤或亚土壤的基底层。在英美文献中将其称为硬盘（hardpan）。图 134 给出西澳大利亚地质、地貌、土壤之间的相互关系。

世界荒漠可以划分六类盐壳：碳酸盐、石膏、铁盐、硅酸盐、氯盐、硫酸盐。

碳酸盐壳　在世界荒漠分布相当广泛。碳酸钙含量达 70%～80%。累积形式多种多样，常见的或者是累积量不大的新形成胶粒、颗粒等，或者是结核体。在一些荒漠是残留的致密碳酸盐壳—硬质盐壳。

很多荒漠的碳酸盐壳有不同的名称：澳大利亚和印度—卡恩卡尔（канкар，音译）；中亚—硝赫（шох）；中国—屑墙；近东—拉理（нари）；墨西哥、美国—夹里切（каличе）；西南非洲—卡尔克卢斯结（калкрусте）。

现代碳酸盐在土壤中积累过程很活跃。碳酸盐一般形成于发育在中亚山前平原黄土状母岩的土壤中。在剖面中可以看到粉状的碳酸累积——眼球状石灰斑、石灰结核。在中克孜勒库姆石漠碱性薄层土中碳酸盐累积典型，形成于岩屑的下部。在沙漠中碳酸盐累积比较少。

根据 280 样品分析资料，累积的碳酸盐的化学成分如下（Goudie，1971）：

	%	与 CaO 比值
$CaCO_3$	79.28	—
SiO_2	12.3	3.47
MgO	3.05	13.96
Al_2O_3	2.12	20.02

	%	与 CaO 比值
Fe_2O_3	2.03	21.02
CaO	42.62	—

碳酸钙通常见到的是钙的形态，但经常以含镁碳酸盐为主。在这种情形下的名称为《粗面岩土》《含镁粗面岩土》。在碳酸盐中石膏含量很低，但是有时大量增加（纳米布荒漠的沿岸带）。在一些荒漠可以见到大量的非结晶硅。澳大利亚土壤学家将其称为калсилкрет（无对等汉译，译者注）（Goudie，1971）。

根据观测，碳酸盐与石膏比例是相反的：碳酸盐含量高则石膏含量低，反之亦反。经常看到在苏打、碳酸钾作用下所形成的碳酸钙与石膏的过渡形态。

根据Б.Б. 鲍雷罗夫（1934）的研究，石膏在土壤中累积，是通过沿毛细管上升硫酸钠与土壤吸附饱和钙、锰的交换反应：

$$Na_2SO_4（水）+Ca（土）+2O_2 \rightleftharpoons 2Na（土）+CaSO_4 \cdot 2H_2O$$

由于在土壤分散部分所进行的这一反应，溶液中的钠进入到难溶解的石膏中。当水从含硫酸钙土壤渗透时，可带走胶体中钠与镁，反应式如下：

$$CaSO_4+Na^{\cdot}（土）\rightarrow Na_2SO_4+Ca^{\cdot\cdot}（土）$$

$$CaSO_4+Mg^{\cdot\cdot}（土）\rightarrow MgSO_4+Ca^{\cdot\cdot}（土）$$

随着吸附综合体的形成，平行进行着水中钠离子与镁离子的富集，水中硫酸钙变性为硫酸钠与硫酸镁。

当石灰岩风化时形成石膏还是形成碳酸盐，取决于土壤与地下水的成分。当土壤与水中硫酸根（$SO_4^{\cdot\cdot}$）富余形成石膏，当 $HCO_3^{\cdot}$或 $CO_3^{\cdot\cdot}$富余形成碳酸盐。

石膏壳　在比较干旱与无水的世界各荒漠中常见到。可以分为古残留壳与现代地下水蒸发矿物累积形成的石膏壳。其中硝酸钙可达 80%～95%。乌兹别克斯坦地方性名称叫阿尔泽克（арзык），阿塞拜疆叫噶扎（гажа）。

新形成的石膏在荒漠中分布很广。在山前平原的黄土母岩以及土壤中可以看到分散的小结晶体（1～2 mm）。有时在黄土中分布 10～20 cm 厚石膏层。经常可以看到在梭梭或其他灌木根周围，从土壤溶液中析出的石膏，形成根套（石膏包裹体）。

在沙漠中由于地下水蒸发，形成特别大的石膏结晶体（60～80 cm），有时会形成厚 1.5 m 的石膏层（列别捷克石膏层，撒哈拉《玫瑰》）。取决于沙的颜色，结晶石膏形成过程中被浸染，通常为灰色（卡拉库姆）或玫瑰色（阿尔及利亚撒哈拉）。

菱形或片状结晶体经常是双晶型。具有解理和石膏的所有特性，但在基座石膏层含一定量沙（43%～61%）。在卡拉库姆见到的石膏中含有中粒径的沙。它们是在地下水为咸水的毛细管上升带蒸发而成。

在碱性土壤中类似碳酸盐，碱在下部以瘤状或长 6～8 cm《石膏瘤》累积。单独地连接在一起形成片状。在这种情形下厚度可达 20～25 cm。这样的石膏在土壤中是典型的。石膏层垂直方向另人信服地表明，石膏层是从上向下生长的。有些地方雨水可以下渗。在湿润期降水下渗土壤，溶解一定量的盐，其中包括 $CaSO_4$，然后在干旱期由于溶液迅速蒸发，在一定深度石膏层下部以块体形式聚积（Сидоренко，1950）。

在南突尼斯，近地下水层和石膏溶液层形成了致密的石膏与碳酸岩累积。所有的石膏累积可以转化为非常致密的壳，其分布与荒漠、半荒漠土的分布相一致。

残留的碳酸盐与石膏壳研究得很深入。形成于第三纪高原或更古老的高原。这些残留壳在世界荒漠广泛分布，经常见到的是第三纪或白垩纪沉积中，厚度 1～1.5 m 的石膏结晶或 40～50 cm 的碳酸盐薄层。

К.布特采尔（Butezer，1959）在尼罗河砾石阶地找到了很大的碳酸盐层，А.В.西多林科（1959）在利比亚沙漠找到了碳酸盐壳，不止一次地描述为硅酸盐壳。利比亚荒漠东部的碳酸盐壳，是由致密砂岩形成 25～30 cm 厚的沙，下伏于风成沙。黑褐色很容易从黄色沙背景中分辨出。它们形成于覆盖在第三纪碳酸岩、沙岩构造平原上的沙地。

阿尔及利亚的碳酸盐壳被Ж．朱任德（Durand，1957，1963）详细地研究过，认为北非碳酸盐壳特征是：厚度 10～15 cm，碳酸钙含量 75%～80%。И.П.格拉西莫夫（1954）M.哥鲁耶特（Gruet，1955）与其他作者在撒哈拉第三纪、白垩纪残余高原发现了石膏与碳酸盐壳。这里是在梯状残余地层上形成的碳酸盐壳，已成岩。

突尼斯的盐壳也被许多研究者描述过。特别是P.科屈耶（Coque，1955）发现在南突尼斯山前平原广泛分布石膏壳。其厚度从几厘米到 1 m 不等。石膏含量 70%～80%，低于碳酸盐含量（3%～6%）且混杂砾石。壳的上部致密下部疏松。

碳酸盐壳在北美干旱区也广泛分布。К.布龙恩（Brown，1956）指出，在得克萨斯东南发现碳酸盐壳有一层或几层，厚度 1.5 m。根据形成环境К.布龙恩推断形成的时间（上新世与早第四纪间）。

在鄂尔多斯（亚洲中部）作者（Петров，1967）曾研究过在白垩纪沙垄（砂岩构成）的顶部，有厚层灰钙土（50 cm）和碳酸盐壳。

应当强调的是，碳酸盐壳与石膏壳成因不同，不考虑地质-地貌-岩性，区分它们很困难。

铁质（砖红壤）红色风化壳　非洲、阿拉伯、澳大利亚的热带、亚热带非常典型。这是这些荒漠独特的形成物。它们是连续的强烈淋溶的三价氧化物，特别是氧化铁（达 60%～80%），形成连续的基底层，连续自然堆积或块状堆积。这些堆积层的特点是强烈的堆积过程、低吸附性。

铁质红色风化壳的形成与古水文形态、三价氧化物、硅土、次生黏土有关。因此是残积物。铁质红色风化壳是由地质历史时期的湖泊沉积、沼泽或地下水的化学物质形成，这些湖泊、沼泽、地下水在干旱气候下已经消失。当砖红壤上部侵蚀它们露出地表形成铠甲层。砖红壤可以出现在不同的深度（图 134）。

关于砖红壤化和砖红壤形成的认识还不统一（Зонн，1970）。因此，Г.奥文（Owen，1954）认为，澳大利亚荒漠砖红壤化发生在第三纪初，一些地区上新世又发生砖红壤化。他不知道现代有些地方仍然有砖红壤化过程。

硅酸盐壳与固结（硬壳）　在许多荒漠广泛分布。在下列荒漠对其描述过：澳大利亚荒漠（Stephens，1962，1964），纳米布与卡拉哈里沙漠（Klkowski，1901；Kaiser，1926），利比亚荒漠（Blankenhorn，1901；Blanck，Passarge，1925 等）。

研究者认为硅酸化是干旱环境下一种典型的地化学过程。硅酸盐壳是古残余形成物。局部地区厚度可达几十米（Ковда，1966）。这些壳形成于热带、亚热带，是硅土输移的结果。

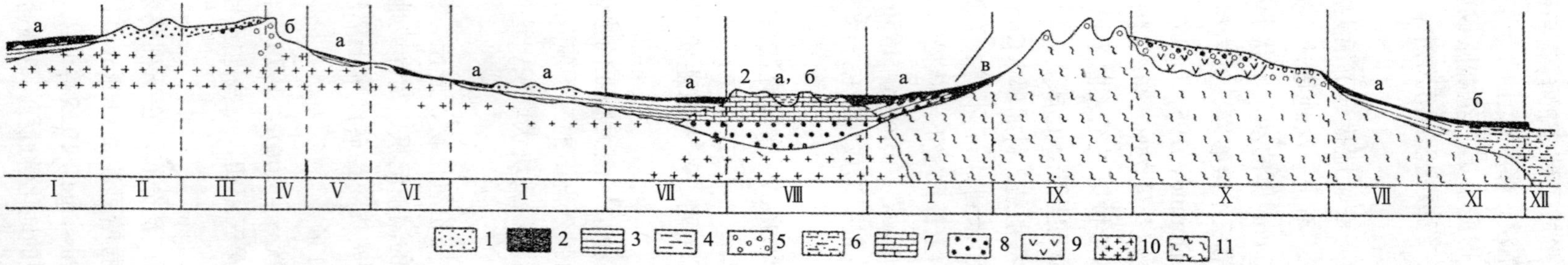

图 134　澳大利亚荒漠地质构造、地貌、盐土层、土壤相互关系略图

（根据 Lichtfeld，Mabbutt，1962）

Ⅰ—最低的地表输移物带；Ⅱ—海岸沙丘；Ⅲ—沙质平原；Ⅳ—峭壁；Ⅴ—冲积锥；Ⅵ—侵蚀坡，2%～5%；Ⅶ—完整的未盐化古冲积平原；Ⅷ—石灰岩碎石堆积；Ⅸ—侵蚀坡，大于 5%，局部被土壤覆盖；Ⅹ—缓褶皱古高原；Ⅺ—集水的盐化冲积平原；Ⅻ—有强盐化沙、黏土的凹地。1—酸性土（红色沙、红色沙黏土、红土）；2—细粒土：a—红土，б—盐碱土，в—粗黏土，г—碳酸盐土；3—盐土层；4—长草盐土层；5—砖红壤；6—有疏松冲积物的凹地；7—碳酸盐壳；8—砾石；9—熔岩与细粒沉积；10—花岗岩与片麻状花岗岩；11—结晶片岩

硅沉积层是分布非常广泛。B.A.科夫达（1954）认为："在硅土分布地方，溶解硅质的径流流向河流，最终归入内陆盆地。硅的溶质含量接近氯盐或超过氯盐。沿途沉积了大量的不同厚度的硅沉积物（71—72 页）。"

内陆水溶液累积硅酸盐的典型例子，是卡拉哈里荒漠湖成盐碱地、含盐地表、干枯的盐湖底由次生二氧化硅形成的泥岩，曾经被C.帕萨尔盖（Passarge，1904）Э.卡里科夫斯基（Kalkowski，1901）研究过。在西非与中澳大利亚也有类似的硅酸盐形成物。

澳大利亚土壤学家（Stephens，1961；Mabbutt，1965 等）将连续的硅酸盐壳、大的蜂窝状沙堆积称为《哈尔得盘》（хардпан）。其厚度从 1～2 cm 到 0.3 m 的分层组成 15 m 厚。各层之间分布完全独立的不规则形状。垂直剖面为薄层。有时候可以见到不透水透镜体。哈尔得盘的颜色为暗红色或褐色。埋藏深度几厘米，最深不超过 1.6 m。在底部通常有碳酸盐累积。

在澳大利亚西部极端干旱区哈尔得盘分布最广泛。在澳大利亚中部分布很少或没有。澳大利亚土壤学家将哈尔得盘看做是淋溶土的淀积层。

K.斯特芬斯（Stephens，1964）研究了中澳大利亚荒漠碳酸盐壳形成地化学过程序列。

古高原的风化物形成，一般与硅酸盐的淋洗是同时进行的。在这一过程中，一部分硅酸盐被带到太平洋，其余部分留在具有三角洲的季节性河流：乔治河，戴蒙津河（Дайамантин），巴克-里非尔河（Барк-Ривер），库珀河。

向西南输移的硅酸盐风化物，大面积地沉积在稳固的软性岩之上：砂岩，泥岩，石英岩，石灰岩等，它们处于不同的风化阶段。

被碳酸盐覆盖的缓倾斜平原是这样形成的，先构造抬升，然后遭受强侵蚀，形成艾尔深湖盆。这一凹陷及在西南边缘的抬升，使正负地形的高差达 300 m。结果在沉积深部出现了制约淋洗过程特别低的侵蚀基准，增加深部侵蚀强度，补给东北区的地下水。

在硅酸盐分布的区，引起西南区地表径流的变化，重新形成了洼地。构造运动与强烈的剥蚀过程，使有碳酸沉积的广阔高原消失，保留了无数桌状残余高地——《方山》，形成比较宽阔的硅酸块岩堆积区，成为新澳大利亚荒漠土的基底。

氯盐与硫酸钠盐　封闭洼地至少从第四纪开始的盐分积累。在世界各荒漠到处可见。

这些盐的累积比上述的古盐壳年轻。其特点是持续积累，与现在处于终结或破坏阶段的古盐壳不同。

氯盐与硫酸盐沉积无论近海还是内陆都能见到。与此相应的划分为两个盐累积类型——大陆型与沿海型。荒漠盐碱凹地或者分布于宽阔的平原——中亚近里海平原、东澳大利亚艾尔湖盆地等，或者分布于山间盆地——亚洲中部柴达木、塔里木盆地盐碱地。土兰平原上的焉耆、巴尔萨克尔梅斯盆地。伊朗高原卡维尔、涅梅克扎尔（Немекзар）盐漠。西南澳大利亚许多湖盆中的盐碱地，等等。由于气候干燥，这些地方保存了地表或地下的盐层，其中 90%～100%是氯盐或混合盐——氯化钠、芒硝、杂盐等。盐层厚度达几十米。

以亚洲中部最大的盐矿——柴达木茶卡盐湖为例，予以描述。湖面积 330 km^2，平均深度 1.2 m，最大深度 1.8 m。湖岸与湖底堆积钾盐，整个湖盆被盐填充。盐湖是巨大的咸水汇集地，是柴达木很古的内陆湖区。沿湖北岸与东岸，分布窄带状盐堆积的湖滩，沿水边线分布浅滩。在风暴时卤水形成沿岸阶坎。

在茶卡盐湖的东部无水，分布巨大的（1 600 km^2）察尔汗盐矿。表面形成 30 cm 厚的盐壳，被裂缝劈开形成不大的块。颜色为灰-褐色。局部是钾盐，也是这样的厚度与形状。它们将盐矿表面好像耕过一样，很难通行。盐层与粉沙、黏土沙、带有石膏和钾盐的黏土交错分布。

A.И.德才斯-利多夫斯基、B.B.敏格岑斯基（1963）在察尔汗盐矿打过钻孔，结果表明，在湖盆沉积剖面的上部，有保持一定厚度分布的四个主要盐层。在最上层有最古层面出露。盐层间有沙黏土夹层，夹层中有石膏与结晶钾盐。盐层厚度不一，最厚的上层 4～15 m，在茶卡盐湖区最厚 18 m。地下盐层厚 7 m。湖盐的总厚度 58 m。向边缘盐矿层逐渐尖灭，而且沙黏土杂质增加。在盐矿的南部边缘，来自昆仑山地下水影响带，盐层薄、不稳定、尖灭特别迅速。在盐层下伏的沙黏土沉积中，有时可见到淡水动物群和保存不太好的植物残体。盐堆积主要在察尔汗，是固相钾盐和钾镁盐。

近海盐碱荒漠分布于沿海洼陷及残余湖：盖尔科尔（Гелькор），卡伊达克（Кайдак），死库尔图克，里海东岸，阿尔及尔的迈勒吉尔盐湖、杰里德盐沼，智利北部的萨拉尔-葛朗德（Салар-гранд）等。这些是典型的盐碱荒漠。

除过分布于宽阔的沿岸洼地的大盐碱地，还有或宽或窄的带状分布的盐碱地，有时长达几十公里。在海、洋沿岸荒漠带进行着活跃的盐累积过程。

盐碱荒漠典型的盐类是氯盐、硫酸盐和混合盐。沿海通常是硫酸—氯盐，而内陆通常是氯-硫酸盐。对于半干旱区（草原、热带稀树干草原、南美草原），碱性盐（苏打）典型。

与此相应地可以划分下列盐碱类型。

苏打型 $\dfrac{CO_3^{''} + HCO_3^{'}}{Cl^{'} + CO_3^{''}} \geqslant \dfrac{1}{3}$

硫酸盐型 $\dfrac{Cl^{'}}{SO_4^{''}} < \dfrac{1}{3}$

氯盐—硫酸盐型 $\dfrac{Cl^{'}}{SO_4^{''}} = \dfrac{1}{3} \div 1$

硫酸—氯盐型 $\dfrac{Cl^{'}}{SO_4^{''}} = 1 \div 2$

氯盐型 $\dfrac{Cl^{'}}{SO_4^{''}} > 2$

在所有荒漠中现代盐碱累积过程很活跃。这样，在荒漠的现代环境下，存在两种过程——古盐壳破坏与新盐壳形成。古盐壳一般分布高度比较高——高原、残山、低山丘陵、圆丘等。现代盐的累积多发生在封闭盆地。

中亚与近东第三纪与白垩纪含盐沉积分布区的氯-硫酸盐壳，可以作为这一过程的例子（Перельман，1966，图 135）。

“第四纪抬升及以后的侵蚀，在这些区域含盐岩层出露，溶解盐参与了现代迁移过程并参与了景观的形成。山前地带，这些沉积在阿尔卑斯褶皱期被位移，形成低山丘陵。

这样区域的景观很有特色。到处不仅有淋洗过程，而且还有溶解过程。因此发育了有特色的‘盐喀斯特’。地下水、地表水是浓度 100 g/L 的盐水。泉水出露形成不大的河流，也有盐沉积。流经盐矿的河流，形成盐岸。这些泉、河流夏天干涸，河床出现白色盐，形成含盐冲出锥。风化壳被盐所浸。这是少见情形，有时甚至残积物也含有大量盐一氯化钠、硫酸钠，坡积物、洪积物、冲积物也含大量盐。

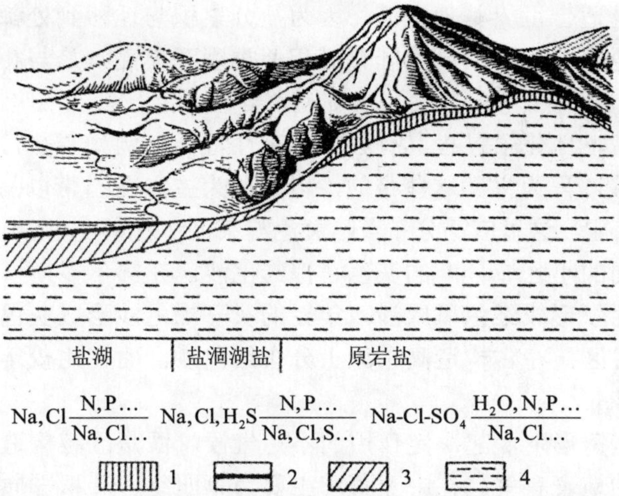

图 135　中亚荒漠地化学略图（根据Перельман，1966）

1—含盐的残积物；2—黑色含盐的泥；3—含盐的洪积物；4—含盐的岩系

典型的元素是钠、氯、少量硫（$SO_4^{''}$）。这里土壤是盐碱土，但是残留盐碱土，形成与地下水盐分累积无关。与地下水位上升形成的盐碱土相比，有一定肥力，因为盐含量高水含量少。景观是盐湖与盐碱地，自然而然在低地形盐分累积通常特别厚。景观的典型元素是钾、氯、少量的硫。

甚至在荒漠气候条件下，盐成景观是不稳定的，会迅速地（按地质变化含义）变为其他类型。地质历史时期的含盐沉积，特征是岩盐与石膏、硬石膏层共生。由于 NaCl 从风化壳淋洗后开始石膏累积。这样形成‘石膏帽’，在许多盐矿都能看到。石膏帽中的部分石膏是硬石膏水解形成的（Перельман，1966，260-262 页）。”

从上引述可知，现代荒漠中地化学特征，既与地质历史时期地化学特征有关，也与现代盐分累积有关。越古老的大陆，地化学特征越复杂。第四纪的地化学过程有特别重要的意义，很大程度上决定了现代景观的地化学特征。

世界干旱区的研究者几乎一致的观点，认为几乎所有荒漠壳是遗存的大陆形成物。

可以推断，所有荒漠的古土壤与盐壳，在中新生代经历了强烈碳酸盐累积的特别阶段。此后，由于气候干旱加剧，土壤经受了荒漠化，沿残积方向发育停止，获得石灰质硬壳的特征。这一结论被古地理学家证实，古地理学家认为，在中新生代大陆荒漠的大部分经历了湿润环境。这个时期大范围发生疏松物质从山体向毗邻平原输移过程，形成广阔的古冲积平原（中亚卡拉库姆、咸海沿岸卡拉库姆、穆云库姆，亚洲中部塔克拉玛干，撒哈拉大东荒漠与大西荒漠、舍什沙漠等）。

为了比较上新世新形成的中亚地表风化物与近东荒漠壳，B.B.道浦罗沃里斯基（1966）进行了近东荒漠壳矿物-地化学研究。研究结果“近东荒漠壳与中亚上新世新形成的风化物，化学与微量元素成分、微结构、生成环境非常相似。研究结果支持了这一看法：这两地的地表风化壳类型一致，形成于特别的景观地化学洪积期。年轻的荒漠壳在相对较老的荒漠壳上增长的现象，证明上新世—早第四纪硬石膏水解过程间断性（Добровольслий，1966，45 页）。”

可能，这一结论适合世界其他荒漠，因为盐分累积与迁移到处都按同一方式进行。可以得出这样的结论：分布于不同大陆荒漠相似类型荒漠壳，是与相同形成年龄和同类型地貌结构有关。

在不同的气候带，地化学过程具有独自的带性特征。例如亚热带、热带，以不同形态的铁化合物的迁移过程为主。这些带的沙以红色为主。在温带以易溶的化合物——氯盐、硫酸盐迁移为特征。这里广泛分布着暗黄色与灰色沙。

可以举一些不同的小区域分布的灰色、棕红色沙。在鄂尔多斯（亚洲中部）灰—红色细粒沙在风力作用下形成红色风成沙，年轻的灰—褐色沙形成灰色沙。阿尔及利亚撒哈拉的萨乌拉干河谷区，在古构造高平原上分布红色沙，而在比较年轻的萨乌拉河阶地分布灰色沙。

很明显，在这些情形下，起决定作用的不是气候，而是区域构造特征。沙的种种颜色与不同地质年代的地表有关。在中亚荒漠主要为第四纪古冲积平原，分布的是灰色与暗黄色沙，而在非洲与澳大利亚的构造平原上分布的是红色沙。

基质的作用

荒漠土壤与基质的特征，如密度、不稳定性等，是限制因子。土壤机械成分黏重或石质性土，对植物的根是障碍。在这样的土壤环境下，根系是扁平的或是奇形怪状的，特别是沿石缝生长。

与这种情形相反，流沙创造的环境使植物生长在风吹与积沙的恶劣环境，甚至在机械作用下，经常处于流动状态。

根据沙的流动类型可以划分两类积沙。第一类是往复式流沙压埋植物，即植物一个季节被沙压埋，另一个季节被风吹走。第二类是植物被前进式流沙压埋，在这种情形下植物被长时间压埋（图 136）。

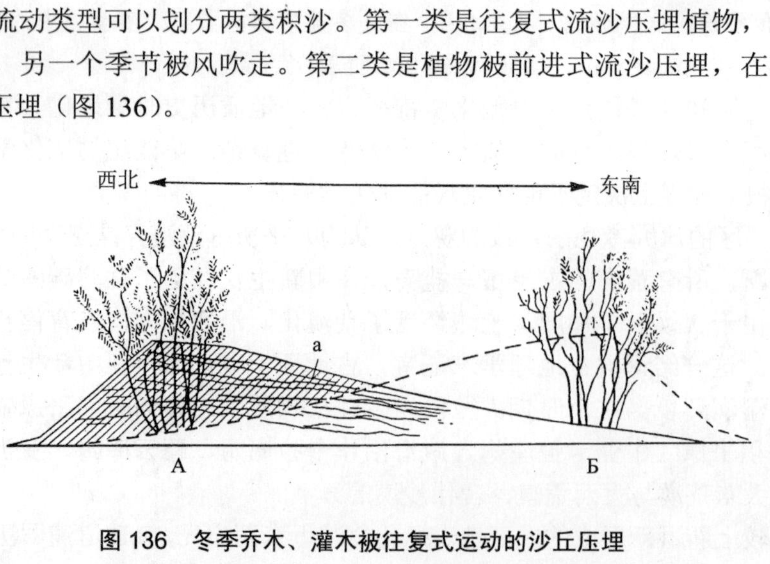

图 136　冬季乔木、灌木被往复式运动的沙丘压埋

A—沙的湿润期（春季）；Б—沙的干燥期（冬季）；a—植物根

植物被沙压埋的季节有重要意义。夏季被沙压埋（干旱期），沙表面特别干燥，大量的高温度（达 70℃）的沙压埋植物，几乎无水分（0.1%～0.3%），植物迅速死亡。秋季、春季与冬季植物被沙埋，创造有利的环境。这些季节压在植物上的沙温度不高、被降水周期性地浸润。春季积沙为压埋的灌木创造了有利的环境，发育的根系为植物提供快速生长的营养物质。

植物被沙压埋引起茎、根结构变化。变化是在地下的茎具有根的结构，茎好像《生根》。结果在地下形成不定根。在植物生长季节，沙的机械作用引起营养杯破裂、强烈变形。

当灌木根系遭受吹蚀，例如沙槐（康氏银沙槐、卡氏银沙槐等）、无叶豆属（无叶豆等），形成丰富的侧根。在这种情形下，被吹蚀根的结构发生变化，好像《生茎》。这样的根开始发育带叶的枝条，形成新植株。

在优势风作用下，灌木幼株不仅被吹蚀而且会死亡。只有少数幼株能经受住不利的流沙的作用。沙表面不太干燥，飞沙的作用非常强烈。当大风时飞沙如此强烈，打在脸上会刺伤脸皮。风沙流经过幼株会引起机械伤害、倒伏、死亡。

因此，对于流沙区植物固沙，自然而然是首要措施，以防护近地沙的吹蚀、堆积。还可以采用设置不同类型的机械沙障，利用固沙物质覆盖沙表面，例如乳化沥青、黏合剂等。

上面引述的资料表明，在不同岩性的荒漠，限制因子影响程度不同，有自己的特征。例如在盐碱荒漠限制因子是土壤、土体、地下水的盐分，在沙漠是流沙，在沙—砾石荒漠是土壤的粗骨性、致密性、石膏含量等。

对于所有荒漠共同限制因子是干旱性与夏季土壤、空气高温。这些荒漠生境因子变化程度，很好地反映在中亚卡拉库姆荒漠降水量、土壤空气温度、土壤湿度及其相互关系的曲线图上（图 137）。

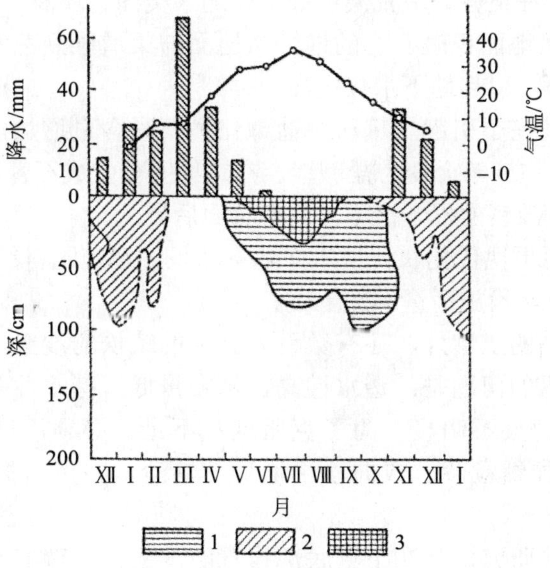

图 137　卡拉库姆（列别捷克）植物生长的极限降水量、沙与空气极限温度及湿度相互关系曲线（1933 年）

1—湿度 1%的沙分布深度范围极限干沙区；2—温度低于 10℃的沙分布深度范围极限温度区；

3—极限干沙与极限温度 35℃分布的复合区

不利荒漠生境生物土壤改良

非常明显，近十多年荒漠、半荒漠的研究不断深入。因此非常有必要研究什么样的方法能改善这些区域的生存环境。

人与生物圈的关系在荒漠环境下，具有特殊性复杂性，有一系列很不适应之处。主要是夏天气温高、淡水资源不足、缺少新鲜水果与蔬菜、无道路（对汽车而言）、必须建设大型设施。

荒漠生物生产量很低。在极端干旱区域每年不到 5 kg/hm^2。

能克服这些困难吗？非常困难，必须研究。

荒漠不利于自然环境生物土壤改良涉及很多问题。例如，通过系统调节创建人类居住的正常温度条件，解决淡水不足的各种措施——建设输水主管道，开挖自流井，淡化海水和地下水，利用人造薄膜收集雨水。

可以采用一些方法提高荒漠生物生产量。其中最主要的是灌溉，荒漠灌溉每年能提高每公顷植物产量百分之几十（一个生长季）。对于不同类型喜热作物还可能获得更高产量。从最近的绿洲用飞机、汽车运送新鲜蔬菜和水果。荒漠农业的限制因子是土壤水分缺乏，有时是土壤营养物质贫乏。在邻近河谷与三角洲的面积不大的荒漠，这些问题不是很大。荒漠灌溉农业已经有几千年历史。河水灌溉是荒漠土地开发直接的措施，但是仅仅在有限区域。例如，在苏联荒漠灌溉面积仅占国土面积的 2%。适合农业开发的只有几百万公顷。

在世界荒漠中进一步扩大灌溉面积，不仅是合理利用河水，而且利用地下水、微咸水。利用自流井灌溉，在世界许多荒漠已经很普遍（美国、埃及、澳大利亚等）。

可是当扩大灌溉土地面积时，有的地方从地面与渠道强烈蒸发消耗大量水。部分水下渗到植物根系层以下，引起地下水位提高。

荒漠开发的复杂性在于引起土壤次生盐碱化和石膏含量增加。实践证明，很好的处女地不合理的灌溉 10～15 年会变为盐碱地。在这期间会生成石膏层。总而言之，土地灌溉是植物生长生物土壤改良的根本措施，但有负面后果。

现代农业开发利用更现代化农业技术（适量灌溉，增施肥料等），为防止不利的土壤盐化过程，必须修建排水设施适量淋洗土壤。

在干旱区除肥力高的土壤外，还有数百万公顷的疏松的沙土，土壤改良措施也是进行灌溉。沙和沙土灌溉的问题是：透水性高，水容量低，持水性差，肥力也低。因为容易淋失，沙土的肥力效果不明显。为了克服这些不足，必须用增加黏土的方法改变物理特性。或者向沙增加细粒沙，或向沙中增加含钙沙，在风力搬运的同时灌水，以增加黏粒。

非常有意义的实验研究，是在土壤底部设置防渗板，以调节土壤自然渗透性。结果表明，不渗水的板减低了下行水流减少了灌溉定额（Зонн，1972）。

在沙土中设置持水板的实验研究，是解决这一问题的例子（Baumheckel 等，1969）。

在广阔的干旱区域，由于改善了沙的水理特征、物理特性，灌溉土地面积可以达到几百万公顷。

人工降雨是沙漠中不利水分状况改善的有用的方法之一。这一方法同时解决两方面问题，防止风蚀和保障沙土水分。第一次人工降雨是在南土库曼斯坦，取得完满的结果（Бабаев，Реджепбаев，1971）。

这样，无论哪种现代土地灌溉方法，不充分利用自然可能性，都认为是奢侈的。替代它们的应该是更经济的灌溉方法，以求水消耗最少最方便。此外，改变蔬菜生长季节性，全年生长。

根据这些需求，亚利桑那大学（美国）、索诺拉大学（墨西哥）对暖房作物进行了系统研究，调节水分供应、供给肥力和空气温度（详见第十四章）。研究吸收了干旱区以前采用的植物生长、气温调节的方法。包括蔬菜栽培广泛使用的营养液栽培、空气调节。这些措施的目的，是提供植物生理环境调节的稳定性——人工气候室。

植物生存环境控制研究历史序列是这样：温床—暖房—水生与沙生作物—人工气候室，最终是完全的生长环境调控。这一系列的最后的环节特征是自动化。这样的设施不仅在任何荒漠，而且在南极、北极。只要有充足的能源（太阳能、原子能），这样的系统完全可以在月球工作。

所有的经济部门最适合在荒漠的是牧业。大家知道，在亚洲、澳大利亚、非洲、南北美洲年降水 100 mm 的荒漠与半荒漠，有几百万羊、骆驼。但是在极端干旱荒漠，由于缺乏植物牧业不可能。

大家知道，荒漠畜牧业非常粗放。很多羊在植被稀疏的牧场放牧是不可能的。还要经受高温的威胁。完全可以通过有空调的舍饲大量的羊，克服这些困难。在绿洲或灌溉土地生物产量高的地方可以圈养牲畜。

可以利用汽车、飞机、骆驼解决运输问题。应强调的是，一些荒漠类型，例如亚洲中部的砾石戈壁、撒哈拉的砾漠、中亚的龟裂地，本身就是运输的道路。

荒漠资源利用规模增大和人口的增长，增加了对荒漠环境的压力。反对人类对沙漠景观作用的意见比较少。正是由于对待自然这样的态度，在固定沙地快速产生了流沙和新月形沙丘链。与此相关地产生了流沙固定的问题。解决的方法，或者是生物土壤改良，或者是使用不同类型的覆盖物（物理的或化学的土壤改良）。

不适宜人类生存的环境的生物土壤改良方法，已经进行了很多研究。必需的只是实施时间与空间。这些方法的使用暂时受到一些限制，主要是价格高、相应的生产必要的仪器设备的工业部门不发达。因此远不是所有有沙漠的国家，广泛利用这一领域的科学技术成果。

实施上述列举的荒漠不利环境的生物土壤改良必要条件，是大量便宜的电能。这方面世界荒漠是具有有利的条件。大家知道，许多荒漠发现石油、天然气。此外，荒漠里有取之不尽的太阳能。

大家知道，到达地球上的太阳能，只有很少部分用于生物循环。荒漠植被光合作用仅用了百分之几。主要部分用于土壤与近地空气的增温。

这些强大稳定的能源利用强度将更大。遗憾的是科学家创造的这些太阳能装置，还未达到现代技术需要，因此进入生活应用速度缓慢。

上述的资料表明，荒漠半荒漠不利的生存环境的根本改良，是在科学技术发展的基础上实现。

科学技术进步的成就，能消除苏联境内荒漠生存环境与其他自然带生境的差别。按照愿望可以达到理想水平，按国际标准可形成夏威夷岛的气候。

这样，可以把世界荒漠区域看做是对人类生存和自然资源开发有前景的区域。

第十三章　植物与动物对荒漠逆境的适应性

研究动物、植物有机体与外部环境的关系，以及动植物对荒漠干热气候适应方式，具有重要的科学与实践意义。

强烈的太阳辐射、由此引起的高温、空气与土壤干燥、水分不足，是决定适应特征的最重要的气候因素。在这样环境下，动物与植物应具有热量调节机能，保障它们有比较稳定的体温、机体内有利的水分状况。

适应的方式是各种各样的。植物适应方式，是具有调节水分平衡与盐分状况的形态与结构特征（无叶、小叶、发达根系、表皮防护性能、储水的膜等）。动物适应性的形态多样性少些，是减少皮肤出汗、皮上绒毛长得很好等。

植物生理适应特征包括：光合作用特征、呼吸作用、蒸腾作用、细胞质忍受高温特征、细胞液含盐量高、持水性能等。动物生理适应特征也是多种多样——减少水从身体表面蒸发、排泄物脱水、体温变化、血液黏度提高、代谢水、从沙中允吸水的能力等。

适应性的生物特征表现为动物、植物生长发育的速度与节律性。这反映在高温干旱来临前水热最适宜组合期活跃的生命活动。

生态适应方式与植物群聚与群落特征生理特征有关，动物界也如此。它们也有很多特点。例如，荒漠植物种的贫乏性，单调群丛经常的强烈的相变，在夏季高温期间普遍衰退。在动物界，独特的荒漠环境促使其做成独特的穴、井、暗沟等。

动物、植物适应荒漠不利的生存环境，早已引起科学家的关注。已有上百篇文章以各种观点论述这一问题。

研究者一方面强调不同大陆荒漠不同群落、群系差异性，另一方面强调动物、植物外貌与生态的共同性。不同大陆植物群落与动物种群的差异性与其起源有关。

单个荒漠的植物属于不同植物地理区。例如，亚洲荒漠属于泛北极植物区，北非、阿拉伯属于古北区。北撒哈拉植物群落应属于泛北极植物区。南非荒漠（纳米布、卡拉哈里）属于古北区。大卡尔鲁荒漠属于开普亚区。澳大利亚荒漠属于澳大利亚植物区。北美、南美荒漠属于新热带区。

世界荒漠群落结构的特点，是当地种服从区域分布规律（图 138）。

世界荒漠动物也是具有区域分布特征。动物学家划分了一些动物区。例如，中国与蒙古荒漠属于泛北极区亚洲中部亚区戈壁——喀什省。中亚的动物属于泛北极区亚洲中部亚区伊朗——土库曼省。其类型与亚洲中部相似，但在一些情形啮齿目、爬行类的种不同。

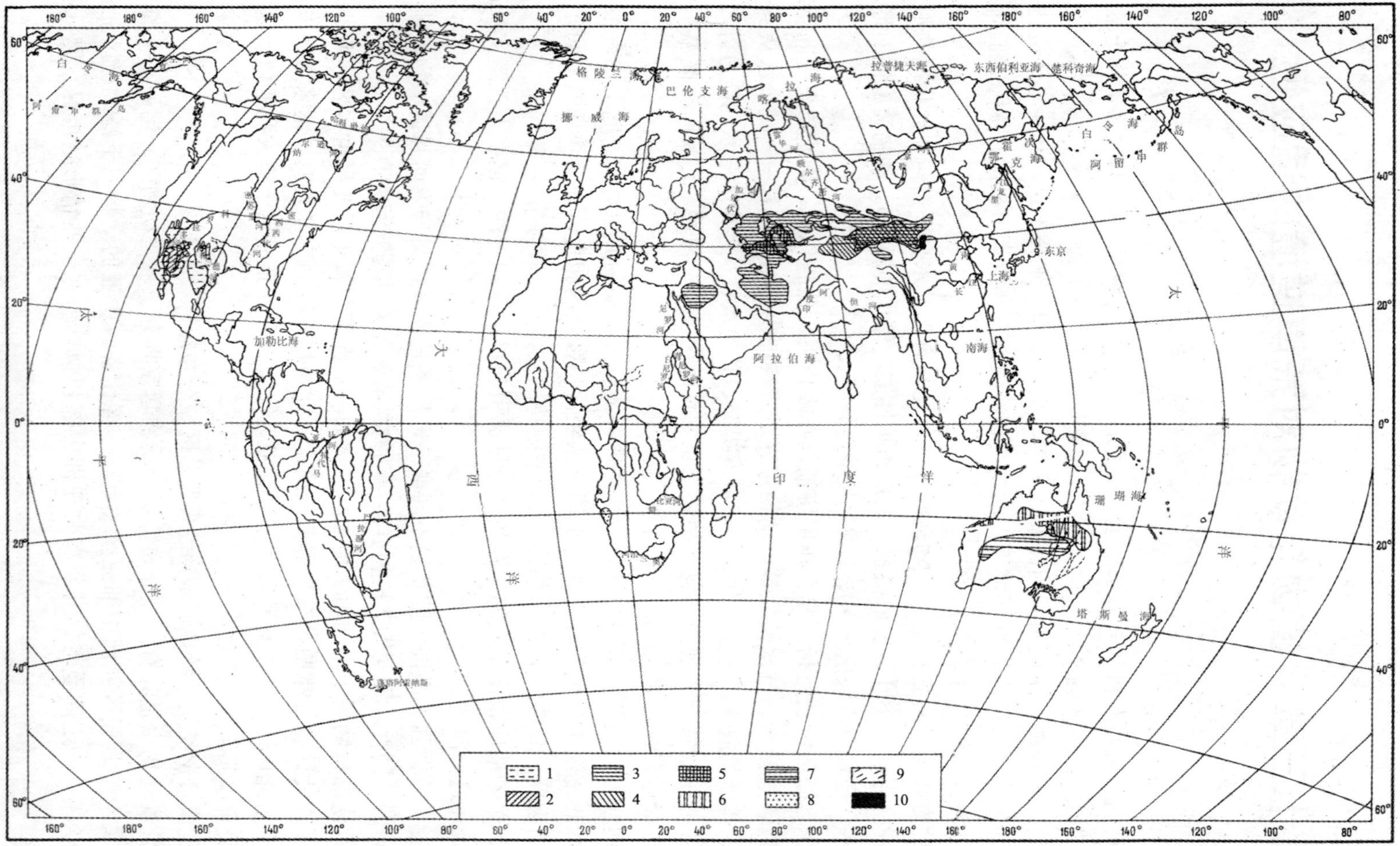

图 138　世界荒漠植物分布

1—常绿香；2—巨型仙人掌；3—白梭梭；4—白茨；5—沙槐；6—锐利三齿稃；7—巴氏三齿稃；8—贝氏千岁爷；9—非洲菜；10—蒙古刺四胞

撒哈拉与阿拉伯荒漠动物属于地中海亚区撒哈拉——阿拉伯省。与稍东区相近，只是保留了共有的混合种。与此同时还有一些土著动物。南非荒漠（纳米布、卡拉哈里、卡尔鲁）属于埃塞俄比亚区开普亚区，土著种很多。

澳大利亚荒漠动物很特别，包括了很多土著种，特别是有袋类，属于澳大利亚动物亚区。北美荒漠动物属于新北区索诺拉亚区索诺拉省，南美动物属于新热带区智利—巴塔哥尼亚亚区。

不同动物地理区荒漠动物种多样性繁多，这反映在不同大陆荒漠动物分布图上（图 139）。

尽管各个荒漠动物与植物具有多样性与不均一性，但是有许多共同生态特征。它们对荒漠不利生存环境的适应方式非常相似。

植物适应形式

荒漠有下列植物生态类型：旱生植物——硬质的、肉质的、盐生的；中生植物——短命的、类短命的。植物适应性与一系列限制因素有关：水分不足、土壤与空气温度高、干湿交替节律、土壤增温与降温、基质的流动性与盐化（表 26）。应当指出，植物对环境恶化的反应，不是单一的适应特征，而是综合性的。

表 26　荒漠植物对限制因子适应方式（В．К．瓦西列夫斯卡亚　М．П．彼得罗夫）

适应形式	限制因素			
	热量与水分的周期性变化	水分不足、空气与土壤高温	基质的流动性	基质的含盐性（盐碱）
生活方式与生态型	一年生与多年生草，中生，中等旱生。	以灌木、半灌木为主。旱生：硬质；肉质。	以乔木、灌木为主，有时候一年生草。旱生—喜沙。	灌木、半灌木为主，有时候一年生草。旱生—喜沙。
生物（生长节律）	短命、类短命植物。生长期在比较湿润、气温较低的适宜期。干旱期—长时间或多年地下有机体休眠。越冬性。	或在适宜或在干热环境，生长期长。夏季落叶，叶子更新期长。	或在适宜或在干热环境，生长期长。积沙形成辅助根、匍匐根。积沙加速生长。	或在适宜或在干热环境，生长期长。水分保障好。
生理	低渗透压。蒸腾强度大。	抗热、抗旱稳定性。在细胞中有持水化合物、酯化物。硬叶植物可减低、提高蒸腾，夏天提高渗透压。浆质植物可以降低蒸腾，降低渗透压。	同硬叶灌木。	抗盐性及盐吸收性。高渗透压。降低蒸腾。
形态	叶子比较大。生长期长，机械组织及输导组织发育相对弱。细胞间隙大。根系发育相对弱。	叶子退化，小叶或无叶。叶生长缓慢、生长期短。角质层厚。细胞完全封闭性。硬叶植物机械组织、储水组织发育。浆汁植物的茎、叶储水组织发达。水平根长，垂直根深。根有肥大储水、营养组织，有根冠。	同硬叶灌木。水平根为主。有根冠。种子受风面积大。	茎、叶子有含盐浆质。小叶或无叶。细胞封闭性。叶子与茎储水组织发育。

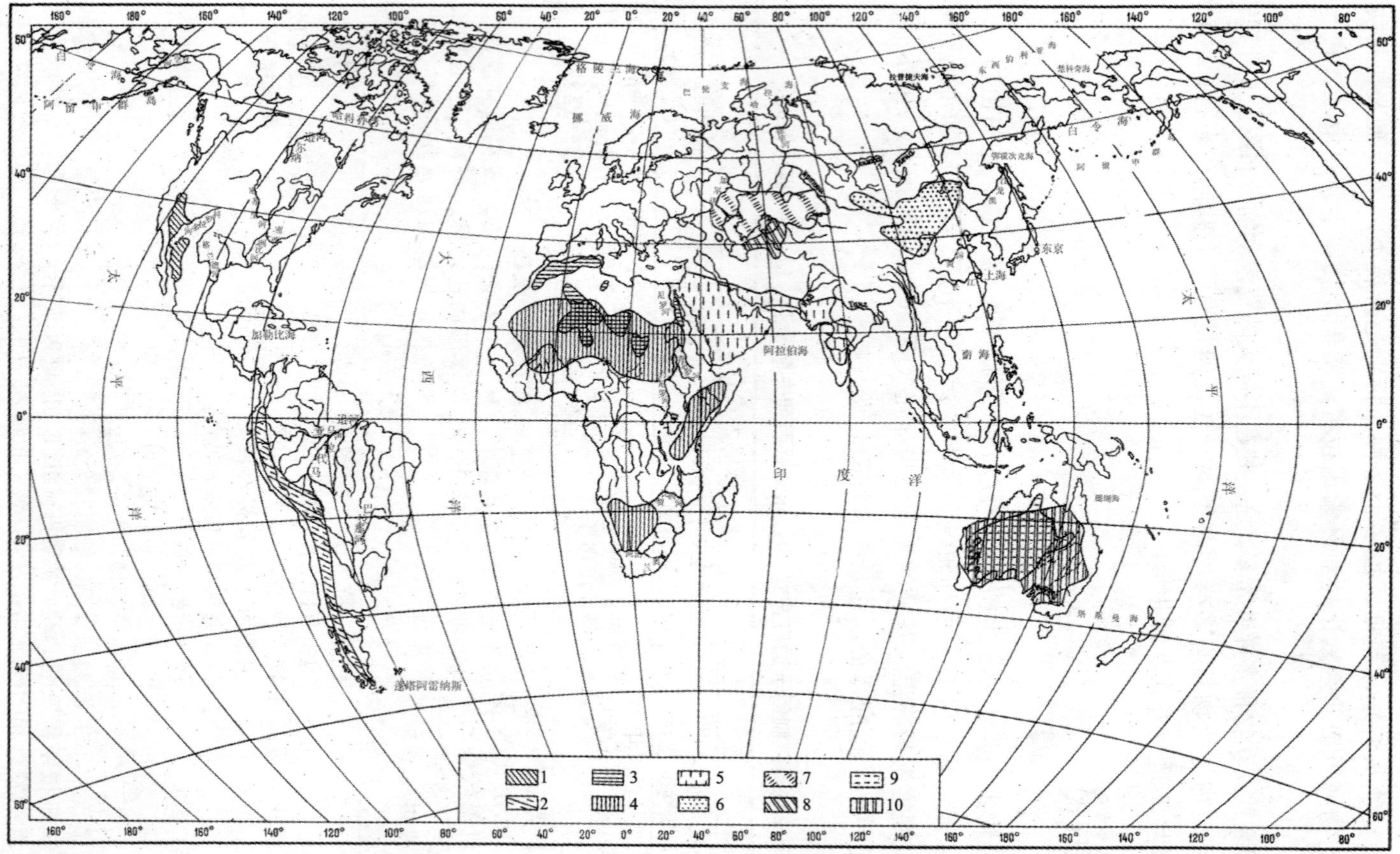

图 139　世界荒漠动物分布

1—老鼠-跳鼠（*Dipodumys merriani*）；2—羊驼属（*Lama glama*，*L. vicgna*）；3—鬣羊（*Ammotragus lervia*）；4—驼形目（*Strithio camelus*）；5—阿拉伯羚羊（*Gazelle docas*）；6—羚羊亚科（*Procarpa gutturosa*）；7—黄鼠属（*Spermophilopsis leptodactylus*）；8—松鸦（*Podoces panderi*）；9—鸸鹋科（*Dromaeus* sp.）；10—袋鼠亚科（*Mscrops rufus*）

植物对土壤、空气水分不足的适应方式非常多样。表现在植物结构的旱生形态与生理过程。一般荒漠旱生植物具有小的蒸发表面——小叶或无叶。

在文献中描述了世界荒漠数百种植物的结构。可以做出这样的结论：旱生植物叶子组织结构的共同特征是栅栏细胞发育与组织闭合性。肉质植物与硬叶植物也具有这样的特征。热带荒漠同时还具有薄角质层和隐没的微气孔，以及肉质植物群系（图 140）。

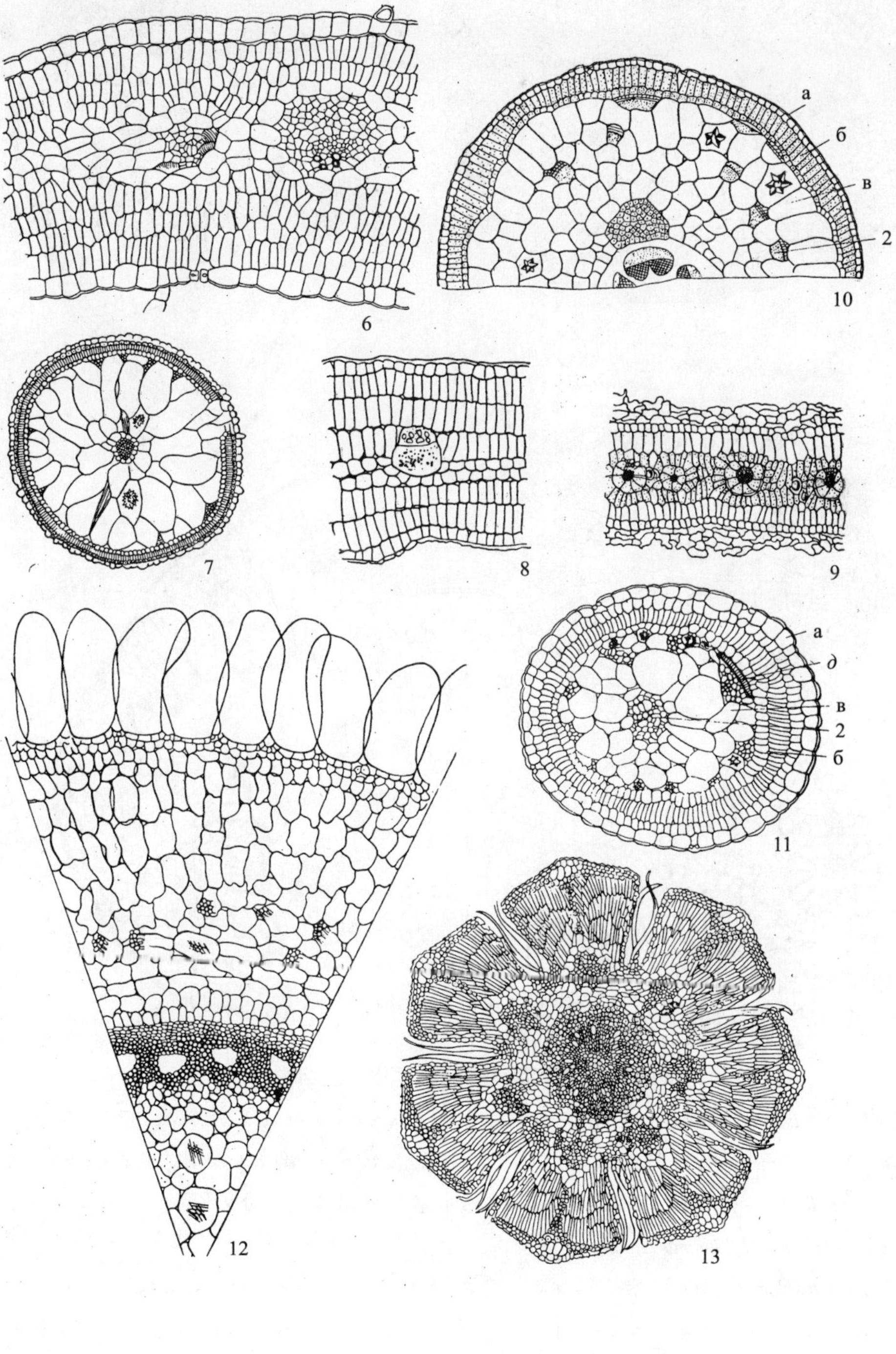

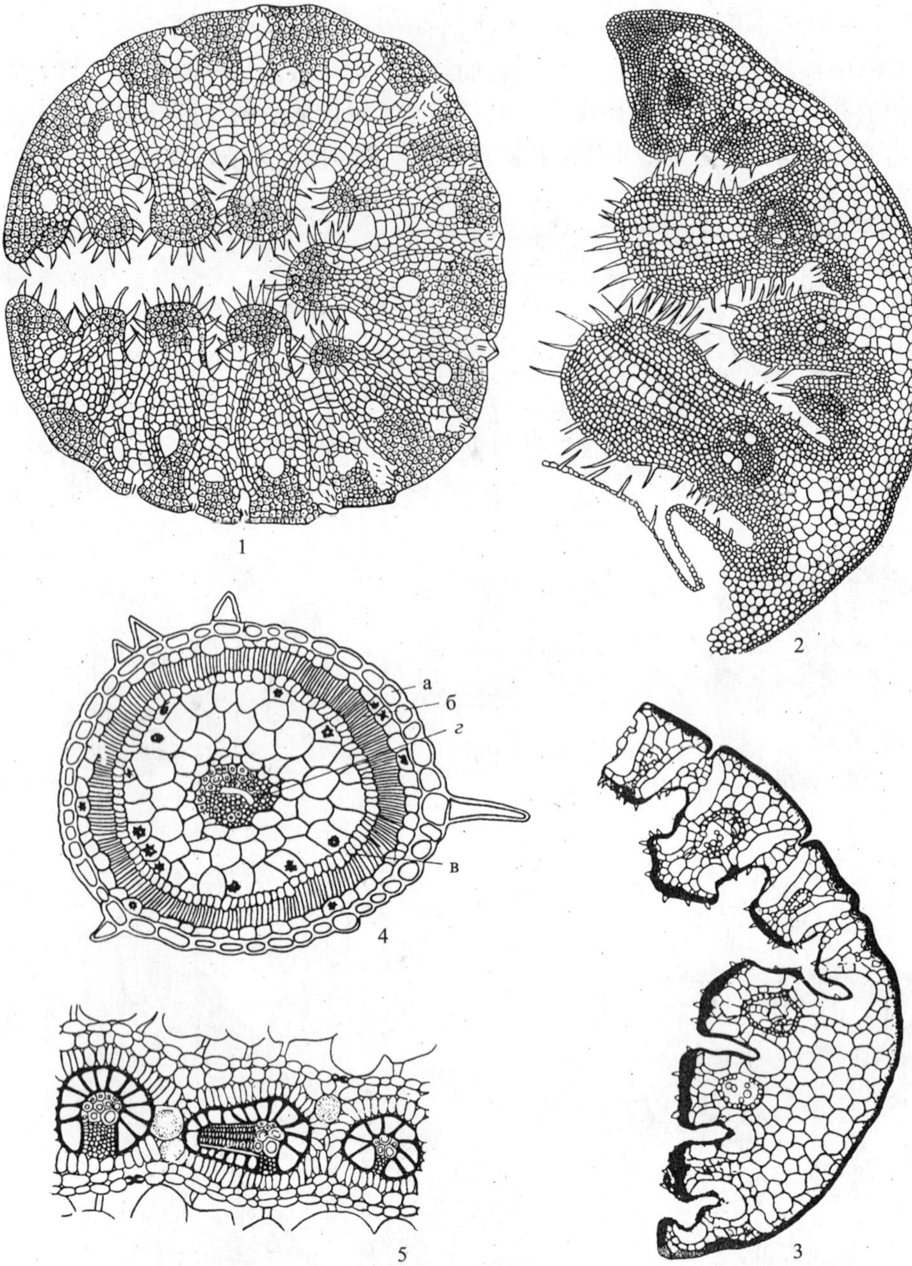

图 140　世界不同荒漠植物同化组织结构

叶：1—锐利三芒草（*Aristida pungens*），北非；2—欧洲海岸草（*Ammophila arenaria*），近东；3—巴氏三齿稃（*Triodia basedovii*），澳大利亚；4—李氏碱柴（*Salsola richteri*）；5—滨藜*（*Atriplex vesicaria*），澳大利亚；6—康氏银沙槐（*Ammodendron conollyi*），卡拉库姆；7—猪毛菜*（*Salsola longifolia*），北非；8—分叉常绿香（*Larrea divaricata*），北美；9—地中海滨藜（*Atriplex halimis*），北非

枝：10—黑梭梭（*Haloxylon aphyllum*），卡拉库姆；11—头状沙拐枣（*Calligonum caput-medusae*），卡拉库姆；12—盐角草状龙须海棠（*Mesembrianthemum salicornioides*），南非；13—木麻黄（*Caruarina equisetifolia*），澳大利亚

卡拉库姆荒漠旱生植物重要特征是喜沙植物叶子生长特点。早春萌发叶片，叶片生长缓慢而且时间短。但是结构形成很快，以致叶片凋落，多层叶肉，气孔完全闭合。

卡拉库姆旱生植物最大限度地利用春季与夏初有利的环境生长。叶的特殊结构并没有使其形成窄的生理特征。旱生叶子抗御了热、低温、盐化、干旱。因此，旱生特性适应外部环境很宽的变幅（Васглевская，1965）。

随着干旱夏季到来，表层沙变干、供给植物的水分环境恶化，因此发生逐渐地但变幅很大的组织水分贫乏。引起蒸腾强度减小，水分严重不足，部分机体脱落。

卡拉库姆荒漠乔木、草本植物的蒸腾强度研究表明，它们的蒸腾量和耗水量差别很大。土壤环境背景值影响非常明显。流动、半流动沙地水分供应条件比较有利，在整个生长期间蒸腾量大（康氏银沙槐，头状沙拐枣，三芒草，胀囊苔草）。在生草沙堆表层致密，有一定程度的盐化（黑梭梭，白梭梭，李氏碱柴，沙麻黄），蒸发小。

研究也表明，荒漠的草本植物的蒸腾强度，在夏季生长期比灌木、乔木高，苔草表层沙水分消耗量最大，蒸腾量是半灌木（*Smirnovia turkestana*）的2～3倍。

对卡拉库姆荒漠植物蒸腾强度和对干旱的耐性差异的研究，结论是细胞的渗透压是第一位的原因。原生质的膨胀程度减小，细胞压力与组织持水性增加，提高了夏季植物生长稳定性。

非常重要的因素是荒漠植物细胞糖分含量。从春季到炎热的夏季，糖分含量增加，而且大多数植物含的是单糖，也就是比糖分有更大的分子活性。

沙地梭梭和猪毛菜与盐碱地梭梭相比，胶质在细胞渗透压中起更大作用。胶质从春季到夏季像糖分一样，也是在增加。

植物不同生长期蛋白质、戊糖测定结果表明，荒漠植物蛋白质、戊糖，与春季相比炎热干旱的夏季已经不再增加。观测到相反的现象，是蛋白质-氨基酸积累从春季到秋季下降。

这样，在沙漠植物长期干旱环境下，解决防止高温强烈照射复杂问题有不同途径。沙丘植物最主要的途径是高蒸腾降低植物体温。在生草沙地生长的具有低或很低蒸腾的植物（梭梭和猪毛菜），是内部因素起主要作用，提高植物生长稳定性特别是抗热性。这就是喜温植物。

大量荒漠植物的同化组织特点是，炎热夏季在薄壁组织中有大量油滴，在内皮层有胶体物质。毫无疑问，这些物质对于提高植物抗热、抗旱性能，起了重要作用（Кокина，1935）。

虽然蒸腾保证植物在不利环境下体温的降低，但是植物体温有时强烈上升，在这种情形下植物有各种性能抵抗高温。

美洲、非洲荒漠干热生境下植物观测数据，非常可信地作出结论，在自然生境下草本植物与灌木的叶子温度大约50℃，肉质植物叶子60～65℃（表27）。

荒漠同化组织温度在太阳直射下，有时高于周围气温几度。白天低于周围气温，是因为强烈的蒸腾所致（Соколовская，1933）。

不同植物生态对增温的反应不同。O. 朗格（Lange，1959）观察，在北非荒漠划分两类植物对高温反应类型：超温度型，植物叶子温度高于周围气温达 13℃；亚温度型，植物叶子温度低于周围气温。O. 朗格确定，明显地取决于叶子相反的环境与最高叶面温度。因此所研究的超级温度类型具有稳定性，而亚温度型稳定性低。

表 27　不同植物的叶与仙人掌茎的最高温度

观察地，植物	夏天中午植物最高温度/℃	空气温度/℃	资料来源
阿尔及利亚荒漠			
Zilla macroptera（河岸）	40.1	37.0	Harder，1930
Zollikoferia arborescens（河岸）	40.6	36.5	〃
Z.arborescens（河岸）	31.5	34.0	〃
Thymelaea microphylla（河岸）	44.3	36.5	〃
Limoniastrum feei	43.2	36.5	〃
撒哈拉西南毛里塔尼亚荒漠			
Zygophyllum fontanesii	40.8	33.3	Lange，1959
Nitraria schoberi	42.4	37.7	〃
Salvadora persica	50.7	41.8	〃
Phoenix dactylifera	53.3	49.3	〃
Aristida pungens	45.8	43.1	〃
Boscia senegalensis	51.4	47.6	〃
Capparis deciduas	45.4	44.6	〃
Leptadenia pyrotechnica	46.1	47.6	〃
Calotropis procera	45.7	47.6	〃
Ziziphus mauritiana	33.5	33.3	〃
Chrozophora senegalensis	43.0	44.8	〃
亚利桑那高原荒漠区（美国）			
Parkinsonia microphylla	46.9	37.1	Shreve，1914
Opuntia blakeana	55.0	—	McGee，1916
O.discata	65.0	—	Schratz，1934
卡拉库姆荒漠（中亚）			
Haloxylon aphyllum	44.3	38.8	Соколовская，1933
Aellenia subapylla	42.3	38.1	
Ephedra atrobilacea	45.8	44.3	〃

注：数字是在自然生境下测定的。

这样，荒漠植物具有两类抗叶面高温的可能性。一种情形是叶子有不高的原生质稳定性，在蒸腾过程中稳定地降低温度。另一种情形是植物没有降低叶面温度的可能性，是因为具有高的原生质稳定性。

对于荒漠亚温度植物特征是活跃的水分交换。依靠与地下水有稳定联系的根系吸取水分。尽管有茂密的根系，随着表层沙变干，夏季干旱期间迅速恶化。因此叶组织的水分供给迅速恶化，蒸腾降低。夏天荒漠植物水分消耗最节约。在热季以各种方式降低蒸发。最普遍的方式是输导组织衰退，部分叶子或同化机体凋落，大叶被小叶替换。例如在中亚荒漠灌木，春季土壤最湿润期生长大叶子，夏天凋落，新生很小的叶子。

Дж. 奥尔山（Orshan，1954）指出，在夏天无雨期缩小蒸腾面积，与冬季相比较，近东荒漠柴霸王、单籽蒿蒸腾面积缩小 87.8%，荒漠半日花蒸腾面积缩小 62.8%。

荒漠植物一个最重要的特点，是夏天夜间吸收空气中水蒸气。

在不利的环境下植物水分状况调节，不仅通过白天降低蒸腾强度、减少水分交换途径，而且通过提高渗透压的方式。荒漠植物渗透压值取决于生态环境，变化幅度很大——

从中生植物几个大气压到盐生植物 100～200 个大气压。大陆性气候越强土壤盐化程度越高，差异越大（表 28）。

表 28 荒漠植物细胞液的渗透压

观察地，植物	渗透压/101.325 kPa	文献
中亚卡拉库姆荒漠		
Smirnovia turkestana	38.8	Кокина，1935
Ammodendron conollyi	41.5	〃
Salsola richteri	65.6	〃
Aellenia subaphlla	72.4	〃
Haloxylon persicum	81.8	〃
H.aphyllum	88.7	〃
Aristida karelinii	14.7	〃
Agriophyllum minus	12.8	〃
Carex physodes	16.5	〃
Salsola sogdiana	34.8	〃
S. praecox	27.4	〃
Atriplex dimorphostegia	37.9	〃
北美荒漠		
Cereus giganteus	5.5	Livingston，1906
Echinocactus sp.	3.9～7.0	〃
Opuntia engelmanni	5.5	〃
北非荒漠		
Atriplex confertifolia	202.5	Harris，1934
Zollikoferia arborescens	130.0	Harder，1930

植物保持大量水分的性能，是植物机体适应荒漠不利环境的保护反应，形成对于正常物质交换所必需的水分供给。植物的这种反应形式是多种多样的，取决于生物化学机理。这保障了荒漠植物高耐热性与耐干旱性。

原生质胶的物理化学状况影响其黏性变化。胶的亲水性高，黏性水含量高物质交换降低，以适应原生质亲水黏性。胶的亲水性低，黏性水含量低物质交换提高，以适应原生质的结构黏性。这样，植物经受高温性能，由于原生质的亲水黏性高。

植物耐干旱、高温的性能以及系统保护反应的基础是呼吸过程。在热的环境下，综合过程加强，以恢复热伤害。在呼吸强度减弱过程中有机酸的形成减少。在氨基酸与酰氨合成中有机酸很快释放。在弱有机酸溶液的叶子中渗透水提高耐热性能。相反，呼吸作用减低则耐热性能降低（Петров，Молотковский，1961）。

生物学家感兴趣的是喜沙植物，植物生长在疏松的流沙上。

喜沙植物适应流沙方式很特别，被沙埋而不死亡。如果积沙不干燥，植物的茎生出许多侧根。

荒漠植物的根系像植物的地上部，有许多适应水分不足的类似形态。例如，亚洲荒漠的一些灌木（头状沙拐枣，康氏银沙槐，小叶锦鸡尔等），根层很厚，甚至在根上发现多年生草（天芥菜等）和一年生短命植物。类似的研究表明，乔木的根形成大的网格状，吸收水分。

喜沙植物的根系分布：侧根沿沙丘链的坡伸展 25～30 m，向下伸展 20～25 m，达到毛细管水上升高度保障植物足够的水分。当风从根部吹蚀沙，根在沙丘与沙垄表面暴露而不死。这样喜沙植物以厚根层（沙拐枣）及根固定的沙保护层（三芒草）防护太阳照射。

喜沙植物的种子也很特别：沙生金合欢种子是螺旋桨形态，土耳其沙拐枣种子很容易随风吹，沙拐枣种子有弹性刚毛，梭梭种子有翼（图 141）。由于这些种子形状、果实受风面增加，被沙漠风带到很大空间。喜沙植物的生物特性适用于流沙区的农林生物土壤改良。

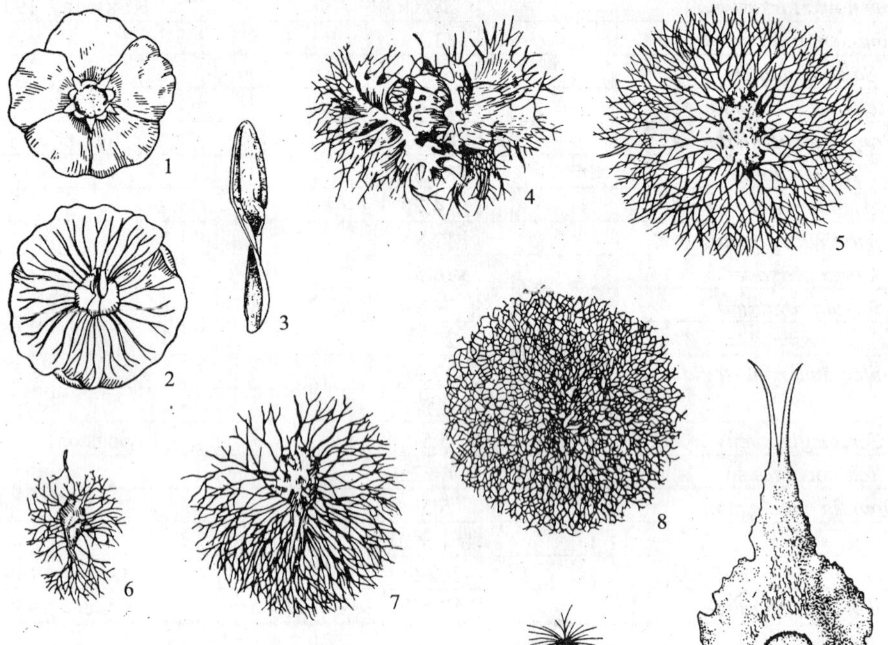

图 141　主要喜沙植物种子、果实

1—黑梭梭；2—木本猪毛菜；3—考氏沙槐；4—轮状沙拐枣；5—土耳其斯坦沙拐枣；6—高沙拐枣；7—乔木状沙拐枣；8—头状沙拐枣；9—无叶沙拐枣；10—柽柳；11—沙蓬；12—宽叶沙蓬；13—对节刺；14、15—大赖草；16—三芒草；17—西伯利亚冰草盐生植物很有意义。主要是灌木、半灌木、多年生、一年生猪毛菜。对于亚洲、北非荒漠典型的盐生灌木是：盐节木、白茨、盐穗木。半灌木是：盐爪爪。草本盐生植是：猪毛菜、碱蓬等。

北非与近东很多荒漠盐生植物群落的结构与亚洲相似，也有自己的特有种。共同的喜沙灌木有：盐节木、白茨、瓣鳞花、红沙等。许多亚洲与非洲共有的盐生植物，澳大利亚荒漠盐碱地也有。澳大利亚盐生植物群落种的结构不同，灌木常见的是：比氏白茨、圆叶滨藜、灰白滨藜、地夫。甚至一年生猪毛菜也常见。

北美荒漠盐生灌木有：霸王、滨藜、瓣鳞花、盐角草、猪毛菜。

盐生植物无叶或小叶，有胖的节枝和叶，特别多汁肥厚。细胞质饱含溶解盐——硫酸盐与氯盐。有时可达叶干物质总量的 45%。饱含溶解盐提高细胞质的渗透压减缓蒸腾。一些盐生植物渗透压达 203 个大气压（红沙，密叶滨藜）。

土壤盐化程度高可使植物死亡，但对盐生植物相反，却促进生长。根据盐化环境在自然界可以划分不同的盐生植物生物类型——氯盐类，氯—硫酸盐类，有机—矿物类（Келлер，1940）。

如果不能周期性脱盐，盐生植物不能生长在盐碱地。大部分类似植物（灌木猪毛菜，梭梭）每年凋落一些同化组织，以这种方式去掉部分在生长期间积累的盐。另外一些种——柽柳，瓣鳞花，红沙，滨藜，在叶细胞能析出过多的盐（图 142）。有些盐生植物生境很特别，可以作为地化学的指示植物。

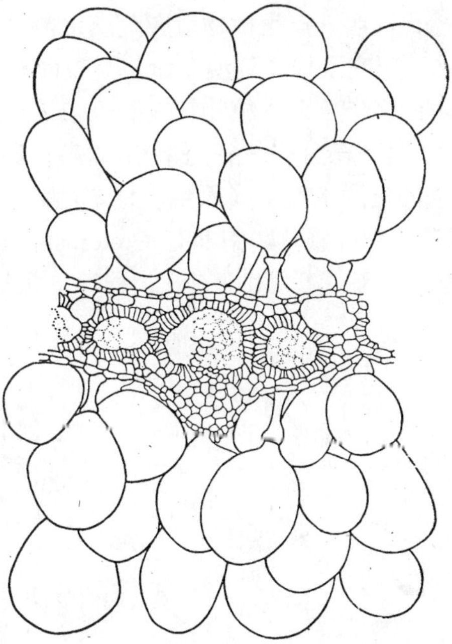

图 142 北非滨藜含盐的表皮细胞（根据 Berger-Landefeldt，1959）

在亚洲荒漠藻——苔藓是奇特的有代表性的植物类型。地理学家认为，在北部冻原与森林冻原带以藻、苔藓为主。荒漠匍匐植物的主要生长地，是在科别特达克山前平原的龟裂地。这里健群种：双缘衣、茶渍。它们形成独特的龟裂地苔藓植物。在一些龟裂地生长深绿色的藻：席藻、微鞘藻。这些藻在龟裂地很贫乏。藻与苔藓只能春季生长在湿润的龟裂地。如果龟裂地变干，生长停止，匍匐植物来年春季继续生长。

植物在很长时期形成的适应荒漠干旱环境最主要的特征，是缩短生长期及处于休眠状态。这是由于年降水周期性以及一些少雨年所形成的。这样在荒漠中形成两种植物生活形态——短命植物与类短命植物。

短命植物——生长期很短的一年生草本植物。在春季1～2个月完成发育阶段，结籽、干枯。夏季干热期间它们以睡眠形式度过。在中亚、近东、北非荒漠这类植物有不高的禾本科：雀麦、旱麦草、齿稃草、海滨草。十字花科：庭荠、涩荠。毛莨科角果毛。

短命植物生态类群非常复杂，以卡拉库姆为例，进行生态分类（Нечаева，1969）。

Ⅰ类群　越冬的短命植物

（1）冬春短命植物 *Ceratocephalus falcatus*，*Streptoloma desertorum*，*Alyssum desertorum*，*Meniocus linifolius*，*Veronica biloba*；

（2）早春短命植物 *Malcolmia grandiflora*，*Isatis violascens*，*Tetracme recurvata*，*Hypecoum pendulum*，*Silene nana*；

（3）仲春短命植物 *Delphinium camptocarpum*，*Lappula semiglabra*，*Senecio subdentatus*，*Amberboa luranica*。

Ⅱ类群　不能越冬的短命植物 *Crucianella filifolia*，*Psammogeton setifolium*。

短命植物生态类群多样性，证明一年生植物适应荒漠水热过程强烈分异。

M.卡萨斯（Cassas，1966）研究了埃及荒漠短命与类短命植物特征。

类短命植物是生长期很短的多年生草本植物。在春季1.5～2个月完成发育阶段，结籽。夏季到来，地上部分干枯。地下部分——根、鳞茎、块茎，深20～25 cm，度过休眠期。

一些植物种原生质有很强的抗脱水性能（原生质稳定性）。中亚荒漠这样的植物有：粗柱薹草（图143）、粗根薹草、细叶薹草。南非有 Craterostigma plantagineum 等。中亚有卵穗薹草、新疆针茅、东方针茅等。澳大利亚有三齿稃等。北美与近东有稷、刺荠拉等。

图143　粗柱薹草——中亚沙漠短命植物

在上述的中亚苔属植物的适应特性另人惊奇。根系主要在 15～20 cm 深度。夏天植物干旱到能揉成粉末的程度，但是春雨降落土壤稍有湿润，它们即正常生长发育。为了查明类似植物在多长的适应期不丧失生命力，我取了卡拉库姆的胀囊薹草根茎，装袋在干燥处保存 5 年后，根茎在湿沙中长出叶子。

有意义的是，一些在相当湿润条件下的旱生植物种，一般地，长期生长在极端干旱荒漠，就变成短命植物（例如亚洲中部的新疆针茅、东方针茅）。

在很好的生长环境，多年生草、半灌木、灌木在生长的第一年具有结果（籽）能力。К.海尼斯（Haines，1951）将二行芥、刺荠拉等归入这一类。在中亚荒漠蒿属的许多种也属于这一类。这一生物特性，保障了在多年连续干旱极端不利荒漠环境，种子的连续性。

在热带与亚热带荒漠，在适应干旱环境的与演化的过程中，常绿灌木形成肉质茎和含浆汁的叶（表 29）。这一特征是热带荒漠灌木特有的（Andreanzky，1949）。有浆汁叶的植物除过亚热带在温带荒漠也可以见到（景天、长生草）。

表 29　肉质植物同化器官衰退（根据 Andreanzky，1949，作了补充）

有叶灌木	叶茎肉质植物	无叶茎肉质植物	
		柱状	球状
仙人掌科（*Cactaceae*）（北美、南美）			
Peireskia	*Cylindropuntia*	*Pachycereus*，*Echinocereus*，*Cereus*，*Lophocereus*，*Carnegia*	*Astrophytum*，*Echinocactus*，*Ferocactus*
萝藦科（*Asclepiadaceae*）（非洲—印度）			
Leptadenia	*Echidnopsis*	*Stapelia*	—
菊科（*Compositae*）			
Senecio，*sec. Arborei*	*Kleinia*	—	—
大戟属（*Euphorbiastrum*）			
Euphorbia selendens	*E.trigona*，*E.mauretanica*	*E.resinifera*，*Caralluma*	*E.obesa*

肉质植物储存水分的薄壁大细胞很多。它的生理特征是低蒸腾，耐高温性稳定可达极限温度 60～65℃，渗透压低。Б.利闻哥斯通（Livingston，1960）测定，仙人掌 5.5 个大气压，鹿角掌属 39.7 个大气压，基生仙人掌 5.9 个大气压。这些肉质植物在干旱期是靠雨季储存在体内的水生存。Д.马克-杜盖尔（McDongal，1912）指出 1 m 高的桶状 *Echinocactus wislizeni*，在长达几年的无雨期间能生存，遇到降水或大水后又能继续生长。

世界荒漠植物生态特征研究结果表明，在各个荒漠植物或同一荒漠不同植物群系，具有共同的适应方式。

植物具有适应严酷的荒漠环境方式，例如，盐生植物需要盐化土。如果硫酸盐与氯盐不足，则经受盐分饥饿（Келлер，1940）。

同时应当看到，大多数荒漠植物高生态密度。例如在盐生植物生长地，随着植物生长盐生特征与旱生特征相结合。一些生态学家划分过渡生态类型：旱生-盐生植物，旱生-中生植物，肉质植物，盐生植物等。

干旱环境在植物的结构与外貌积累一些特征。一般地，荒漠植物矮小、种群少、不能形成地表被覆。地下部分发育且密集。

尽管在荒漠干旱环境，一些荒漠植物群系形成层状结构。例如在卡拉库姆黑梭梭、白梭梭群系，最丰富群丛可以分出两个或三个层：白梭梭（Ⅰ），胀囊薹草和短命植物（Ⅱ）或者白梭梭（Ⅰ），沙麻黄—突厥斯坦沙拐枣（Ⅱ），仙人掌与短命植物（Ⅲ）。与此相应的根系也是呈层状分布（图 144）。

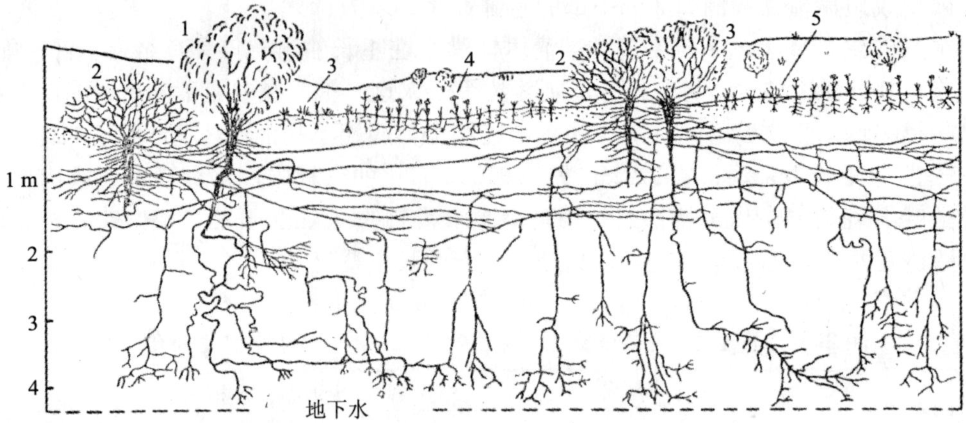

图 144　东南卡拉库姆黑梭梭根系分布

1—黑梭梭；2—突厥斯坦沙拐枣；3—沙麻黄；4—仙人掌；5—短命植物与类短命植物

随着干旱程度的增加，荒漠植被变得更加稀疏，退化阶段是这样：①种多样性减少健群种数量缩减；②群落单一或单种群落出现；③植物完全消失。

生长期节律性与夏季强烈退化，是荒漠植物的特征之一。

应当指出，在沙漠中只有当水分状况与大气圈降水有关系，才能说植物的气候形态。中亚的梭梭、蒿—短命植物，澳大利亚的桉树是这一类。与此相反，分布在主要依靠局地径流、没有固定水分储备的植物，结构不太稳定。这样，M.佐哈林（Zohary，1962）将近东荒漠划分为降雨荒漠（rain desert）和径流荒漠（run off desert），是有道理的。

动物适应形式

荒漠动物像植物一样，在干旱环境形成长期生存的特性。

动物对荒漠环境的适应性有自己的特征。这是在对限制因子适应与演化过程中形成的。限制因子与植物一样是：水分不足与湿度周期性变化，空气、土壤的高温与低温，土壤、土体的疏松与致密。此外，对荒漠动物影响大的是缺少乔木、植被非常稀疏。

在荒漠中动物生存主要的限制因子，像植物一样，是气候干旱与高温，以及水分不足。与此相应的荒漠动物在身体结构、生活节律、生理方面，有一系列适应特征。表现在饮水不多与体内、血液、器官中水分变化，冬眠与夏眠（减少体内水分生理消耗）。

在荒漠极端高温与缺水环境下，适应能力最强的是骆驼。很多研究（Schmidt-Nielsen 等，1956；McFarlane 等，1963；Schmidt-Nielsen 等，1964）指出，这种沙漠大型动物水与温度状况调节的机理很特别。与躲藏在阴凉处小动物不同，骆驼总是处于在太阳直接照射下。

骆驼在炎热的夏季很少出汗，而且汗在皮表面蒸发，毛是干的。此外，骆驼的尿、粪便中含水很少。体温很特别，昼夜变化。从夜间到早晨降低到 34～35℃，白天到夜晚升高到 40.7℃。骆驼体温这样变化使气温低的夜间热量不散发消耗水分。很有意义的是骆驼的毛是隔热的，减少水分蒸发。比较剪过毛与未剪毛的骆驼，前者比后者蒸发量大 50%。

骆驼的血浆量甚至在严重水分不足的情况下变化很小，保障正常的血液循环。这使保持在动物器官、细胞中的水分损失也无关紧要。骆驼有特别强的保持体内水分的机能，当无水时体内保存体重 25%以上的水。当水源充足体内水分亏损迅速恢复。骆驼在长时间干渴后 10 min 能喝 100 L 的水。这些水从胃中迅速补充各个器官水分储存，两天后在胃中已经见不到水（Schmidt-Nielsen 等，1956）。

骆驼像其他许多荒漠动物一样，有时候能依靠呼吸时脂肪氧化、碳水化合物、蛋白质过程，满足水分代谢。

许多荒漠动物的脂肪组织，是在皮下（黄鼠、刺猬等）或尾巴（胖尾跳鼠）积累脂肪。家畜的脂肪积累也很多。著名的大尾羊与其他羊。双峰驼 600 kg 的肉有 200 kg 的脂肪，几乎一半的脂肪储存在驼峰中。

然而，正像K.什米地特—涅尔森（Schmidt-Nielsen，1964）最近的研究所指出的，荒漠动物肌体中水供给的意义被夸大。问题在于脂肪的氧化需要氧气，氧的获得必须增加肺活量，即加强呼吸作用。在干燥空气中呼吸增加体内的水分消耗。这样，驼峰就不是水的仓库而成为能量储存处。大家知道，每单位重量的脂肪所释放的能量大于其他食物。因此能量储存奠定了骆驼在荒漠中耐力的基础。我不止一次地看到，在荒漠长期干渴情形下，饱满的驼峰一天一天地减少体积，最终像空口袋一样搭在驮背上。

此外，骆驼还有一个奇特的能力，适应荒漠中水和饲料缺乏的环境。大家知道，水主要部分通过肾分解变为尿。骆驼在水亏缺饲料蛋白质不足的时候，尿通过球状物过滤尿进入血液。进而根据唾液判断已经恢复正常。通过这种方式降低水分消耗。类似的能力，可能荒漠其他动物也具有。

发现荒漠动物无论出汗或其他生理过程都非常节约水消耗。例如老鼠的尿液浓度很高，达到 23%，即人尿的 4 倍（Schmidt-Nielsen，1964）。老鼠高浓度的尿液形成的机理，是由于肾特殊结构所具有的很强的渗析功能。

骆驼泌尿量也不大。这与在荒漠环境下长时间口渴及热量散失特性有关。

南美洲的无峰驼也有类似的生理特性。无峰驼抗脱水的适应特性，为M.偌森曼恩 П.莫瑞逊（Rosenmann，Morrison，1963）的观察所证实。荒漠有蹄动物也具有这样的特性。在中亚荒漠有的地方无饮用水，只有青草。狗獾栖息在中非与阿拉伯荒漠，以及最缺水的撒哈拉甚或塔奈兹鲁夫特，经常长时间活动在无水喝的荒漠，适应无水喝无青草只有干草的生存环境。在狗獾的胃里保存大量的液体，保障水分供应。非常有意思的是狗獾也长时间不喝水。

饲草中水分含量不同，决定了消化过程特征。饲用了干草引起器官中水的消耗，消化系统以一定方式调节，这是在荒漠环境消化系统功能的适应性。干食物中大量水分被肠道所吸收，与此从肌体中排出浓度高的尿。在外来水分有限环境下维持肌体水分正常（Слоним，Щеглова，1963）。

小的荒漠哺乳动物、啮齿动物，对荒漠缺水还有更强的适应能力。大家知道，它们完全不喝水，体内水分来自食物与栖息地的水分。例如栖息北美荒漠的芦鼠（Carpenter，1966），埃及的小跳鼠（Kirmiz，1962）及其他种鼠。

此外，小的荒漠哺乳动物还有其他的生理功能保持体内水分。例如芦鼠呼吸时水分消耗很少，这样芦鼠体内保持的水分接近湿润生境的小的哺乳动物。小的哺乳动物是通过在器官中保存大量水分，适应荒漠无水环境。

冷血动物适应缺水、高温环境，也有自己的特性。蜥蜴通过黏膜呼吸。当增温时呼吸频率加快。根据K.布朗（Brain，1962）的观察，蜥蜴夜间呼吸使体温达到34.8～37.4℃，白天达到 40.7～42.2℃（图 145）。排泄的氮交换不是以尿而是以尿酸，它能使迅速结晶形成不溶解的化合物。这种特性大大节约水。

图 145　斑点沙蜥（*Phrynocephalus mistaceus*）Ю．А．杜布洛夫斯基摄

荒漠动物适应水分不足，甚至具有利用土中水的特性。在一些荒漠蛤蟆与蟾蜍生活在河床与水源以外的地方。B.H.米聂尔维（1954）发现，在卡拉库姆、乌斯秋尔特高原上，生存许多蛤蟆与蟾蜍。

其他荒漠有类似的情形。非洲荒漠分布不大蛤蟆 *Bufo regularis*，*B.mauritanicus*（Cloudsley-Thompson，Chadwick，1964）。在墨西哥荒漠中有一种蛤蟆（*Rhynophrynus dorsalis*）以白蚁为食。在科罗拉多与加利福尼亚，有一种蟾蜍 *Scaphiophus couchi*（Mayhew，1965），澳大利亚（Bentley 等，1958）也有一些两栖动物，在洞穴或临时集水的荒漠中生存（*Heleiporus albopunctatus*，*Neobatrachus* 等）。

两栖动物适应荒漠的生活方式非常多样。它们的皮减少体内水分蒸发，甚至在土中水汽很高的情形下。重要的因素是保持或减少排尿。此外，在雨期水量多时肌体大量利用水（Buxton，1923；Chew，1962）。这一特性证明，两栖动物生理适应特征保障了适应行为。

荒漠蛤蟆有肌体能强烈脱水，П.宾特利（Bentley 等，1958）在澳大利亚荒漠发现，地方种的蛤蟆（*Helioporus*，*Neobatrachus*）的皮水分亏缺为体内水分 39%～44%。

两栖动物在荒漠环境中表现独特的生活状态。其中之一是度过干、热方式，或藏于湿河床，或在洞穴利用比较湿微气候，度过几个月休眠期。

荒漠两栖动物生活环境与状态，影响它们的繁育过程。在洞穴湿的微气候环境成了孵化室，度过幼仔发育第一阶段。缩短了必须在水中产卵的阶段。蛤蟆能在临时积水的荒漠繁育，是因为它繁育速度特别快，在临时积水干涸前几天。

B.马伊海卫（Mayhew，1965）在实验室观察表明，蛤蟆 *Scaphiopus couchi* 在室温 48 小时孵出，幼蛤蟆的腿 10 天能长好。

这样，一些两栖动物适应的气候，不是稳定的，而是周期性积水、干涸。

适应性变化任何时候也不影响某一功能系统，例如泌尿、物质交换、复杂的行为方式。最经常不影响各个系统的综合功能。

很多荒漠动物有肌体的生理特征，是休眠期物质交换水平降低。同时在春季短的生长期内，观测到动物的生命活动特别活跃，肌体中进行物质积累。

动物器官中水量随季节变化与荒漠水分变化相适应。与此同时，尿的浓度、肌体中的盐分也在变化。发现在不同季节，肌体中氯含量增加，它促进肌体水分的保持。

总的来说，在荒漠中能生存的小的哺乳动物有共同的适应特性，主要是减少水的消耗，增加排泄尿的浓度，在肠道中存水。这些机能加上其他的生理功能和生态特征，适应荒漠环境（Bodenheimer，1957）。

现有的资料（Слоним，Щеглова，1963）可以总结荒漠小哺乳动物形态、功能系统生理适应的一般图式。

器官功能	适应性变化
心脏：	
瞬间容量	减小
收缩容量	减小
呼吸，水分蒸发	减小
上呼吸道，水蒸发	减小
胃：	
胃液	增加
胃液酸性	不降低
唾液分泌	不变化
胰分泌	增加
肠液	增加
肾：	
排泄水	增加
渗析	不变化
皮：	
水的补充	减小
水的蒸发	减小

荒漠动物对环境的适应性，不仅表现在生理适应，而且表现在生活方式与行为上。

炎热夏天，白天动物一般不活动。动物在地下或灌丛下躲避阳光。部分动物躲在灌木枝上。一些动物夜间出没。中午土壤表面如此炽热，以致一些动物因过热而死亡。

纳米布沙漠蜥蜴与壁虎的极限体温是 42～47℃（Brain，1962；Mayhew，1965）。在卡拉库姆荒漠观察到壁虎地方种体温：*Phrynocephalus miculaltus* 为 50℃，*Scapteira grammica* 为 52.6℃，接近上述的极限体温（Серельников，1934）。夏天中午由于过热死亡非常快，7～10 s。

爬行类的平均最高体温低于哺乳动物体温。蜥蜴白天体温最高。壁虎体温比较低。

И.Д.斯德列尼阔夫（1934）及其他研究者指出，荒漠变温动物具有一系列形态特征，预防在强烈太阳辐射下的过热。例如，荒漠动物有鲜亮的颜色，反射太阳光。一些动物的颜色变化取决于温度，例如，沙蜥（*Phrynocephalus mystaceus*）在最冷时为灰色，在热时为亮色。

荒漠变色动物有许多特征预防过热。例如，甲虫（*Tenebrionidae*，*Sympiezocnemis*）有气室，防止热量从表面向体内传导。当呼吸时，气室充满空气，温度比身体其他受热部分低。变温动物在早晨太阳升起来前低于气温。

一些荒漠动物在一年期间改变活动规律，在炎热期晚上活动，冬季白大活动。卡拉库姆的爬行类、昆虫是这样的例子。

荒漠动物迅速适应改变了的生境的惊人例子，是卡拉库姆蟾蜍（*Varanus griseus*），典型的喜旱动物生活在沿卡拉库姆运河岸边，又迅速适应了水环境。以前夏天在洞穴躲避炎热，现在中午在浅水处可以看到，就像小鳄鱼。

在荒漠开阔空间与稀疏植被环境，动物的适应形式是快速转移，快跑快飞利用水草。跑得最快的非洲野驴、亚洲野驴（每小时 65 km），还有猫、袋鼠等。

由于缺乏乔木，荒漠中多为灌木，迫使动物筑洞穴躲在土中。只有在中亚、澳大利亚、北美鸟在灌木梢上筑巢（图 146）。在美国索罗拉荒漠，鸟在仙人掌上筑巢。

图 146　古沙拐枣树上鹰巢，卡拉库姆

荒漠动物主要生活在洞穴，躲避天敌，夏天洞穴是太阳高温的庇护所。

荒漠动物筑洞有很高的技能。它们有筑洞所必需的形态特征，提高挖土的效率。哺乳动物用爪子、后肢等挖松土（图 147）。

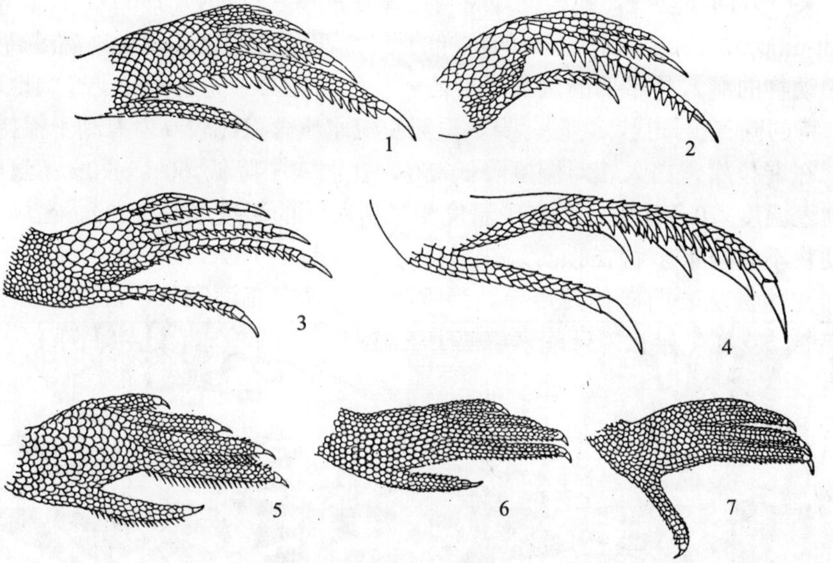

图 147　荒漠蟾蜍的后肢（根据 Buton，1923）

1—*Phrynocephalus mystaceus*；2—*Acanthodactylus scutellatus*；3—*Scapteira grammica*；

4—*Callisaurus scoparius*；5—*Teratoscincus scincus*；6—*Stenodactylus guttatus*；

7—*Ceramodactylus doriae*

Б.С.维诺格拉多夫（1948）在卡拉库姆拍摄动物在半沙土地凿洞过程。他写道："小兽在很短时间环视沙地表面，找到无坡度的合适地方，开始挖掘。小兽用前爪、前肢按照未来的圆形通道挖沙，当积累一小堆沙后，两个后肢同时用力将其抛撒到很远的距离。稍后小兽进洞，到洞尽头转身，用胸和前爪扒出沙土。沙土扒出后，重新转身用两个有力的后肢，将沙土甩出。按照类似的过程重新进行，而且每一次前爪、前肢直接挖沙土，后肢扒出沙的量，是前肢挖松的沙土（38 页）。"

生活在黏土荒漠中的哺乳动物，有喜沙形态的细而尖锐的前爪与后爪。例如黄鼠、跳鼠，有短而结实的爪。

一些生活在黏土荒漠的跳鼠（特别是 *Alactagulus acontion*）在龟裂地凿洞，龟裂地的土如此硬，必须用镐、铁棒、斧头。在如此致密的土体挖洞，跳鼠五趾向下很长的爪起重要作用。在坚硬的黏土荒漠中，对于盲田鼠（*Ellobius talpinus*）、鼢鼠（*Spalas giganteus*）爪也是重要的挖洞工具，这是哺乳动物适应地下生活方式的极其专门的特征。与此相应的下颌、牙齿都发生很大变化（Виноградов，1948）。

荒漠无脊椎动物也有很好的挖洞能力。例如食蚁兽，在粗沙或形成团块的土体挖洞，用颌从洞中往外运送沙土。生活在弱胶结的沙或疏松沙区的食蚁兽，具有特别能力，头下的鬃毛形成篮子状，向外运土。许多荒漠中的食蚁兽有类似的能力。

在流动基质的环境，动物有躲避追捕天敌的能力——迅速藏入沙中。喜沙的蜥蜴（卡

拉库姆的 *Phrynocephalus*，美国荒漠的 *Phrynozoma*）就是这样。它们用快速的侧向运动将自己埋在松散的沙土中。甚至一些蛇为躲避天敌，也将身体藏入沙土中。在北非的毒蛇（*Cerastes cornutes*）与南非的一种毒蛇（*Bitis perengueyi*），或收缩或伸长身体，通过侧向运动隐藏。每一次当沙向某一方向移动时，蛇缓慢地将自己藏在沙中（Edney，1966）。K.什米得特-涅尔森（Schmidt-nirlsen，1964）研究了蜥蜴这样的行为，而且这样可以避免体温过高。

荒漠中动物的洞穴是重要的生物群落之一。生活在其中完全不同于开阔地表。在洞穴中建立了独特的微气候，夏凉冬暖，炎热夏天空气水汽含量比较高，有利于保持体内水分。

这样，在卡拉库姆白天相对湿度降低 2%，在洞穴中降低 60%～70%。温度相应的变化。白天地表温度 70～80℃，洞穴中温度相当树荫下的温度（图 148）。在洞穴中度过白天酷热，动物不会脱水。

图 148　卡拉库姆荒漠动物洞穴生态系统

有圆圈数字是 1927 年 5 月 27 日中午温度；无圆圈数字是 1927 年 5 月 7 日 5 点 5 分温度。

一种重要的洞穴，是脊椎动物与无脊椎动物共建的。在啮齿动物洞穴里生活着很多昆虫，没有它们啮齿动物无法生活。这是相互或共生现象，有寄生的特征（Павловский，1948）。这样，啮齿动物洞穴的寄生者是蚊子与跳蚤。昆虫这样的生活循环在洞穴中密集地进行。在澳大利亚荒漠中有类似特征的生物群落。在灌木巴氏三齿稃下的洞中，生活着鼠类、蜥蜴等（Маунфщрд，1958，89 页）。

在人类修建的井、坎尔井的地方，动物生存的环境比较好。在井壁上不仅无脊椎动物，而且鸟类也躲避炎热。这是在所有荒漠中典型的生物群落。

有意思的是草食性动物的适应性，由牧草地的动态特征所决定。例如地中海气候的荒漠，春季短命植物生长夏季衰退，到了夏季动物休眠。在冬季牧草不足低温环境下，一些动物有类似行为。动物进入洞穴冬眠，渡过困难时期。冬眠动物很多：蝙蝠、黄鼠、跳鼠、蜥蜴、蛇以及昆虫。

在干旱年，当植物生长很不好，黄鼠休眠直到冬季。休眠最长的是乌龟，有的地方乌龟全年活动时间仅 2.5～3 个月（从 3 月月中到 5 月月底、7 月月初）。在中亚乌龟休眠到 5 月月底，仅在短命植物生长期间活动。

荒漠动物牧草地的特征，决定了采食物者的适应特征。啮齿动物与爬行动物到处成为荒漠动物的主体。啮齿动物的食物非常多样，它吃几乎植物所有部分，从地下部分到种子。

春季与仲夏，许多荒漠有嫩绿的牧草。在夏末、秋季、冬季牧草枯萎。这时候草食性动物依靠粗牧草生存——干果、种子、根。在亚洲荒漠这时候有梭梭、猪毛菜，有些大的啮齿动物爬到 4 m 高的枝条吃果实。

荒漠中短命植物很多（中亚与近东），啮齿动物秋季、冬季食用植物根。

研究者（Osborn，1910；Виноградов，1946）认为，一些荒漠哺乳动物（羚羊、野驴等）以粗饲草为食，其牙齿变长、牙冠退化。

受外部环境、动物种类影响，由植物生长节律所决定，每一荒漠动物群相互关系都有自己特点。可以勾画出食物链的一般模式（图 149，图 150），每一生物群落有自己的特点，但它们有共同特征。例如，每一食物链从植物开始以凶猛动物结束。植物是初级环节，它的发展程度决定荒漠动物多样性。食物链的所有动物环节不是同等重要，有时主要环节的某一个被消灭，会破坏整个生物群落，另一种情形是一个环节消失会临时改变另一个。例如，狐狸当食物（主要是啮齿目动物）不足，会食用昆虫的残体甚或动物骨头。

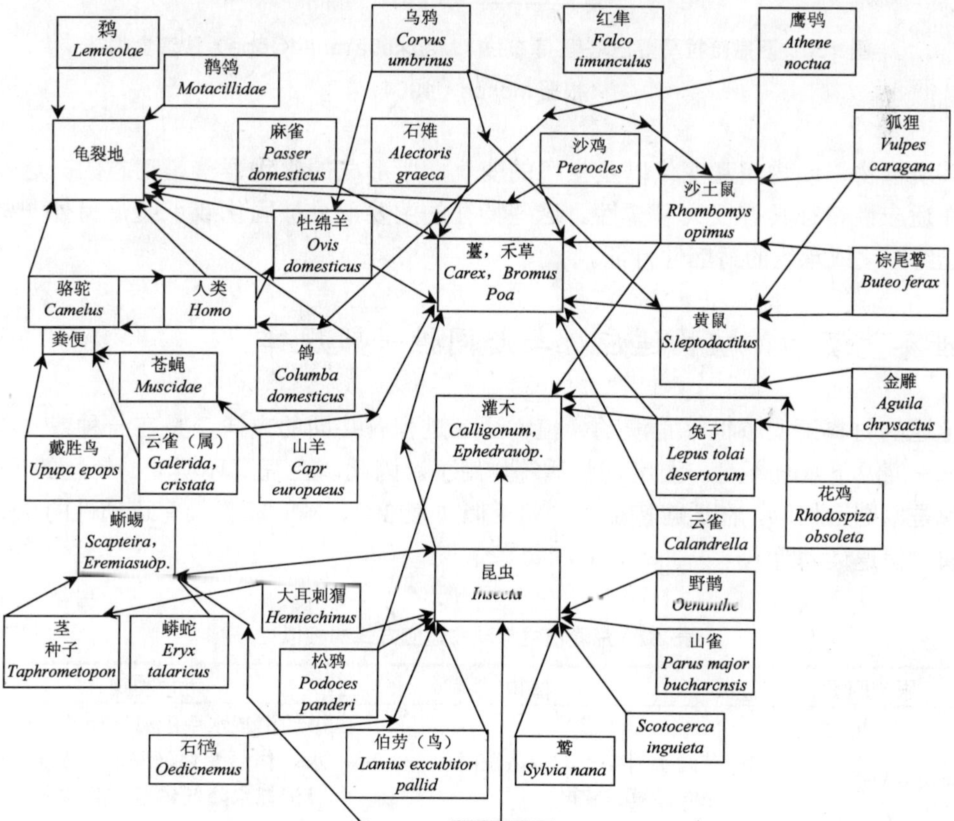

图 149 卡拉库姆沙漠生态系统食物链（根据 Кашкаров，Коровин，1936）

箭头方向从动物食物向所供给的对象。

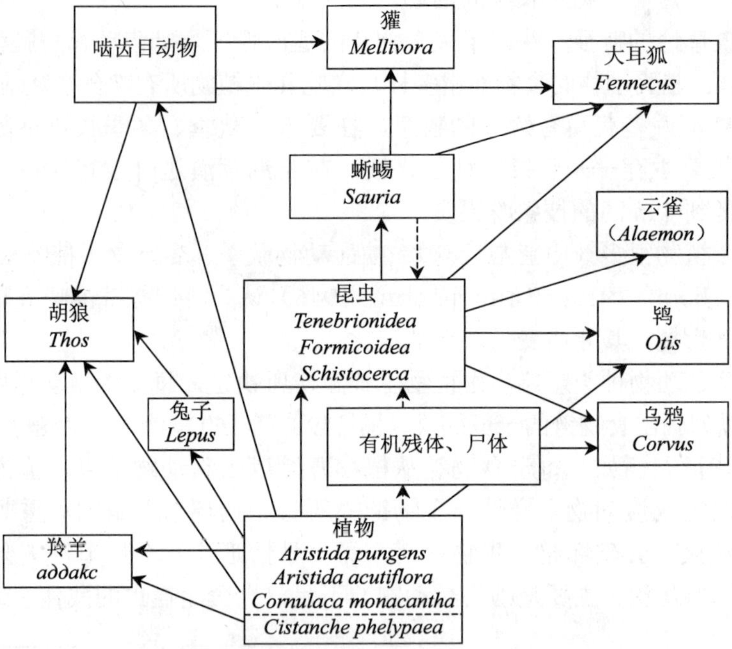

图 150　西撒哈拉马贾巴塔里-库布拉（Маджабаталь-Кубра）沙漠食物链

（根据 Monod，1964）

荒漠植物、动物相互变化以及生境的变化，所形成的生物群落是动态的。这一过程表现在适应性特征具有很大可塑性。这些特征的主要部分被固化或承袭，另外一些则取决于已经固化或承袭的适应性特征。

世界荒漠动、植物适应性与趋同性一般规律

上述的材料证明了世界荒漠动、植物适应过程有共同的方向，是在一种或几种限制因子——高温下水分不足、湿度、基质等作用下。因此，在荒漠环境动、植物的适应性，只能说是原则上相似。在适应特征上一些类似（表 30）。同时动物具有运动性的相似（昼夜韵律，快速运动等）。

表 30　荒漠植物与动物适应方式的相似性

限制因素	植物	动物
高温生境—过热	节约水消耗—减少蒸发面积—小叶、无叶，夏天落叶	节约消耗水用于温度调节。排泄物脱水。体温变化（骆驼，驴）。通过呼吸消耗水降低体温。身体表面（毛）隔温
缺水	水储存在机体与细胞中，代谢水	利用代谢水
湿润与过热周期性	短命与类短命植物，假死	昼夜、季节节律，假死
土壤与饮用水含盐	含盐细胞，细胞液高渗透压	粪便排出盐
基质流动性与石质性	喜沙，喜石	喜沙，喜石

比较世界荒漠动物、植物的生态特征，不同程度的自然环境相似性，使我们可以说，很好地表现了趋同性。有很多动物、植物证明了这一点，尽管它们起源、分布不同，但是适应形式、生活方式很相似。

种、群适应形式相似性的形成，是由于在相似的自然环境下演替的结果。趋同性可能是不同大陆荒漠地理环境某种相似所形成的。

荒漠植物有下列趋同特征：叶面积缩小；根系相对发达；组织致密。由于环境的一些差别，而主要是发生学特点差别，形成两种植物基本生态类型——肉质植物与硬质植物。除上述两种植物类型的共同特征，肉质植物还具有含浆质大细胞，透水细胞萎缩、渗透压低、生长缓慢、抗热性高。硬质植物具有大的木质细胞，细胞小、渗透压高、蒸腾与呼吸、生长快。这种生态类型抗热性高，多数情形是由于高蒸腾作用所致。

除这两种类型，在盐土上分布喜盐植物，也具有蒸发表面缩小、渗透压高的特点。但是大多数不具备防止蒸腾的表皮组织，一些具有保持盐分组织。

在热带荒漠温暖冬季，可以见到肉质、硬质、喜盐植物。在温带荒漠以后两种为主。典型的肉质植物因为冬季负温而不存在。不过有些植物，例如沙拐枣的茎、霸王的叶有很多储水大细胞，这些组织秋天凋落。

演化的耦合性，由此荒漠有机生命所表现的趋同性，表现非常明显。重要的发现是，无论是世界荒漠动物或植物的趋同，是相互联系的。关于这一点应当指出的是，动物在趋同过程中取决于植物，因为很多动物以植物为基本食物来源。

A.H.佛尔莫索夫（1964）举了这种关系的一个例子。大家知道，在中亚荒漠与半荒漠多数植物种，有根茎与球根。植物的地下部分，避免热与冷的影响，全年保持自己的营养品质。在非常干旱环境下保持了动物所需要的水。经过自然选择这类植物广泛分布，其结果许多以根茎与球根为食的动物发生演替。这样产生了，例如哺乳动物，地下方式生活、以植物地下部分为食的“食根者”。如果取这一类的一些代表动物比较，很容易发现这些不同种群啮齿目动物，面貌有惊人的相似性。

趋同性具有很多特征，例如身体形状、大小，腿与尾巴，小眼睛，特别是毛，掘土能力以及其他生物特征，都非常相似。它们在土壤深部做成的通道网和在地表形成弃土堆，在上边提到的三个大陆挖洞遗迹形成的景观非常相似。在非洲主要的啮齿目是Bathyergidae属、Cryptomys种与Heterocephhalus种。它们掘土不是用爪，用力前拱，与鼢鼠相似（生活在欧洲草原上的Cricetidae属Ellobius种）（A.H.佛尔莫索夫，1964）。

不同荒漠动物群系生态相似特征引起研究者关注。例如克罗特斯列伊-托木伯松，卡德维克（Cloudsley-Thompson，Chadwick，1964）认为，Г.噶多夫（Gadow，1901）曾经研究过的中亚列别捷克荒漠动物群系，其生态特征完全可以扩展到相毗邻的所有荒漠。特征是：移动快速性，坚硬鳞状壳，掘土能力，热、冷季节躲在洞中，眼睛保护机能，保护色。

可能从别的动物群系也可以得出类似的结论。有蹄类动物典型特征是跑得快。此外，一些恒温动物，具有在干热环境适应的生理机能。

尽管动物、植物有机体的形态与其他特征，强烈地取决于外部环境，相似自然地理环境。但不是所有的都像所想象的，因为深深地打上了向不同状态发展的长期系统发育历史烙印。惊人的相似性，必然趋同，这方面例子不少。让我们回忆一下。

上述列举的世界荒漠动物、植物趋同的事实，使我们可以做一些总结。上边A.H.佛尔莫索夫所说的荒漠动物群系趋同性分布，是指在相似的地理环境下，具有属于同一种或相近生物群系的生态背景（适应类型）。景观相似性特征使动植物有一系列相似适应方式。

还应当考虑的是，在干旱地理环境下各典型生物群系具有的共同适应特征。

植物界趋同性经典例子，是肉质植物中的低质大麻、仙人掌，不同生长地其外形非常相似。

这样，在相似的自然地理环境下，形成动物、植物有机体的生物特征、行为、形态特征、与生理特征的相似性，很好地适应荒漠干旱环境。这使我们有权利说，趋同性作为相近的过程，不仅是表现在个别特征，而且表现在群落、群系、景观。

联合国教科文组织在进行世界干旱区研究时，非常正确地指出：植物与环境相互关系研究的真正进步，是在严格环境条件监督下以实验为基础才能达到；通过在人工气候室进行植物研究（干旱土地，1960）。在这样的研究中，不仅研究植物结构，而且研究生长节律、发展速度。因为植物的自然界选择，不是根据个别特性，而是根据植物个体适应类型进行。植物旱生化过程，要正确理解它，必须在植物种形成历史资料基础上进行研究（Василевская，1965）。

第三部分

荒漠自然资源与研究开发的前景

第十四章　荒漠自然资源及其开发

近十多年很多国家重视亚洲、非洲、北美洲、南美洲、澳大利亚的荒漠区。

正如大家所知，世界人口增长非常快。根据联合国专家早前推算，到 1975 年世界人口达到 40 亿，到 2000 年达到 60 亿。以埃及为例，18 世纪人口为 250 万～300 万，到 19 世纪中期人口增长到 475 万。埃及的人口持续增长非常迅速。而 50 年间（1902—1952 年）国民经济收入的增长只有 17%。

为了养活这么多的人口，物质生产必须按比例应是现在的两倍（从实际需求水平计算）。所以在不久的未来，世界资源的利用与人口增长越来越尖锐地摆在人类面前。在欧洲国家现在已经出现液体燃料与煤不足，在亚洲与非洲一些人口稠密的国家，也出现了开发新的土地以满足迅速增长的人口需求。

许多国家需求新的矿产资源和土地，将眼光投向人口稀少的荒漠。其实，在世界荒漠中有储量很大的重要矿藏种类（石油与黑色、有色、稀有金属），分布有适合灌溉、有地表水与地下水保障的土地。例如，苏联在近里海低地分布的超深井（6 000～7 000 m），不仅是油气井，而且是热水井。这一区域基底距地表 10 000～15 000 m。7 000 m 深水温达 180℃，10 000 m 深 220℃，接近基底 500℃。在深部的压力 800～1 200 大气压。

计算表明，近里海盆地的能量储存，超过苏联年产各种燃料的燃烧热能 840 倍。如果合理利用这些能量，则在近里海盆地可以建设巨大的热电中心及生产综合体。类似的情景，在世界其他荒漠也可以看到。

谈到荒漠自然资源，指的是三种资源。第一是生物产品（动物、土壤、植物），第二是水与矿产资源，第三是气候能量资源。

荒漠生物循环类型的特征是强度很大，尽管与干旱区以外其他景观有机物质循环容量相比较是最小的。从中亚荒漠（黑梭梭）1 000 kg/hm^2 到撒哈拉、亚洲中部最干旱的荒漠几克/公顷之间变动。在中亚水分比较好的荒漠（黑梭梭）生产量不超过 1 000 kg/hm^2，而在极端干旱区最干旱的年无生产量。除荒漠，地球上只有极地地带具有这样低的生产量（Базилевич，Родин，1967）。

荒漠很低的生物生产量限制了畜牧业发展。据专家估算，在中亚荒漠每头绵羊必须有 5～6 hm^2 牧场。在撒哈喇拉和亚洲中部极端干旱荒漠，生物生产量低下不可能发展畜牧业。

虽然干旱区植物生物生产量比较低，供养着千万头牲畜。世界很多荒漠温暖的冬季为牲畜全年生长创造了有利条件。这使荒漠畜牧业发展迅速，尽管是在极端条件。正如大家所知，荒漠畜牧业产品供给要比较湿润区少得多。

在灌溉条件下，荒漠土地生产量大为增加。在热带荒漠灌溉土地，水稻每年可以收获 3 次。在温带荒漠灌溉土地玉米饲草产量可达 60 000 kg/hm^2。

与农业不同，荒漠矿产资源（石油、天然气、黑色金属、有色金属）具有很大经济潜力与稳定性。而且荒漠矿产非常多样，包括了几乎所有种类。如上所述，目前荒漠矿产资源勘察、利用还很不够。

荒漠气候能源开发非常弱，特别是太阳能。太阳能利用是未来的事业。

世界任何大陆荒漠开发的途径与步骤具有共同性。很大程度上取决于相似的自然条件，由位于荒漠国家的经济发展水平所决定。然而现在积极开发过程中广泛利用科学技术成果是共同的。这样的途径是有前景的、有效果的。

分布在荒漠中的自然资源，可以归纳为下列类型。

（1）农业气候资源，可以生长经济作物（棉花，小麦，水稻，甜菜等），甚至一年收获两三次。

（2）水资源，常年水流与暂时性水流，地下水与大气降水，用于灌溉与生活供水。

（3）土壤资源，沙质栗钙土、灰钙土、龟裂土以及其他温带荒漠土，亚热带、热带荒漠上，适宜灌溉农业。

（4）植物资源，牧草、居民燃料、建筑材料（民房）、药用植物、观赏植物等。

（5）气候能源，太阳能与风能。

（6）矿产资源，燃料矿——石油、天然气、煤；金属矿——共生金属矿、稀有金属矿等；非金属矿——岩盐、水泥原料、建材矿。

（7）动物资源。

过去已经进行和现在正在进行的荒漠自然资源的开发，有两种不同的途径。第一种是古老的传统方式，人们利用自然资源为自己需要服务（放牧，采集植物，农业，牧业，采盐，开采石油与其他矿）。第二种是利用现代科学技术进行荒漠资源开发（大型灌溉设施，矿产加工，咸水淡化工业方法等）。

最古老的荒漠经济部门是狩猎与畜牧业，在荒漠河谷与三角洲是灌溉农业。它们从人类先祖到现在延续几千年。荒漠资源开发长时间局限于技术水平很低的原始农业，矿产资源几乎未被开发。荒漠利用的主要形式是畜牧业。大的农业区仅分布在河谷与河流三角洲，在山前平原分布面积不大。

荒漠畜牧业发展已经很久远。世界干旱区给人类提供主要家畜。动物学家认为大盘马是驯养马的始祖，它与其他野马现在仍然生存在亚洲中部的山区。大盘马大约 19 世纪曾灭绝过。骆驼的亚洲种——双峰驼，由于现在仍然在中亚生存的野骆驼的分布而减少。新环境下的骆驼——无峰驮，在南美家养广泛用于运输。驴的演化：黄驴—野驴，或骞驴；努比亚或索马里灰驴——现代仍然在阿拉伯北部山前、东北非洲、阿富汗、中亚、亚洲中部生存。

牛起源于中亚与亚洲中部山区。它们的祖先是野牛和牦牛，野牛已经完全灭绝，牦牛仅在青藏高原能见到。史前时期它们分布广泛，被亚洲不同区域人类驯养。家养的绵羊、山羊的祖先是山羊、摩非伦羊与现在仍然在中亚、亚洲中部山区生存的原始绵羊。

在世界荒漠、半荒漠广阔区域发展游牧、半游牧畜牧业。游牧是为了利用新的牧场和水，牲畜必须游动，有时很远距离。平均每头牲畜需要很大面积天然草场（在卡拉库姆 6 hm^2）。

现在几乎可以确定某一荒漠的最大载畜量。最大载畜量是在收获量最适宜的年，根据草场容量计算的。但是在干旱牧草不稳定的年，最大载畜量在一年或几年期间急剧下降。根据P.卡保-列依（Capot-Rey，1953）的资料，撒哈拉在 20 世纪 40 年代末，因为多年干旱，牲畜数量下降了 5 倍。在有限的范围建立牧草储备，可以减少牲畜数量的波动性。

提高畜牧业产量的途径之一，是改良牲畜品种结构，加强现代技术服务。此外，重要的是通过集约经营提高牧草产量，合理利用牧场（Нечаева，Приходько，1966）。

很早人们就在荒漠中开采矿物——盐、石油、煤、黑色金属与有色金属矿等。开采技术很原始。运到外部市场很有限。以现代人类技术成就为基础的自然资源利用的现代方法，使人类在非常广泛的范围作用于荒漠自然。现在几乎所有的荒漠都建设了巨大的水利工程系统，引大量河水几百公里，灌溉上万公顷肥沃土地。这样实现荒漠水文网的合理布局。

滴灌是缓慢地“一滴一滴”灌溉，植物的灌溉量小而次数多。

非常有意义的是未来荒漠中，将采用许多国家研发的滴灌技术。其实质是承压管道直接供水给植物根。滴灌系统由供给水源、水压调节系统、管网组成。在水资源有限的国家，这一方法开始被生产部门采用。例如，以色列 1969 年滴灌面积达 3 000 hm^2。采用这种灌溉方法，蔬菜——西红柿、黄瓜、辣椒，瓜、甜菜等收获量，与喷灌相比提高 50%～100%（Jensen，Teron，1969）。

许多国家（突尼斯、以色列等）研究新的更合理的矿化水大面积灌溉方法。突尼斯在联合国粮农组织帮助与联合国资助下，开展研究、建立专门研究机构（Tunisia，1970）。

在最近十多年，荒漠经济利用发生了很大变化。主要是由于荒漠内找到大量的矿，开始了相关研究。

不同大陆荒漠中，不同的地质历史与地质构造，形成多种多样的矿藏。虽然一些荒漠地理特点非常多样，但是地质历史相似，有相同的矿物种类。例如，在亚洲中部、中亚、近东、阿拉伯、北非，分布广阔的山前凹陷，被中新生代沉积填充。这些沉积与丰富的油气田有关（图 151，вклейка）。与此同时，黑色、有色金属矿仅在古褶皱变质岩组成的岛状山被发现。

因为荒漠开发的效果首先与淡水密切相关，地下水的开发利用受到更多的关注。由于缺乏淡水，限制了许多荒漠矿产的开发。荒漠中有大量的地下水与矿藏共生。荒漠中地下水水质是不同的，或是淡水，或是矿化水（氯—硫，硫），以氯盐为主。亚洲、非洲、澳大利亚荒漠中地下水，在古河谷松散的沉积中储量丰富。

荒漠中还有一种重要的淡水水源是大气降水。例如，在中亚荒漠每年降雨与降雪达 100～200 mm，即 1 000～2 000 m^3/hm^2 的水量。一部分渗入土壤供给植物，大部分被夏天强烈光照所蒸发。

一些荒漠中的居民，很早开发了简单、方便、便宜的地下水库收集雨水的方法。利用龟裂地收集雨水，龟裂地有黏土不透水的表面，散布的小沟收集雨水到井里。雨水整年保存在地下水库中。有不少独特的古代水利设施——地下集水系统坎儿井。

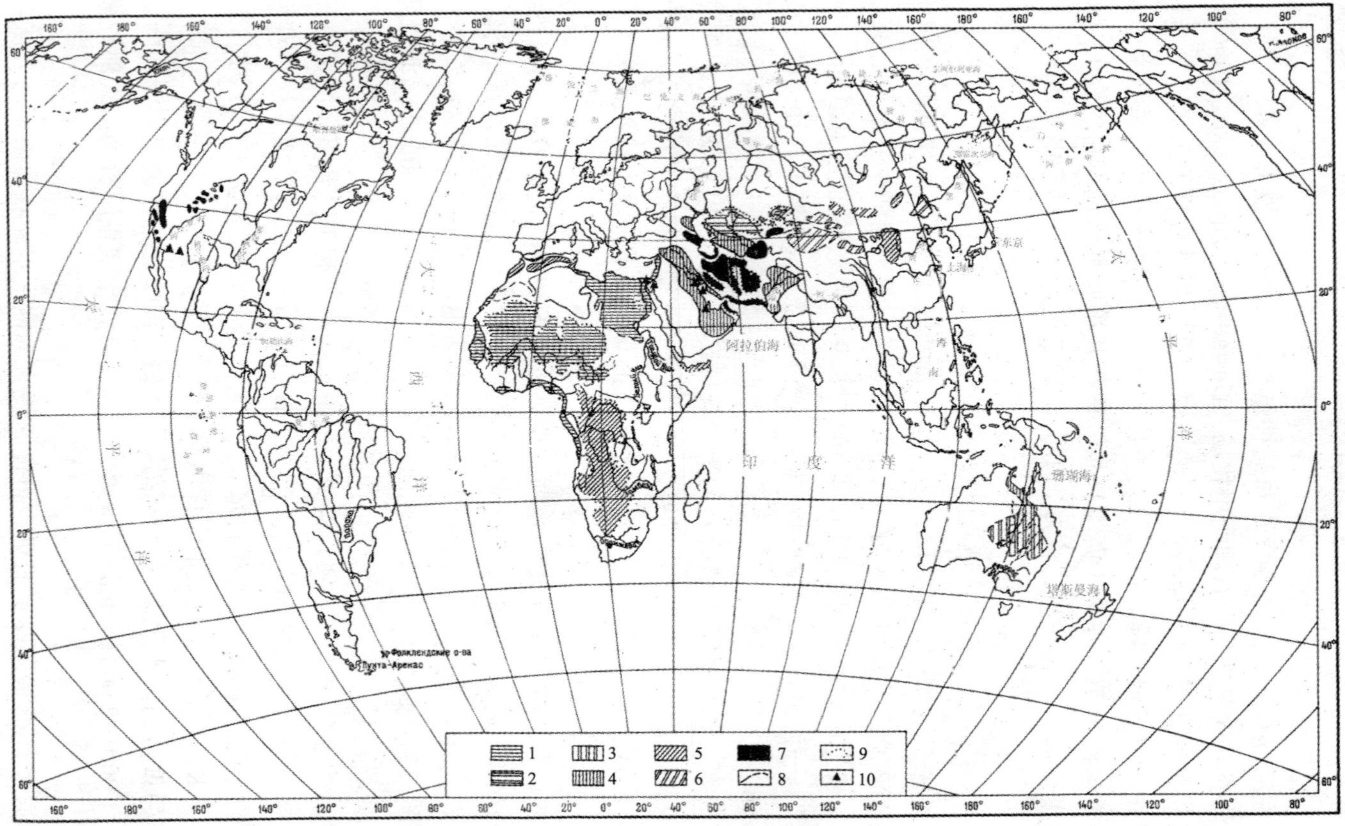

图151　世界荒漠油气田分布图（根据Брод等，1965）

油气田：1—前寒武纪基底的地台平原上的油气田；2—古生代和不同地质时期基底的地台平原上的油气田；3—古生代山体的山前平原；4—晚古生代山体的山前平原；5—前寒武纪活化地台的山间盆地；6—古生代山体山间盆地；7—晚古生代褶皱山系与现代地槽的山间盆地；8—开采与将要开采的油田界线；9—可能的油田界线；10—稳定开采的油田：科威特，韦尔科穆（Уэлком，南非），卡塔尔，艾拉特（Элат）；罗素艾尔（Росуэлл，美国），布克凯依（Вуккее，美国），西奈，哈尔克岛，舍甫琴科，克拉斯诺沃茨克现代水工技术开发了更有效的地表水转化地下水为淡水的方法。在那些黏土少的荒漠中，建议建设人工收集地面。利用高分子物质或橡胶做成不透水覆盖物，覆盖沙地表面形成不透水层。这样的不透水层能在荒漠任何地方，利用地下水库——收集并储存需要的水量。

在荒漠中大的企业或居民点，可用咸水淡化方法解决淡水供应问题。

在进行石油、天然气开发、加工的荒漠，分布很多专门的海水淡化设施（表 31）。例如，阿拉伯半岛波斯湾沿岸的科威特、卡塔尔、克尔冈岛，运行着大型的海水淡化设施。在西奈半岛和内盖夫荒漠的艾拉特，有一些海水淡化工厂。北美的干旱区，在佩尼亚斯科港、部克凯耶（Буккее）有海水淡化设施（图 151）。其他国家制定了海水淡化设施建设规划：在阿拉伯半岛西海岸（吉达）正在建设 19 000 m^3/d 海水淡化工厂，1975 年竣工。

表 31　世界荒漠重要的水淡化设施*

	水淡化设备类型	建立年代	设备数量	生产量/（m^3/d）
澳大利亚				
Эксмутский залив	М-Э	在建设	1	226
	Д-С	1964	405 m^2	1.4
Нортам	Д-С	1963	418 m^2	1.4
Кайгуна	Д-С	1964	465 m^2	1.6
Хамелин-Пул	Д-С	1964	632 m^2	2.2
Кубер-Педи	Д-С	1966	3 530 m^2	11.3
Морвелл	Д	运行	4	870
Гиджалпа	Д-АМ	在建设	2	18 900
Адун（брит）	Д-ПТ	在建设	3	1 830
Бахрейн，острова	М-Э	1957	2	378
以色列				
Элат：				
A	О-ИО	1959	1	40
B	В-В	1964	4	910
C	Д-АМ	1965	1	3 800
Д	Д-АМ	1967	1	3 800
Мертвое море：				
A	Д-ПТ	运行	2	945
B	Д-ПТ	运行	2	983
пос. Т' зеелим				
A	М-Э	1965	—	500
B	М-Э	在建设	—	4 800
核能电站	Д-АМ	在建设	—	37 800
伊拉克				
Багдад	Д	运行	1	360
Басра	Д-ДВТ	运行	1	217

	水淡化设备类型	建立年代	设备数量	生产量/（m³/d）
伊朗				
Остров Кхарг:				
A	Д-АМ	1960	2	1 130
B	Д-А	在建设	1	1 130
Тегеран	Д-А	在建设	4	325
Абадан	Д-ПТ	运行	1	325
西班牙属撒哈拉				
Вилья-Сиснерос	Д-ПК	运行	2	166
Букрея	М-Э	运行	1	100
卡塔尔				
Доха				
A	Д-ПТ	运行	6	910
B	Д-АМ	1963	2	1 360
C	Д-АМ	1963	2	6 800
科威特				
Шувейх:				
C Д	Д-А	1957	4	9 520
E	Д-АМ	1960	2	7 560
Опреснительный аавод	Д-АМ	在建设	5	112 500
F	Д-АМ	1965	2	7 560
G	Д-АМ	1967	2	18 120
H	Д-АМ	1970	2	18 120
Шуайба				
A	Д-АМ	1965	3	11 340
B	Д-АМ	1967	1	9 060
C	Д-АМ	1970	2	18 120
科威特（石油开采区）				
Шувайка:				
A	Д-ПТ	1965	3	362
B	Д-АМ	1967	1	1 890
C	М-Э	1970	2	756
Ахмади:				
A	Д-АМ	1965	1	2 720
B	Д-АМ	1967	1	1 360
C	Д-АМ	1970	1	2 720
科威特（中立区）				
Вафра:				
A	М-Э	运行	1	181
B	Д-БН	1959	1	100
Кхафи:				
A	Д-АМ	运行	1	1 890
B	Д-АМ	在建设	1	1 890

	水淡化设备类型	建立年代	设备数量	生产量/（m³/d）
利比亚				
Тобрук A	М-Э	1959	1	100
Тобрук B	М-Э	在建设	1	19 000
Эль-Адем	М-Э	运行	2	325
Порт-Брега				
A B	Д-А	运行	3	950
C	Д-А	在建设	2	1 510
Мерса-Брега	Д-АМ	1965	2	760
Злитен	Д-Э	1964	2	378
毛里求斯				
Порт-Этьенн	Д-ПК	1959	4	190
墨西哥				
Пуэрто-Пеньяско	Д-С	1963	560 m^2	11
Розарита	Д-АМ	在建设	1	28 400
埃及				
Абу-Зенима（Синай）	Д-АМ	1964	2	2 260
Хельван	Д	运行	2	760
Белаим	Д-А	运行	1	600
秘鲁				
Сан-Джоан	Д-ПК	运行	2	220
Ило	Д-АМ	在建设	1	2 720
沙特阿拉伯				
Дахран：				
A	М-Э	运行	2	434
B	Д-АМ	1959	4	756
Рас-Тнура：				
A	Д-ПТ	运行	12	3 000
B	Д-АМ	运行	1	2 650
Абкаик	Д-А	运行	2	378
Джидда	Д-АМ	在建设	5	19 000
Эль-Хубар	Д-АМ	在建设	3	28 400
亚利桑那（美国）				
Буккее	М-Э	1962	1	2 500
Уинслоу	М-Э	运行	1	132
加利福尼亚（美国）				
Каолига：				
A	М-Э	1959	1	105
B	М-О	1965	1	24
C	М-О	1968	1	38
Лос-Анджелес：				
A	Д-ПК	运行	2	378
B -C	Д-АМ	运行	2	435
Д	Д-ПТ	运行	8	1 130

	水淡化设备类型	建立年代	设备数量	生产量/（m³/d）
Сан-Диего：				
A	Д-АМ	1963	1	3 800
B	М-О	1967	1	15.2
C	М-О	1967	1	1 200
Э	М-О	规划	5	190
F	Д-АМ	在建设	1	9 450
Ньюпорт-Бич	М-О	1968	1	76
Лос-Анджелес о.Болса	Д-АМ	在建设	2	560 000
核电站				
Санта-Клара加利福尼亚湾岸索诺拉荒漠农-工综合体	Д-АМ	规划	4	3 780 000
Сан-Луис（也是 АВСЭ）	Д-АМ	规划	4	3 780 000
突尼斯				
Эль-Бурма	Д-Э	在建设	1	110
Остров Жжерба	Д-Э	运行	1	100
Бен-Карадан	Д-Э	运行	1	151
Хоум-Саук	Д-Э	运行	1	151
Габес	Д-АМ	规划	1	20 000
智利				
Лас-Салинас	Д-С	1883	4 760 m²	22
Чапарел	Д-А	运行	1	1 000
南非				
Уэлком（демонтирована）	М-Э	1959	4	11 340
Амжни	Д-ПТ	运行	3	815

* 译者注：表中地名在地名词典与地图上查不到，为了不产生误解，故地名未翻译。

表中淡化设备类型：Д—蒸馏设备；Д-ПТ—潜入管式蒸馏设备；Д-ПВТ—垂直管式蒸馏设备；Д-АМ—绝热多级淡化设备；Д-А—绝热淡化设备；Д-ПК—综合蒸馏汽化设备；Д-В—真空蒸馏设备；Д-С—太阳能蒸馏设备；М—膜处理设备；М-Э—电渗析设备；М-О—反渗透膜处理设备；О—脱盐与软化水设备；О-ИО—离子交换处理设备。

M.B. 科罗基卫根据有关资料编辑。

巴基斯坦的核能利用委员会，考虑到区域严重的城市供水问题，在卡拉奇区编制建设大型原子能电站计划，预计 1975 年能建成。

苏联海水淡化设施建设在里海沿岸（舍浦琴柯，克拉斯诺沃茨克）以及其他缺水区。

海水淡化可以分 5 类：热法；机械法；电解法；化学法；太阳能法。热法是多级蒸发装置，水蒸气在真空面上凝结水。机械法是利用反渗透膜处理；电解法是利用电渗析处理；化学法是利用离子交换处理；太阳能法是利用太阳能水淡化器。这些技术在Э.浩乌（Howe，1962）的著作中详细论述。

近些年进行了荒漠开发的新方法研究，叫做农工业。建设具有两个或三个功能的大型工业综合体。美国亚利桑那大学、索诺拉大学的工作是范例，建设了特殊的温室经济，是封闭的系统，最大限度利用水、热、能，提高食物供给。索诺拉大学（墨西哥）在加利福尼亚湾岸边的皮拉斯科，有一个实验设施，实验数据是这样。

用两台 15 kW 柴油发电机，供给每天 2 400 加仑淡化水装置。从淡水装置排出的水，以及从咸水井抽出的海水补充水，用于调节温室中的温度、湿度，从柴油机排出的气体，经过海水清洗，供给温室二氧化碳，加速作物或蔬菜生长（西红柿、黄瓜、玉米、水稻、甜瓜等）。

这样，在温室的水分保持最适宜的水平，淡水的需要量是一般荒漠环境需要量的很少部分。

1969 年在图桑城附近（亚利桑那）亚利桑那大学环境实验室建立类似的装置。与阿布扎比（阿联酋）地方政府签署协议，在波斯湾规划建设更大规模的综合体。它将图桑现在采用的技术集成在这一综合体（图 152）。

图 152 阿布—大比（阿拉伯半岛）能源—水—粮食生产综合体规划

近些年由于石油与天然气作为热能、化工原料的需求急剧增长，在荒漠中石油开发迅速增加。因此在近东荒漠近些年石油、天然气开采增加了几倍。在北非从 1964 年到 1967 年成倍增加（Шпирт，1961）。

荒漠区的产品具有广阔的外部市场，世界矿产高价出口可作为例子。从阿拉伯、北非、伊朗南部石油产地的石油，出口西欧，阿塔卡马的铜矿出口北美。荒漠矿物独特管道运输方式——石油天然气管道运输，近些年迅速发展。其长度几千公里。世界最长的输气管线，是中亚的卡子里——乌拉尔输气管线，长 2 300 km。

几乎所有的世界荒漠，都能找到传统的经济方式改变的例子。所开发的荒漠是具有比较有利的自然环境及完全无生命的特殊区域。继科威特之后，阿塔卡马荒漠由于丰富矿产（铜）的开发，在荒漠中建设了大量的工业中心和港口。

变化最明显的是反映阿塔卡马的两个时期著作的对照：И.鲍曼（Boman，1924）和B.布多尔夫（Budolph，1963）。两部著作间隔的这段不长时期，阿塔卡马发生了显著变化。И.鲍曼当年旅行的是一些小村落。经过 40 年，B.布多尔夫写道：由于铜矿的开采，在秋克卡马塔以及其他地方，出现了大型工业中心。

所有这些表明，荒漠区荒无人烟仅仅是地理概念。其实这些广阔的区域，在一些国家的经济中起重要作用；荒漠具有丰富的矿产资源，逐年开发的规模扩大。在荒漠中出现了开采石油、天然气、黑色金属及有色金属、稀有金属的大企业。

今天荒漠不仅对于农业而且是对于工业，都是一个巨大的待开发区，给人类提供几乎所有的必需物资。这些人口稀少的区域近十多年应加紧开发。

荒漠自然资源多部门利用以及产量的大幅度增加，带动了相关经济部门的发展——铁路、公路、航空运输，油气工业建设，输水工程，供电工程。在一些区域建设了新居民点。

众所周知，交通是经济、文化、政治发展的重要因素。在那些荒漠分布广、难以到达的国家，交通的作用特别重要，促进人员交流，加速经济发展。

随着荒漠资源开发与经济发展，交通在发展。到处都是共同的发展模式，商队或牲畜驮运被铁路、公路、飞机所替代。

荒漠驮运的动物——骆驼、羊驼、马、骡、驴，当出现公路后降到次要地位，用于地方性物资运送，或用于旅游。

铁路由于运费低、稳定性高，在使用方面有重要意义。对于大吨位货物运输、客运都很方便。然而，像撒哈拉、澳大利亚那样的世界大沙漠中，铁路网很稀少。公路在荒漠开发中作用很大，运输速度快，在远距离分散运输方面有不可替代性。

由于荒漠自然资源开发，这些区域的意义在增加，从很少利用的光秃土地变成高生产性土地。因此在荒漠中改变了很多世纪传统经济与资源利用方式，建立了新的经济联系。

现在荒漠开发问题比十多年前复杂，对荒漠感兴趣的不仅是农业工作者——畜牧学家、农学家，而且有石油专家与矿业专家。

因此荒漠开发，无论传统经济或新经济部门，都得到迅速发展。它们可以划分一些组。

农业

（1）农业：处女地灌溉与大型运河建设。

（2）牧业：通过合理放牧、荒漠牧场生物土壤改良以及牲畜品种改良，集约化。

（3）水业：合理利用水资源，增加水储备，咸水淡化，大型输水管道建设。

（4）林业：合理利用乔木、灌木，减轻、固定流沙，居民点绿化，荒漠中建水井，利用地下水和地方性水源建设绿洲水源地。

工业与运输

（1）石油天然气的勘探与开采，输油气管道建设。

（2）盐矿的勘探与开采。

（3）矿石、黑色金属、有色金属、稀有金属的勘探与开采。

（4）铁路、公路建设。

（5）机场建设。

（6）工业规划与建设。

（7）居民点的规划与建设。

（8）企业、港口、居民点水的供应。

（9）从建立适宜工作、休息的环境角度评价炎热气候对人的影响。

很有意思的砍刀，在一些荒漠中的土著居民，到现在生活中还广泛用于野生植物采集与狩猎动物。不同国家开发强度是不相同的。中亚荒漠药用植物利用是小规模的，在澳大利亚荒漠的土著居民，野生植物与动物是主要食物来源（Mountford，1953）。

在所有荒漠狩猎非常普遍，主要利用肉与皮毛（黄鼠，沙鼠，兔子，狐狸，袋鼠等）。

在不同的荒漠，传统的资源利用与新兴产业的比例不同。在那些有适宜灌溉后备土地和水源的荒漠，工业发展刺激了农业发展，供给新居民农产品。在中亚和亚洲中部、北美、澳大利亚荒漠，这种情形比较多。在新工业区周围发展新农业区。畜牧业迅速发展，由于改造老的灌溉渠系，建设大型运河与灌溉体系，通过建设很多水库调配穿过沙漠河流的水量，灌溉土地面积大量增加。

荒漠半荒漠灌溉土地扩展速度，是由新工业中心原料需求所促进的。增加棉花生产，保障纺织工业迅速发展。中亚哈萨克斯坦的荒漠开发是明显的例子。正是这样的情形，才使荒漠自然资源合理利用。

在荒漠中的发展中国家，传统农业资源利用与工业的比重，是另外一种情形。Ж.德列什（Dresch，1966）认为，在非洲许多荒漠中畜牧业衰落，是因为财力都流向生活水平与劳动成本高的工业企业。例如，在阿尔及利亚，日平均工资 5～10 法郎（1965 年），农业劳动得到这样的工资需要劳动 20～40 天。

在那些特别干旱的荒漠环境，发展农业与畜牧业的先决条件，限制了周围农业向工业企业供给。在撒哈拉、阿拉伯、中卡拉库姆、阿塔卡马，农业供给工业企业。

由于荒漠中人口增加、新居民点增多，人类影响荒漠的范围扩大，自然资源利用强度增加。这样的趋势世界各个荒漠都很典型。

过去荒漠中稀少的居民点分布是由淡水资源所决定的：最稠密的居民点分布于河流边、井旁、泉水旁。现在居民点远离水源地。矿产附近的企业通常是这样。居民点的分布，通常与水源地分布不一致。因此，新企业及其与之相关的居民点，依靠人工水源供给（管道输水、汽车、火车、飞机运水）。

水的丰富与不足，对荒漠中居民点分布与资源开发有很明显的影响。沿大河流（尼罗河、阿姆河、塔里木河等）分布上千、上万公顷的绿洲。远离大的河流，分布小绿洲（几公顷、几公亩），其规模取决于井水、泉水的储量。

干旱区农业绿洲总是大于工业绿洲，这是生产特征所决定的。石油工业的面积与居民点，由生产所决定规模很大，农业生产则需要更大面积。

荒漠中居民点可分 3 种类型。

（1）农业居民点，分布灌溉农业区。主要分布于荒漠边缘、古河谷、河流三角洲、自流井旁（图 153）。在这种情形下，我们看到的是荒漠自然特点根本变化，荒漠景观各个要素的新联系。产生新的荒漠绿洲景观区。

在新灌区，生物生产量大幅度提高。提供丰富的农产品（谷物、蔬菜），牧产品，轻工原料（棉花、糖原料）。在这类区域，广泛利用农业机械化的技术成就（拖拉机、播种机、棉花采摘机以及其他机械）。

（2）牧业居民点，分布荒漠深部的井、自流泉附近。这些小居民点对于自然环境影响不大。与灌溉区不同，这里畜牧业采用最新技术有更大的可能性。畜牧业还没有实现机械化。机械使用很有限（剪羊毛、从井中抽水、生活用电——照明、收音机、电视）。所有这些都依靠储存的能源。

图 153　卡拉库姆运河区穆尔卡布河三角洲（卡拉库姆集体农庄）
O.库兹米拉 摄影

放牧不能破坏荒漠已有景观的自然地理相互关系，在荒漠放牧，牲畜进入荒漠，作为景观的有机要素。局部仅在井附近，家畜对土壤、植物过度影响，出现流沙。

（3）居民点与开采油、气、煤、有色金属、黑色金属等企业。这些新居民点与自然环境处于最大的矛盾状态。如果农业居民点与水源密切相关，那么工业企业分布则是另外一个原则——以矿产为基础，但生活用水不能永远满足。它们是荒漠景观的对立物，产生相反情形。

荒漠矿产开发的企业，以及新的居民点非常大，人口达几万。它们通达性高，技术集成程度高。因此在荒漠中形成了独特的景观。其中所有的技术措施保障淡水的供给。这类居民点的典型例子，石油中心：阿拉伯半岛—科威特（图 154）等；西卡拉库姆的列别达克、库姆达克。铜矿中心——智利的楚克卡马特；哈萨克斯坦的捷茨卡孜干；西非的康萨多（Кансадо）（图 155）。

正如Ж.德列什（Dresh，1966）所指出的，荒漠工业景观与其他自然带的类似景观，例如加拿大、美国，差别不大。

图 154　科威特城的一个居住区　塔斯社照片新闻

图 155　康萨多—西海岸新的独立村镇（根据 Schiffers，1972）

这类居民点对荒漠自然的影响很特别。一方面，人类采矿、石油、天然气，不破坏荒漠景观原有的相互关系。另一方面，也是次要的，破坏植被、土壤、土层。人类活动与自然发生矛盾。由于铺设公路、居民点建设、樵采，大面积荒漠遭受机械破坏。所有这些引起流沙面积增加，荒漠自然资源开发产生负面效应。

关于这一点很多荒漠研究者论述过：P.卡保-列依（Capot-Rey，1953），斯捷宾可（Stebbing，1938），П.毕诺特、Ж.德列什（Birot，Dresh，1953），М.П.彼得罗夫（1964）等。因此许多荒漠，主要是沙漠，近十多年开展了大量的研究，减轻、固定流沙，保护绿洲、居民点、企业、公路、铁路。相应的产生了新的生产部门——生物土壤改良，以及新科学分支——荒漠林学。

所有荒漠生物土壤改良措施原则与含义是共同的，主要方向如下。

（1）研究不同经济体——灌溉土地、水利网、居民点、道路，沙的吹扬、输移的防护方法。

（2）研究沙地乔木与灌木薪柴、牧业合理利用以及恢复方法。

（3）荒漠牧场生物土壤改良、提高生产量方法。

（4）荒漠中居民点、水井、火车站、企业附近的绿化。

很有意思的发现是，虽然荒漠中工业与交通运输的发展，严重破坏景观的动态平衡，特别是毁坏沙土、沙质土，引起大量流沙，但是技术的进步总是促进自然保护。随着荒漠天然气的开发与城市、居民点的燃气化，薪柴需求量大为减少。荒漠中居民停止采樵，加速植物恢复与生长。

世界所有干旱区有各自不同的自然资源开发特点。

前苏联　前苏联荒漠自然资源（中亚及南哈萨克斯坦）非常多样。许多世纪的历史中中亚人民利用河水灌溉，在荒漠上建立了规模很大的农业区。形成了塔什干、费尔干纳、萨马尔罕、布哈拉、花拉子模、捷詹等绿洲。它们或沿河流带状分布，或在山前斑状分布，或在河谷、三角洲大面积分布。没有灌溉，这些地区将成为荒漠（图 156）。灌溉渠网在中亚延伸范围很大，约几万公里。

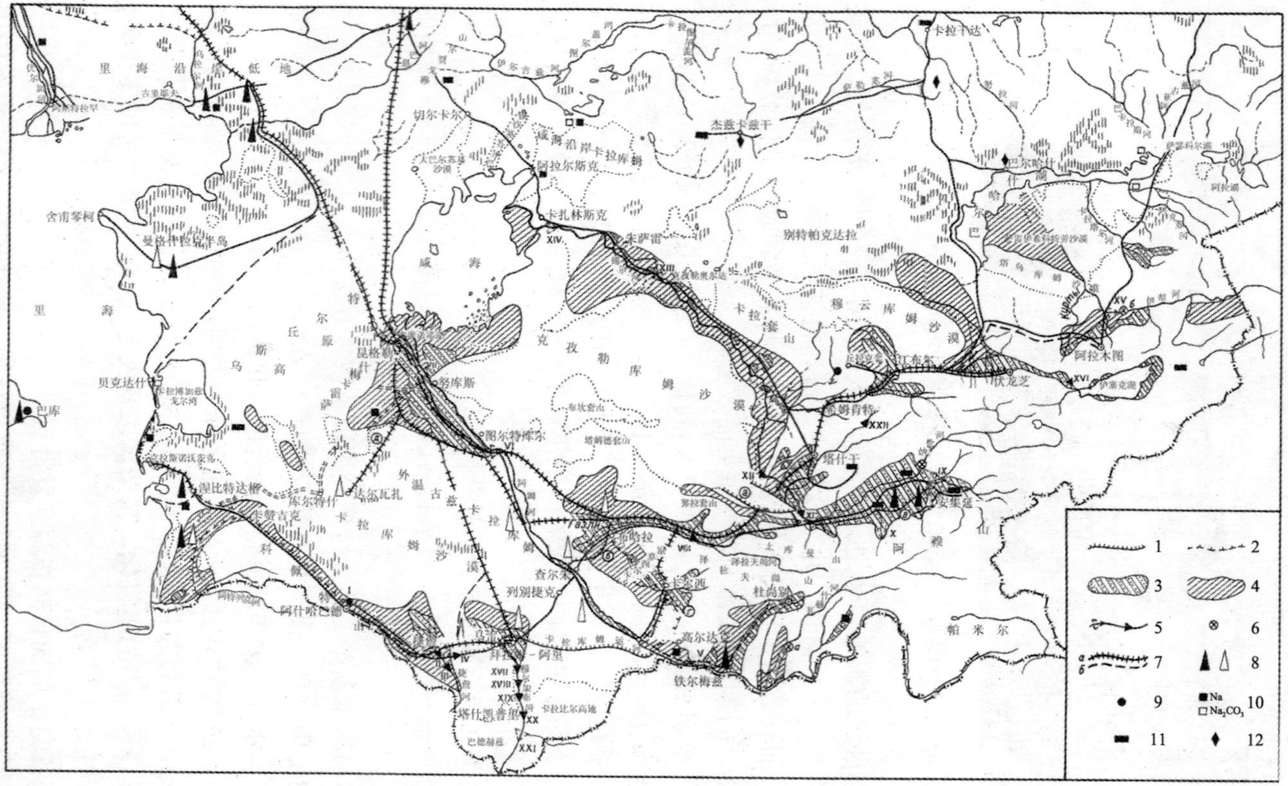

图 156　中亚荒漠开发图

1—已经建成的水利运河（括弧数字）a—饥饿草原运河，б—阿姆河—布哈拉运河，в—大费尔干运河；2—正在建设的与规划的运河；г—吉尔吉斯运河；д—塔赫塔运河；3—绿洲；4—可能的灌溉区；5—建成的与规划的（断开线）。水库：Ⅰ—阿什哈巴德水库，Ⅱ—捷詹第一水库，Ⅲ—捷詹第二水库，Ⅳ—哈乌兹罕水库，Ⅴ—克利夫水库，Ⅵ—丘亚—穆云水库，Ⅶ—塔希阿塔什水库，Ⅷ—卡塔库尔干水库，Ⅸ—坎佩尔—拉瓦特水库，Ⅹ—索霍斯水库，Ⅺ—凯拉库姆水库，Ⅻ—恰尔达林水库，XIII—克孜勒奥尔达水库，XIV—卡扎林斯克水库，XV—卡普恰盖水库，XVI—奥尔托托科伊水库，XXII—约洛坦水库，XVIII—苏丹别特水库，XIX—萨雷亚济水库，XX—塔什干水库，XXI—塔哈特巴扎尔水库，XXII—恰尔瓦科斯水库；6—在建的水电站：a—努列克，б—托克托古尔；7—输气管道；8—石油与天然气；9—磷矿；10—盐矿；11—煤矿；12—铜矿在苏维埃时期，位于中亚的共和国灌溉系统发生了根本性变化。首先是改造旧渠系。同时专家研究、规划利用所有的河流水源：锡尔河、阿姆河、穆尔加布河、捷詹河、瓦赫什河、卡什卡达里亚河。在土库曼的穆尔加布河修建了塔什凯普里水库、集体农庄水库、萨雷亚斯水库，还修建了捷詹第一、第二水库。

以B.И.列宁命名的卡拉库姆运河（图 157），在土库曼水利的发展中起了重要作用。在乌兹别克斯坦修建了饥饿草原运河，还修建了其他大型水利设施，其中最大的是费尔干大运河，起点为锡尔河上游（准确地说是纳雷河与卡拉达里亚河汇流处，汇流后形成锡尔河——中亚最大河流）。运河总长 270 km，长于巴拿马运河和苏伊士运河。此外，还建设了阿姆河—布哈尔运河。目前正在建设卡尔西大运河。

图 157　卡拉库姆运河

在运河交错分布区，出现了新集体农庄。在这些区建立了环境舒适的居民点，居民点建设柏油马路、输电网、输水管道，部分居民点实现了燃气化。

哈萨克斯坦共和国在锡尔河建设了克孜勒奥尔达大坝和恰尔达拉水库。库容是哈萨克斯坦和中亚最大的。这可以灌溉大量的处女地，为此建设了克孜勒库姆运河，建立现代灌溉系统，排水系统。以现代技术为基础，组建了新的水稻生产的集体农庄。5 年间（1965—1969 年）卡拉库姆荒漠开发了 4 万 hm^2 灌溉土地。

由于这些，根本改变了灌溉土地利用方向。与水稻生产的同时，发展了其他的部门，保障当地居民的生活需求。恰尔达拉城附近组织了专门生产蔬菜的“爱心”集体农庄。

1980 年年底，将建设成总长为 105 km 的第二条克孜勒库姆运河，能增加水稻面积 8 万 hm^2。将组建 9 个生产水稻的集体农庄和 1 万 hm^2 的灌溉草场（Куралов，1971）。

在南哈萨克斯坦，1952 年完成以C.M.基洛夫命名的运河的改造，可以灌溉饥饿草原西北大片土地。

1937 年，塔吉克斯坦共和国建设了瓦赫什水利系统，在瓦赫什河谷可以种植 6 万 hm^2 的棉花。在凯撒尔河谷建成 50 km 渠道。

中亚将在塔吉克斯坦境内的瓦赫什河，建设娄列克斯水电站，它对荒漠农业开发有重要意义。发电机组总功率为270万kW，或者120亿kW·h/a。1972年年底第一机组将提供工业用电。水库蓄水面积可以达 95 km²。汇集的洪水不仅灌溉瓦赫什河谷土地，而且灌溉乌兹别克斯坦与土库曼斯坦 55 万 hm² 的土地，极大地增加了棉花生产。水电站可以调节卡拉库姆运河、阿姆河—布哈尔运河、喀尔什运河、阿姆河下游的水量。

在阿姆河流域塔赫阿塔什水利枢纽是最大的水利枢纽之一。它影响 170 万 hm² 的灌溉土地。坝高 16 m，抬高水位使河水流向主渠道。坝顶修建公路、铁路、输气管道，为了通航修建了船闸（真理报，1971 年 10 月 2 日）。

然而灌溉绿洲仅占中亚的 1.5%。其余是广阔的沙质、黏土、砾石—碎石荒漠与盐碱地。在这广阔区域分布着数百万公顷有肥沃土壤的黏土荒漠，但是无灌溉水源。大量适合农业的土地，分布在土库曼西南——阿姆河、捷詹河、穆尔加布河、卡什卡达里河和锡尔河三角洲，面积约 300 万 hm²。阿姆河、锡尔河大量的淡水不断流入咸海。为了把这些荒漠变为农田，应当引阿姆河水到土库曼西南与库雅加尔斯克古三角洲。锡尔河水已经用于灌溉饥饿草原肥沃土地。

贾纳河古三角洲的处女地按计划开发。所有这些都能利用阿姆河、锡尔河水资源，改变中亚大量的盐碱荒漠。

位于中亚的共和国，已经拥有自己制造的兴修水利的新设备：挖土机、推土机、拖拉机、水泵、水枪。这些保障了灌溉土地面积、荒漠开发、绿洲的界限逐年扩大。

建立水利系统，也可以灌溉千万公顷牧场，这些牧场由于缺水目前没有很好地利用。将促进畜牧业发展和畜产品的增加。同时解决其他重要问题——无水荒漠区企业的供水（涅比特达格、切列盖、捷孜卡滋可等城市）。

由于合理利用水资源——河水、地下水、大气降水，未来可以开垦 2 000 万 hm² 荒地，相当荒漠总面积的 10%。其余不能灌溉土地可以发展畜牧业。除特殊年份外，这些牧区可以放牧 3 000 万只小尾羊，以卡拉库姆绵羊为主（图 158），放牧 25 万头骆驼。

图 158　饮水点卡拉库姆绵羊群，卡拉库姆

荒漠牧业是最古老的农业部门，受牧草储量、缺水的影响而不稳定。如果后一个问题解决了，前一个问题则需要下力气解决。可以通过准确计算牧草产量合理放牧，以及改良草场的途径来解决。

在科学院土库曼荒漠研究所、哈萨克斯坦畜牧研究所，特别是全苏卡拉库姆羊研究所，进行苏联荒漠、半荒漠建立人工草场、季节轮牧方法研究。在乌兹别克斯坦营造了梭梭林带，保护牧场提高牧草产量 2 倍。在乌兹别克斯坦饲养绵羊“共产主义”集体农庄，在哈萨克斯坦以阿茫盖里德命名的农庄及“卡巴达”农庄，在斯塔夫罗波尔的“阿伊古尔”农庄，在阿斯特拉罕州的“斯捷波”农庄，栽植牧草新品种（Нечаева，Прихолько，1966）。

所有共和国都编制了牧场质量与收益评价档案，在此基础上编制了牧场改良图。

近些年努力推进牧场灌溉。在土库曼斯坦规划建设从阿姆河大型输水管道，以及卡拉库姆运河—阿姆运河、萨亚特—查尔朱运河、叶尔本特运河、巴哈尔登运河、西北运河、东北运河。这些管道也将为地质勘探基地、沿中亚—中心输气管线沿线新居民点供水。

在哈萨克斯坦的乌拉里斯区，建成了乌拉罗—库术穆斯灌溉系统，保障新增 1 000 hm^2 灌溉面积，总灌溉面积为 48 800 hm^2，保障 100 万 hm^2 牧场用水。这里还计划修建塔衣巴克斯输水管网，保障一些居民点的农业供水以及 6.6 万 hm^2 牧场供水，也可改善 14 万 hm^2 牧场供水。

在古里耶夫州，正在建设沙洛夫灌溉系统以及拉雷木斯灌溉系统，可以为 7 万 hm^2 牧场供水。卡孜给波罗沃特浩兹学院，研究从库恩格拉特—库里萨雷、别衣涅乌—萨衣—乌代输水管线取水，斯艾木别斯州、芒给斯达乌斯州的灌溉与农业用水规划。这个规划的实施，将灌溉 250 万 hm^2 牧场，保障 59 个居民点的供水（哈萨克斯坦水利，1971，65 页）。

如果到今天为止，已经对中亚和哈萨克斯坦荒漠农业开发采取了措施，那么现在应对荒漠矿产资源，特别是石油、天然气采取措施。因为近十多年在荒漠、半荒漠进行地质勘探，查明了很多大油气田。乌兹别克斯坦的加兹利、穆巴拉克，哈萨克斯坦的曼格什拉克，土库曼斯坦的科图捷别、奥卡雷姆、巴伊拉姆—阿里、莎特雷克、哈毕、阿恰克。这些油气田的储量都非常大。

在中亚的共和国中，哈萨克斯坦共和国的天然气储量占苏联的一半。在不久的将来，所列举的油气田还会增加。地质学家认为，整个中亚、南哈萨克斯坦地下全是石油、天然气。

这一预测被最新的发现所证实。1971 年在土库曼东南的卡拉比里—巴特黑孜州，2 250 m 深钻井成功喷气。此后在卡拉库姆东南 3 480 m 深钻井成功出油。最终在乌斯特优尔特高原的卡拉卡尔巴克建成第一个工业村，叫莎赫巴赫特。三孔钻井昼夜提供中亚—中心（苏联中心在欧洲，译者注）输气干线 9 亿 m^3 天然气（列宁格勒真理报，1971 年 5 月 25 日，1971 年 7 月 22 日）。

开发石油、天然气需要建设大型输油、气管网。其中世界最大的是布哈拉—乌拉尔输气干线。它是广泛使用中亚天然气的开端。仅 1965 年通过它的输气量达 110 亿 m^3。

第二输气管道是从卡拉库姆到苏联欧洲部分（中亚—中心）。起点为库恩格拉特，由此输气管线经过巴伊拉木—阿里区、乌奇格拉区、达尔瓦兹区，连接东土库曼的很多气田。从库恩格拉特综合供气站输气管线向北，经过与茫格什—乌斯秋尔特天然气补给区的乌斯秋尔特高原，然后经过阿列克桑得罗夫—嘎衣火车站，折向乌拉尔。在萨拉多夫与苏联欧洲天然气管网连接。这输气管线经过 20 个输气综合站，长 3 000 多 km（图 159）。1967—1970 年完成第二条中亚—中心输气管线最困难地段：乌斯秋尔特石质高原——咸海、里海。输气管道直径为 122 cm，输气能力是第一条的 1.5 倍。每年输气管线在延伸。1971 年年底曼格什拉克—库衣贝谢夫新线完工（真理报，1971 年 3 月 3 日）。

图 159　中亚中部输气管道建设　A.哈达科夫摄影

在第 9 个五年计划，将在西土库曼（科图尔捷别、奥卡列木、巴尔萨盖利敏斯、布鲁恩），以及马雷斯州的莎得雷克天然气产区开发新气田。为此将建设大型中亚到苏联欧洲的输气管线（中亚—中心的第三条、第四条输气管线）。

第三条中亚—中心输气管线，起点于西土库曼的奥卡列木，沿里海东岸经过卡拉博加兹戈尔，经过乌斯秋尔特高原，向别伊涅乌综合气站。总长 1 000 km。沿途 14 个综合气站。从别伊涅乌综合气站开始，管线与已有的管线平行，到亚历山大罗夫盖，继续向西到苏联欧洲部分。

第四条输气管线始于南土库曼莎得雷克气田（马雷斯州），天然气储量几万亿立方米。输气管线经过拜拉姆—阿里向北到达希瓦与库尼亚乌尔根奇两座城市，然后经过乌斯秋尔特高原，在别伊涅乌综合气站与第一、第二、第三输气管线连接。继续向西经过亚历山大罗夫盖到达苏联欧洲部分。在奥斯特罗戈日斯克（沃罗涅日斯卡亚州），与北高加索—中心输气管线连接。总长 2 700 km。管径为 142 cm（土库曼火星报，1971

年 7 月 16 日）。

这样，中亚—中心输气管线将连接西西伯利亚与北高加索—中心输气管线，建立强大的输气管网：西西伯利亚—中亚—伏尔加河中下游—前高加索—喀尔巴阡—前乌拉尔—西伯利亚。由于这一输气系统，前苏联不仅保障国内廉价燃料，而且将为东欧、西欧输气。

预测在中亚和南哈萨克斯坦荒漠有丰富的石油储量，每年都不断发现新的油田。在已经开采区油田不断扩大。在西土库曼巴尔萨克尔梅斯，在中卡拉库姆与西卡拉库姆油田，新井已经开钻（土库曼火星报，1971 年 9 月 5 日）。

在荒漠中建设了大的石油加工工业中心：西土库曼有涅比特达格、库姆达克、科图尔捷别、切列盖；在乌斯秋尔特的共青团城；在西哈萨克斯坦有：多素尔、马卡特、热特拜、乌津；在中哈萨克斯坦有：巴尔喀什、杰兹卡兹甘。

中亚与哈萨克斯坦成为苏联最大的能源区之一。

位于中亚的共和国，工业发展与石油、天然气加工密切相关。部分石油、天然气已经在中亚加工（克拉斯诺沃茨克，切列盖）。最近几年建设了新企业，例如，1971 年乌兹别克斯坦建设最大的天然气化工厂——穆拜克斯的硫生产工厂，每年加工天然气 90 亿 m^3。在生产硫的同时，提高天然气质量，天然气进入穆巴列克—塔什干—伏龙芝—阿拉木图天然气网（消息报，1971 年 12 月 17 日）。

据第 9 个五年计划，将在土库曼阿姆河岸建设大型工业综合体。综合体建设炼油工厂、塑料生产工厂、合成橡胶工厂、大型热电厂，以及建筑材料厂。综合体主要生产原料是石油产品。离恰尔州不远的阿姆河岸无人居住的高原，新建 1 万人口的城市（真理报，1971 年 1 月 26 日）。

在中亚和南哈萨克斯坦的城市与工业企业，燃气化发展非常快。

在荒漠中地下水是最重要的资源之一。最近十多年进行的勘探表明，苏联荒漠中适宜供水、灌溉的地下水的储量，比预想的丰富得多。到目前主要利用方式是井和坎尔井。革命后主要通过钻井取水。最近几年将在荒漠、半荒漠铺设输水管道。第一条是亚斯哈输水管道，始于西乌兹博伊的亚斯哈湖，为涅比特达格、切列盖，以及西土库曼其他城市供水。

第二个这样的工程是曼格什拉克的供水系统。乌津供水站通过 70 km 输水干线从萨乌桑—保斯达沙地输水，而热特拜从扎尔马、博尔洛水井取水。将要修建从乌拉尔河、阿姆河输水管道，供给曼格什拉克的企业用水。不仅能保障居民点生活用水，而且能建设新绿洲，生产新鲜蔬菜与水果。在曼格什拉克已经找到几万公顷适合灌溉的土地。

东哈萨克斯坦的地下水非常丰富。在木尤恩库姆、萨雷—伊西科特拉乌发现大量的淡水与微咸水，储量为 4 000 亿 m^3。

最近对无淡水水源的荒漠深处供水，采用咸水与海水淡化的方法。根据研究成果，建立了流动的与固定的电渗析水淡化设施，供给需要量不大的特别是农业区。研究蒸馏法、电渗系析法、离子交换法、反渗透法。

舍甫琴柯市 1963 年建设了工业蒸馏设施，昼夜生产量为 5 000 m^3 水。保障居民生活用水和农业用水。1967 年建设并投入使用世界最大的水淡化设施，5 组水淡化设施昼夜产水量为 13 500 m^3。1969 年建设并投入使用两座类似的水淡化设施，昼夜出水 15 000 m^3

（图 160）。

此外，设计利用热核反应装置的水淡化设施，昼夜产水量 1.2 万 m^3。热核反应装置在舍甫琴科市已经开始建设。热核反应装置用途有两个：一个是发电；另一个是水淡化。根据设计方案计算，使用这样的设施淡化 1 m^3 水费用为 3～5 戈比（Колодин，1970）。

在舍甫琴科市利用原子能淡化水，是选择最有效海水蒸馏系统的实验性工厂，由几级构成。第一级由两套 5 个蒸发体组成，1969 年运行。第二级的第一线由 10 个蒸发体组成；第二级的第二线由 34 个蒸发体组成。它们 1970 年运行。每一线生产能力为 15 000 m^3。规划蒸馏工厂生产能力将达到每昼夜 250 000 m^3。热核反应装置运行后，将成为世界上第一个利用原子能淡化水的工厂（Кольічев，1970）。

图 160　哈萨克斯坦共和国舍甫琴柯市海水淡化的蒸馏装置

在土库曼克拉斯诺沃茨克，1967 年建成了国内第一个五级蒸馏淡化水设施。此外，这里还计划建设由两套淡化水装置组成的饮用水供应站。1969 年开始建设第一套五组蒸馏工业用淡化水设施。第二套是 44 级蒸馏淡化水设施。类似的淡化水设施将在别克塔什“沥青生产”综合体建设。

土库曼科学院荒漠研究所在研发制冷凝结淡化盐水的基础上，进行了经济指标的计算。

表 32 给出了已经运行的与规划的海水淡化设施技术—经济性能的一般概念。然而在这里所进行的咸水淡化工艺还不完善。

中亚一些共和国采盐有重要经济意义。分布在干旱草原、荒漠、半荒漠的盐湖，在湖体有丰富的天然盐、硭硝、无水硭硝、白钠镁矾、在固体盐沉积中的泻盐、氯、硫酸钠、锰、钾等。它们是不同工业部门的原料基地（图 161）。

表 32　里海已经运行的与规划的海水淡化设施技术—经济性能（根据Коледин，1970）

水淡化设备类型	地点	安装年代	生产能力（1 000 m³/d）	成本/（戈比/m³）	单位投入		消耗/（戈比/m³）	能耗	
					卢布/m³	卢布/（m³/d）		kW/m³	cal/m³
管式蒸馏装置	土库曼克拉斯诺沃茨克	1946—1953	3.785	157.0*	2.12	773.8	183.0	1.90	0.560
四组试验性工业蒸馏装置	哈萨克斯坦舍甫琴科市	1963	5.000	143.0	2.12	773.8	170.0	4.10	0.190
五组工业装置	哈萨克斯坦舍甫琴科市	1967	13.500	108.7	0.85	310.2	119.0	4.10	0.130
				50.1*	—	—	60.7**	—	—
五组多级蒸馏海水淡化装置	土库曼克拉斯诺沃茨克	1967	1.200	72.0	2.93	1 070.0	110.0	3.15	0.200
五组工业蒸汽装置	同上	在建设	13.200	57.0	1.77	646.0	79.1	2.46	0.127
四级蒸馏装置	同上	规划	14.400	45.0	1.77	646.0	67.1	5.38	0.057
热压海水淡化装置	土库曼克拉斯诺沃茨克	规划	1.000	49.0	1.31	478.1	65.0	3.10	0.070
冷凝海水淡化装置	—	预算	0.360	46.1	1.18	430.1	60.1	12.3	—
			3.600	30.1	0.75	273.7	39.5	10.5	—
			36.00	24.3	0.67	244.5	32.7	10.2	—

*包括海水软化费用（47 戈比/m³，根据 1968 年资料计算）。

**根据天然气装置做的功换算。

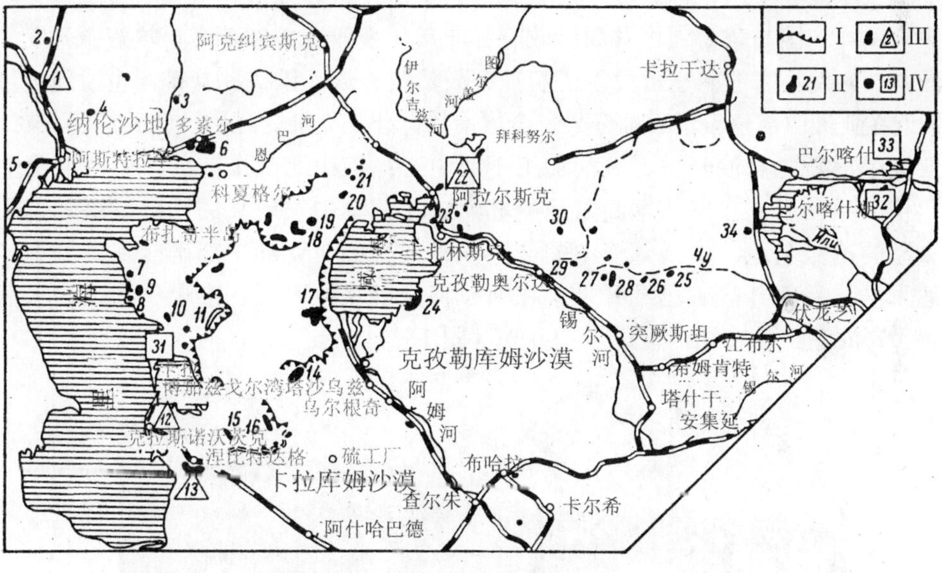

图 161　苏联盐湖与盐矿开采地分布（根据 Гроховский，1963）

Ⅰ—乌斯秋尔特整修的盐湖；Ⅱ—未开发的湖；Ⅲ—开采的盐湖；Ⅳ—开采硫酸钠的湖

1—巴斯昆恰克湖；2—埃利通湖；3—因迭尔湖；4—别索巴湖；5—伏尔加右岸湖；6—伊斯基湖群；7—卡什卡阿特湖；8—阿希索尔湖；9—卡拉基耶湖；10—卡温德湖；11—卡伦扎雷克湖；12—库利湖；13—克利科尔湖；14—萨雷卡梅什湖；15—克马尔盐碱地；16—卡拉绍尔湖；17—巴尔萨克尔梅斯湖；18—阿尔泰索尔湖；19—科斯布拉克湖；20—卡什卡阿达湖；21—科尔嘎土斯湖；22—贾克瑟—克雷齐克湖；23—丘梅什—库里湖；24—东咸海湖；25—迈捷根—克雷齐克，春库尔，卡拉克尔湖；26—克孜勒—贾伊马湖；27—布卡贾伊利湖；28—布加吉尔湖；29—阿西科尔—萨给兹湖；30—阿雷斯库姆湖；31—卡拉博加兹戈尔湖；32—卡拉拜—图克别列湖；33—迈卡梅斯；34—卡什凯戴吉斯湖目前利用的只是湖泊盐沉积很少的一部分。主要是开采食用盐和少量的硫酸钠盐。食用盐的开采主要在巴斯昆恰克湖、贾克瑟—克勒齐湖、巴甫洛达尔州及阿尔泰区的湖，以及一些小盐湖。硫酸钠开采主要在卡拉博加兹戈尔湾、贾克瑟—克勒齐湖，少量在巴尔喀什湖。锰盐从湖中采集不到（Гроховский，1963）。

非常有意义的是在西土库曼有含碘的地下水，是获得碘与溴的原料。根据地质学家的预测，土库曼西南可以提供大量的廉价碘与溴。现在碘—溴工业在巴尔罕石油区，那里在切列盖有一个碘—溴生产工厂。1967 年在列别达克建成碘—溴生产工厂，原料来自巴亚达克原料地。新的原料地分布于巴尔罕石油区靠近涅比特达格（真理报，1971 年 1 月 10 日）。

荒漠铁路、公路、航空运输对于荒漠的开发有重要意义。经过中亚与哈萨克斯坦荒漠的铁路干线：土库曼—西伯利亚，坎达加奇—古里耶夫，莫因德—楚城，阿克斗卡—德鲁日巴—彼得罗巴甫洛夫斯克—巴尔喀什，卡拉干达—扎雷克—杰兹卡兹甘—卡尔萨克帕伊，马卡特—舍甫琴科。乌兹别克斯坦与土库曼斯坦：查尔朱—昆格勒，加甘—列宁纳巴德。这些铁路干线缩短了从苏联欧洲部分到中亚距离 1 500 km。第 9 个五年计划计划再建设一条铁路干线，从马卡达到亚历山德罗夫。近些年荒漠公路建设和航空运输快速发展。

这样，现在苏联荒漠与半荒漠自然资源广泛被利用。

亚洲中部　亚洲中部自然资源开发也像中亚一样。在中国与蒙古的荒漠中，到目前仅生活着游牧者，在广阔的亚洲中部荒漠放牧绵羊。尽管在亚洲中部河谷、三角洲有百万公顷水源保障的处女地，但农业发展很缓慢。矿产仅开发盐矿，开发程度很弱。

中华人民共和国与蒙古人民共和国政府都非常重视亚洲中部荒漠自然资源开发。近些年在亚洲中部开发丰富的矿产，发现了石油、天然气、煤、铁矿、盐矿，也发现大量的处女地。最近在亚洲中部建设了石油开采、金属冶炼、化工企业。铁路、公路广泛分布。

在亚洲中部新生石油开采、石油加工工业中心：南山北部山前的玉门，准噶尔西部的克拉玛依、独山子，在柴达木高盆地的林河。在荒漠中发现大的铁矿与煤矿。在酒泉建设了大型的冶金基地。中国荒漠中的盐矿非常丰富，在亚洲中部硝盐到处可见。特别是在柴达木盆地，部分盐矿已经开采。在阿拉善、塔克拉玛干、准噶尔、柴达木荒漠，吉兰泰湖、青海湖、罗布泊，盐矿正在开采（图 162）。

图 162　鄂尔多斯盐矿开采

图 163　北山荒漠中的铁路线

为了连接落后省的已建成企业，在亚洲中部荒漠修建了大型铁路干线—从包头到兰州的包兰铁路，这条铁路连接东部与新疆（乌鲁木齐）（图 163）。蒙古人民共和国建设了连接首都乌兰巴托、伊尔库茨克、北京的铁路干线。在亚洲中部的公路网比较密集，除过大的流沙区，覆盖几乎所有的荒漠。

亚洲中部荒漠开发最典型的例子，是位于青藏高原海拔 2 700～3 100 m 的柴达木，自然资源非常丰富。柴达木重要的矿产是石油与盐矿。1954 年最早在林河发现石油，到目前已经发展很大面积，柴达木成为中国最丰富油田之一。柴达木石油品质很好，出汽油率可达 80%。目前是用汽车运往玉门、兰州炼油厂（图 164）。从这里将建设与最近城市西宁连接的铁路。

图 164　柴达木的石油运输

亚洲中部荒漠人口的迅速增加，推动了新城市保障性生产与轻工业的发展。主要在疏勒河、塔里木等河三角洲开发大片灌溉土地。这些地方已经建设了大型的国家机械工业企业。在柴达木高原盆地（海拔 2 700～3 000 m）开始石油开发、矿产开采，建设一些大型企业（格尔木、马海、大柴旦）的保障性农工业。

然而，尽管在灌溉区种植面积在扩大，但农产品的需求主要是本地。除棉花小部分运出荒漠到东部省进行加工生产。

中国与蒙古畜牧业进一步发展有重要的经济意义。这是荒漠最古老的生产部门，提供了大量的内需与外贸的原料——皮革、皮毛、肉。亚洲中部主要的牧业生产区——蒙古戈壁、鄂尔多斯、阿拉善、准噶尔、柴达木。中部亚洲扩大灌溉面积、提高畜牧业产量是有前景的，特别是南疆（喀什噶尔）、塔里木河谷与河口，新建了亚洲大陆重要的棉花生产基地。

近东与阿拉伯半岛　近东与阿拉伯半岛荒漠面积不大。荒漠被周围高山包围，部分高山分布永久性冰川。在这些山地发育大小河流，流出山外灌溉荒漠平原。大部分大气降水汇集，以地下径流补充地下水。近东的河谷（底格里斯河、幼发拉底河）与相邻区河流（尼罗河）是人类文明的摇篮。这里培育了主要家畜品种，诞生农业。近东重要绿洲，除美索不达米亚平原，在伊朗有德黑兰绿洲、马什哈德绿洲、库姆斯绿洲、克尔曼绿洲等。在阿富汗有哈里河绿洲、赫尔曼德绿洲等，在以色列有约旦河绿洲。在阿拉伯半岛这样的灌溉绿洲很少。这里近十年，通过水利与水工建设扩大灌溉面积（图 165）。

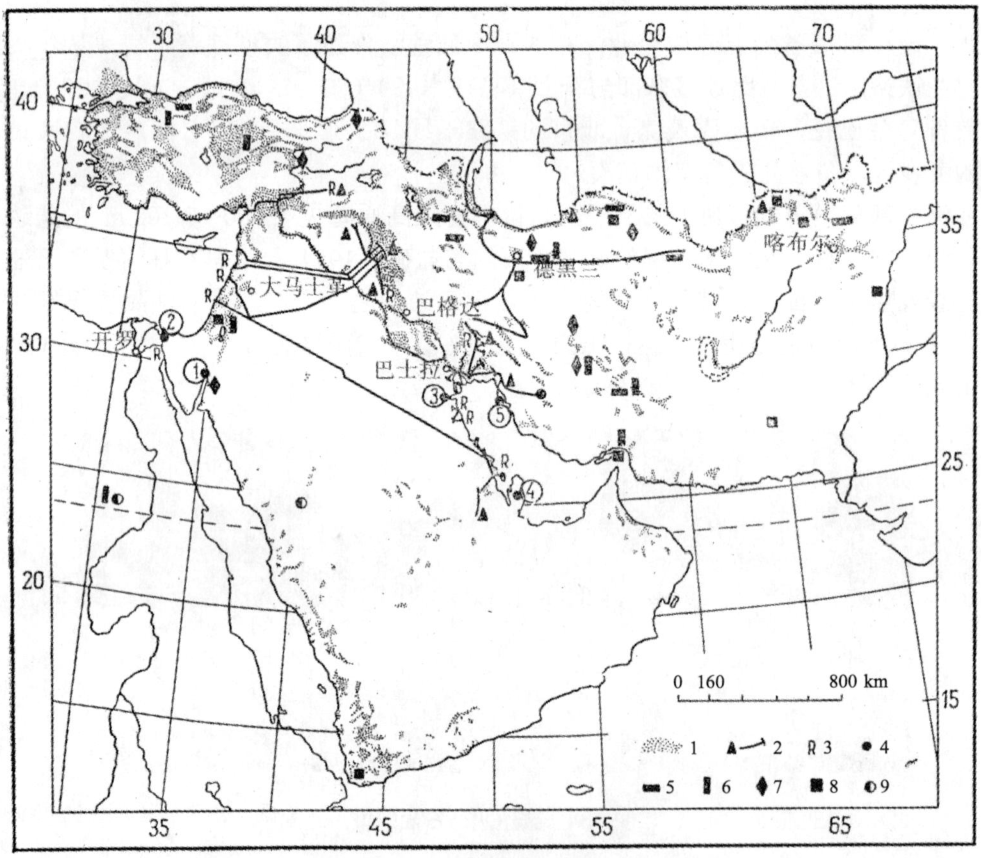

图 165　近东荒漠开发图

1—绿洲灌溉土地（根据 Cressy，1960）；2—油气管道与主要石油天然气矿；3—炼油厂；4—水淡化工厂（图上带括号的数字）：1 埃拉特，2 西奈半岛，3 科威特，4 卡塔尔，5 哈尔克岛；5—煤；6—黑色金属（Fe，Mn）；7—有色金属（Pb，Zn，Cu）；8—盐矿（NaCl，Na_2SO_4，Na_2CO_3）；9—稀有金属（Au，Ag）

近东荒漠畜牧业发展非常快，主要发展骆驼、山羊与绵羊。近些年达到几千万头。近东很多国家农业占次要地位。

在近东与阿拉伯半岛重要的财富是矿业——石油、天然气。最大产地集中在扎格罗斯山外围凹陷范围的美索不达米亚平原与波斯湾沿岸。石油甚至在新生代褶皱区、伊朗北部山地、阿富汗、阿拉伯半岛中部也发现石油。

近东石油与天然气“一战”前居第二位，仅在伊朗开采。在世界石油平衡手册中，20世纪 30 年代末只出现下列国家：沙特阿拉伯、科威特、伊朗。现在这些国家在世界石油平衡中名列第一。它们油气产量占资本主义国家与发展中国家的 1/3。石油储量占资本主义国家储量的 2/3（表 33）。科威特的油价特别低，每吨 1 美元。

近东荒漠有丰富的天然气资源，储量为所有非社会主义国家的一半（1968 年）。但是开采刚开始。主要困难是运输，可以通过建设大型输气管道解决。伊朗通过与苏联技术合作增加天然气开采。在苏联的帮助下，建设从伊朗到外高加索长 1 270 km 的输气管道。规划利用天然气作为主要原料建设化工厂，是一条途径。

表 33　中东与近东石油、天然气储量与开采量（1968 年资料）

国家	石油		天然气	
	开采量/10^6 t	储量/10^6 t	开采量/10^6 t	储量/10^6 t
沙特阿拉伯	140.998	10 501.2	1 280.0	1 217.6
科威特（包括中立区）	144.912	11 727.5	2 235.0	1 220.5
伊朗	141.791	7 335.4	1 470.0	2 831.7
伊拉克	73.848	3 625.2	660.0	566.2
阿联酋	24.006	2 345.0	—	212.4
卡塔尔	16.363	507.5	—	206.7
阿曼和马斯喀特	12.068	304.0	0.5	42.5

注：资料来自苏联地质部 1970 年发布年报。

近东复杂的地质构造形成了丰富的有色、黑色金属矿以及有用的矿藏（图 165）。在伊朗、阿富汗发现铁、锰、铬。在西奈半岛、伊朗、阿富汗开采有色金属矿。

在伊朗南部以及卡维尔盐湖北部正在开采大型盐矿。在约旦有丰富的钾盐、溴盐（死海）。此外在荒漠到处分布的小盐湖开发沉积盐。

在近东国家丰富多样的矿产中，优先开发的是向世界市场出口量高的矿种。主要是石油、天然气、有色金属、稀有金属、铝。

近东石油、天然气工业迅速发展，提出了荒漠中新企业、居民点供水的问题。这一问题，与世界其他荒漠一样，是自然资源利用的最严重的问题之一。对于极端干旱且地下水贫乏的区域，是建设大型海水淡化工厂。最大的是科威特的海水淡化工厂（图 166）。第一座建立于 1953 年。装置生产能力为 506 000 t/d，采用 10 组带有潜入管的蒸发设备。1955 年建设 7 组同样设备。1955 年与美国签约建设新的海水淡化工厂。根据协议，美国一家公司（Вестингауз）正在舒瓦伊赫（Шувайхе）和舒伊艾伯（Шуйэбе）建设 100 000 t/d 的海水淡化装置。除政府建设的海水淡化工厂，在科威特还有石油公司建的 6 座海水淡化工厂，处理能力为 10 000 t/d。

图 166　科威特海水淡化工厂　塔斯社图片新闻

科威特现在不仅石油储量，而且海水淡化规模，世界第一位。海水淡化成本世界最便宜——11 戈比/m^3（Desaltinaion，1964；Колодин，1970）。

印度次大陆　在印度次大陆范围，对位于拉贾斯坦邦（最干旱人口最少的邦）的塔尔荒漠的开发做了许多工作。到印度独立，拉贾斯坦邦不超过 300 000 hm^2 灌溉土地。在已经完成的五年计划期间灌溉土地扩展几百万公顷。在无收获的荒漠种植小麦、甘蔗、玉米、棉花、水果。所有这些得益于“嘎恩嘎”（Ганга）运河。

拉贾斯坦邦的居民寄予拉贾斯坦运河很大希望。这是主干水利工程。穿越人烟稀少区 700 km。支、干渠道总计 7 000 km。建设完工后可以灌溉 12 万 hm^2 土地（图 167）。拉贾斯坦运河起点是位于旁遮普省的萨特莱杰河、比斯（Бис）河汇流处的大坝。运河流经拉贾斯坦邦 183 km。主干运河分出利柳阿赫（Лилюах）支运河，在拉贾斯坦邦 485 km。

北非荒漠　北非荒漠自然资源很丰富，目前开发不足。北非荒漠开发主要在北部区域（图 168）。到目前为止，这里主要是农业开发。北非大的绿洲与尼罗河谷的灌溉水有关。小的绿洲主要靠泉水和地下水补给，相互距离很远。

虽然北非与南非荒漠没有地表水与水力资源，能源问题解决并不复杂，但未来工业企业和居民点主要靠石油、天然气发电保障能源供给，甚至依靠尼罗河、刚果河、赞比亚河、奥兰治河的水能。

在最近一些年，尼罗河最有开发前景，水能估算 50×10^7 kW（Дмитриевслий，1967）。这里有大量土地可以灌溉。1971 年在苏联经济与技术援助下，建成尼罗河阿斯旺大坝。这一大水利枢纽，对于埃及全面发展经济提供了完全可能：廉价电能生产，改善土地灌、排水条件，发展渔业，组织休闲。坝高 110 m，坝顶宽超过这里 550 m 河宽，坝长 4 000 m，坝底宽 980 m（图 169）。

在坝后形成世界第二人工海，长 500 km，宽 10 km，总水量 1 600 亿 m^3。人工海大量的水可用于下列目的：灌溉 8 万 hm^2 土地，增加灌溉面积 30%；保障尼罗河在最低水位年正常灌溉新、老耕作土地，提高产量；每年扩大水稻种植面积 4 万 hm^2。

建成大坝是综合利用尼罗河水能的重要步骤。1972 年总发电量为 210 万 kW，12 台机组对工业供电。人工海达到设计水位后，年发电量 10 亿 kW。此外，阿斯旺大坝拦截大量流向海洋的水，每天只要泄 670×10^7 m^3 水，完全可以保障阻滞进入尼罗河的洪水。

对于北非荒漠比较复杂的问题是保障中部供水问题。只有通过实施调解刚果河水建立中部海这一有意义的规划，能局部地解决。刚果河入海洋前 100 多 km 穿过结晶基岩，在这个地方以坝截断河流，形成内陆海。

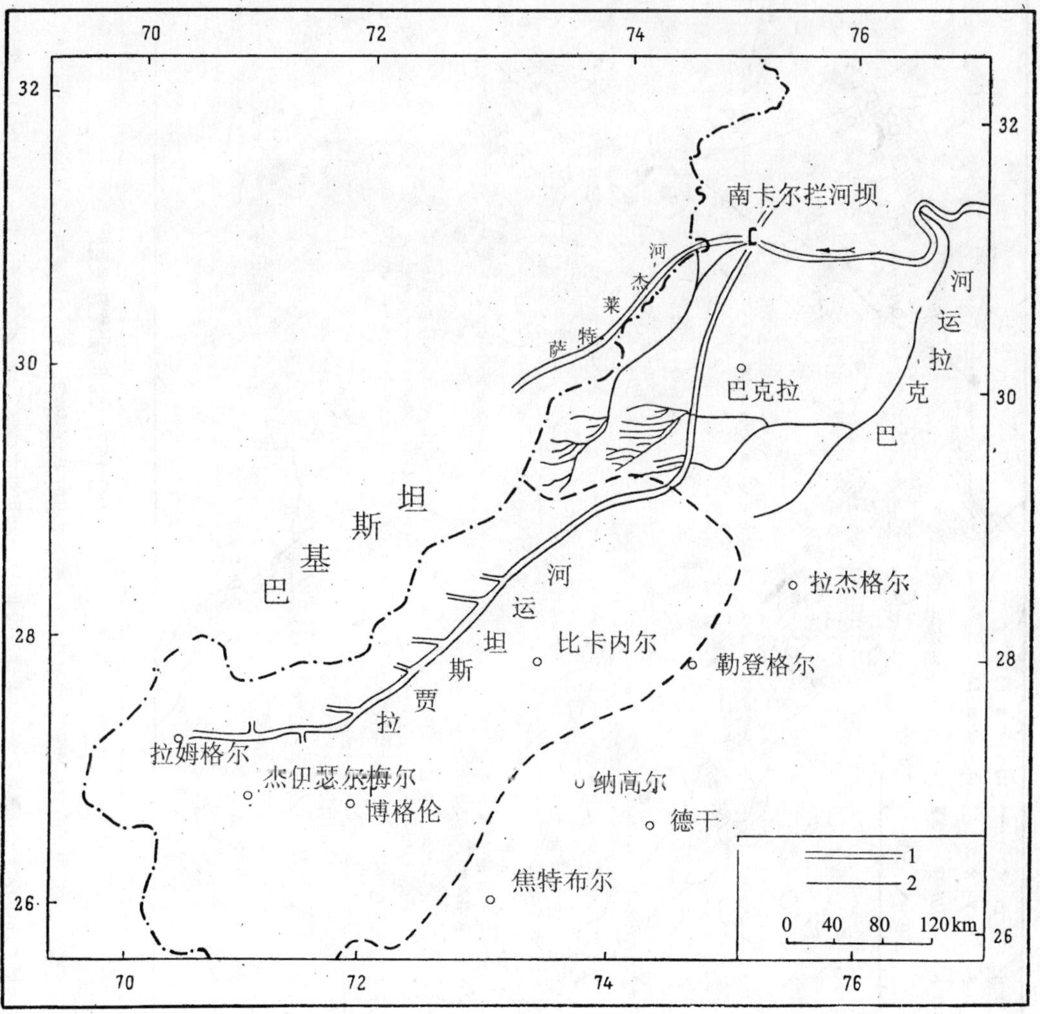

图 167 塔尔荒漠拉贾斯坦运河略图

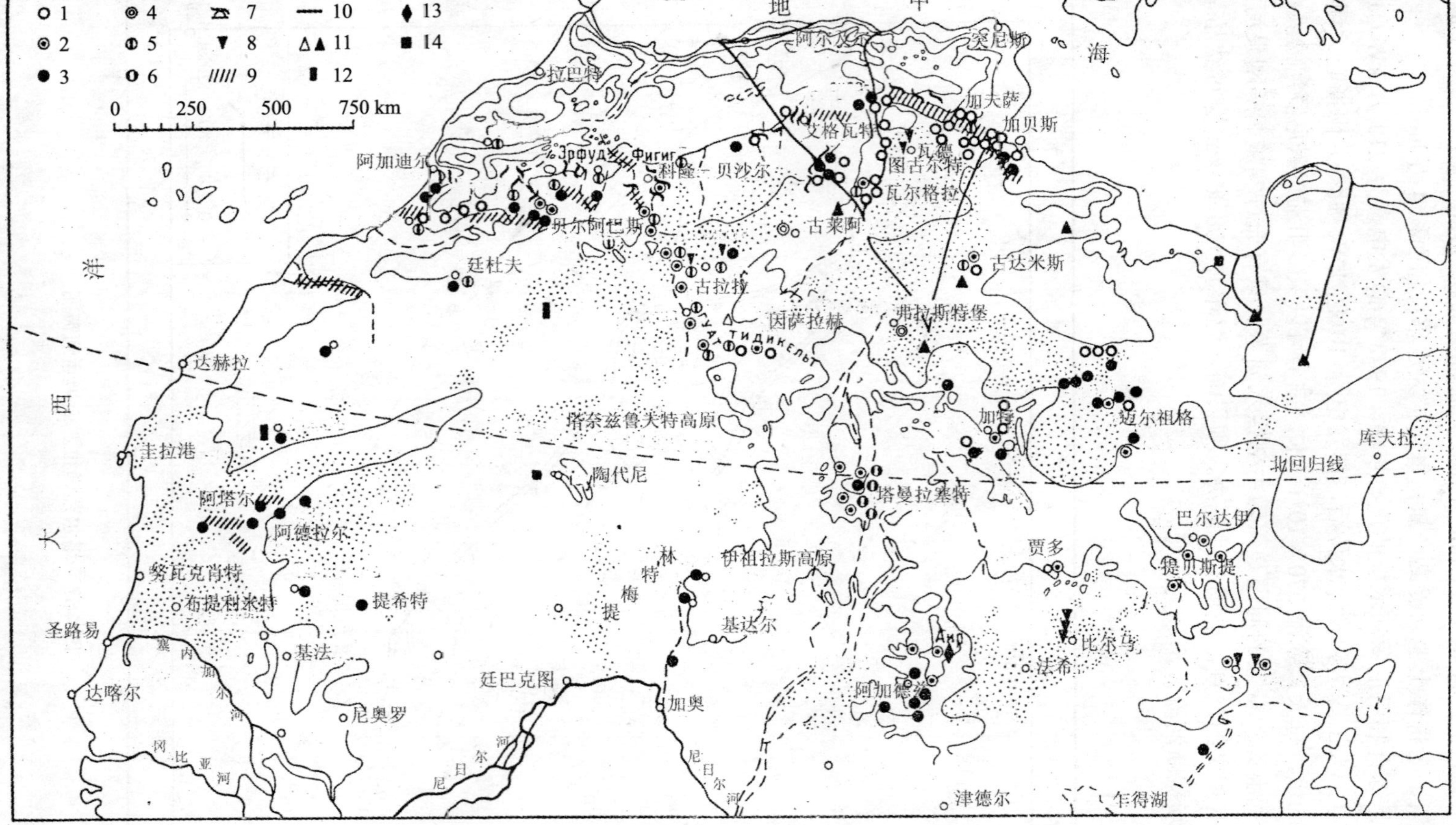

图 168　北非荒漠开发图

1—灌溉水源；2—用吊杆取水的灌溉井；3—畜力牵引取水的灌溉井；4—自流灌溉井；5—地下灌溉工程；6—利用地下排水设施灌溉；7—利用堤、坝（收集水）灌溉；8—钻井灌溉农业；9—利用洪水灌溉；10—油气管道；11—油气田；12—黑色金属矿；13—有色金属矿；14—盐矿

图 169　在建设中的阿斯旺大坝　塔斯社图片新闻

如果进一步实施作者另一规划，即这个海的水位抬高到这样的高度，水向北自流到乍得湖，可能的话继续流经撒哈拉沙漠，形成第二条“尼罗河”。然而，在刚果河中游水淹没问题会引起不同意见，因为不能将中游变成无价值地区。中游的财富不仅来自原始森林，按照规划者意见，随着内陆海蓄水及水位的提高，要逐步砍伐、利用原始森林。这里分布有价值的矿产，开发逐年增加。完全可能，在十年期间无条件推进，直到内陆海成为现实。属于淹没区域的矿业以及其他企业的价值增长到如此程度，以致从经济学观点，实施规划是不合乎目的的。

也可以不建内陆海，利用刚果河水力资源，获得电能。在刚果盆地西北刚果河穿过结晶岩的 100 km 地段，水位落差 100 m。考虑到这一点，1957 年比利时政府制定详细规划，在此建设水电站，年发电能力为 2 400 亿 kW。

在北非荒漠，像亚洲荒漠一样，几千年发展牧业与灌溉农业。95%的干旱区是牧场，这一区域可以放牧 2 700 万头牲畜（Le Hobtrob，1970）。

家畜主要是肉用、肉毛兼用的绵羊和骆驼。绵羊在好的年份可达到 250 万头，骆驼可达到 16 万头（1930 年）。由于干旱与牧草缺乏，牲畜数量波动很大，20 世纪 40 年代多年干旱，牲畜数量下降了 5 倍（Капо-Рей，1958，392 页）。

椰枣生产在撒哈拉农业中占重要地位。它对土壤要求不高，可以在微咸的沙土中生长（图 170）。仅在阿尔及尔南部、突尼斯、摩洛哥生长 1 000 万株，部分椰枣外运出撒哈拉。谷物、蔬菜、水果生产占次要位置。这些产品满足本地需求，不供出口。

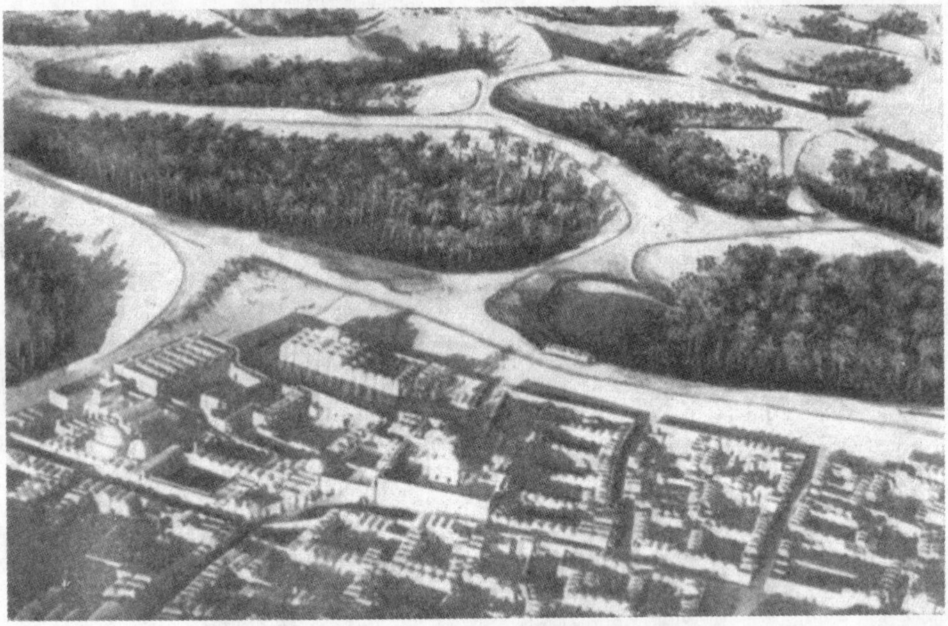

图 170　椰枣林（根据 Capot-Rey，1953）

撒哈拉荒漠农业区的社会关系，到目前为止保留中世纪的方式。农民与牧民实际上是地主、牧主的奴隶，没有权利离开自己的出生地。由于使用原始的农业技术和强制性劳动，收获量很低，绿洲居民处于半饱艰难生活状态。经常是这一或那一绿洲，食物仅仅够但不能长期保障自己。

最近十年撒哈拉经济发生变化。在核心部位的古生代、中生代褶皱区之上的地台盖层，发现非常丰富的石油与天然气。在中撒哈拉石油、天然气储量，仅在哈西迈斯欧德达到 10 亿 t。在埃杰莱（突尼斯）、利比亚、埃及发现石油，在哈西鲁迈勒、撒哈拉中部的别尔达山区发现天然气（图 168）。

但是撒哈拉的财富不仅是石油、天然气。荒漠中矿藏有：煤、铁、铜、锰、铅、铀、岩盐。阿特拉斯山以南的煤矿年产 3 万 t。在吉别特站（Гара-Бжибет）、伊吉里（Иджили）、阿斯旺发现大铁矿。在摩洛哥发现锰矿。它们也是在元古代、古生代褶皱区发现的。

近些年由于撒哈拉居民以及企业者、矿产开发者大量增加，当地的矿产——盐矿：钾盐（迈拉代）、食用盐（陶代尼）大量开采。撒哈拉主要盐矿每年开采 13 000 000 kg 盐。食用盐矿与湖泊盆地有关。

在北非荒漠矿产开发，带动这一区域生活的居民许多新经济、社会关系。出现了许多新的企业，产生大量劳动力需求。产生了企业、农业发展与封建生活方式之间的矛盾。工业劳动工资高于农业与牧业平均工资几倍。因此农民脱离农业而进入工业与矿业。典型的地方是：舍伊西（Шейхи）、苏丹雷（сулефры）、伊马梅（имамы），在企业家的压力下，迫使农民自由转移。

新企业人口随着农业人口减少而迅速增加。这引起农业与牧业急速衰落。许多农田、椰枣林荒芜，土壤盐碱化。这样撒哈拉矿业开发不仅不能促进农业发展，像中亚、亚洲中部一样，相反引起农业退化。

阿尔及利亚撒哈拉著名专家之一P.卡保-列依（1958），描述撒哈拉社会进步写道："人口过剩的农村好像爆炸，对于佃农，对于所有经营、依靠农业的穷人，很少同时做这又做那。汽车为这些人开通了'乐土'……在绿洲越来越感到劳动力不足，现在找不到人从井中抽水、修建地下工程，修路。撒哈拉内部荒漠在扩大（428 页）。"

研究撒哈拉的许多欧洲科学家写道："由于植被破坏与荒漠轻沙土耕种，流沙入侵绿洲。"

北非交通问题的解决有自己的特色。广阔的区域到目前没有大的铁路干线，可能是与公路运输相比经济效益低。法国政府不止一次地讨论铁路建设问题。关于这个问题，Г.比尔纳尔得（Bernard，1967）发表过一篇文章，文章研究了沿尼日尔河修建铁路干线（科隆—贝沙尔—阿德拉尔—拉甘—马里）西部方案。

很早开始实施的一项宏伟的规划——建设连接地中海沿岸到大陆内部的公路。1964 年阿尔及利亚、突尼斯、马里、尼日尔独立解决这一问题。成立了撒哈拉交通委员会，进行公路建设准备工作。1968 年与联合国签署协议。公路建设的经济技术问题的解决，由巴黎的经济—技术研究协会和布拉格中心设计研究所承担。他们将确定公路最佳设计方案、造价、维护费用。

公路长 6 000 km。第一段长 1 200 km，从阿尔及尔城到位于阿哈加尔山的塔曼拉塞特（Таманрассет）村。在塔曼拉塞特村以南 100 km 分叉：一支通向位于马里东部的加奥山；另一支通向尼日尔西南的阿加德兹。计划于 20 世纪 80 年代初完工。

图 171　利比亚石油管道（根据 Hance，1965）

南非荒漠　南非荒漠开发目标仍然在撒哈拉，撒哈拉是重要的绵羊、山羊的放牧区之一。1965 年绵羊数目为 384 万头，其中 315.1 万头为卡拉库姆绵羊。西南非洲建立了卡拉库姆绵羊世界市场（1966 年 299.7 万张皮）。山羊大约 154 万头。南非牧场以及世界牧场，主要问题是产量不稳定、牲畜缺草死亡。此外，每年因疾病大批牲口死亡。例如，1965 年因这些原因死亡小角羊 50 万头（South West，1967）。

南非的水资源非常有限，除自然水源外，依靠钻井（1966 年西南非洲 850 孔井）和拦截河流的水库。因此农业发展薄弱。只在莫洛波河、诺索布河干河谷，地下水埋深浅，农业靠地表径流。奥兰治河流经卡拉哈里荒漠南部，目前还未用于莫洛波河口古三角洲农业。

有重要意义的是南非的矿产资源。在平坦的卡拉哈里荒漠，目前已知的矿产比较少。因为荒漠周围主要是干旱古老的山（古生代、中生代褶皱），矿产如此丰富。在纳马克瓦列得山（Намакваленд）黑色金属矿有：铁、锰、钛。这里正在开采有色金属铜、锡。在卡拉哈里荒漠南部的波斯马斯堡，开采大型锰矿。

南非的矿产开发中，在纳米布荒漠南部开采的金刚石非常著名（1965 年 158.5 万克拉）。稀有金属在干旱大陆见到锂、铍。石油在南非还未发现。

澳大利亚荒漠半荒漠　荒漠半荒漠面积为 570 万 km^2，占大陆面积的 74%[①]。但是这一辽阔区域仅仅生活 3%的居民。主要经济类型是养羊业（1972 年 4 800 万头），羊绒占国民经济收入的 40%。有比较丰富的植物与冬暖气候，可以全年放牧。

① 此处澳大利亚荒漠面积数与第五章荒漠面积数有出入——译者注。

对于澳大利亚荒漠牧业，像世界其他荒漠一样，饲草不稳定。这迫使畜牧业根据最干旱季节牧草产量调整牲畜头数。

澳大利亚荒漠地表水非常贫乏。没有常年有水的河流。只在雨季从西部麦克唐奈山、马斯格雷夫山流下的径流，流入艾尔湖。因此没有大的农业绿洲，只在水源地、水库旁有小居民点。

然而，在澳大利亚荒漠灌溉农业的界限，将随着下列因素的变化而变化：经济环境；技术进步成就，特别是地下水利用技术。澳大利亚地下水非常丰富。

澳大利亚干旱区水资源开发起了重要作用。水利用的方法：利用集雨器收集地表水；铺设大口径输水管道；减少湖面、水面蒸发。这些对于荒漠缺水的国家有参考意义（Розанов，1963）。

因为澳大利亚荒漠缺少常年有水河流，规划进行西北部水网改造，以利用河水灌溉干旱土地。为此，预研利用弗林德斯河、汤姆森河水利枢纽，调塔利河、盖尔别尔特（Герберт）河、巴尔杰肯（Бардекин）河的水到澳大利亚东南干旱区（Rhea，1967）。

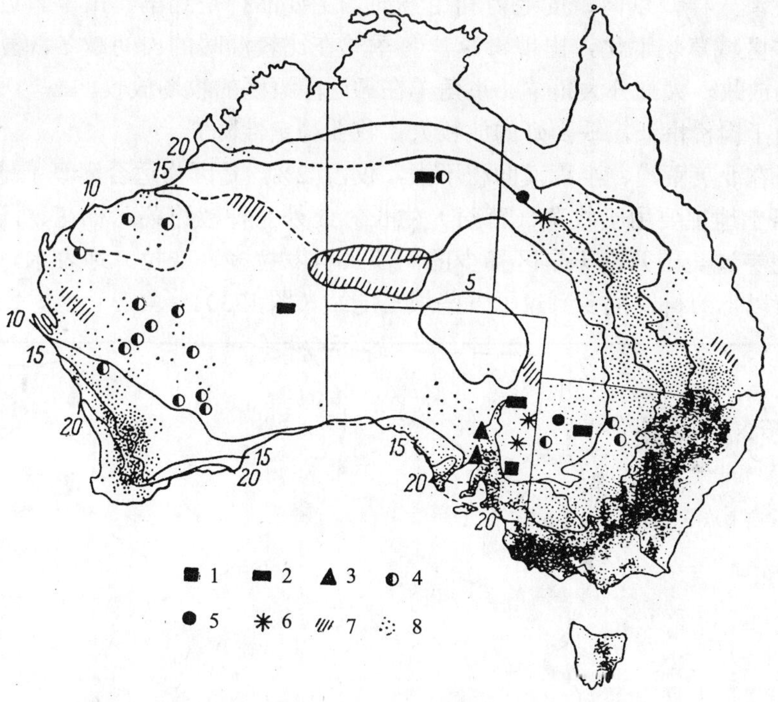

图 172　澳大利亚荒漠羊头数与矿产资源图（根据澳大利亚环境，1960，补充）

1—煤；2—铜矿；3—铁矿；4—金矿；5—共生金属矿；6—铀矿；7—石油与天然气；

8—牧区（每点表示 25 000 头）

也有这样的规划，在艾尔湖盆建 9 600 km^3 的人工湖，建设运河系统从海洋输水到这里。海洋咸水通过蒸馏淡化，用作灌溉与供水（New Scientist，1968，No.37，540 页）。

澳大利亚荒漠矿藏丰富，有黑色、有色、稀有金属矿。铁矿、锰矿在西部开采。

到目前为止，澳大利亚大陆被认为不可能有工业用石油、天然气。近十多年许多钻井确定，在石炭系、二迭系、侏罗系有石油、天然气。在比较短的时间澳大利亚开发了一系列油气田。澳大利亚荒漠中部的阿马捷乌斯（Амадеус）盆地，是大气田，与美国的得克萨斯油气田面积相近。

发现油气田是澳大利亚经济的特别重大事件。到目前国家 50%的能源来自煤炭，石油来自中东进口。发现油气田不仅能完全摆脱进口，而且能成为现代石油出口国。在澳大利亚东南，正在开发石油矿，在其他区域发现石油露头是保证条件。最有前景的是内部凹陷盆地——东部内陆盆地、肯尼恩哥（Кеннинг）盆地、阿马捷乌斯（Амадеус）盆地，有深厚的古生代沉积（Оленин，1970）。

北美洲荒漠　北美洲荒漠自然资源非常多样，这是由于比较适合的气候环境，相对比较丰富的植被和复杂的区域地质构造。

这些主要因素决定了规模性农业、牧业发展的可能性；其次是存在矿藏。在这样的自然环境下很难划分仅与荒漠相关的经济。通常这些区域作为一个要素进入大农业综合体。

美国西南与墨西哥西北的荒漠自然资源非常丰富。这一区域大部分是牧场，畜牧业像世界其他荒漠一样，以肉、皮毛为利用方向。主要品种是绵羊、山羊。近些年由于过度放牧，一些区域草场退化，出现毒草。冬季羊在比较温暖的山间越冬，夏天在牧草丰富的山地牧场放牧。大部分大角羊、小角羊在靠近灌溉区的牧场放牧。

近些年由于肉价格低，缺少好的放牧人，牧业稳定性降低。

灌溉农业在北美荒漠、半荒漠面积不大，仅占 2%。是因为适合灌溉土地少，灌溉水源有限。灌溉土地主要用于牧草（苜蓿）生长。此外，种植甜菜、棉花、蔬菜、果树。为了合理利用穿过美国西南干旱区稀少的河流（科罗拉多、吉拉）地表水，开发水能，在菲尼克斯市以上的科罗拉多河建了一些坝与电站（图 173）。

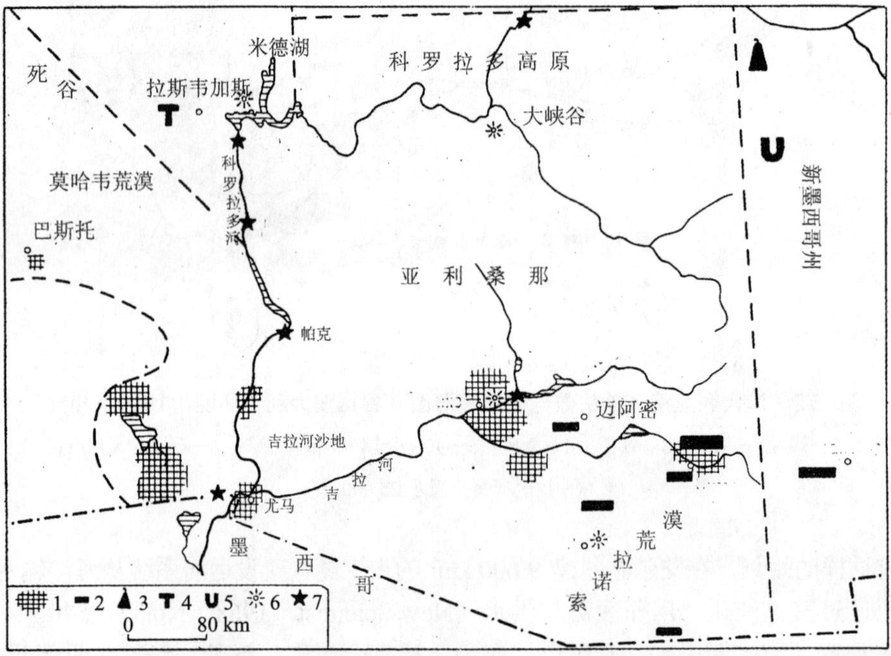

图 173　美国西南灌溉土地与矿产图（根据 Parker，1966）

1—灌溉土地；2—铜；3—石油；4—钛；5—铀；6—旅游区；7—大坝

地下水也用于灌溉，在河间洼凹地地下水非常丰富。用钻井提取地下水，有的地方可以自流。绿洲数量不多，最大的是菲尼克斯绿洲、索尔顿绿洲。

美国西南干旱区矿藏丰富。这里重要金属矿开采量占美国的 10%。这里铜矿以及相关的贵金属、有色与稀有金属——金、银、铅、锌、矾、锰，开采量占美国第一。此外，开采多种矿——金、钼、钨、铁（Parker，1966，图 173）。近年来美国干旱区，在国家经济发展、当地人口不断增加起的作用越来越大。

墨西哥西北干旱区开发程度低于美国。这里农业主要方向是放牧（绵羊、山羊）。灌溉农业发展比较弱，居次要地位。畜牧业处于危机状态，需要通过控制放牧量、改良草场进行调整（Hernandez，1969）①。

矿产（银、铜、铅、锌、汞）在索诺拉州、奇瓦瓦州进行开发。

在墨西哥西北干旱区广泛进行野生有用植物研究与开发。野生有用的植物有：橡胶、仙人掌等。这些植物是在种植园种植。

墨西哥政府非常重视扩大干旱区灌溉面积。在这个思想指导下，提出美国—墨西哥合作开发索诺拉荒漠的计划，建立利用原子能的农—工业综合体。计划利用原子能电站发电咸水淡化。能源将用于生产化肥、海水淡化后的矿物盐。海水淡化用于专门温室灌溉（Hanter，1969）。

南美洲荒漠　目前南美洲荒漠农业开发非常有限。畜牧业发展薄弱，农业仅在绿洲。这是由于气候极端干旱、水严重不足形成的。因此这些国家的荒漠几乎无植被。

与亚洲荒漠相比较，南美洲荒漠灌溉农业发展薄弱。主要原因是适合灌溉的土地和水源数量少（Weischet，1966）。

美洲驼像骆驼，是南美洲居民绝无仅有的动物。用做驮运，肉用、皮毛用，油做蜡烛，皮做鞋及其他日用品。美洲驼的干粪是很好的燃料。成年的美洲驼重 100 kg，能驮运 60 kg 物品，一天能走 30～35 km。在必要的时候，像骆驼一样，没有水可以走几天。

在阿塔卡马荒漠的阿里卡区，动物比南部多，因为这里流过一些不大的河流。在河谷种植玉米、苜蓿、棉花、甜菜与柑橘。

智利与秘鲁的矿产资源贫乏。只在太平洋沿岸荒漠和索里托斯（Сорритос）、利比托斯（Либитос）开采石油。1962 年在塔洛尔地区发现石油，油田面积使秘鲁成为石油输出国。36 口自喷油井产油量 867.7 t/d（Sarmiento，1966）。

与科迪勒拉海岸、西部山脉荒漠相邻的荒漠，有一些丰富的矿产（图 174）。这里在帕萨赫、马尔科（Маркон）（秘鲁），以及智利的一些地区发现铁矿。稀有金属发现铋矿（利伯塔德）铀矿（科皮亚波）。这些区域有色金属特别丰富。它们在古生代褶皱区开采。这是这里的主要工业部门（图 175）。在科迪勒拉山开采金矿、银矿。

南美洲西海岸干旱气候有利形成有价值的矿产——智利含钠的硝石、碘、溴。硝的形成与阿塔卡马—博龙达荒漠干旱无径流的生物化学过程有关。它们作为火山活动的结果堆积在内陆盆地。矿带沿湖岸带分布，长 700 km，宽 16～80 km。近年来硝石的开采量缩减。在这些区沿海岛屿有鸟粪堆积——鸟粪层。

---

① 美国亚利桑那州，图森，1969 年 7 月 3～13 日发展中国家干旱区国际会议报告。

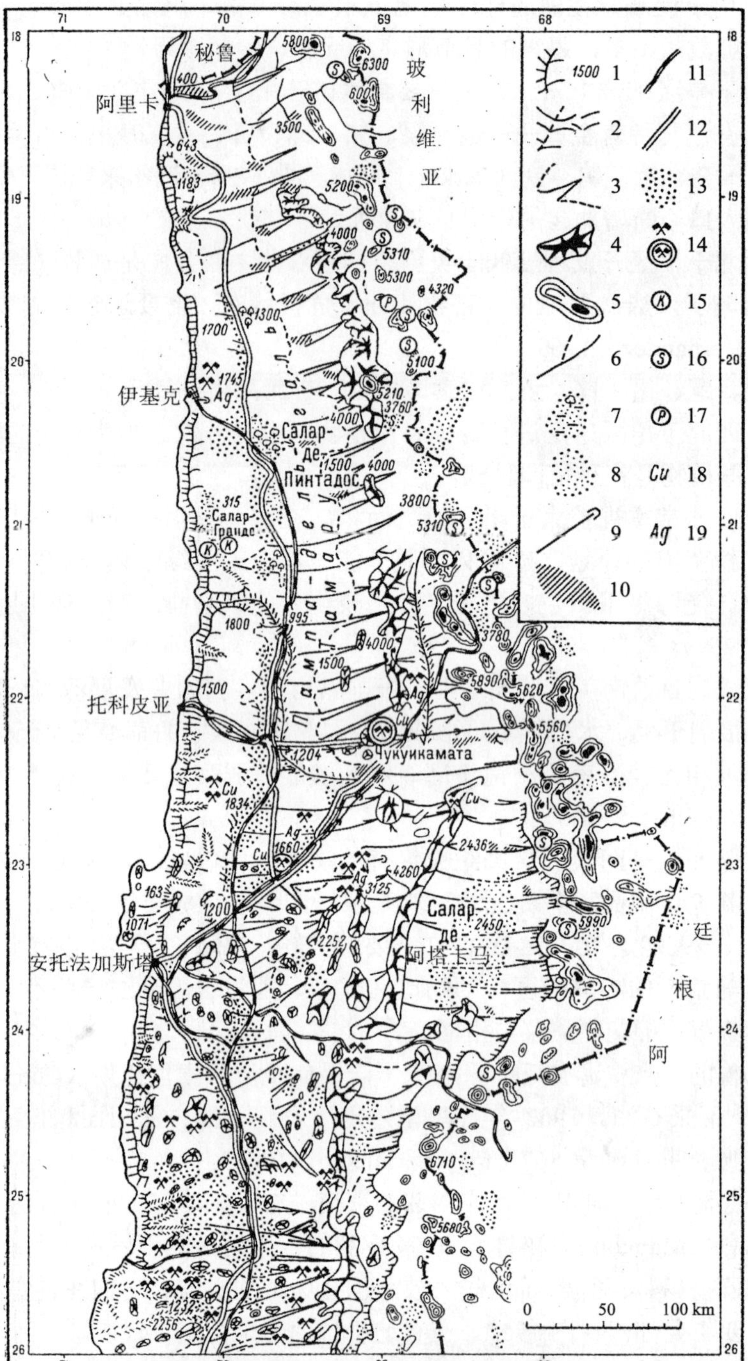

图 174　智利荒漠地表构造与矿产（根据 Weisbet，1966）

1—沿岸山前断裂；2—盆地与低地；3—强烈切割地台；4—岛状山；5—高于 5 000 m 火山；6—临时水流与稳定的水流；7—盐碱盆地；8—永久性盐碱盆地；9—泉与输水管；10—绿洲；11—铁路；12—公路；13—盐矿；14—采矿场；15—食用盐；16—硫；17—磷；18—铜；19—银

图 175 智利荒漠中丘基卡马塔铜矿（根据 Butland，1966）

智利与秘鲁的煤矿很少。只两个矿——丘基卡马塔港附近利马市区的科里雅利斯基兹哥煤矿，以及智利南部的康塞普西翁煤矿。

在智利与秘鲁矿产开发历史只有 100 多年。因此，干旱区古老的农业还起主要作用。很多地方还从事海上捕鱼业。

秘鲁与智利荒漠经济有下列特点：①与采矿相关的沿海城市发展与繁荣；②迅速发展的交通网取代了旧路网；③从科迪勒拉山流来的淡水水库建成。

世界荒漠资源开发与开发途径的简要叙述表明，在不同大陆，荒漠资源特点、经济利用方式，既有共同点也有很大差别。相同的是荒漠开发的困难性——缺水、高温、流沙、尘暴等。

在自然地理环境比较好的荒漠（年降雨量大于 100 mm），农业生产——畜牧业与灌溉农业，得到广泛发展。这样的荒漠有：中亚荒漠与亚洲中部荒漠的东部（鄂尔多斯、阿拉善、蒙古戈壁）；塔尔荒漠；北美荒漠。

在极端干旱荒漠，由于缺水植物衰退，缺少肥沃的适合灌溉土地。适合工业发展，特别是石油、天然气开采（科威特、伊朗西南、沙特阿拉伯）。

在这种情形下，农业以特殊方式发展。具有人工气候的温室农业是范例，已经开发应用于生产。

现在已经很明确，荒漠是具有高经济潜力的区域。荒漠自然资源广泛吸引各国经济开发者。荒漠开发已经开始，取得了很大成绩。

世界所有荒漠中开发最好的是近东与中亚荒漠。原因是那里有丰富的石油、天然气矿、许多流经的河流、适合灌溉的土地（阿姆河、锡尔河古河床及现代河床，哈里河、幼发拉底河、尼罗河等）。这些荒漠有利的地理位置、靠近海运主干航线，可以比较快地将石油产品运到需要的区域。

已经取得的世界荒漠开发成就，得益于现代社会发展的高技术水平：工业化，生产过程自动化，完善地质勘探，水利建设与农业的机械化，汽车与航空运输的广泛发展。

然而所做的仅仅是巨大工作的开始，荒漠很多区域自然财富开发利用只是一部分，荒漠开发的速度逐年加快。荒漠区成为世界经济总平衡不可分割的部分。

第十五章　荒漠开发与深入研究的主要问题

近年来世界荒漠引起研究者特别关注。这是由于荒漠中有储量巨大的石油、天然气、黑色金属、有色金属、稀有金属，以及盐矿。一些荒漠具有发展灌溉农业、畜牧业特别是绵羊饲养的有利条件。

不同专业领域的专家，地质学家、地貌学家、气候学家、水文学家、土壤学家、植物学家等，对荒漠进行过、正在进行研究，积累了非常丰富的荒漠自然特征的实际资料。然而干旱区的地理学问题总体研究得很薄弱，还有一些争论的问题。

不进行广泛深入的研究，要解决荒漠开发重大问题是不可能的。从这个意义上看，必须进行定位、半定位的实验研究。为此应进行下列工作。

（1）在荒漠景观类型与动态研究的基础上，进行荒漠综合分类与区划方法研究。进行不同种类经济活动作用下景观类型的发展与动态研究，经济开发对景观变化影响的预测。特别是不同强度放牧引起沙地动态、植被构成、水文网、灌溉区的可能变化。

（2）编制系列图——景观图与专题图（土壤、植物等），以及荒漠自然资源评价应用图。例如，石油、天然气、有色金属、黑色金属、盐矿及其他矿，盐碱化强度、地表水地下水储量、风能、牧场资源、灌溉土地等。

（3）撰写或国家或大陆范围荒漠自然与资源总结性专著，整体性的或区域性的控制途径与开发远景。

完成上述专著撰写规划，应当解决一系列与区域经济发展有关问题。

（1）荒漠气候与农业气候特点研究，与工业、农业开发相关的地带性与省性气候资源研究。查明非正常气候现象及其对下列过程影响：牧场植物动态、牧草产量；沙的流动性；风沙流；地表径流等。

（2）灌溉、供水所需要的水资源（地表水、地下水）研究；查明地下水、地表水水量与水质，季节动态及牧场、土地灌溉最大可能性。编制区域所有类型水的利用计划。

（3）查明矿产资源并研究缺水环境下先进的开采方法。研究太阳能、风能资源。

（4）干旱区域农业开发生物基础研究，包括土壤、植被、动物，以及与国际生物规划相应的生物生产量研究。

（5）荒漠土地背景研究，从生物土壤改良角度进行农业评价。荒漠土壤水盐平衡研究。土地资源适度利用的建议。

（6）通过建立干旱低温期间牧草储备，提高牲畜产量的研究。

（7）人和动物肌体对荒漠炎热气候适应性研究，荒漠最合理的农业居民点与城市类型，其中包括牲畜的游牧。

（8）在荒漠与积沙环境下，水利、工业、道路建设特点。

（9）荒漠带经济与经济活动组织研究。

荒漠自然环境非常多样，特别是构造地貌与地貌结构，由不同岩性类型所决定。详细综合研究每一类型，对于确定开发潜力是必需的。为此，必须进行专门研究，目的在于查明自然地理过程数量特征以及每一荒漠区的自然资源。

上述方向的科学研究应从详细的荒漠水资源研究开始。因为现在干旱国家新区的开发，受到灌溉、供水所必需的水量不足或缺乏的限制。

尽管荒漠地下水、地表水研究已经取得很多成就，但很多问题还需要深入研究。首先是研究地下水平衡以及地下水在总水量平衡中的作用。地下水经济利用需要详细地研究流域水资源状况与使用定额。研究不同自然—水文区地下水有效经济地利用方法。研究咸水淡化的方法。

改善居民供水的工程方法，对于改善荒漠区域供水有重要意义。例如，完善利用黏土荒漠收集临时径流、汇集山前平原径流，人工形成地下水的方法。

在干旱区域特有的新月形沙丘下，开发地下淡水透镜体，具有很好的效果（Кунин，1966）。这需要查明淡水透镜体分布、透镜体特点、与咸水分布关系。确定地下淡水的储量、状况等。所有这些，揭示了荒漠地下水水文状况是如此多样。

许多荒漠区淡水资源非常有限，迫使寻找别的自然带水源及供水方法。因此摆在科学家面前的重要任务，是研究与计算地表径流。必须编制荒漠周围山地地表水资源的档案，研究经常性与临时性径流，以及沿水利系统输水的渗透、蒸发问题。

植物根层与地下水分布范围之间的土体水分状态，完全落入科学家的视野。在侵蚀区进行水分迁移、重力渗透、水汽转化，这些研究还不够充分（Physical，1968）。

找淡水的现代化方法对于荒漠开发有重要意义。广泛使用垂直电测深与电测剖面综合方法，可以缩短钻探工作量一半。航空电磁测量方法可加快勘测荒漠地下淡水的进度。

地下淡水与咸水相互关系以及咸水灌溉是非常实际的问题。近些年这一方向取得了很多研究成果，但是还有许多不清楚的问题。

荒漠农业开发与土壤、地下水盐化问题密切相关。因此必须在所有自然区研究水、盐平衡，同时研究动态特征、预测方法。

上述荒漠水文问题研究资料应当总结写成专著。这样可以揭示径流形成一般规律、地下水动态，提供所有大陆荒漠在共同原则下详细水文区划的资料。

所有这些不仅可以确定荒漠水资源，而且对于发展水利、新居民点、工业、牧场合理供水方法研究，有重要意义。

灌溉合理用水特别重要。利用泵和管道代替敞开渠道输水，利用喷灌代替自流灌溉，这些都是迫切的问题，在新建、改造水利系统时应当尽快解决。

必须进一步完善新的合理利用水的方法，例如，滴灌、渗灌、矿化水灌溉。

所有这些都是干旱区近期的重要问题。这些问题的解决将大幅度地提高灌溉效率，减少渗漏、蒸发损失，扩大灌溉面积。

为了尽快查明干旱区矿产资源，必须全面开展地球物理（地磁、电测、地震、放射性）、地化学、遥感地貌、遥感地质的研究。

进一步研究的方向是：

（1）荒漠、半荒漠区地层学、岩矿学、构造学、地貌学、第四纪学研究，编制地貌、地质构造图。

（2）矿产分布规律与找矿先进方法研究。主要是石油、天然气、有色金属、黑色金属与非金属矿。

（3）局域、区域的本底资料。

（4）盐湖的开发与合理利用。

在荒漠、半荒漠区，农业开发不可能没有相应的能源基地。荒漠能源开发的第一步，是在不大的区域范围进行。进一步开发是在建立局域性的能源系统，保障工业、农业、城市的电—热供应。或通过区域电能的输入解决。

在不久的将来，利用太阳能、风能更有效地开发荒漠资源。开发能源、利用太阳能风能，科学研究的主要任务是：

（1）干旱区太阳能、风能利用区划。

（2）荒漠区小的独立风能装置以及许多大功率发电机组成的区域电能供应系统的研发。

（3）进一步研发太阳能并建立工业性太阳能制冷、供暖设施。

（4）完善多级水淡化设施，使其造价低、出水量大，适用于工业、农业。

（5）研究利用半导体、光热元件，太阳能转化电能的方法。

（6）利用风能抽取地下水，建立无人值守的风动力装置。

在荒漠半荒漠区存在不同类型土壤，需要全面研究它们的自然特点。

（1）分析温带、亚热带、热带土壤类型的成因与演化：土壤有机物、生物化学、地化学动态，不同气候区荒漠土壤温度、水分以及特点对比。

（2）研究荒漠盐壳，现代环境下的形成与破坏过程。

（3）编制不同大陆荒漠土壤水分图。

（4）调查山前可用于灌溉的土地。

对于解决最后一个问题有重要意义的是下列问题：荒漠区土壤资源清查；不同土壤灌溉适宜性评价，不同地块利用等级结论；荒漠、半荒漠带贫瘠土壤的生物土壤（热带、亚热带龟裂地、盐土、碱土）改良方法研究；建立与现代灌溉方法有关荒漠带生物土壤改良区划原则；综合进行半荒漠合理开发研究（灌溉技术，肥力效果，作物等）；研究灌溉土地次生盐碱化；利用咸水灌溉；土壤水理特征研究，地下水位与水化学成分研究。

与此同时，必须进行荒漠小绿洲建设方法研究，以建立居民点、利用地下水及径流生产蔬菜水果，利用水利设施渗漏水、集雨沙地造林。在温带石油采集区域，有少量天然气，可以利用冬季温棚生产蔬菜。

随着荒漠灌溉土地发展，畜牧业发展也非常重要。必须研究增加绵羊、山羊、骆驼等家畜数量的措施。可采取牧场合理利用与生物土壤改良相结合的途径。特别必须研究牧草类型、动态、产量与荒漠自然类型、正常年与非正常年气候过程，以及不同利用强度的关系。应当全面研究贫瘠牧场生物土壤改良复壮。利用地表水、地下水牧场灌溉有重要意义，这将为沙地牧草生长创造有利条件，为干旱、雪灾、饥荒情形牧草做储备。

生物生产量及其提高生物生产量研究，对于荒漠开发有重要意义。应当在国际生物圈计划（IBP）框架下进行。与此相关的是调查合理利用荒漠牧场的方法、低产牧场改良，以及建设新型牧场，提高牧草产量保障全年放牧。

提高牧场生产量应当合理利用生物资源，通过最大限度地利用气候、土壤、湿度等环境要素提高生物群落产量。合理利用荒漠资源的基础，是要深入了解单个群落生态、生物知识，群落要素及总体发展规律。

与牧草基地改良研究的同时，必须研究牲畜疾病防治方法。除此之外，必须研究荒漠居民流行病分布以及防治的措施。

有非常重要意义的是调查、研究荒漠药用植物，以及工业、医学应用前景。

必须保护自然保育物种：研究濒危动物的保护，驯养被狩猎动物，研究控制水库经济开发有害生态的活动，包括对鱼类、水鸟、水兽的危害。

开发荒漠时人类会遇到不利的自然现象，例如流沙及其沙的输移。与此对有关的防沙措施研究有重要意义。近些年荒漠中沙吹蚀过程、沙运动规律及堆积、林木生长环境、吹蚀区划、预防吹蚀措施、固沙减轻流沙等研究，得到进一步发展（Afforestation，1970）。这些制约了荒漠开发，特别是矿产、石油、天然气的开发。还有其他研究不够深入的许多问题，它们与荒漠自然资源开发实际问题密切相关，应当深入研究。

与流沙防治、沙地生物土壤改良密切相关的、应深入研究的主要方向如下：

（1）绿洲附近沙地开发方法研究，以防止、减轻流沙对绿洲不同经济体—灌溉土地、运河、居民点、道路等影响；

（2）铁路、公路、工业设施、管道、水利设施的流沙防护；

（3）研究荒漠、半荒漠薪柴乔木、灌木林的合理利用与恢复。

对风沙地貌形成过程空气动力、沙的风蚀特点研究，有重要意义。这一方面的研究，需要空气动力、水动力学家参与。

在极端荒漠区，不可能改良流沙的生物土壤，有必要研究利用特殊覆盖物固定流沙措施。为这一目的应继续研究新流沙固定方式和黏合剂。特别关注不同类型黏合剂在固沙方面的应用。

为了使生物土壤改良有预期的效果，应当对不同类型沙的植物生境有明确认识。因此，所有减轻、固定流沙的措施，是生物土壤改良的前提，应编制生物土壤改良规划。

近些年实践表明，区域农业开发自然资源评价，最有效的方法是综合景观研究。它不仅查明景观单位面积与界线，而且确定景观要素相互作用以及在农业开发中的意义。

景观学方法基础，是划分一级最大的地理综合体——景观型或荒漠型，然后这些综合体继续划分亚型、景观类、种、限区等。景观最终划分最小的景观单元（限区、相），有相应的植物组及其组合。这一方法能在有限区域相当准确地确定区界、划分植物群组，划分牧场、农田类型。

进行综合自然地理研究，进行荒漠自然区划，编制荒漠经济开发系列图，分析自然环境要素，编写荒漠特征与资源的总结性专著，揭示荒漠或整体，或局部开发的步骤与远景。

应用航空遥感对于加快综合自然地理研究步伐，有重要意义。以航空遥感为基础，区域荒漠所有类型研究，质量高费用低。

遥感为自然体无直接接触研究提供了特别多的信息。例如已经开发了遥感方法，应用于确定污染特点、程度，地表水、地下水动态，水体中的石油污染、大气辐射污染等。

与此相关应当研究下列问题：区域航空相片综合解译理论基础；解译的标准航空相

片建立；遥感制图方法研究（地貌、土壤、地植物、生物土壤改良等制图）。研制新型胶片、高分辨率红外遥感、电磁波遥测，自动解译，也是比较迫切问题。所列举问题成功解决，野外研究将被室内研究部分或全部替代。

实际研究表明，航空遥感方法可以应用于荒漠的任何区域的研究（Виноградов，Петров，1962；Виноградов，1966；Actes，1967）。应当进一步研究航空遥感的解译方法，地貌解译、地植物解译等。

可以采用同一地段重复航空摄影的方法，进行区域景观动态研究。

这样，应用航空遥感对于荒漠研究与开发，有广阔前景。可以广泛应用于干旱区所有的地理类型。

荒漠自然地理过程过去、现在的同一性，荒漠景观解译标志外推方法很有成效（Виноградов，1966）。M.A.莫拉浩维（1970）所进行的中亚、北非、南非盐碱景观的比较，是应用外推法的范例。

在讲荒漠自然资源开发前景时，不应当忘记石油、矿业、牧业、铁路等工作者的生活、工作环境改善。他们分布在最干旱的自然环境中，特别是畜牧工作者，常年与荒漠为伴。

大家知道，对干旱区生理适应性，是对高温、干旱、缺水综合适应。对上述环境要素的适应，包括形态、生理、行为特征。对此应提高人体调节机能，提高干旱环境下人的机体稳定性。对这些问题，应当研究提高人体适应性以及改善生活环境的措施。

荒漠中的居民点应当保障正常的生活环境。在荒漠中最困难的是夏季，热到 50～58℃，感受到酷热的风。

解决荒漠炎热问题并不复杂，应当设置空气调节装置，但这需要电能。在大的居民点，电能充足，空气调节装置已经广泛使用。困难的是在荒漠深部，电量有限。但是这一困难近期能源专家可以解决，利用太阳能、风能。

在荒漠环境下建设新企业、电站、道路、村镇、城市，会出现一些问题，最主要的是流沙，掩埋道路、运河积沙、压占土地，以及高温等。

在民用建筑方面，应研究的主要问题是：研究标准设计；利用当地材料；具有最大的舒适度；有空气调节设施、最热月能正常生活。在道路建设方面，主要研究问题，流沙防治措施、机理，例如草方格防治流沙。

荒漠研究中什么样的问题应排在第一位，是最迫切的？可能是那些影响荒漠资源开发效果的问题，增加产量，提高劳动生产率。

应当强调的一个特点，建议在荒漠开发与研究中必须研究，即各个荒漠的很多自然地理过程具有同一性。这是建议采取的措施相似性的先决条件。特别是这样的一些措施：流沙的机械防护、无堆积的输沙等。

各个大陆荒漠流沙生物土壤改良方法也有同一性。例如，栽种本地或引种植物的方法，流沙固定的方法，荒漠变为林地与牧场的方法等。现在所利用的植物种类、栽种时间。在这种情形下，植物生态有重要意义，特别是对热量（耐寒性、喜温性、耐热性）、土壤盐碱（抗盐性）、水分（耐旱性）适应性。

荒漠开发的建议对所有的荒漠是通用的。例如，利用咸水灌溉和饮用水淡化，在各个荒漠都是同一途径。所建议方案将根据这一或那一区域的水化学特征提出。一个国家研制的脱盐设备，如德国的成果，可以在其他荒漠国家使用。利用这样技术成果，可以在沿海荒漠从空气中收集淡水。

所有荒漠共同的问题是建立最有效利用太阳能、风能的设施。太阳能、风能装置，在北半球荒漠、南半球荒漠是同一类型。

可能还要讨论荒漠旅游业的发展。在印度斯坦非常重视。两个最重要的条件是：完善的旅馆；从城市到风景名胜地方便的交通，很好的道路、机场等。

近几十年荒漠开发措施出现新局面——超越了印度斯坦方式。主要是利用科学技术进步的成果。印度斯坦方式，保障了荒漠自然资源更有效研究、更快地开发。

印度斯坦的荒漠开发过程有一系列特点，研究这些特点很有意义。其特点是政策、社会、经济，人文与自然相互综合促进。

在荒漠中出现几千、几万人口的工业中心，根本改变了人类作用于自然的性质。此外，产生了印度斯坦的荒漠开发方式与传统荒漠开发方式的相互联系的问题。这种相互联系是非常重要的，综合对其研究是非常必要的。

应当讨论荒漠开发国际共同的社会问题，干旱国家研究的组织问题，荒漠开发措施社会作用，教育组织，国际信息交换等。

荒漠开发速度加快，需要扩大干旱区研究的规模。在一些国家已经有了专门的研究所、研究站，例如苏联、美国、中国、以色列等。出现了更新的类似机构，在阿布扎比（波斯湾）建立的干旱土地生产力国家研究中心是例子，亚利桑那大学环境实验室参与了其中工作。

科学研究机构应当有广泛的合作者，进行国际联合研究。

大家知道，荒漠开发利用科学技术成就需要大量的技术人员。但是在许多非洲国家，甚至识字的人数占的比例很少。例如阿尔及利亚，识字人数只占 20%（Кульер，联合国环境署，1968 年 2 月）。这一问题的解决目前遇到政治、社会、经济困难。因此，必须在干旱区发展中国家居民，更快更有效地提高文化、技术教育水平。同时对有荒漠的发展中国家，进行技术经济援助。

干旱区发展中国家的初等、中等教育，需要考虑当地环境的计划，为此需要社会、经济措施全面解决。地方中学教育采用国家首都教育模式，没有考虑地方环境特点。应当系统地教育，使学生具备生产实际措施的必要知识。

以上论述表明，所有国家科学家联合研究的必要性，进行荒漠、半荒漠研究与开发必要性。在统一规划下，或一个国家或全世界加强信息交流、合作研究，加快干旱区自然资源开发。

不同国家、不同大陆同一地理对象的概念、术语的统一，是重要问题。因此必须首先对不同类型荒漠特点、形态结构、风积风蚀形态、土壤分类等术语，进行研究。这样可以促进不同国家荒漠研究专家更好地交流理解。

为此，提出了创办专门的国际刊物《荒漠开发》，将论述各个国家存在的这些问题，讨论干旱区国家荒漠开发的共同问题。

毫无疑问，在许多国家科研机构与规划组织，积累了丰富的荒漠自然特点与开发的丰富资料。按统一计划科学总结出版系列专著，对认识世界荒漠最大的贡献。

这将相应的完成联合国环境署关于研究干旱区、利用这些资料进一步开发荒漠自然资源的计划。

第十六章　荒漠的未来

近几十年科学技术的进步，根本改变了世界荒漠自然资源开发研究的可能性。

在许多荒漠中，大规模进行农业与工业开发，建设大型电站、运河、铁路、公路，建设新的企业以及矿产开采与加工企业。荒漠周围建设新居民点，上千公里铁路、公路、输油、气管线、输水管道穿过沙漠。

现在对于荒漠巨大的经济潜力已经没有任何疑问。

最近时期，科学家全面论证了荒漠大规模建设可能性。在荒漠中发现了地下淡水、咸水，用高技术开采以及咸水淡化，已经不存在大的困难。将全面地开采石油、天然气、黑色金属、有色金属、稀有金属矿、盐矿、煤矿。

荒漠将长时间供给世界各国石油、天然气。石油、天然气管线越过大陆延伸几千公里，输送压缩天然气、石油的管道从荒漠大陆海岸分布到荒漠各个区。

丰富矿产使人类在荒漠中建立了上千居民点、企业。

荒漠自然资源高效开发，取决于科学技术的广泛利用。

在研究者的努力下，矿产资源研究方法更加完善。因此，荒漠地质构造与矿产分布研究得更为详细。

航空遥感方法使荒漠开发更快速有效，特别是航空相片的解译。这样，在难以通行的荒漠区全面应用红外像片、多波段合成相片，通过立体镜放大，不仅能发现地下水与矿产，而且能确定储量。

利用专门的航空相片与卫星相片，能得到客观准确的资料，提高野外与室内工作效率，更快、更经济地完成工作任务。这为地球区域研究积累了利用航空遥感研究的经验。

开发干旱区域作为新的生活空间需要大量的能源，这是荒漠开发的重要因素之一。荒漠中能源非常丰富，有太阳能、热能、水电能。

在荒漠中太阳能储量非常大。太阳能的利用，是由于建立了固定的或流动的太阳能设备，或者热电、光电发电机。太阳能转化为人类征服干旱荒漠的机械能，它可以建造便宜的设备，降低荒漠气温，使每家夏天凉爽、冬天温暖。太阳能可使荒漠变凉爽。这种声音似乎是荒唐的，但却是完全可能的。

与此同时，将建设强大的其他类型的电站。其中包括在穿过荒漠大河建设电站，例如，阿姆河、锡尔河、印度河、黄河等。另外利用石油、天然气钻井，提供热能。第三是最不寻常的能源——原子能。丰富的能源可以根本改变荒漠中人的生活环境。

科学家主要关注荒漠中三个限制因子——无水、炎热，以及这两个因子导致的生物产量低。

未来荒漠土地灌溉水供给不仅是地表水，而且还有井水。能够而且应当广泛利用咸水和地下水，试验研究已经取得成果（Бойко，1968）。

一些巨大的水体，例如，中亚的低含盐度（11%～13%）的里海、咸海，以及世界其他微咸的湖泊，是丰富的水源。此外，人类还可以利用低矿化度的深层水，这可以通过大功率的泵提取。

气候学家与地理学家利用荒漠上空的水汽循环，荒漠上空的云带来水汽要比水库储水大得多。这些降水能通过城市上空或建立专门的收集地收集。建设这样的收集地并不困难，可利用黏合物或压实的土壤形成的覆盖。在近海荒漠，水汽储存还可通过活跃的水汽与空气对流。

在极端干旱荒漠，多年不降雨，地下淡水贫乏，地下咸水是主要水源。咸水淡化是很平常的事情，有各种方法：结晶法、电法、化学法等。将研发广泛实际应用的固定式或移动式的不同生产量的咸水淡化设备。最终，穿过荒漠几千公里运河与输水管道，从荒漠外大河与淡水湖输水。

由于这些，荒漠中现代水文网得到根本改造。在荒漠出现新的输水干线，第四纪流经沙漠的河道得到恢复。一些国家已经展开了这样巨大的工作。中亚卡拉库姆运河很长一段是沿阿穆尔河古河道修建。

所有这些可以建设新的巨大的荒漠绿洲。

必须更经济利用水、适用农业的土壤，植物学家应研发更现代更经济的植物培育方法，为这一目的，在荒漠内部建立了温室农业，每年几次收获水果、蔬菜。

与此类似的在北部高纬度，在温室里对土体与空气增温。在未来的荒漠温室中，夏天将人工降温，为植物生长创造适宜环境。特别关注作物高产品种和牧草高产品种。

荒漠开发新方法研究，下一阶段是建立复杂的核能与工业综合体，在综合体中一种生产补充另一种。例如，咸水淡化可以与电能生产、从地下水海水获取盐并行（Miller，1965；Michl，1969，图 176）。

这样，利用科学技术成果开发沙漠，提高干旱区农业、工业潜力。

荒漠中最古老的是畜牧业，但是它产出比较低，是依靠品种改良使之更适应热的荒漠环境，更合理利用自然牧场。自动化用于畜牧业，使人夏天不必要长时间在野外。未来牧场牲畜管理，人无须走出，利用专门装备的管理点。这些能变为现实，是基于大规模牲畜放牧技术研发。

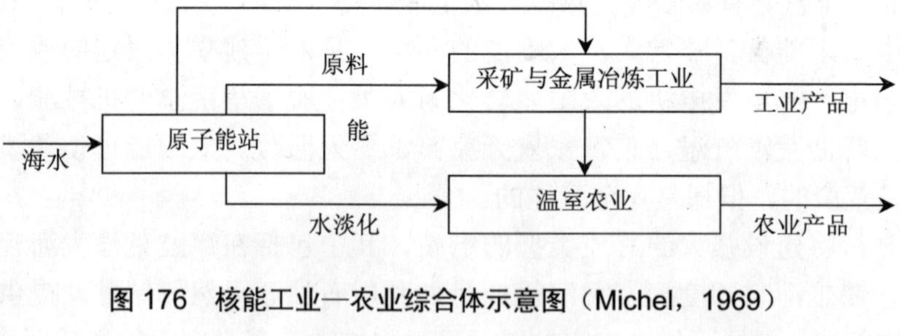

图 176　核能工业—农业综合体示意图（Michel，1969）

牲畜供水将实现自动化。泵站从井中抽水，通过管道输送到各个供水点。这样减少了疲惫的牲畜在分散供水点之间的迁徙。

当牧场无收获时，大量地用运输飞机运送牲畜和牧草，避免牲畜大批死亡。大家知道，这种情形在世界所有荒漠周期性地出现。飞机也可以将牲畜运往加工厂。这样不必要建立大规模的牲畜育肥基地。大家知道，牲畜长距离迁徙与汽车运输要大量消耗。

飞机、火车、公路运输技术在迅速发展。在荒漠中铁路、公路将向各个方向延伸。由于合理利用地质地貌环境——平原地形，以及丰富的建筑材料（砾石，碎石，沙），沙漠公路建设速度加快、长度增加。最困难的是在广阔的具有复杂风成地貌的沙漠中铺设公路。

正如大家所了解的，在现代建筑中完全不用风成沙。这是由于地化学特征决定的（铁膜等）。仅在近些年由于化学黏合剂生产的发展，开拓了大量风成沙广泛用于建筑的可能性。

技术进步使这一问题将会短期彻底解决。风成沙应当在道路建设中广泛利用。可能研发出独特的筑路机械。这样机械缓慢地爬行新月形沙丘，将其夷平。同时机械将风成沙收集在机械内特殊的容器中，与黏合剂混合热加工。将形成的玻璃状的物质铺设在路面上。在机械后形成宽阔平坦道路，道路表面铺设厚层玻璃状物质。

为了保护具有固定沙漠表层功能的植被，应将地表负荷降到最小。现在许多区域，由于地质勘探发展以及荒漠深处石油、天然气井附近居民点增加，人类对荒漠作用增加。拖拉机牵引钻机，在长几十公里、宽 50～100 m 范围，毁坏灌木使地表沙变松。钻塔附近经常是几公里范围砍伐灌木。所有这些形成新的流沙。这些问题在近期解决是完全有可能的。最实际的方法是广泛采用飞机运输，特别是直升机。在不远将来，将用直升机运送钻井设备和钻塔。

为此需要研发特殊的塔，类似已有的水塔，应用它为居民点供给压缩燃气，大量减少薪柴用量。

运输速度快、网状分布的公路，使汽车成为在荒漠中最广泛最方便的运输工具。适用于沙漠的载重汽车与轿车在研发。与此同时空运特别是直升机运输量在增加。

旧大陆荒漠的骆驼与马以及南美的美洲驼成为旅游业主的财富。尽管完全可能，到 2000 年世界人口大量增加，在许多国家这些动物被食用。

改变荒漠生存环境主要应与过热与水供应不足作斗争。广泛利用空调，第一个问题不难解决。荒漠有充足的电供应不会有困难。

未来荒漠中住房是非常舒服的。这需要高技术与荒漠丰富的能源保障（丰富的石油、天然气，风能，太阳能）。理想的荒漠住房应当有下列设施：空气调节装置，生活制冷装置，电能或太阳能咸水淡化装置，电或燃气厨房，电视。

虽然供水问题比较复杂，但是可以完全解决。水可以通过不同渠道解决：从大河、湖泊管道引水；钻井；地下咸水或海水淡化。科威特大型淡化水厂、正在建设的克拉斯诺沃茨克淡化水厂、哈萨克斯坦在里海边舍甫琴科原子能海水淡化站，是范例。

比较小的和移动的淡化装置可以为小居民点供水。通过黏合物或者其他不透水薄膜集水地面，广泛收集利用雨水。雨、雪水收集储存在地下水库，提供丰富的淡水储备。采用这些方式，荒漠中小城镇与居民点获得丰富的淡水。在大的开阔区域每一家可以搞。绿色植物为居民点添加特别色彩。

未来荒漠中的一些城市将是完全不同的面貌。将是在共同盖顶下的“房屋—城市”，类似现在的北极的规划。应当研究设计 1 000～10 000 人多层房屋—城市。主体建筑是形成适宜人的消除过热的微气候。

这样的房子具有许多优势。强大的调节装置，保障最适宜的温度（大约 23℃）和湿度（大约 60%），气候将与夏威夷岛的气候相当。在这样的房屋生活，避免干旱与尘暴。坐在巨大窗户后，可以欣赏龙卷风跳舞和血—灰色下沉的太阳。

在冬季房屋—城市的取暖问题，由于当地开采的石油、天然气，解决比较容易。此外，在综合房屋—城市里，可广泛利用太阳能。利用太阳能不仅保障居民的用电，而且保障降温。在城市中可以栽植小块常绿植物、果园、温室蔬菜。在房屋—城市的环境下，可以降低无效的地表蒸发，更合理利用水资源。在温和的有利的气候环境下，水的消耗量较少。炎热的夏天当荒漠起尘暴时，在房屋—城市进行活跃生命活动。

这样，未来荒漠生存可以利用一切科学技术成果，已经取得的与未来的。我认为，在这样居住建筑上的高额花费是物有所值。这是因为荒漠中有如此多样、大量、有价值的资源，其开发盈利部分，应当返还一部分用于改善开采者的居住环境。

春天、冬天、秋天，房屋—城市外部环境比较缓和，居民的活动范围扩大。特别是最困难的工作，需要很多人露天长时间作业，将在比较凉爽月份完成。

可能目前建造这样的房屋—城市受到财政限制，但是现代建筑技术水平，以及荒漠中丰富的资源，建造上述房屋—城市综合体，是完全可能的。

所有的这些保障着荒漠居民生活的舒适性。人们向往荒漠，特别是冬季在北部地区短期的阴沉天。荒漠中充足阳光、干燥的空气、特产，吸引百万旅游者。人们将到这里休息。荒漠中出现成千的疗养者，医疗各种疾病。

到过沙漠的人都迷恋沙漠色彩与寂静，特别是晚上与深夜，当繁星在黑色的新月形沙丘上空闪烁，就像珍贵的画框。

现在荒漠与半荒漠生存着 1%的世界人口，具有世界 23%的建筑。这样的不均衡将很快缩小。人类将从荒漠获得广阔生存空间。在解决未来人口过剩复杂问题方面，荒漠空间与资源将发挥重要作用。世界干旱区能容纳大量人口（大约 10 亿人）。

这样，人类居住荒漠会发生一系列根本改变：通过地下咸水、海水淡化或从湿润区河流引水，获取充足水；无土栽培收获大量农产品；到处建立太阳能电站，建立人工气候综合城市。这个时期会到来。那时候荒漠将有更多居民，向人类贡献自己所有财富。

然而尽管利用所有技术成就，居住与开发的仅是荒漠不大的面积，不同国家从 3%～5%，甚至到 20%。荒漠大部分仍荒无人烟，将利用的仅仅是畜牧业以及偶尔到达的旅游者。

主要的原因依然是大家知道的问题——荒漠缺乏水！

应当指出，有时候见到过于乐观者，提出“变荒漠为花园”。这是能够做到的，但仅在不大的范围，其范围取决于人类生存需要的水量。

荒漠自然资源丰富，人类利用的规模每年在增加。荒漠具有美好未来。这就是结论的这一章所论述的乐观论调。

参考文献

К ЧАСТИ I

Абросимов И. К., Востокова Е. А., Новикова Н. М., Самылин А. И. 1970. Тихама (ландшафтно-гидрогеологический очерк). Изв. Всес. геогр. общ., т. 102, в. 5.

Алиман А. 1960. Доисторическая Африка. М.

Аристархова Л. Б. 1971. Процессы аридного рельефообразования. М.

Артанова А. К. 1963. О засушливости западных побережий материков в тропических широтах. Вестн. МГУ, сер. геогр., № 5.

Базилевич Н. И., Родин Л. Е. 1967. Карты продуктивности и биологического круговорота главнейших типов растительности суши Земли. Изв. Всес. геогр. общ., т. 99, в. 3.

Берг Л. С. 1904. Высыхает ли Средняя Азия? Изв. Русск. геогр. общ., т. XI, в. 3.

Берг Л. С. 1911. Формы русских пустынь. В кн.: И. Вальтер. Законы образования пустынь. СПб.

Берг Л. С. 1953. О проблематичном усыхании степей и пустынь. Изв. АН СССР, сер. геогр., № 5.

Бернар О. 1949. Северная и Западная Африка. М.

Биро П., Дреш Ж. 1962. Средиземноморье. Т. 2. М.

Благовещенский Э. Н. 1968. Эоловые формы рельефа в восточной части пустыни Тар (Индия). Проблемы освоения пустынь, № 2, Ашхабад.

Благовещенский Э. Н. 1969. Пустыня Тар в Западном Раджастане. Изв. Всес. геогр. общ., т. 101, в. 4.

Благовещенский Э. Н., Нуннаев А. 1967. Засоление грунтовых вод под лесными насаждениями в Каракумах. Проблемы освоения пустынь, № 4. Ашхабад.

Браун Д., Кемпбелл К., Крук К. 1970. Геологическое развитие Австралии и Новой Зеландии. М.

Брод И. О., Васильев В. Г., Высоцкий И. В., Кравченко К. Н., Левинсон В. Г., Львов М. С., Оленин В. Б., Соколов Б. А. 1965. Нефтегазоносные бассейны земного шара. М.

Будыко М. И. 1956. Климатические показатели аридности. В кн.: Вопросы географии (Сб. статей для 18-го Межд. геогр. конгр.). М.

Василевская В. К. 1965. Структурные приспособления растений жарких и холодных пустынь Средней Азии и Казахстана. В кн.: Проблемы современной ботаники, т. II. М.—Л.

Виво Х. А. 1957. География Мексики. М.

Викторов С. В. 1949. Типы гипсовых пустынь южного Туркестана. Бюлл. МОИП, отд. биол., т. 54, в. 1.

Виноградов Б. В. 1958. Признаки дешифрирования пустынной растительности на крупномасштабных аэроснимках. Тр. Лаб. аэрометодов, т. 6, М.—Л.

Виноградов Б. В. 1962. Географические закономерности дальней экстраполяции признаков дешифрирования ландшафтов аналогов. В кн.: Применение аэрометодов для изучения грунтовых вод. М.—Л.

Виноградов Б. В. 1966. Аэрометоды изучения растительности аридных зон. М.—Л.

Виноградов Б. В., Петров М. П. 1962. Применение аэрометодов при изучении растительности ландшафтов пустынной зоны. В кн.: Аэрометоды изучения природных ресурсов. М.

Воейков А. И. 1910. Повсеместны ли колебания климата и периодичны ли они? Метеорол. вестн., № 12.

Воейков А. И. 1920. Продолжается ли высыхание Туркестана и Центральной Азии? Метеорол. вестн., № 1.

Востокова Е. А., Абросимов И. К., Новикова Н. М. 1971. Принципы установления ландшафтных аналогий пустынь Азии и Северной Африки для

прогнозирования и поисков грунтовых вод. В кн.: Земельно-водные ресурсы пустынь. Ашхабад.
Гарфиас В., Чапин Т. 1956. Геология Мексики. Пер. с исп. М.
Герасимов И. П. 1953. Географические наблюдения в северной и западной Африке. Изв. АН СССР, сер. геогр., № 4—6.
Герасимов И. П. 1954. Черты сходства и различия в природе пустынь. Природа, № 2.
Герасимов И. П. 1956а. Древние почвенные и элювиальные образования и их значение для палеогеографии четвертичного периода. В кн.: Проблемы палеогеографии четвертичного периода. М. (Тр. Инст. геогр. АН СССР, в. 37).
Герасимов И. П. 1956б. Аридные и семиаридные области СССР и их географические аналоги. В кн.: Вопросы географии. (Сб. статей для 18-го Межд. геогр. конгр.). М.
Герасимов И. П. 1959. Пустыня Гоби. В кн.: Очерки по физической географии зарубежных стран. М.
Глазовская М. А. 1952. Почвенно-географический очерк Австралии. М.
Грубов В. И. 1959. Опыт ботанико-географического районирования Центральной Азии. Л.
Грубов В. И. 1963. Растения Центральной Азии. В. 1. М.—Л.
Грум-Гржимайло Г. Е. 1933. Рост пустынь и гибель пастбищных угодий и культурных земель в Центральной Азии за исторический период. Изв. Русск. геогр. общ., т. 65, в. 5.
Дмитриевский Ю. Д. 1963. Внутренние воды Африки. Автореф. докт. дисс. М.
Докучаев В. В. 1899. К вопросу о репетекских гипсах. Зап. Минералог. общ., ч. 37.
Дреш Ж. 1961. Новейшие исследования французских географов в аридных областях Африки. Вестн. МГУ, сер. геогр., № 3.
Друен Ж. 1955. Проблема водных ресурсов в Северо-Западной Африке. В кн.: Гидрогеология и гидрология аридной зоны земного шара. М.
Дю-Тойт А. 1957. Геология Южной Африки. М.
Забродская М. П. 1966. Опыт физико-географического районирования Африки. Изв. Всес. геогр. общ., т. 98, в. 5.
Забродская М. П. 1967. Географические аналоги природных зон Африки на территории Евразии, Австралии и Южной Америки. В кн.: Вопросы физической географии зарубежных стран. (Изв. Воронежск. пед. инст., т. 56).
Заморский А. Д. 1964. Межконтинентальный перенос пыли струйными течениями. Метеорология и гидрология, № 4.
Иванов Н. Н. 1948. Ландшафтно-климатические зоны земного шара. Зап. ВГО, нов. сер., т. I, Л.
Капо-Рей Р. 1958. Французская Сахара. М.
Каратекин Н. 1955. Гидрогеологические исследования на Ближнем Востоке. В кн.: Гидрогеология и гидрология аридной зоны земного шара. М.
Кеппен В. П. 1938. Основы климатологии. (Климаты земного шара). Пер. с нем. М.
Климатический справочник Африки. 1968. Ч. I. Л.
Ковда В. А. 1954. Геохимия пустынь СССР. М.
Ковда В. А. 1966. Почвенная карта мира. Изв. АН СССР, сер. биол., № 2.
Козлов И. В. 1959. Типы пустынь Средней Азии по субстрату. Вестн. МГУ, сер. биол., почв., геол., геогр., № 4.
Козлов П. К. 1905. Монголия и Кам. Т. I, ч. 1. По Монголии до границ Тибета. СПб.
Коровин Е. П. 1934. Растительность Средней Азии и Южного Казахстана. Ташкент.
Коровин Е. П. 1958. Фитогеографические районы. В кн.: Средняя Азия. М.
Кригер Н. И. 1962. Четвертичные отложения Африки и Передней Азии. М.
Кунин В. Н. 1959. Местные воды пустынь и вопросы их использования. М.
Курков А. А. 1968. Основные этапы развития ландшафтов азиатских пустынь в кайнозое. Изв. АН СССР, сер. геогр., № 6.
Лавренко Е. М. 1962. Основные черты ботанической географии пустынь Евразии и Северной Африки. М.
Лобова Е. В. 1965. Классификация пустынных почв суббореального пояса. В кн.: География и классификация почв Азии. М.
Марков К. К. 1951. Высыхает ли Средняя и Центральная Азия? В кн.: Вопросы географии, сб. 24, М.
Мейгс П. 1955. Распределение на земном шаре аридных и полуаридных гомоклиматов. В кн.: Гидрогеология и гидрология аридной зоны земного шара. М.
Меньшикова А. И. 1956. Основные черты геологического строения Сахары. Бюлл. МОИП, отд. геол., т. 31, в. 6.
Михайлов И. С. 1970. Основные закономерности почвенного покрова Чили. Почвоведение, № 1.

Михайлова Л. А. 1957. Главные типы пустынь Сахары и их географическое распространение. В кн.: Вопросы географии, сб. 40, М.
Монахов М. А. 1970. Об экстраполяции индикационных схем в пределах солончаков. В кн.: Индикационные географические исследования. М.
Моретт Ф. 1951. Экваториальная, Восточная и Южная Африка. М.
Мурзаев Э. М. 1949. К палеогеографии северной Гоби. Тр. Монгольск. комиссии, в. 38, М.
Мурзаев Э. М. 1962. Палеогеография Центральной Азии и средиземноморские элементы в ее пустынях. Изв. АН СССР, сер. геогр., № 4.
Мурзаев Э. М. 1966. Природа Синьцзяна и формирование пустынь Центральной Азии. М.
Обручев В. А. 1901. Отчет о путешествии, совершенном по поручению РГО в 1892—1894 гг. Т. II. СПб. (2-е изд.: Избр. работы по географии Азии. Т. I. 1957. М.).
Певцов М. В. 1895. Путешествие по Восточному Туркестану, Куэнь-Луню, северной окраине Тибетского нагорья и Чжунгарии в 1889 и 1890 гг., ч. 1. СПб. (2-е изд.: Путешествие в Кашгарию и Куньлунь. М., 1949).
Пенк В. 1961. Морфологический анализ. М.
Перельман А. И. 1959. Процессы миграции солей на равнинах восточной Туркмении и Западного Узбекистана в неогене. Древние почвы пустынь Азии. М. (Тр. Инст. геол. рудн. месторожд., петрогр., минерал. и геохимии, в. 25).
Петров М. П. 1950. Подвижные пески пустынь и полупустынь Союза ССР и борьба с ними. М.
Петров М. П. 1952. Иран. М.
Петров М. П. 1963. Типы пустынь Азии. В кн.: Природные условия, животноводство и кормовая база пустынь. Ашхабад.
Петров М. П. 1965. Сравнительная характеристика ландшафтов пустынь Азии и Северной Африки. Вестн. ЛГУ, № 6, сер. геол. и геогр., в. 1.
Петров М. П. 1966а. Еще раз об усыхании Азии. Изв. ВГО, т. 98, № 3.
Петров М. П. 1966б. Пустыни Центральной Азии. Т. I. Ордос, Алашань, Бэйшань. М.—Л.
Петров М. П. 1967. Пустыни Центральной Азии. Т. II. Коридор Хэси, Цайдам, Таримская впадина. М.—Л.
Петров М. П. 1969. О классификации пустынь мира. Изв. Всес. геогр. общ., т. 101, № 6.
Петров М. П. 1971. Сравнительная характеристика ландшафтов пустынь мира. В кн.: Вопросы истории и теории физической географии. Л.
Потанин Г. Н. 1893. Тангутско-Тибетская окраина Китая и Центральная Монголия. Путешествия 1884—1886 гг. Т. I. СПб. (2-е изд.: М., 1950).
Пржевальский Н. М. 1888. От Кяхты на истоки Желтой реки. Исследования северной окраины Тибета и путь через Лоб-Нор по бассейну Тарима. Четвертое путешествие в Центральной Азии. СПб. (2-е изд.: М., 1948).
Родин Л. Е., Базилевич Н. И. 1965. Динамика органического вещества и биологический круговорот зональных элементов и азота в основных типах растительности земного шара. М.—Л.
Романкевич Г. Н. 1969. Новая карта Саудовской Аравии. Изв. АН СССР, сер. геогр., № 1.
Сваричевская З. А., Селивестров Ю. П. 1965. Сравнительная характеристика рельефа Западной Африки и Казахстана и основные этапы его развития. Вестн. ЛГУ, № 12, сер. геол. и геогр., в. 2.
Сидоренко А. В. 1950. Денудационные и аккумулятивные пустыни Средней Азии. Докл. АН СССР, т. 70, № 5.
Сидоренко А. В. 1958. Известковые накопления «каличе» в пустынях Мексики. Изв. АН СССР, сер. геогр., № 1.
Силин-Бекчурин А. И. 1962. Подземные воды Северной Африки. М.
Симайка Д. М. 1955. Исследования по гидрологии и гидромеханике подземных вод в аридных районах Северо-Восточной Африки. В кн.: Гидрогеология и гидрология аридной зоны земного шара. М.
Синицын В. М. 1949. Геотектонический фактор в изменении климата Центральной Азии. Бюлл. МОИП, отд. геол., т. 24, в. 5.
Синицын В. М. 1959. Центральная Азия. М.
Синицын В. М. 1962. Палеогеография Азии. М.—Л.
Синицын В. М. 1965, 1966. Древние климаты Евразии. Ч. I. Палеоген и неоген. Ч. II. Мезозой. Л.
Синицын В. М. 1967. Введение в палеоклиматологию. М.
Соболевская В. М. 1965. Основные черты тектонического развития Австралии. Геотектоника, № 5.
Сохрина Р. Ф., Челпанова О. М., Шарова В. Я. 1959. Давление воздуха, температура воздуха и атмосферные осадки северного полушария. Л.

Труды Комплексной советско-китайской экспедиции Академии наук КНР. 1958. Вып. 1. Пекин.
Федорович Б. А. 1960. Вопросы классификации песков для целей картирования на примерах Западной Туркмении. Землеведение, нов. сер., т. V.
Федорович Б. А. 1961. Происхождение рельефа пустыни Такла-Макан и вопросы ее освоения. В кн.: Куньлунь и Тарим. М.
Федорович Б. А. 1964. Зональность эолового рельефообразования. В кн.: Развитие и преобразование географической среды. М.
Формозов А. Н. 1956. Биологические формы животных в аридных и полуаридных областях Средней и Центральной Азии. В кн.: Вопросы географии. (Сб. статей для 18-го Межд. геогр. конгр.). М.
Формозов А. Н. 1964. Конвергенция у наземных позвоночных животных и географическая среда. В кн.: Современные проблемы географии. М.
Фридлянд В. М., Ерохина А. А. 1963. Сравнительная генетическая характеристика почв Северной Африки, СССР и Западной Европы. В кн.: Исследования в области генезиса почв. М.
Фроммурзе Х. Ф. 1955. Гидрогеологические исследования в аридных и полуаридных областях Южно-Африканского Союза и Анголы. В кн.: Гидрогеология и гидрология аридной зоны земного шара. М.
Фюрон Р. 1966. Проблема воды на земном шаре. Л.
Хиллс Е. Ш. 1955. Гидрология аридных и полуаридных областей Австралии. В кн.: Гидрогеология и геология аридной зоны земного шара. М.
Хиллс Е. Ш. 1960. Тектоническое строение Австралии. В кн.: Вопросы зарубежной тектоники. М.
Хоутон С. 1966. Африка южнее Сахары. М.
Шайдеггер А. 1964. Теоретическая геоморфология. М.
Шанц Г. Л. 1958. История и проблемы освоения аридных земель. М.
Шокальская З. Ю. 1948. Почвенно-географический очерк Африки. Л.—М.
Шокальская З. Ю. 1957. Почвенная карта Южной Америки. В кн.: Вопросы генезиса и географии почв. М.
Эмберже Л. 1964. Области Северной Африки и Австралии со средиземноморским климатом. В кн.: Климатология и микроклиматология. М.

A review of the natural resources of the African continent. 1963. UNESCO, Paris.
Alimen H. 1955. Préhistoire de l'Afrique. Paris.
Ambroggi R. P. 1966. Water under the Sahara. Scient. Amer., v. 214, № 5.
Arid lands. A geographical appraisal. 1966. London—Paris.
Arid lands in perspective. 1969. University of Arizona. Tucson.
Arid lands in transition. 1970. Publ. № 90, AAAS, Washington.
Armstrong P. W. 1960. Barchans of Southern Peru. Geogr. Rev., v. 50.
Aufrere L. 1931. Le cycle morphologique des dunes. Ann. géogr., № 226.
Australian environments. III ed., 1960. IV ed., 1970. Melbourne—London.
Bernard O. 1939. Afrique septentrionale et occidentale. Paris.
Bettenay E. 1962. The salt lake systems. J. Soil. Sci., № 13.
Beydoun Z. K. 1965. The stratigraphy and structure of the Eastern Aden Protectorate. Overseas, geol. and mineral., res. suppl., № 5.
Biology of deserts. 1954. The proceedings of a Symposium on the biology of hot and cold deserts organized by the Institute of biology. London.
Birot R., Dresch J. 1956. La Méditerranée et le Moyenorient. Paris.
Brawn G. F. 1960. Geomorphology of Western and Central Saudi Arabia. Rept. 21-th Session, Intern. Geol. Congress, p. 21. Copenhagen.
Butzer K. W. 1961. Climatic change in arid regions since the Pliocene. A history of land in arid regions. UNESCO, Paris. (Arid Zone Res., XVII).
Butzer K. W. 1966. Climatic changes in the arid zones of Africa during early to mid-holocene times In: World climate from 8000 to 0 b. C. London.
Buxton P. A. 1923. Animal life in deserts. London.
Campbell E. M. 1968. Lunetts in South Australia. Trans. Roy. Soc. S. Australia, v. 92.
Capot-Rey R., Capot-Rey F. 1948. Le déplacement des sables eoliens et la formation des dunes desértiques d'apres R. A. Bagnold. Trav. Inst. Rech. Sahar., v. 5.
Capot-Rey R. 1953. Le Sahara Francais. Paris.
Capot-Rey R., Cornet A., Blaudin de The B. 1963. Glossaire des principaux terms géographiques et hydrogéologiques sahariens. Alger.
Chaen L., Leperson J. 1956. A Congo Belge. Lexique Stratigraph. Intern., v. IV, fasc. 7a.
Chavaillon-Dutrievos. 1957. L'Aterien d'Anchal. (Mont d'Ougarta. Sahara nordoccidentale). Bull. Soc. préhistor. franç., v. 53, № 10.
Clements Th. D. 1954. Geomorphic classification of desert types. Bull. Geol. Soc. America, v. 65, № 12, p. 2.

Climate of South Africa. 1954. P. I. Climate statistics. Pretoria.
Climates of Australia and New Zealand. 1971. Ed. by J. Gentilli. World Surwey of Climatology, v. 13. Amsterdam—N. Y.
Climatic averages Australia. 1956. Temperature, relative humidity, rainfall. Melbourne.
Climatological tables of observatories in India. 1953. V. 14, № XXXV, Bombay.
Cole M. 1966. South Africa. London.
Coque R. 1955. Les croûtes gypseus des Sudan—Tunisien. Bull. Soc. sci. natur. Tunisie, v. 8, № 3—4.
Cornish V. 1897. On the formation of sand-dunes. Geogr. J., v. 9, № 3.
Cressy G. 1960. Crossroad: Land and life in South-West Asia. Philadelphia.
Crocker R. L. 1946. Post-miocene climatic and geologic history and its significance in relation ot genesis of the major soil types of South Australia. Melbourne.
Darlington Ph. 1957. Zoogeography. The geographical distribution of animals. N. Y.—London.
Deserts of the world. 1969. University of Arizona. Tucson.
Desert research. 1953. Proc. Res. Counc. Israel, spec. publ., № 2, Jerusalem.
Die Sahara und ihre Randgebiete. 1971. Darstellung eines Naturgroßraumes, in drei Bänden. Herausgegeben von Heinrich Schiffers. Bd. I. Physiogeographie. München.
Dollfus O. 1965. Les Andes Centrales du Pérou et leurs piémont. (Étude géomorphologique). Lima.
Dresch J. 1961. Observations sur le désert côtier du Pérou. Ann. géogr., № 378.
Dresch J. 1962. Rémarques sur une division géomorphologique des régions arides et les caractères originaux des régions arides Méditerranéens. In: Utilization des terres en climat semi-aride Méditerranéen. UNESCO, Paris. (Arid Zone Res., XXVI).
Dresch J. 1964. A propos d'une classification des déserts. 20-th Intern. Geogr. Congress. Abstracts and papers. London.
Dresch J. 1965. Le «désert» de Thar. Bull. Assoc. géographes franç., № 332—333.
Dresch J. 1968. Reconnaissance dans le Lut (Iran). Bull. All. géogr. France. Avril—May, № 362—363.
Drouhin G. 1953. The problem of water resources in North-West Africa. In: Review of research on arid zone hydrology. UNESCO, Paris. (Arid Zone Res., I).
Dubief J. 1952. La vente le déplacement du sable au Sahara. Trav. Inst. Rech. Sahar., v. 8.
Dubief J. 1953. Les ventes de sables dans le Sahara français. Alger.
Dubief J. 1959. Le climat du Sahara. V. I (hors série), Univ. d'Alger. (Inst. Rech. Sahar.).
Dufour. 1936. Observations sur le dunes du Sahara méridional. Ann. Geogr., v. 45, № 255.
Durand J. 1957. Les croûtes calcaires s. l., d'Afrique du Nord etudies a la lumière de la bio-rhexistasie. Publs. pédol. et agrol. Gouv. gén. Algérie, ser. 1, № 4.
Durand J. 1963. Le croûtes calcaires et gypsenses en Algerie: formation et age. Bull. Soc. Géol. France, sér. 7, № 5.
Dury G. H. 1968. An introduction to the geomorphology of Australia. In: Studies in Australian geography. Melbourne.
Du-Toit A. 1954. The geology of South Africa. Edinburgh—London.
Eig A. 1931, 1932. Les éléments et les groupes phytogéographiques auxiliares dans la flore palestinienne. I—II. Rept. spec. nov. regni. veget. Beihefte, Bd. 63, H. 1, 1931; Bd. 63, H. 2, 1932. Dahlem bei Berlin.
Ellenberg H. 1959. Über den Wasserhaushalt tropischer Nebeloasen in der Kustenwuste Perus. Ber. Geobot. Forsch. Inst. Rübel für 1958.
Emberger L. 1939. La définition phytogéographique du climat désertique. In: La vie dans la région désertique nord-tropical de l'ancien monde. Paris.
Emberger L. 1958. Afrique du nord et Australie méditerranéen. In: Climatology and microclimatology. UNESCO, Paris. (Arid Zone Res., XI).
Emmons W. H., Thiel G. A., Stauffer C. R., Allison I. S. 1955. Geology. Principles and processes. N. Y.
Engler A. 1879, 1882. Versuch einer Entwicklungsgeschichte der Pflanzenwelt, insbesondere der Florengebiete seit der Tertiarperiode, Bd. 1—2, Leipzig.
Engler A. 1919. Syllabus der Pflanzenfamilien. Berlin.
Fitzgerald V. A. 1940. Africa. A social economic and political geography of its major regions. London.
Fonesca M. M. 1963. Monografia de la Republica Mexicana. Mexico.
Frommurze H. F. 1953. Hydrological research in arid and semi-arid areas in the Union of South Africa and Angola. In: Review of research on arid zone hydrology. UNESCO, Paris. (Arid Zone Res., I).
Furon R. 1958. Le Sahara. Paris.
Furon R. 1963. Le problème de l'eau dans le monde. Paris.

Fürst M. 1965. Hammada—Serir—Erg, eine morphogenetische Analyse des nordöstlichen Fezzan (Libyen). Z. Geomorphol., Bd. 9, H. 4.
Gabriel A. 1964. Zum Problem bei Formenschatzes in extremariden Raumen. Mitt. Österreich. Geogr. Gesellsch., Bd. 106, H. 1, Wien.
Ganssen R. 1971. Die Boden. Bd. I. Die Sahara und ihre Randgebietl. München.
Gautier E. F. 1935. Sahara, the Great desert. N. Y.
Gourou P. 1953. L'Asie. Paris.
Grove A. 1969. Landforms and climatic change in the Kalahari and Ngamiland. Geogr. J., v. 135, № 2.
Gruet M. 1955. Fientes à gyps des confin sahariens. Rev. geomorphol. dynam., v. 6, № 2.
Hance W. A. 1964. The Geography of Modern Africa. N. Y.—London.
Haughton S. H. 1963. The stratigraphic history of Africa South of the Sahara. London.
Hecht F., Fürst M., Klitzsch E. 1964. Zur Geologie von Libyen. Rdsch., Bd. 53.
Hills E. Ch. 1953. The hydrology of arid and semi-arid Australia with special reference to underground water. In: Review of research on arid zone hydrology. UNESCO, Paris. (Arid Zone Res., I).
Hills E. Ch. 1956. The tectonic style of Australia. In: Geotectonisches Symposium zu Ehren von H. Stile, 1956.
Holm D. A. 1960. Desert geomorphology on the Arabian Peninsula. Sci., v. 1312, pp. 1369—1379.
Howchin W. 1929. The geology of South Australia. Adelaide.
Huntington E. 1924. Civilization and climate. London.
Jaeger F. 1943. Trocknet Africa aus? Geogr. Z., Bd. 49.
Jaeger E. 1957. The North-American deserts. Stanford, California.
Jennings I. N. 1968. A revised map of the desert dunes of Australia. Austral. Geographer, № 10.
Kaiser E. 1926. Die Diamantenwüste Südwestafrica. V. I—II. Berlin.
Kaplan O. 1956. Geografia de Chile.
Karatekin N. 1953. Hydrological research in the Middle East. Review of research on arid zone hydrology. UNESCO, Paris. (Arid Zone Res., I).
King D. 1960. The sand ridge desert of South Australia and related eolian landforms of the quaternary arid cycles. Trans. Roy. Soc. S. Australia, v. 83.
Kingdom of Saudi Arabia. 1956—1964. Geographical map (B), Geological map (A). Scale 1 : 500 000. Prepared by the U. S. Geological Survey and the Arabia American Oil Co. Washington.
Koepcke M. 1961. Synökologische Studien an der Westküste der peruanischen Anden. Bonn. Geogr. Abh., H. 29.
Köppen W. 1929. Die Klimate der Erde. Berlin.
Köppen W. 1934. Über Feuchtlüftwüsten. Ann. Hydrogr. und maritim. Meteorol., Februar.
Kosok P. 1965. Life, land and water in ancient Peru. N. Y.
Krenkel E. 1925, 1928. Geologie Afrikas. Bd. 1, 1925; Bd. 2, 1928. Berlin.
Krinsley D. B. 1970. A geomorphological and paleoclimatological study of the playas of Iran. Air Force Cambridge Research Laboratory. Massachusetts.
Kropotkin P. A. 1904. The dessication of Eur-Asia. Geogr. J., v. 23.
Land use in semi-arid Mediterranean climates. 1964. Intern. Geogr. Union Symposium Iraklion 19—26 sept. 1962. UNESCO, Paris. (Arid Zone Res. XXVI).
Las regiones aridas de Mexico. 1963. Ingeneria hidraul. № 3, Mexico.
Lawrence R. F. 1959. The sand-dune fauna of the Namib desert. South African J. Sci., v. 55, № 9.
Lelubre M. 1952. Condition structurelle et formes de relief dans la Sahara. Trav. Inst. Rech. Sahar, v. 8.
Lewis A. D. 1936. Sand dunes of the Kalahari within the borders of the Union. South African Geogr., J., v. 19.
Lighly J. B. 1953. Dry climates: their nature and distribution. In: Desert research. Jerusalem. (Proc. Internat. Symp. 7—14 May, 1952).
Logan R. F. 1960. The Central Namib desert, South West Africa. Nat. Res. Council Rev., Publ. 758, Nat. Acad. Sci., Washington.
Ludbrook N. H. 1961. Subsurface stratigraphy of the Maralinga area. Trans. Roy. Soc. S. Australia, v. 84.
Lydolph P. E. 1957. A comparative analysis of the dry western littorales. Ann. Assoc. Amer. Geographers, v. 47, № 3.
Mabbutt J. A. 1965. Landscapes of arid and semiarid Australia. Austral. Natur. History, № 15.
Mabbutt J. A. 1968. Aeolian landforms in Central Australia. Austral. Geogr. Stud., v. VI, № 2.
Madigan C. Th. 1936. Central Australian sand ridgy desert. Geogr. Rev., v. 26, № 2.
Madigan C. 1938. Dessication in Australia. Austral. J. Sci. v. I, № 1.

Madigan C. 1946. The Simpson desert expedition 1939. Scient. Rept, № 6, geology. The sand formation. (Trans. Roy. Soc. S. Australia, v. 70, p. 1).
Maurette F. 1938. Afrique équatoriale orientale et australe. Paris.
Meckelein N. 1959. Forschungen in der zentralen Sahara. I. Klimageomorphologie. Braunschweig.
Meigs P. 1952b. Distribution of arid homoclimates. Maps № 392, 3939. UNESCO, Paris.
Meigs P. 1953. World distribution of arid and semi-arid climates. Review of research of arid zone hydrology. UNESCO, Paris. (Arid Zone Res., I).
Meigs P. 1957. Arid and semi-arid climatic types of the world. Proc. VIII Generale Assambly, XVII Congr. Intern. Geogr. Union. Waschington.
Meigs P. 1966. Geography of coastal deserts. UNESCO, Paris. (Arid Zone Res., XXVIII).
Melton F. A. 1940. A tentative classification of sand dunes, its application to dune history in the Southern High Plains. J. Geol., v. XVIII, № 2.
Monod Th. 1958. Majabat-al-Koubrâ. Contribution à l'étude de l'«Empty Quarter» Ouest-Saharien. Mém. IFAN, № 52. Dakar.
Monod Th. 1964. Deserts. In: Ecosystems and biological productivity. Paris. (Publ. UICN, nov. ser., № 4, p. II).
Mortenson H. 1927. Formenschatz der Nordchilenischen Wuste. Abhandl. Ges. Wiss. Göttingen, Math.-phys. Kl., neue Folge, Bd. XII, № 1.
Passarge S. 1904. Die Kalahari. Berlin.
Petrov M. P. 1962. Types de déserts de l'Asie Centrale. Ann. geogr., v. 71, № 384.
Petrov M. P. 1966. Once again about the desiccation of Asia. Soviet Geogr., № 12, N. Y.
Power R. W., Ramirez L. F., Redmond C. D., Elberg E. L. 1966. Sedimentary geology of Saudi Arabia. In: Geology of Arabian Peninsula. Washington.
Rogers A. W. 1936. Surface geology of the Kalahari. Trans. Roy. Soc. S. Africa, v. 24, № 1.
Schantz H. L. 1957. History and problems of arid land development. In: The Future of arid land. Washington.
Schantz H. L., Marbut C. F. 1923. The vegetation and soils of Africa. Amer. Geogr. Soc., res. ser., № 13.
Scheidegger A. E. 1961. Theoretical geomorphology. Berlin.
Schiffers H. 1950. Die Sahara. Stuttgart.
Schiffers H. 1951. Begriff, Grenze und Gliederung der Sahara. Petermanns geogr. Mitt., H. 4.
Schulze B. R. 1958. The climate of South Africa according to Thornthwaite's classification. South African Geogr. J., v. 40, December.
Stamp L. D. 1964. Urbanisation in arid land. In: Land use in semi-arid Mediterranean climates. UNESCO, Paris. (Arid Zone Res., XVII).
Stein A. 1925. Innermost Asia, its geography as a factor in history. Geogr. J., № 5, 6.
Stephens C. G. 1950. Comparative morphology and genetic relationships of certain Australian, North American and European soils. J. Soil Sci., v. I, № 2.
Stephens C. G. 1953. A manual of Australian soils. Melbourne.
Stephens C. G. 1964. Silcretes of Central Australia. Nature, v. 203, № 4952.
Strahler A. 1965. Introduction of physical geography. N. Y.—London.
Stratil-Sauer G. 1952. Die Sommerstürme Süd-Ost Iran. Arch. Meteorol., Geophys. und Bioklimatol., Bd. IV, H. 2.
Tables of temperature, relative humidity and precipitation for the world. 1958. V. I—VI. London.
Tamayo J. 1949. Geografia general de Mexico. V. I, II. Mexico.
Taylor G. 1937. Comparison of American and Australian deserts. Econ. Geogr., v. 13, № 3.
Taylor G. 1941. Australia. A study in warm environments and their effect on british settlement. London.
The deserts. 1967. Life natural library. N. Y.
Thornthwaite C. W. 1948. An approach towards a rational classification of climate. Geogr. Rev., v. 38, January.
Twidale R. 1968. Geomorphology. Melbourne—Sydnei.
Twitshell R. C. 1944. Water resources of Saudi Arabia. Geogr. Rev., v. 34, № 7.
Vesey-Fitzgerald D. F. 1957. The vegetation of Central and Eastern Arabia. J. Ecol., v. 45.
Vivo J. A. 1958. Geografia de Mexico. Mexico—Buenos-Aires.
Walter H. 1964. Die Vegetation der Erde. Jena.
Walter H., Leith H. 1960. Klimadiagramm Weltatlas. Jena.
Walton K. 1970. The arid zones. Chicago.
Wellington J. H. 1955. Southern Africa. A geographical study, v. 1—2. Cambridge.
Wopfner H., Twidale C. R. 1967. Geomorphological history of the Lake Eyre

basin. Landform studies from Australia and New Guinea. Cambridge.
World weather records (1951—1960). 1966. V. 3. South America, Central America, West Indies, The Carrbean and Bermuda. Washington.

К ЧАСТИ II

Айзенштадт Б. А. 1958. Тепловой баланс и микроклимат некоторых ландшафтов песчаной пустыни. В кн.: Современные проблемы метеорологии приземного слоя воздуха. Л.
Айзенштадт Б. А. 1963. Тепловой баланс песчаной пустыни. В кн.: Опыт работы Репетекской песчано-пустынной станции. Ашхабад.
Айзенштадт Б. А., Зуев М. В. 1952. Некоторые черты теплового баланса песчаной пустыни. Тр. Ташкентск. геофиз. обсерватории, в. 6(7), Л.
Бабаев А. Г. 1971. Приоазисные пески как объект сельскохозяйственного освоения. Проблемы освоения пустынь, № 4, Ашхабад.
Бабаев А. Г., Реджепбаев К. Р. 1971. Выращивание ячменя на приоазисных песках. Проблемы освоения пустынь, № 1, Ашхабад.
Байрамов С. 1963. О влиянии грунтовых вод на движение песков. Изв. АН ТуркмССР, сер. биол., № 4.
Базилевич Н. И., Чепурко Н. Л., Родин Л. Е., Мирошниченко Ю. М. 1972. Биогеохимия и продуктивность черносаксаульников Юго-Восточных Каракумов. Проблемы освоения пустынь, № 5, Ашхабад.
Балашова Е. Н., Житомирская О. М., Семенова О. А. 1960. Климатическое описание республик Средней Азии. Л.
Благовещенский Э. Н. 1948. Дюны ветровой тени в районе Боядага. Природа, № 5.
Благовещенский Э. Н. 1968. Эоловые формы рельефа в восточной части пустыни Тар (Индия). Проблемы освоения пустынь, № 2, Ашхабад.
Боровский В. 1947. Месторождение стекольных песков в Аральском районе. Вестн. АН КазССР, № 3(24).
Будыко М. И. 1956. Климатические показатели аридности. Вопросы географии. (Сб. статей для 18-го Межд. геогр. конгр.). М.
Василевская В. К. 1965. Структурные приспособления растений жарких и холодных пустынь Средней Азии и Казахстана. В кн.: Проблемы современной ботаники, т. II, М.—Л.
Вахрушев В. А. 1952. О вещественном составе песков восточной части Муюнкумов. Тр. Инст. геол. Кировск. фил. АН СССР, в. 3.
Вейсов К. 1965. Пески правобережья Амударьи. Изв. АН ТуркмССР, сер. биол., № 4.
Вейисов С. 1966. О механизме формирования барханных цепей. Изв. АН СССР, сер. геогр., № 3.
Вейисов С. 1969. Динамика рельефа подвижных песков (на примере юго-восточных Каракумов). Автореф. канд. дисс. М.
Вейисов С. 1971. Особенности динамики увлажненных с поверхности барханных песков. Геоморфология, № 1.
Виноградов Б. В. 1962. Географические закономерности дальней экстраполяции признаков дешифрирования ландшафтов-аналогов. В кн.: Применение аэрометодов для изучения грунтовых вод. М.—Л.
Виноградов Б. В., Петров М. П. 1962. Применение аэрометодов при изучении растительности ландшафтов пустынной зоны. В кн.: Аэрометоды изучения природных ресурсов. М.
Виноградов Б. С. 1946. К вопросу о морфологической дивергенции близких форм млекопитающих. Тр. Зоолог. инст. АН СССР, т. VIII, № 1.
Виноградов Б. С. 1948. Приспособления животных к жизни в пустынях. В кн.: Животный мир СССР, т. II. М.—Л.
Гаель А. Г. 1939. О роли растений в почвообразовании в пустыне Каракум, о песчаных почвах и их плодородии. Изв. ГГО, т. 71, в. 8.
Гаель А. Г., Останин Е. С. 1939. Южно-Казахстанский песчаный массив Муюнкум. В кн.: Освоение пустынь, полупустынь и высокогорий. М.
Гвоздиков А. В. 1962. Некоторые вопросы теории и практики закрепления песков Средней Азии. Тр. Ташкентск. с.-х. инст., в. 13.
Гейгер Р. 1960. Климат приземного слоя воздуха. М.
Геллер С. Ю., Кунин В. Н. 1933. О происхождении грядовых песков. Докл. АН СССР, нов. сер., № 2.
Герасимов И. П. 1954. Черты сходства и различия в природе пустынь. Природа, № 2.
Глазовская М. А. 1952. Почвенно-географический очерк Австралии. М.
Дзенс-Литовский А. И., Микицинский В. В. 1963. Соляные озера аридной зоны Центральной Азии. В кн.: Озера полуаридной зоны. М.—Л.

Добрин Л. Г. 1959. Эоловая песчаная рябь, ее строение и движение. Изв. АН ТуркмССР, № 4.
Добрин Л. Г. 1964. Образование гребня бархана. Изв. АН ТуркмССР, сер. биол., № 6.
Добрин Л. Г. 1965. Основные закономерности динамики бархана и их практическое значение. Автореф. канд. дисс. Ашхабад.
Добровольский В. В. 1966. Гипергенез четвертичного периода. М.
Долгов С. И. 1948. Исследования подвижности почвенной влаги и ее доступности для растений. М.
Драницын Д. А. 1915. Поездка в Алжир. Тр. Докуч. почв. комитета, т. 3, СПб.
Дубянский В. А. 1928. Песчаная пустыня Юго-Восточные Каракумы. Тр. по прикл. ботанике, т. 19, в. 4, Л.
Дюнин А. К. 1963. Механика метелей. Новосибирск.
Дю-Тойт А. 1957. Геология Южной Африки. М.
Жемчужников Е. А. 1949. О солеустойчивости сеянцев некоторых древесных и кустарниковых пород. Тр. Лесотехн. акад. им. С. М. Кирова, № 66.
Жемчужников Е. А. 1950. О солеустойчивости древесных и кустарниковых пород в связи с полезащитным лесоразведением. Тр. Лесотехн. акад. им. С. М. Кирова, № 70.
Жукова В. 1969. Сравнительная характеристика песков пустынь Африки, Азии и Австралии. Дипл. раб. Геогр. фак. ЛГУ.
Закиров Р. С. 1968. Особенности проектирования поперечного профиля земляного полотна в районах распространения сыпучих песков. В кн.: Вопросы проектирования и строительства железных дорог. Новосибирск. (Тр. НИИЖТранспорта, в. 76).
Закиров Р. С. 1969. О защите земляного полотна железных дорог от песчаных заносов и раздувания в районах подвижных песков. Автореф. канд. дисс. Новосибирск.
Знаменский А. И. 1942. О движении барханных песков. Тр. Туркм. фил. АН СССР, в. 2.
Знаменский А. И. 1950а. Ветровая эрозия песчаных пустынь и рельеф. Автореф. канд. дисс. М.
Знаменский А. И. 1950б. О механизме образования некоторых форм эолового рельефа песчаных пустынь и защита сооружений от песков. Изв. АН ТуркмССР, № 1.
Знаменский А. И. 1952. Ветровая эрозия и борьба с нею на трассе Главного Туркменского канала в период строительства. Тр. II сессии АН ТуркмССР, 18—20 сентября 1951 г., Ашхабад.
Знаменский А. И. 1955. О механизме образования барханных грядовых песков. Тр. Репетекск. песч.-пуст. станции, т. 3, Ашхабад.
Знаменский А. И. 1958. Экспериментальные исследования процессов ветровой эрозии песков и вопросы защиты от песчаных заносов. Матер. иссл. в помощь проектиров. и строит. Каракумск. канала, в. 3, Ашхабад.
Зонн И. С. 1969. Почвенно-мелиоративная характеристика оазисов Тидикельта (Центральная Сахара). Почвоведение, № 3.
Зонн И. С. 1972. Новые методы освоения земель аридных территорий. Проблемы освоения пустынь, № 1, Ашхабад.
Зонн С. В. 1970. Введение в изучение почв субтропиков и тропиков. Ч. II. Главнейшие типы почв, охрана и рациональное освоение почвенных ресурсов. М.
Капо-Рей Р. 1958. Французская Сахара. М.
Кашкаров Д. Н., Коровин Е. П. 1936. Жизнь пустыни, М.
Келлер Б. А. 1940. Явления крайней солеустойчивости у высших растений в дикой природе и проблема приспособления. В кн.: Растения и среда. М.—Л.
Ковда В. А. 1954. Геохимия пустынь СССР. М.
Ковда В. А. 1966. Почвенная карта мира. Изв. АН СССР, сер. биол., № 2.
Ковда В. А., Лобова Е. В., Розанов Б. Г. 1967. Проблемы классификации почв мира. Почвоведение, № 4, 7.
Кокина С. И. 1935. Водный режим и внутренние факторы устойчивости растений песчаной пустыни Каракумы. В кн.: Проблемы растениеводческого освоения пустынь, в. 4, Л.
Кривенков А. М. 1959а. О роли ветра в формировании рельефа Прибалханского района. Тр. Инст. геолог. АН ТуркмССР, т. 2, Ашхабад.
Кривенков А. М. 1959б. Песчаные массивы района залива Карабогаз, их происхождение и вопросы борьбы с песчаными заносами. В кн.: Проблемы комплексного использования минеральных богатств Кара-Богаз-Гола. Ашхабад.
Кривенков А. М. 1969. Об интенсивности процессов дефляции почвогрунтов. Проблемы освоения пустынь, № 3, Ашхабад.
Кривенков А. М., Чередниченко В. П., Дурдыев Х. Д. 1961. О вещественном составе эоловых и неперевеянных песков Карабогазских кос. Изв. АН ТуркмССР, сер. физ.-техн., хим. и геол. наук, № 2.

Крупенников И. А. 1944. Солеустойчивость селитрянки *Nitraria Schoberi* L. в природных условиях. Бот. журн., т. 29, № 2—3.
Крупенников И. А. 1951. Отношение тамарикса к условиям почвенного засоления и увлажнения. Уч. зап. Кишиневск. гос. унив., т. 3, в. 1.
Кулик Н. Ф. 1970. Водный режим песков юго-востока европейской части СССР. Автореф. докт. дисс. М.
Кунин В. Н. 1959. Местные воды пустынь и вопросы их использования. М.
Кунин В. Н. (Ред.) 1963. Линзы пресных вод пустыни. Методы исследования, оценки ресурсов и эксплуатации. Ашхабад.
Кунин В. Н., Петров М. П. 1935. Инструкция для наблюдений над движением песков. В кн.: Проблемы растениеводческого освоения пустынь, в. 2, Л.
Кунина А. В. 1968. Почвенные условия Западной Туркмении. Дипл. раб. Геогр. фак. ЛГУ. Л.
Куприна Г. А. 1958. Пески Западных Каракумов. Матер. исслед. в помощь проектирования и строительства Каракумского канала, в. 1. Ашхабад.
Куприна Г. А., Сергеев Е. М. 1953. Основные особенности состава и свойств песков Западных Каракумов. Вестн. МГУ, сер. физ.-мат. и естеств. наук, № 5.
Лалыменко И. И. 1967. Прорастание семян древесно-кустарниковых растений песчаных пустынь при различном засолении. Автореф. канд. дисс. Ашхабад.
Лебедев А. Ф. 1930. Почвенные и грунтовые воды. М.
Леваднюк А. Т. 1963. Песчаные массивы северной части Западно-Туркменской низменности. Ашхабад.
Леваднюк А. Т., Чередниченко В. П. 1969. Состав эоловых песков в зоне газопровода Средняя Азия—Центр. Проблемы освоения пустынь, № 1, Ашхабад.
Леонтьев В. Л. 1941. Об изменении влажности в песке барханов и саксаульников Каракум. Изв. АН СССР, сер. геогр. и геофиз., в. 2.
Лобова Е. В. 1960. Почвы пустынной зоны СССР. М.—Л.
Макеев П. С. 1932. Очерк рельефа Северо-Восточных Каракумов. В кн.: Каракумы, в. 3. Л.—М.
Мартонн Э. 1945. Основы физической географии. Т. II. Геоморфология. М.
Мартонн Э. 1950. Аэрогеография. М.
Маунфорд Ч. 1958. Коричневые люди и красные пески. М.
Мейгс П. 1966. Прибрежные пустыни Перу. Курьер ЮНЕСКО, март.
Минервин В. Н. 1954. Поведение амфибий в безводной пустыне. Изв. АН ТуркмССР, № 5.
Морозов А. Т. 1938. Метод расчета передвижения парообразной влаги в почве и почвогрунтах. Тр. Инст. гидротехнол. и мелиор., т. XXII, М.
Морозов С., Федоров В. М. 1968. Цементация песков для придания им прочности и снижения водопроницаемости. Мат. VI Всес. совещ. по закрепл., уплотн. грунтов. М.
Наливкин В. 1887. Опыт исследования песков Ферганской области. Новый Маргелан.
Нечаева Н. Т., Василевская В. К., Антонова К. Г. 1969. Экологическая классификация однолетних растений Каракумов. Бот. журн., т. 54, № 11.
Никитин С. А., Песков С. Ф. 1936. Пески юго-западных Кызыл-Кумов. В кн.: Каракалпакия. М.—Л.
Орлов Б. П. 1928. К изучению экологических условий в юго-восточной части Закаспийских Каракумов. Тр. по прикл. ботанике, т. XIX, в. 4, Л.
Орлов Б. П. 1938. Характерные особенности движения барханных цепей в Юго-Восточных Каракумах. Уч. зап. МГУ, География, в. 14.
Островский И. М. 1960. Рельеф песков западной части низменных Каракумов. М.
Островский И. М. 1966. Параллельные ветру эоловые формы рельефа. В кн.: Структурная и климатическая геоморфология. М.
Павловский Е. Н. 1948. Видовой состав биоценозов нор пустыни. В кн.: Животный мир СССР, т. II. Зона пустынь. М.—Л.
Палецкая Л. Н. 1954. Почвенный очерк центральной части Юго-Восточных Каракумов. Тр. Инст. биол. АН ТуркмССР, т. I, Ашхабад.
Перельман А. И. 1966. Геохимия ландшафтов. М.
Петинов Н. С., Молотковский Ю. Г. 1961. Защитные процессы жароустойчивых растений. В кн.: Водный режим растений в засушливых районах СССР. М.
Петров М. П. 1933. Корневые системы растений песчаной пустыни Каракум. Тр. по прикл. ботанике, сер. I, в. 1, Л.
Петров М. П. 1935. Развитие корневых систем кустарников песчаной пустыни Каракум. В кн.: Проблемы растениеводческого освоения пустынь, в. 2, Л.
Петров М. П. 1937. Экологические основы растениеводства в песчаной пустыне Каракумы. Природа, № 5.

Петров М. П. 1939. Подвижные пески пустынь, их передвижение и формы накопления. Изв. ГГО, т. 71, в. 8.
Петров М. П. 1940. Рельеф подвижных песков пустынь и полупустынь и закономерности его формирования. Тр. Инст. геогр. АН СССР, в. 36.
Петров М. П. 1941. Водный режим барханных песков и термические условия конденсации влаги в Каракумах. Изв. АН СССР, сер. геогр. и геофиз., в. 2.
Петров М. П. 1948. Рельеф барханных песков и закономерности его формирования. В кн.: Проблемы геоморфологии. М.
Петров М. П. 1950. Подвижные пески пустынь и полупустынь Союза ССР и борьба с ними. М.
Петров М. П. 1966. Пустыни Центральной Азии. Т. I. Ордос, Алашань, Бэйшань. М.—Л.
Петров М. П. 1967. Пустыни Центральной Азии. Т. II. Коридор Хэси, Цайдам, Таримская впадина. М.—Л.
Полынов Б. Б. 1934. Кора выветривания. Ч. I. Л.
Полынов Б. Б. 1947. Основные идеи учения о генезисе элювиальных почв в современном освещении. Юбил. сб., посвящ. 30-летию Вел. Окт. соц. революции, ч. II, М.—Л.
Прандтль Л. 1951. Гидроаэромеханика. М.
Прохорова Г. А. 1950. Влияние водной и эоловой транспортировки на минералогический состав и форму зерен каракумских песков. Матер. по геоморфол. и палеогеогр. СССР, в. 4, М.
Роде А. А. 1965. Основы учения о почвенной влаге. Т. I. Л.
Родин Л. Е., Базилевич Н. И. 1965. Динамика органического вещества и биологический круговорот в основных типах растительности. М.
Румянцева А. С. 1959. Кустарники-галофиты, их экология и возможность использования в агролесомелиорации засоленных песков. Тр. Инст. землед. АН ТуркмССР, т. 2, Ашхабад.
Русанов Ф. Н. 1949. Среднеазиатские тамариксы. Ташкент.
Рухин Л. Б. 1947. Гранулометрия и генезис песков. Л.
Рябихин Э. Л. 1970. О вертикальной структуре насыщенного ветропесчаного потока над свободной песчаной поверхностью. Проблемы освоения пустынь, № 5, Ашхабад.
Сергеев Е. М. 1953. Грануло-минералогическая классификация песков. Вестн. МГУ, сер. физ.-мат. и естеств. наук, № 12.
Серхенов Э. 1969. Особенности геоморфологического изучения и картирования песков с применением аэрометодов. Проблемы освоения пустынь, № 5, Ашхабад.
Сидоренко А. В. 1948. Об изменении песков эоловыми процессами. Докл. АН СССР, т. 62, № 5.
Сидоренко А. В. 1949. Два типа эоловых песков. Докл. АН СССР, т. 69, № 3.
Сидоренко А. В. 1950. Гипс в Каракумах и его палеогеографическое значение. Природа, № 6.
Сидоренко А. В. 1957. Эоловые песчаные отложения и их диагностические признаки. В кн.: Методы изучения осадочных пород, т. 2. М.
Сидоренко А. В. 1958. Известковые накопления «каличе» в пустынях Мексики. Изв. АН СССР, сер. геогр., № 1.
Сидоренко А. В. 1959. Известковые пустынные коры Египта. Докл. АН СССР, т. 128, № 4.
Сидоренко А. В. 1961. Литология и генетическая классификация эоловых отложений. Матер. по генезису и литологии четвертичных отложений, Минск.
Слейтер Р., Макилрой И. 1964. Практическая микроклиматология. М.
Слоним А. Д. 1971. Экологическая физиология животных. М.
Слоним А. Д., Щеглова А. И. 1963. Физиологические особенности млекопитающих пустынь Средней Азии. В кн.: Природные условия животноводства и кормовая база пустынь. Ашхабад.
Соколов Н. А. 1884. Дюны, их образование, развитие и внутреннее строение. СПб.
Соколовская А. П. 1933. К вопросу о влиянии солнечной радиации на температуру некоторых растений песчаной пустыни Каракумы. Тр. по прикл. ботанике, сер. I, № 1, Л.
Спасская И. 1972. [Реф. ст.:] I. Wilson. Desert sandflow basins and a model for the development of ergs. РЖГеография, № 1.
Стрельников И. Д. 1934. Свет как фактор в экологии животных. Изв. Научн. инст. им. П. Лесгафта, т. 17—18.
Судницын И. И. 1964. Закономерности передвижения почвенной влаги. М.
Томашевский И. И. 1931. Пески Астраханской степи. Тр. по лесн., опытн. делу, в. X, М.
Труды комплексной советско-китайской экспедиции АН КНР. 1958. Пекин.

Трушковский А. А. 1966. Почвенные образования на эоловых песках Прикаспийской низменности между реками Волгой и Уралом. В кн.: Генезис и классификация полупустынных почв. М.
Фадеев П. И. 1960. К характеристике песков Юго-Западной Туркмении. Землеведение, нов. сер., т. 5(45).
Фадеев П. И. 1966. О составе и свойствах песков Верхнеузбойского коридора. Уч. зап. МГУ, Грунтоведение, кн. 4, М.
Федорович Б. А. 1940. Некоторые основные положения о генезисе и развитии рельефа песков. Изв. АН СССР, сер. геогр. и геофиз., № 6.
Федорович Б. А. 1948а. Вопросы происхождения песчаного рельефа пустынь. В кн.: Проблемы геоморфологии. М. (Тр. Инст. геогр. АН СССР, в. 39).
Федорович Б. А. 1948б. Рельеф песков Азии как отображение процессов циркуляции атмосферы. В кн.: Проблемы физической географии, в. 13, М.
Федорович Б. А. 1955. Успехи песковедения со времени путешествий В. А. Обручева. В кн.: Вопросы геоморфологии и палеогеографии Азии. М.
Федорович Б. А. 1956. Происхождение рельефа современных песчаных пустынь. В кн.: Вопросы географии. (Сб. статей для 18-го Межд. конгр.). М.
Федорович Б. А. 1960. Вопросы происхождения лесса в связи с условиями его распространения в Евразии. Тр. Инст. геогр. АН СССР, т. 80.
Федорович Б. А. 1961. Происхождение рельефа пустыни Такла-Макан и вопросы ее освоения. В кн.: Куньлунь и Тарим. М.
Федорович Б. А. 1964. Зональность эолового рельефообразования. В кн.: Развитие и преобразование географической среды. М.
Федорович Б. А. 1970. Основные закономерности эолового рельефообразования в песчаных пустынях. Изв. АН СССР, сер. геогр., № 1.
Формозов А. Н. 1956. Биологические формы животных в аридных и полуаридных областях Средней Азии и Центральной Азии. В кн.: Вопросы географии. (Сб. статей для 18-го Межд. конгр.). М.
Формозов А. Н. 1964. Конвергенция у наземных позвоночных животных и географическая среда. В кн.: Современные проблемы географии. М.
Хуотон С. Г. 1966. Африка южнее Сахары. М.
Чередниченко В. П. 1970. Ветровой режим и динамика подвижных песков северной части Заунгузских Каракумов. Проблемы освоения пустынь, № 1, Ашхабад.
Чжи Би-жень, Чень Вень-жуй, Чжан Сюй-юй. 1962. Водный режим песков и лесонасаждения. В кн.: Чжиша Яньцзю, в. 4. Пекин. (На кит. яз.).
Чжу Чжень-да. 1962. Развитие эолового рельефа. В кн.: Чжиша Яньцзю, в. 4, Пекин (на кит. яз.).
Шайдеггер А. Е. 1964. Теоретическая геоморфология. М.
Шахов А. А. 1956. Солеустойчивость растений. М.
Шмидт-Нильсен К. 1964. Животные в аридных условиях. В кн.: Климатология и микроклимат. М.
Шокальская Э. Ю. 1948. Почвенно-географический очерк Африки. М.—Л.
Шулейкин В. В. 1949. Очерки по физике моря. М.—Л.
Шуляк Б. А. 1971. Физика волн на поверхности сыпучей среды и жидкости. М.
Якубов Т. Ф. 1955. Песчаные пустыни и полупустыни Северного Прикаспия. М.
Якубов Т. Ф. 1966. Пески средиземноморского побережья Ливийской пустыни. Почвоведение, № 6.
Якубов Т. Ф. 1968. Пески оазиса Харга в Ливийской пустыне и связанные с ними проблемы. Изв. АН СССР, сер. геогр., № 3.

Abd El-Samie. 1961. Report on the survey and classification of the Kharga Oasis soils. Bull. soc. géogr. Égypte, v. 34.
Andreanszky G. 1949. Über die Begrenzung und den Wert von Pflanzengattungen auf ökologischer Grundlage. Hung. Acta biol., v. 1, № 5—6.
Alimen H. 1955. Présence d'Acheuléen dans les alluvions de l'oued Şaoura; chronologie quaternaire du Sahara Nord-Occidentale. Bull. Soc. préhistor. franç., v. 52.
Alimen H. 1957. Sables quaternaires du Sahara Nord-Occidentale (Saoura—Ougarta). Bubl. Serv. Carte Géol. Algér., nov. ser., № 15, Paris.
Alimen H., Chavaillon J., Duplaix S. 1964. Mineraux lourds des sediments quaternaires du Sahara Nord-Occidentale. Paris.
Anwar R. M. 1959. Soil and land classification of Baris Plain in El.-Kharga Oasis. Inst. Desert Egypte, Publ. 12.
Arid lands. 1966. A geographical appraisal. UNESCO. London—Paris.
Aufrere L. 1931a. Classification des dunes. C. R. Congr. Internat. Geol., v. 2, Sec. 2, Paris.
Aufrere L. 1931b. Le cycle morphologique des dunes. Ann. géogr., v. 40, № 226.
Aufrere L. 1932. Morphologie dunaire et météorologie saharienne. Bull. Assoc. Géogr. France, № 56.

A u f r e r e L. 1934. Les dunes du Sahara algerien. Bull. Assoc. Géogr. France, № 83.
A u f r e r e L. 1935. Essai sur les dunes du Sahara algerien. Géogr. ann., spec. publ., № 17.
B a g n o l d R. A. 1931. Journeys in the Libyan desert. Geogr. J., v. 78, № 1.
B a g n o l d R. A. 1935. The movement of desert sand. Geogr. J., v. 85, № 4.
B a g n o l d R. A. 1936. The movement of desert sand. Proc. Roy. Soc. London, A, v. 157, № 892.
B a g n o l d R. A. 1937a. The transport of sand by wind. Geogr. J., v. 89, № 5.
B a g n o l d R. A. 1937b. The size-grading of sand by wind. Proc. Roy. Soc. London, v. 163, № 913.
B a g n o l d R. A. 1941. The physics of blown sand and desert dunes. II ed. 1954, III ed. 1966, IV ed. 1971. London.
B a g n o l d R. A. 1951. Sand formation in Southern Arabia. Geogr. J. v. 117, № 3.
B a g n o l d R. A. 1953. The surface movement of blown sand in relation to meteorology. In: Desert research. Jerusalem. (Internat. Symp. 7—14 May 1952).
B a l l J. 1927. Problems of the Libyan desert. Geogr. J., v. 70, № 1.
B a u m h e c k e l R. E., B r u n s t r u m L. C., C o r n s J. B., S p e e r T. L. 1969. The asphalt moisture barrier for farming droughty soils. International Harvested Company. Chicago.
B e a d n e l l L. 1910. The sand-dunes of the Libyan desert. Geogr. J., v. 35, № 4.
B e n a r d H. 1900. Les tourbillons cellulaires dans une nappe liguid. Rev. gén. sci. pures et appl., № 11.
B e n t l e y P., L e e A., M e i n A. 1958. Comparaison of dehydration and hydration of two genera of frogs (*Heleioporus* and *Neobatrachus*) that live in areas of varying aridity. J. Exptl. Biol., v. 35.
B e r g e r - L a n d e f e l d t U. 1957, 1959. Beitrage sur Ökologie der Pflanzen nordafrikanischer Salzpflanzen. Vegetatio, v. 7, fasc. 3, 1957; v. 9, fasc. 1—2, 1959.
B e r t i n E. 1964. Compte rendu d'une mission pour l'étude des phénomenes ondulatoires dans le sable en Sahara. Trav. Inst. Rech. Sahar., v. 23.
B l a n c k E., P a s s a r g e S. 1925. Die chemische Verwitterung in der äetyptischen Wüste. Hamburg.
B l a n k e n h o r n M. 1901. Neues zur Geologie und Paleontologie Aegyptis. Z. Dtsch. geol. Ges., № 3.
B o d e n h e i m e r F. S. 1957. The ecology of mammals in arid zones. In: Human and animal ecology. UNESCO, Paris. (Arid Zone Res., VIII).
B o u r c a r t J. 1928. L'action du vent à la surface de la terre. Rev. géogr., phys. et géol. dynam., v. 1.
B o y k o H. 1968. Editor. Saline irrigation for agriculture and forestry. Hague. Dr. W. Junk publishers.
B r a i n C. K. 1962. Observation on the temperature tolerance of lizard in the Central Namib desert. South-West Africa. Cimbelasia, № 4.
B r o w n C. N. 1956. The origin of caliche on the North-Eastern Liano-Estacado, Texas. J. Geol., v. 64, № 1.
B u r b i d g e N. T. 1960. Morphology and anatomy of the Western Australian species of *Triodia* R. Br. Trans. Roy. Soc. S. Australia, v. 70, 2, Adelaide.
B u t z e r K. W. 1959. Naturlandschaft Ägyptens während der Vorgeschichte und des dynastischen Zeitalters. Abhandl. Akad. Wiss. Mainz., Math. naturwiss. Kl., Bd. 2.
B u t z e r K. W. 1966. Climatic changes in the arid zones of Africa during early to mid-holocene times. In: World climate from 8000 to 0 b. C. London.
B u x t o n P. A. 1923. Animal life in deserts. London.
C a b r e r a A. L. 1962. Anatomy of some xerophilius plants of Patagonia. In.: Plant water relation in arid and semi-arid conditions. UNESCO, Paris. (Arid Zone Res., XVI).
C a n n o n W. A. 1911. The root habits of desert plants. Carneg. Inst. Washington, Publ. 131.
C a n n o n W. A. 1921. Plant habits and habitants in the arid portions of South Australia. Carneg. Inst. Washington, Publ. 308.
C a n n o n W. A. 1924. General and physiological features of the vegetation of the more arid portions of South Africa, with notes on the climatic environment. Carneg. Inst. Washington, Publ. 354.
C a p o t - R e y R. 1943. La morphologie de l'Erg occidental. Trav. Inst. Rech. Sahar., v. 11.
C a p o t - R e y R. 1945. Dry and humid morphology in the Western Erg. Geogr. Rev., v. 35.
C a p o t - R e y R. 1953. Sahara Francais. Paris.
C a p o t - R e y R. 1957. Le vent et la modele eolienne au Borkou. Trav. Inst. Rech. Sahar., v. 15.
C a p o t - R e y R. 1963. Contribution à l'étude et à la representation des barcanes. Trav. Inst. Rech. Sahar., v. 22, 1 et 2 sem., Univ. d'Alger.

Capot-Rey R., Capot-Rey F. 1948. Le deplacement des sables eoliens et la formation des dunes désertiques, d'après R. A. Bagnold. Trav. Inst. Rech. Sahar., v. 15.
Capot-Rey R. A., Cornet A., Blandin B. de The. 1963. Glossaire des principaux terms géographiques et hydrogéologiques sahariens. Alger.
Capot-Rey R., Gremion M. 1964. Remarques sur quelques sables sahariens. Trav. Inst. Rech. Sahar., v. 23.
Carpenter R. 1966. A comparasion of thermoregulation and water metabolism in the cangaroo rats *Dipodomys agilis* and *D. merriami*. Berkley—Los Angeles.
Carroll D. 1944. The Simpson Desert expedition. 1939. In: Scient. rep., № 2, Geology, Desert sands. Adelaide. (Trans. Roy. Soc. S. Australia, v. 68).
Carroll D. 1952. Mineralogy of some Australian desert soils. J. Sediment. Petrol., v. 22, № 3.
Chavaillon I. 1964. Etude stratigraphique des formations quaternaires du Sahara Nord-Occidentale. (Colomb-Bechar a Riggane). Paris.
Chepil' W., Milne R. 1939. Comparative study of soil drifting in the field and in the tunnel. Sci. Agric., v. 19, № 5, Ottawa.
Chew R. M. 1961. Water metabolism of desert-inhabiting vertebrates. Biol. Rev., v. 36, № 1.
Clos-Arceduc A. 1967. L'application des methodes d'interpretation des images à des problemes geographiques. Examples et resultats. In: Actes du II-e Symposium Internationale de photo-interpretation en Sorbonne, Paris. (Arch. internat. photogrammetrie, v. XVI).
Cloudsley-Thompson J. L., Chadwick M. J. 1964. Life in deserts. London.
Coque R. 1955. Les croutes gypseauses des Sudan—Tunisien. Bull. Soc. sci. natur. Tunisie, v. 8, № 3—4.
Cornich V. 1897. On the formation of sand dunes. Geogr. J., v. 9, № 3.
Crocker R. L. 1946. The Simpson Desert expedition. 1939. Scient. Rep., № 8. The soils and vegetation on the Simpson Desert and its borders. Adelaide. (Trans. Roy. Soc. S. Australia, v. 70).
Daniels J. L. 1968. Sand ridge distribution in the Gibson and Great Victoria Deserts of Western Australia. Geol. Surv. West. Austr. Ann. Rept., Perth.
Die Pflanzenareale. 1931. 3 Reihe. H. I. Karte 1—10, Jena.
Dubief J. 1942. Les vents de sable dans le Sahara algerien. C. r., Acad. sci., v. 213.
Dubief J. 1943. Les vents de sable dans le Sahara francais. Trav. Inst. Rech. Sahar., v. 2.
Dubief J. 1952. Le vent et le déplacement du sable an Sahara. Trav. Inst. Rech. Sahar., v. 8.
Dubief J. 1953. Les vents de sable dans le Sahara francais. Coll. Internat. C.N.R.S., v. 35, Alger.
Dufour. 1936. Observations sur les dunes du Sahara méridional. Ann. Geogr., v. 45, № 255.
Durand J. H. 1957. Les croûtes calcaires s. l. d'Afrique du Nord études à la lumière de la biorhexistasie. Publs. pedol. et agrol. Gouv. gén. Algérie, I sér., № 4.
Durand J. H. 1963. Le croûtes calcaires et gypsenses en Algérie: formation et age. Bull. Soc. Géol. France, ser. 7, № 5.
Du-Toit A. 1954. The geology of South Africa. Erinbunrch—London.
Edney E. B. 1966. Animals of the desert. In: Arid lands. UNESCO, London—Paris.
Encyclopedia of geomorphology. 1968. N. Y.
Engeln C. D. 1948. Geomorphology. N. Y.
Felton E. L. 1965. California's many climates. California.
Finkel H. J. 1959. The barkhans of Southern Peru. J. Geol., v. 67, № 6.
Gabriel A. 1964. Zum Problem des Fromenschatzes in extrem-ariden Raümen. Mitt. Österr. geogr. Ges., Bd. 106, № 1.
Gabriel A. 1965. Die Auswirking vertikaler und elektrischer Spannungsfider in kahlen Sanden. Mitt. Österr. geogr. Ges., Bd. 107, № 3.
Gadov H. 1901. Amphibia and Reptilia. Cambridge natural history, № 8. London.
Ganssen R. 1963. Südwest Africa. Boden und Bodenkulture. Berlin.
Gardner W. H. 1960. Soil water relation in arid and semi-arid conditions. In: Plant-water relationships in arid and semi-arid condions. Arid Zone Res., v. XV, UNESCO, Paris.
Gardner W. H. 1965. Water content. In: Methods of soil analyses. Madison.
Geiger R. 1957. The climate near the ground. Cambridge.
Goudie A. S. 1971. A regional bibliography of calcrete. In: Food fiber and the arid lands. Tucson.
Greenwood J., Bleackley D. 1967. Geology of the Arabian Peninsula. Aden protectorat. Washington.
Gruet M. 1955. Fientes a gypse des confin sahariens. Rev. géomorphol. dynam., v. 6, № 2.

Haines R. W. 1951. Potential annuals of the Egyptian deserts. Bull. Inst. Desert., v. I.
Hanna S. R. 1969. The formation of longitudinal sand dunes by large helical eddies in the atmosphere. J. Appl. Meteorol., v. 8, № 6.
Hance W. A. 1965. The geography of modern Africa. N. Y.—London.
Harder R. 1930. Beobachtungen über die Temperatur der Assimilationsorgane sommergrüner Pflanzen der Algerischen Wüste. Z. Bot., Bd. 23, H.
Harris J. A. 1934. The physico-chemical properties of plant saps relation to phytogeography. Minneapolis.
Hastenrath S. L. 1967. The barkhans of the Arequipa region, Southern Peru. Z. Geomorphol., Bd. 11, № 3.
Holm D. A. 1953. Dome-chaped dunes of Central Nejd, Saudi Arabia. In: Deserts actuells et anciens. Alger. (Congr. Geol. Intern., sec. VII).
Holm D. A. 1960. Desert geomorphology in the Arabian peninsula. Sci., v. 132, № 3437.
Hudson D. 1962. The role of water in the biology of the antelope ground squirrel, *Citellus leucurus*. Univ. Calif. Publs Zool., v. 64.
Kadar L. 1934. A study of sand sea in the Libban Desert. Geogr. J., v. 83, № 6.
Kaiser E. 1926. Die Diamantenwüste Südwestafrikas. Berlin.
Kalkowski E. 1901. Die Verkieselung der Geschichte in nordlichen Kalahari. Dresden.
Kashkarov D. N., Korovin E. P. 1942. La vie dans les déserts. Paris.
Kassas M. 1966. Plant life in deserts. In: Arid lands. UNESCO, London.
Kholief M., Hilmy E., Shahat A. 1969. Geological and mineralogical studies of some sand deposits in the Nile delta, UAR. J. Sediment. Petrol., v. 39, № 4.
King D. 1960. The sand ridge desert of South Australia as related eolian landforms of the quaternary arid cycles. Trans. Roy. Soc. S. Australia, v. 83.
King W. 1918. Study of a dune belt. Geogr. J., v. 51, № 1.
Kirmiz D. 1962. Adaptaion to desert environment. In: A study on the Jerboa rat and man. Butterworth—London.
Kosok P. 1965. Life land and water ancient Peru. N. Y.
Kuettner J. P. 1959. The band structure of the atmosphere. Tellus, № 11.
Lange O. L. 1959. Untersuchungen über Wärmehaushalt und Hitzeresistenz mauretanisher Wüsten und Savannepflanzen. Flora, Bd. 147, H. 4.
Le Houéron H. N. 1970. North Africa: past, present, future. In: Arid lands in transition. AAAS. Washington.
Lewis A. D. 1936. Roaring sands of the Kalahari Desert. South African Geogr. J., v. 19, December.
Lichtfeld W. H., Mabbutt J. 1962. Hardpan in soils of semi-arid western Australia. J. Soil. Sci., v. 13, № 2.
Livingston B. E. 1906. The relation of desert plants to soil moisture and to evaparation. Carneg. Inst. Washington, Publ. 50.
Mabbutt J. A. 1965. Stone distribution in a stony tabeland soil. Austral. J. Soil. Res., № 3.
Mabbutt J. A. 1967. Denidation chronology in Central Australia, structure, climate and landform inheriance in the Alice Springs area. In: Landform studies from Australia and New Guinea. Cambridge.
Mabbutt J. A. 1968. Aeolian landforms in Central Australia. Austral. Geogr. Stud., v. VI, № 2.
Mabbutt J. A., Sullivan M. E. 1968. The formation of longitudinal dunes: Evidence from the Simpson Desert. Austral. Geographer, v. X, № 6.
Mabbutt J. A., Wooding R. A., Jennings J. N. 1969. The assymmetry of Australian desert sand riges. Austral. J. Sci., v. 32, № 4.
Madigan C. T. 1936. The Australian sand ridge desert. Geogr. Rev., v. 26, № 2.
Madigan C. T. 1938. The Simpson Desert and its borders. Proc. Roy. Soc. N. S. Wales, № 71.
Madigan C. T. 1939. The Simpson Desert. Austral. J. Sci., v. 2,
Madigan C. T. 1946. The Simpson Desert expedition. 1939. Scient. Repts. № 6, Geology. The sand formation. Adelaide. (Trans. Roy. Soc. S. Australia, v. 70).
Martonne E. 1926. Traite de géographie physique. V. 2. La relief du sol. Paris.
Martonne E. 1948. Géographie aérienne. Paris.
Mayhew W. W. 1963. Taxonomic status of California populations of the lizard genus *Uma*. Herpetologia, v. 20.
Mayhew W. W. 1965. Adaptation of the Amphibian, *Scaphiopus conchi*, to desert conditions. Amer. Midland Naturlalist, v. 74, № 1.
McDougal D. T. The water-balance of desert plants. Ann. Bot., v. 26, № 101.
McFarlane W. V., Morris R. J., Howard B. 1963. Turn-over and distribution of water in desert camels, sheep, cattle and kangaroos. Nature, v. 197, № 4864.
McGee J. M. 1916. The effect of position upon the temperature and dry weight of joints of *Opuntia*. Yearbook. Carneg. Inst. Washington, v. 15.

McKee E. D., Tibbits G. C. 1964. Primary structures of a sief dune and associated deposits in Lybia. J. Sediment Petrol., v. 34, № 1.
Meckelein W. 1959. Forschungen in der zentralen Sahara. I. Klimageomorphologie. Braunschweig.
Meigs P. 1966. Coastal deserts. UNESCO, Paris.
Melton F. A. 1940. A tentative classification of sand dunes, its application to dune history in the Southern High Plains. J. Geol., v. 48, № 2.
Mohamed M. K. 1959. Soil studies of the Dakhla oasis. Agric. Res. Rev., v. 37, № 2, Cairo.
Monod Th. 1958. Majâbat al-Koubrâ. Contribution à l'étude de l' «Empty Quarter» Ouest Saharien. Memoires IFAN, № 52, Dakar.
Monod Th. 1964. Deserts. In: Ecosystems and biological productivity. Paris. (Publ. UICH, nov. ser., № 4, p. II).
Mountford Ch. 1953. Brown men and red sand. Melbourne.
Müller S. 1954. Beohachtungen am rezenten Kalkrindboden in nordlichen Algerien. Z. Pflanzennähr., Düng., Bodenkunde, Bd. 65, № 1—3.
National Geographic Magazine. 1966. V. 130, № 5.
Norris R. M., Norris K. S. 1961. Algodones dunes of south-eastern California. Bull Geol. Soc. America, v. 72, № 4.
Orshan G. 1954. Surface reduction and its significance as a hydroecological factor. J. Ecol., v. 42, № 2.
Osborn N. F. 1910. The age of Mammals. N. Y.
Owen H. B. 1954. Bauxite in Australia. Commonwealth of Australia. Depart. of Nat. Develop. Bureau of Miner. Resour., Geol. and Geophys. Bull., 24. Canberra.
Passarge S. 1904. Die Kalahari. Berlin.
Petinov N. S., Molotkovsky U. G. 1961. The protective process of heat-resistant plants. In: Plant-water relationship in arid and semi-arid conditions. UNESCO, Paris. (Arid Zone, Res., XVI).
Philip J. R. 1957. The theory on infiltration. J. Soil. Sci., v. 84.
Philip J. R., Vries D. A. de. 1957. Moisture movement in porous materials under temperature gradients. Trans. Amer. Geophys. Union, № 38.
Philips G., Beheiri S. 1961. Mechanical analysis and mineral composition of Gebel El-Asfar dunes. Bull. Fac. Cairo Univ., v. 37.
Prandtl L. 1949. Führer durch die Strömungslehre. Braunsschweig—Vieweg.
Price W. A. 1950. Sahara sand dunes and the origin of the longitudinal dune. Geogr. Rev., v. 40, № 3.
Price W. A. 1960. Barkhans of Southern Peru. Geogr. Rev., v. 50, № 4.
Price W. A. 1964. Sand ridge deserts of Australia. Geogr. Rev., v. 54, № 1.
Ravikovitch S. 1953. The eolian soils of the northern Negev. In: Desert research. Jerusalem.
Ravikovitch S,, Ramati B. 1957. The agricultural utilization of shifting sands and the effect of crops upon them. Rec. Agric. Res. Station Rehovot, v. VII, № 2—3.
Reifenberg A. 1952. The soils of Syria and Lebanon. J. Soil Sci., v. 3, № 1.
Rogers A. W. 1936. Surface geology of the Kalahari. Trans. Roy. Soc. S. Africa, v. 24, № 1.
Rosenmann M., Morrison P. 1963. Physiological response to heat and dehydration in the guanaco. Physiol. zoology, v. 36, № 1.
Saa G. 1963. Captacion de agua de la neblina. Universal del Notre, Filial VCV, Antofagasta.
Salam M. A., Sabet S. A. 1966. Soils of the Gaza strip. Bull. Soc. geogr. Egypte, v. 39.
Scharp R. P. 1963. Wind ripples. J. Geol., v. 71, № 5.
Scheidegger A. E. 1962. Theoretical geomorphology. Berlin.
Schmidt-Nielsen K. 1958. Animal in arid conditions. Climatology and microclimat. UNESCO, v. II. Paris.
Schmidt-Nielsen K. 1964. Desert animals. Physiological problem of heat and water. Oxford.
Schmidt-Nielsen K., Houpt K., Jarnum S. 1956. Water balance of the camel. Amer. J. Physiol., v. 185.
Scholz H. 1968. Die Boden der Wüste Namib. Südwestafrica. Z. Pflanzennähr., Düng., Bodenkunde, Bd. 119, H. 2.
Schratz C. 1931. Vergleichende Untersuchungen über den Wasserhaushalt von Pflanzen im Trockengebit des süblichen Arizona. Jahrb. Wiss. Bot., Bd. 74, v. 2.
Shreve F. 1914. The daily march of transpiration in a desert perennial. Carneg. Inst. Washington, Publ. 194.
Sinclair J. G. 1922. Temperature of the soil and air in a desert. Monthly Weather Rev., v. 50, № 3.
Sindowski K. H. 1959. Sedimentpetrographisch-bodenkundliche Untersuchungen an einigen Steppen, Wollwüsten und Extremwüstenböden und Gesteinen aus der

mittleren Sahara (Libyen.). In: W. Meckelein. Forshungen in der zentralen Sahara. I. Klimageomorphologie. Braunschweig.
Slatyer R. O., McIlroy I. C. 1961. Practical microclimatology with special reference to the water factor on soil-plant — atmosphere relationships. UNESCO, Paris.
Stamp L. D. 1963. A glossary of geographical terms. London.
Stephens C. G. 1961. The soil landscapes of Australia. Soil Publ., № 18, Melbourne.
Stephens C. G. 1962. A manual of Australian soils. III ed. CSIRO, Melbourne.
Stephens C. G. 1964. Silcretes of Central Australia. Nature, v. 203, № 4952.
Stocker O. 1928. Der Wasserhaushalt äegyptischer Wüsten und Salzpflanzen. Bot. Abhandl., Bd. 13.
Stocker O. 1954. Der Wasser und Assimilationshaushalt südalgerischer Wüstenpflanzen. Ber. Dtsch. bot. Ges., Bd. 67, H. 8.
Taylor E. McK. 1928. Soil temperature in Egypt. J. Agr. Sci., v. 18, № 1.
Tricalinos J. 1928. Wind rippeln. Petermanns geogr. Mitt., H. 9—10.
Twidale C. R. 1968. Geomorphology. Melbourne.
Van der Merve C. R. 1941. Soil groups and subgroups of South Africa. South Africa Department of Agriculture. Sci. Bull., № 231, Pretoria.
Van der Merve C. R. 1954. The soil of the desert and arid regions of South Africa. Proc. of 2-th Interafrican Soil Congerence, Leopoldville.
Verstappen H. Th. 1968. On origin of longitudinal (sief) dunes. Z. Geomorphol., Bd. 12, H. 2.
Walter H. 1964. Die Vegetation der Erde. Bd. I. Jena.
Wilson I. G. 1971. Desert sandflow basins and a model for the development of ergs. Geogr. J., v. 137, № 6.
White W. A. 1939. The mineralogy of desert sands. Amer. J. Sci., v. 237, X.
Wood J. G. 1923. On transpiration in the field of some plants from the arid portions of South Australia, with notes on their physiological anatomy. Trans. and Proc. Roy. Soc. S. Australia, v. 47.
Wood J. G. 1924. The relation between distribution, structure and transpiration of arid South Australian plants. Trans. Proc. Roy. Soc. S. Australia, v. 48.
Wophner H., Twidale C. 1967. Geomorphological history of the Lake Eyre Basin. In: Landform studies from Australia and New Guinea. Cambridge.
Zohary M. 1962. On hydro-ecological relations of the Near East desert vegetation. In: Plant-water relationship in arid and semi-arid conditions. UNESCO, Paris. (Arid Zone Res., XVI).

К ЧАСТИ III

Антипов-Каратаев И. Н., Имшенецкий А. И., Баум В. А. 1963. Некоторые аспекты комплексного изучения засушливых зон СССР. В кн.: Проблемы комплексного изучения засушливых зон СССР. М.
Бааде Ф. 1960. Мировое энергетическое хозяйство. М.
Базилевич Н. И., Родин Л. Е. 1967. Карты продуктивности и биологического круговорота главнейших типов растительности суши земли. Изв. Всес. геогр. общ., т. 99, в. 3.
Биро П., Дреш Ж. 1963. Средиземноморье. Т. 2. М.
Брод И. О., Васильев В. Г., Высоцкий И. В., Кравченко К. Н., Левинсон В. Г., Львов М. С., Оленин В. Б., Соколов Б. А. 1965. Нефтегазоносные бассейны земного шара. М.
Виноградов Б. В. 1962. Географические закономерности дальней экстраполяции признаков дешифрирования ландшафтов-аналогов. В кн.: Применение аэрометодов для изучения грунтовых вод. М.—Л.
Виноградов Б. В. 1966. Аэрометоды изучения растительности аридных зон. М.—Л.
Виноградов Б. В., Петров М. П. 1962. Применение аэрометодов при изучении растительности ландшафтов пустынной зоны. В кн.: Аэрометоды изучения природных ресурсов. М.
Водное хозяйство Казахстана. 1971. Алма-Ата.
Возможность использования соленых вод для орошения. 1969. Новости с.-х. науки и практики, №№ 8, 9, М.
Гальцов А. П. 1964. О теоретических основах проблемы преобразования природы. В кн.: Развитие и преобразование географической среды. М.
Гроховский Л. М. 1963. Соляные озера засушливых районов СССР и их освоение. В кн.: Проблемы комплексного изучения засушливых зон СССР. М.
Дмитриевский Ю. Д. 1967. Внутренние воды Африки и их использование. Л.
Ковда В. А. 1966. Проблемы биологической и хозяйственной продуктивности суши. Сельскохоз. биол., №№ 1, 2.
Ковда В. А., Кунин В. Н. 1970. Контролируемая среда для освоения пустынь. Природа, № 8.

Ковда В. А., Лобова Е. В., Розанов Б. Г. 1967. Проблема классификации почв мира. Почвоведение, №№ 4, 7.
Колодин М. В. 1970. Прогресс технологии опреснения воды. Проблемы освоения пустынь, № 3, Ашхабад.
Колычев Т. С. 1970. Атом утоляет жажду. М.
Кунин В. Н. 1959. Местные воды пустыни и вопросы их использования. М.
Кунин В. Н. 1966. Об итогах работ гидрогеологической секции Международного геологического конгресса. В кн.: Проблемы геологии на XX сессии Международного геологического конгресса. М.
Лисичкин С. М. 1964. Нефтяная промышленность Африки, Австралии, Латинской Америки. М.
Мальцев А. Е. 1969. Земельно-водные ресурсы Средней Азии и их сельскохозяйственное использование. Фрунзе.
Минеральные ресурсы капиталистических и развивающихся стран. 1970. Годовой обзор. Министерство геологии СССР. М.
Монахов М. А. 1970. Об экстраполяции индикационных схем в пределах солончаков. В кн.: Индикационные географические исследования. М.
Нечаева Н. Т., Василевская В. К., Антонова К. Г. 1969. Экологическая классикация однолетних растений Каракумов. Бот. журн., т. 54, № 11.
Нечаева Н. Т., Приходько С. Я. 1966. Искусственные зимние пастбища в предгорных пустынях Средней Азии. Ашхабад.
Оленин В. Г. 1969. Новый нефтегазоносный континент. М.
Петров М. П. 1950. Подвижные пески пустынь и полупустынь Союза ССР и борьба с ними. М.
Петров М. П. 1964. Пустыни СССР и их освоение. М.—Л.
Петров М. П. 1970. Будущее пустынь. Проблемы освоения пустынь, № 2, Ашхабад.
Почекурова Е. А. 1970. Мировые ресурсы нефти. М.
Розанов А. С. 1963. Карта использования водных ресурсов Австралии. Вестн. МГУ, сер. геогр., № 5.
Розин М. С. 1966. География полезных ископаемых капиталистических и развивающихся стран. М.
Средняя Азия. 1968. М.
Тахер Абу Вафа. 1964. Высотная плотина Асуана — основа развития страны. Курьер ЮНЕСКО, № 12.
Шпирт А. Ю. 1961. Сырьевые ресурсы Африки. М.
Эсенов А. Э. 1970. Градостроительство в условиях песчаных пустынь Средней Азии. Проблемы освоения пустынь, № 2, Ашхабад.

A review of the natural resources of the African continent. 1963. UNESCO, Paris.
Actes du IIe Symposium Internationale de photo-interpretation. 1967. Arch. internat. photogr., v. XVI, Paris.
Afforestation in arid zones. 1970. Ed. by R. Kaul. Hague.
Australian environment. 1960. Melbourne—London.
Baade F. 1958. Weltenergiewirtschaft. Hamburg.
Bernard G. 1967. Et le Transsaharien? Inds. et trav. outremer, v. 15, № 163.
Bettenay E. 1962. The salt lake systems and their associated aeolian features in the semi-arid region of Western Australia. J. Soil Sci., v. 13, № 1.
Birot P., Dresch J. 1956. La Méditerranée et le Moyen-orient. Paris.
Bowman I. 1924. Desert trails of Atacama. N. Y.
Boyko H. Principles of saline and marine agriculture. Saline irrigation for agriculture and forestry. 1968. Hague.
Butland G. J. 1966. Latin America. N. Y.
Capot-Rey R. 1953. Le Sahara Francais. Paris.
Desalination of water using conventional and nuclear energy. 1964. Techn. rep. ser., № 24, Vienna.
Die Sahara und ihre Rangebiete. 1972. Darstellung eines Naturgrossraumes. Herausgegeben von H. Schiffers. Bd. II. Humangeographie. München.
Dresch J. 1966. Utilization and human geography of the deserts. Trans. and Pap. Inst. Brit. Geogr., Publ. 40.
Hills E. Sh. 1965. Tectonic setting of Australian ore deposits. In: Geology of Australian ore deposits. II ed., Melbourne.
Hells E. S. 1966. Research and the future of arid Lands. In: Arid lands. UNESCO, London—Paris.
Howe E. D. 1962. Saline water conversion. The problems of the Arid Zone. Proc. of the Paris Symposium, UNESCO, Paris. (Arid Zone Res., XVIII).
Hunter J. A. 1969. Unites States—Mexico—IAEA study of large nuclear-power and water-desalination plants for south-west United States of America and Northern Mexico. In: Nuclear desalination. Amsterdam—N. Y.

India: Regional studies. Chapter 9. The Marusthali. 1968. Calcutta.
Jensen M. H., Teron R. M. A. 1969. Use of controlled environment for vegetable production in desert region of the world. Internat. Conference «Arid lands in a changing world». Tucson.
Michel J. W. 1969. The agro-industrial complex. In: Nuclear desalination. Amsterdam—N. Y.
Miller E. F. 1965. Proposed triple-purpose reactor for the desalination of sea-water the synthesis of ammonia and the generation of electricity. January, 12. U.S. Patent., № 3394050.
Mountford Ch. 1953. Brown men and red sand. Melbourne.
Obst J. 1968. Die Erdölexplotation in Libyen. Erde, Bd. 99, H. 3.
Parker W. H. 1966. Anglo-America. Canada and Unites States. London.
Perry R. A. 1969. Australia's arid rangelands. Ann. arid. zone, v. 7, № 2.
Petrov M. P. 1970. Deserts of Asia. In: Arid lands im Transition. Washington.
Physical principles of water percolation and seepage. 1968. UNESCO, Paris.
Rhea B. 1967. Water for a thirsty land. Walkabout, v. 33, № 5.
Rudolph W. 1963. Vanishing trails of Atacama. Res. Ser. Amer. Geogr. Soc., № 24, N. Y.
Scherz J. P., Stevens A. R. 1970. An introduction to remote sensing for enironmental monitoring. University of Wisconsin. Remote sensing programm. Rep. № 1.
Schönharting G. 1971. Die Erdöl und Erdgas Situation in Australien Erde. 1970. Erdöl und Kohle, Erdgas-Petroch. vor Brennst-Chem., Bd. 24, № 6.
Slaven A. 1969. Australia's mineral resources. Scottish geographical magazine, v. 85, № 3.
South West Africa Survey. 1967. Pretoria.
Stebbing E. P. 1938. The man-made desert in Africa. Erosion and Drought. Suppl. J. Roy. Afric. Soc., January.
The nuclear-powered agro-industrial complex. Summer study project. 1968. Oak Ridge National Laboratory.
Tunisia. Research and training on irrigation with saline water 1962—1969, 1970. Paris.
Weischet W. 1966. Zur Kulturgeographie der Nord chilenischen Wüste. Geogr. Z., v. 54, H. 1.
White G. F. 1963. Science and the future of arid lands. UNESCO, Paris.

[illegible] Regional studies. Chapter [illegible] The Virginia [illegible]
[illegible] 1963. [illegible] envoi [illegible] production [illegible] région [illegible]
[illegible] 1958. The [illegible] complex [illegible]
[illegible] 1955. [illegible] [illegible] [illegible] the generation of [illegible]
[illegible] Crown [illegible]
[illegible] 1960. [illegible] London.
[illegible] 1959. [illegible]
[illegible] 1970. [illegible]
[illegible] percolation and seepage. [illegible]
[illegible] 1966. [illegible]
[illegible] an introduction [illegible]
[illegible] Wisconsin. [illegible]
[illegible] 1970. [illegible]
[illegible] 1966. The [illegible] [illegible]
[illegible] Review [illegible]
[illegible] 1965. [illegible]
[illegible] 1956. Science and the future of arid lands. UNESCO. [illegible]